Grundzüge der Zerspanungslehre

Eine Einführung in die Theorie der spanabhebenden Formung und ihre Anwendung in der Praxis

Von

Dr.-Ing. Max Kronenberg

Berat. Ingenieur in Berlin

Mit 170 Abbildungen im Text und einer Übersichtstafel

Berlin

Verlag von Julius Springer

1927

Additional material to this book can be downloaded from http://extras.springer.com

ISBN-13:978-3-642-89989-8 e-ISBN-13:978-3-642-91846-9
DOI: 10.1007/978-3-642-91846-9

Softcover reprint of the hardcover 1st edition 1927

Meinem Lehrer

Herrn Dr.-Ing. Georg Schlesinger

o. Professor an der Technischen Hochschule
zu Berlin

zugeeignet

Vorwort.

Das vorliegende Buch soll den Versuch einer Systematik der Zerspanung darstellen. Zu diesem Zwecke mußte aus der großen Fülle der vorhandenen und ständig neu erscheinenden Arbeiten der wesentliche Kern herausgeschält und nach einheitlichen Gesichtspunkten behandelt werden. Es zeigte sich dabei, daß es nicht möglich war, einen großen Teil der Untersuchungen und Abhandlungen für die Praxis nutzbar zu machen, da viele aufgestellte Gesetze zu kompliziert für die praktische Anwendung waren, oder nur für gewisse Sonderfälle gelten konnten oder durch zu starke Vereinfachungen wesentliche Abweichungen von der Wirklichkeit brachten.

Das allmähliche Erscheinen der Richtwerte für Spanquerschnitt und Schnittgeschwindigkeit des Ausschusses für wirtschaftliche Fertigung (A.W.F.) zu Berlin, an denen ich zuerst als Mitarbeiter, später als Obmann des Ausschusses für Maschinenarbeit mitgewirkt habe, bot die Gelegenheit, die mir bis dahin vorschwebenden Gedanken über einfache, aber genügend genaue Gesetze der Zerspanung zu prüfen und Gesetze im Vergleich mit anderen Forschungsergebnissen abzuleiten.

Soweit die Gesetze für die Anwendung im Betriebe noch nicht genügend einfach erscheinen, konnten jeweils einfache Tabellen und Diagramme entwickelt werden.

Während die A.W.F.-Richtwerte aus der Praxis heraus entstanden sind, ist die Untersuchung der Dreharbeit, insbesondere des Schnittdruckes, von Dr. Klopstock auf Grund wissenschaftlicher Forschung im Versuchsfeld für Werkzeugmaschinen der Technischen Hochschule in Berlin unter Leitung von Prof. Schlesinger und Prof. Kurrein vorgenommen worden. Es ist meine Ansicht, daß diese beiden Arbeiten die wesentlichste Grundlage unserer heutigen Kenntnisse der Zerspanung darstellen, so daß man durch Vergleich beider und kritischer Hinzuziehung weiterer Untersuchungen (wie z. B. der von Stanton und Heyde in Manchester) zu den Gesetzen der Zerspanung gelangen konnte.

Ich bin mir wohl bewußt, daß wir noch nicht von einer endgültigen Lösung aller mit der Zerspanung zusammenhängenden Fragen sprechen können. Hierzu fehlt es z. B. noch an Untersuchungen über Fräsen (über die kürzlich Dr.-Ing. Beckh neue einleitende Versuche veröffentlichte), Bohren, Hobeln, Schleifen, soweit sie von der Dreharbeit abweichen. Da aber anzunehmen ist — und die bisher erst teilweise veröffentlichten Bohr- und Schleifversuche von Schlesinger und Kurrein sowie die obigen Fräsversuche bestätigen es —, daß auch bei diesen Arten der Zerspanung ähnliche und gleiche Gesetze wie beim Drehen gelten, wird man auf Grund der Untersuchungen der Dreharbeit und der Gesetze auch Schlüsse auf jene ziehen können. Die bisher vorliegenden Arbeiten über vom Drehen abweichende Zerspanungsvorgänge sind sonst noch sehr spärlich, so daß es nur an einigen Stellen möglich war, auf diese zu verweisen.

Ich hoffe, daß die Gesetze der Zerspanung einen Kristallisationspunkt weiterer Forschungen, auf die im Text auch hingewiesen ist, bilden können, und daß die Nutzanwendungen für Betrieb und Konstruktion ihren Teil zur wirtschaftlichen Fertigung bei der spangebenden Formung — als der wichtigsten Quelle der maschinellen Produktion — beitragen mögen.

Hinzugefügt sei, daß meine von der Technischen Hochschule zu Berlin genehmigte Dissertation: „Theorie der Dreharbeit und ihre praktische Anwendung im Betrieb“ in das vorliegende Buch mit hineingearbeitet worden ist.

Den Inhalt meiner Vorträge vor dem V.D.I. in Chemnitz und Leipzig und vor der A.D.B. in Berlin, Mannheim, Saarbrücken, Frankfurt a. M. und Dresden habe ich gleichfalls verwandt.

Es ist mir eine angenehme Pflicht, der Arbeitsgemeinschaft Deutscher Betriebsingenieure in Berlin für die Anfertigung verschiedener im Text benannter Zeichnungen sowie der Verlagsbuchhandlung Julius Springer für ihre große Mühewaltung auch an dieser Stelle meinen Dank auszusprechen.

Berlin W 50, im Februar 1927.

Kronenberg.

Inhaltsverzeichnis.

Seite

VII. Anhang.

Zusammenstellung der gewählten Formelgrößen[1]).

Benennung	Bedeutung	Begründung
a	Tangente des Neigungswinkels einer Geraden.	Aus $y = \underline{a}x + \underline{b}$ (Gleichung der Geraden).
b	Achsenabschnitt einer Geraden.	
b_r	Riemenbreite in mm.	Gemäß b [DIN 1350] = Breite (einer Probe).
C	Materialziffer von Taylor.	1. Spezifische Größen werden oft mit c bezeichnet (vgl. c_v = spez. Wärme bei konstantem Volumen) 2. C ist üblich für konstante Größe. C_v und C_{k_s} sind für gleichen Werkstoff und gleiches Werkzeug als Konstante anzusehen; sie sind auch als spezifische Größen anzusehen, da sie nur für $F = 1\ \text{mm}^2$ gelten. C_N ist mathematisch mit C_v und C_{k_s} verbunden, daher auch sinngemäß bezeichnet. Die umgekehrte Benennung z. B. V_c erschien nicht ratsam, da V für Volumina vorgesehen ist; die Bezeichnung c_v war anderseits für die spezifische Wärme bei konstantem Volumen bereits festgelegt.
C_v	Spezifische Schnittgeschwindigkeit m/min bei einem Spanquerschnitt $F = 1\ \text{mm}^2$ und Schnellstahl.	
C_{k_s}	Spezifischer Schnittdruck kg/mm² bei einem Spanquerschnitt $F = 1\ \text{mm}^2$	
C_N	Spezifische Leistung in PS bei C_v und C_{k_s}.	
$C_{v\,GS}$	Entspricht C_v bei Werkzeug aus Gußstahl.	
$C_{v\,H}$	Entspricht C_v bei Werkzeug aus Hartmetall.	
$C_{N\,GS}$	Entspricht C_N bei Werkzeug aus Gußstahl.	
$C_{N\,H}$	Entspricht C_N bei Werkzeug aus Hartmetall.	
d	Durchmesser in mm.	Gemäß DIN 1304 und A.W.F. 100.
d_e	Durchmesser der Eindruckfläche bei der Brinellprobe.	Zeigerzusatz zur Unterscheidung von d.
D	Durchmesser der Brinellkugel.	Gemäß DIN 1605.
$f(\cdots)$	Funktion von $(\cdots)$.	

[1]) Die Formelgrößen sind, soweit wie möglich, den Normblättern DIN 1304 und DIN 1350 entnommen worden. Sofern keine geeigneten Benennungen in diesen Blättern vorhanden sind, ist die Wahl unter möglichster Anlehnung an sinnverwandte Größen vorgenommen worden. Die Begründung soll die Wahl erklären und das Auswendigbehalten der Größen erleichtern. Die Zusammenstellung möge zugleich als Vorschlag für weitere Benennungsnormen angesehen werden. Nicht aufgeführt sind solche Formelgrößen, die nur als Zitat bzw. gelegentlich erwähnt sind; diese sind an der jeweiligen Stelle im Text erklärt.

Benennung	Bedeutung	Begründung
F	Spanquerschnitt in mm² (Grundwert bei Schnellstahl).	Gemäß DIN 1304 (F = Fläche und Querschnitt). Die Benennung F_S (wie A.W.F. vorschlägt) ergibt mit den nachstehenden Zusätzen bereits zu lange Symbole. Der Zeiger S ist daher fortgelassen.
F_a	Vom Grundwert F *a*bweichender Spanquerschnitt in mm².	Zeiger „*a*“ von „*a*bweichend“ hergeleitet.
F_{GS}	Grundwert des Spanquerschnittes in mm² bei Gußstahlmeißel und gleicher Leistung wie bei F.	Zeiger GS von Gußstahl abgeleitet.
F'_{GS}	Grundwert des Spanquerschnittes in mm² bei Gußstahlmeißel und gleichem Spanvolumen wie bei F.	
F_H	Grundwert des Spanquerschnittes in mm² bei Hartmetallmeißel und gleicher Leistung wie bei F.	Zeiger H von Hartmetall abgeleitet.
F'_H	Grundwert des Spanquerschnittes in mm² bei Hartmetallmeißel und gleichem Spanvolumen wie bei F.	
F_n	Nomineller Spanquerschnitt in mm² (nach Klopstock).	Zeiger n von „nominell“ abgeleitet.
F_w	Wirklicher Spanquerschnitt in mm² (nach Klopstock).	Zeiger w von „wirklich“ abgeleitet.
F_R	Restfläche des Spanquerschnittes in mm² (nach Klopstock).	Zeiger R von Restfläche abgeleitet.
$F \cdot v$	Spanvolumen in cm³/min	$\text{mm}^2 \cdot \frac{1000\ \text{mm}}{\text{min}} = \frac{\text{cm}^3}{\text{min}}$
$(F \cdot v)_h$	Rückgehobenes Spanvolumen in cm³/min.	Zeiger h von heben abgeleitet.
H	Brinellhärte kg/mm².	Gemäß DIN 1605.
k_s	Spezifischer Schnittdruck in kg/mm² für jeden Spanquerschnitt.	Im Werkzeugmaschinenbau üblich; entspricht z. B. k_b = zulässige Biegungsbeanspruchung kg/mm².
$(k_s)_{GS}$	k_s bei F_{GS} und F'_{GS}.	Zeiger G_S und H von Gußstahl und Hartmetall abgeleitet.
$(k_s)_H$	k_s bei F_H und F'_H.	
k_z	Zugfestigkeit in kg/cm², bzw. kg/mm².	Nach C. Bach.
L	Lagefaktor der gedrehten Geraden.	Frei gewählt, da Buchstabe L bisher nirgends belegt.
l	Länge.	DIN 1304.
n	Umdrehungen in der Minute.	Gemäß DIN 1304.
N	Leistung am Drehstahl in PS (bei Schnellstahl).	Gemäß DIN 1304.
N_r	Eingeleitete Leistung (am Riemen) in PS.	Zeiger r von Riemen abgeleitet (gilt auch für direkt vom Motor her eingeleitete Leistung).
N_{GS}	Leistung am Drehstahl in PS bei Gußstahl.	

Benennung	Bedeutung	Begründung
N_H	Leistung am Drehstahl in PS bei Hartmetall.	
N_a	Leistung bei F_a.	
p	Spezifische Riemenbelastung in kg je mm Riemenbreite.	Entsprechend DIN 1304 (p = spez. Kraft).
P	Schnittdruck in kg.	Gemäß DIN 1304.
P_1	Hauptkomponente des Schnittdruckes in kg.	Die Bezeichnungen: „Haupt"-, „Vorschub-" und „Rückdruck"-komponente sind dem Vorschlag zu Leitsätzen für Schneidstahlbenennungen, NDI-Mitteilungen vom 4. März 1926, entnommen.
P_2	Vorschubkomponente des Schnittdruckes in kg.	
P_3	Rückdruckkomponente des Schnittdruckes in kg.	
P_N	Komponente des Schnittdruckes in kg normal ($\perp$) zur Stahlbrust.	Zeiger N abgeleitet von Normalkomponente.
P_T	Komponente des Schnittdruckes in kg tangential ($\parallel$) zur Stahlbrust.	Zeiger T abgeleitet von Tangentialkomponente.
P_R	Resultante aus P_N und P_T.	
P_a	Schnittdruck bei F_a in kg.	
P'_a	„ „ F'_a „ „	
P_{GS}	„ „ F_{GS} „ „	
P'_{GS}	„ „ F'_{GS} „ „	
P_H	„ „ F_H „ „	
P'_H	„ „ F'_H „ „	
P_K	Kugeldruck der Brinellprobe.	
P_b	Biegungsdruck in kg.	
r	Radius (Halbmesser) der Stahlnase in mm.	Gemäß DIN 1304.
R	Rückhebungsfaktor	frei gewählt
s	Vorschub in mm/Umdr.	Benennung ist im Werkzeugmaschinenbau üblich und entspricht auch DIN 1304: s = Weglänge.
t	Schnittiefe in mm.	Benennung ist im Werkzeugmaschinenbau üblich.
T	Zeit in Minuten.	DIN 1304 gibt t an. T zur Unterscheidung von Schnittiefe t.
T_L	Lebensdauer des Drehstahles in Minuten (Schneidhaltigkeit).	Zeiger von Lebensdauer abgeleitet.
T_S	Zeit für das Anschleifen eines Drehstahles einschl. Ein- und Ausspannen.	
v	Schnittgeschwindigkeit in m/min.	Gemäß DIN 1304.
v_a	Schnittgeschwindigkeit in m/min. bei F_a.	
v_h	Rückgehobene Schnittgeschwindigkeit in m/min.	Zeiger h von heben abgeleitet.
v_{GS}	Schnittgeschwindigkeit in m/min. bei Gußstahl.	Zeigerableitung wie oben.
v_H	Schnittgeschwindigkeit in m/min. bei Hartmetall.	

Benennung	Bedeutung	Begründung
v_r	Riemengeschwindigkeit in m/sek.	Gemäß A.W.F. 100.
W	Widerstandsmoment.	Gemäß DIN 1350.
w	Wertigkeitsziffer eines Drehstahles bezogen auf Schnellstahl mit 16 bis 18% Wolframgehalt; ausgedrückt als Vielfaches oder Teil der unter sonst gleichen Umständen zulässigen Schnittgeschwindigkeit	Abgeleitet von „Wertigkeit".
x, y	Koordinaten.	$y = ax + b$.
α	Anstellwinkel des Drehstahles in Grad.	A.W.F. 100.
β	Meißelwinkel des Drehstahles in Grad.	A.W.F. 100.
γ	Spanwinkel des Drehstahles in Grad.	A.W.F. 100.
δ	Schneidewinkel des Drehstahles in Grad.	A.W.F. 100.
ε_v	Änderungsgröße d. Schnittgeschwindigkeit = Wurzelexponent des allgemeinen Gesetzes der Schnittgeschwindigkeit.	Nach DIN 1350 werden Änderungsgrößen mit ε bezeichnet.
ε_{k_s}	Änderungsgröße des spezifischen Schnittdruckes = Wurzelexponent des Gesetzes des spez. Schnittdruckes.	Vgl. ε_v.
ε_N	Änderungsgröße der Leistung.	Mathematisch durch ε_v und ε_{k_s} bestimmt.
η	Wirkungsgrad.	Gemäß DIN 1304.
λ	Überhöhungswinkel in Grad.	Frei gewählt.
χ_v	Prozentualer Abfall der Schnittgeschwindigkeit.	Sinngemäß zu DIN 1304.
ϱ_1	Winkel von P_R gegen die Vertikale bei $\beta = 50°$.	Frei gewählt.
ϱ_2	Dsgl. bei $\beta = 75°$.	Frei gewählt.
τ_1	Drehungswinkel von P_R in Grad.	Frei gewählt.
φ	Stufensprung.	Im Werkzeugmaschinenbau üblich.
μ	Abscheerwinkel des Spanes.	Frei gewählt.
ω	Winkel, um den P_R gegen P_T bzw. gegen die Stahlbrust gedreht ist.	Frei gewählt.

Druckfehlerberichtigung.

Auf Seite 92, Zeile 8, lies statt 153 richtig: 315.

Auf Seite 130, Zeilen 2, 22 und 26, lies statt 24,5 richtig: 26.

Auf Seite 130, Zeile 31, lies richtig: $31{,}5 \cdot 0{,}826 = 26$ (vgl. S. 127).

Auf Seite 131, Abb. 89, lies statt 24,5 richtig: 26.

Auf Seite 170, vorletzte Zeile, lies statt Abb. 122 richtig: Abb. 121.

Kronenberg, Zerspanungslehre.

I. Einleitung. Übersicht über die Zerspanungsprobleme.

Aus der Erkenntnis heraus, daß wirtschaftlicheres Fertigen berufen ist, der Industrie aus den Nöten der Zeit herauszuhelfen, sind in den letzten Jahren gewaltige Anstrengungen auf dem Gebiet der Betriebsrationalisierung gemacht worden. Normung, Typung, Sonderung[1,2]) dienen dem Zweck der Vereinfachung und Verbilligung der Produktion ebenso, wie die Untersuchung und Verbesserung der maschinellen Bearbeitung.

Der wichtigste Teil der maschinellen Bearbeitung ist die spanabhebende Formung durch Drehen, Fräsen, Hobeln, Bohren, Schleifen usw., deren wissenschaftliche Erkenntnis man in dem Begriff „Zerspanungslehre" zusammenfaßt. Die Schwierigkeiten, die sich solcher Erkenntnis entgegenstellen, sind groß und erklären sich aus den vielen Gesichtspunkten, die hineinspielen. Taylor hatte 12 Hauptveränderliche festgestellt. Meines Erachtens kann man jedoch weit mehr annehmen.

Die drei Hauptgesichtspunkte sind Werkstoff, Werkzeug und Maschine. Der inneren Beschaffenheit nach kann man in Hinsicht auf den Werkstoff etwa fünf Festigkeiten SM.-Stahl, 3 Arten Gußeisen, Chromnickelstahl, Messing, Rotguß, Elektron, Stahlguß usw. unterscheiden. Veränderliche der äußeren Eigenschaften sind z. B.: Durchmesser, Länge, Einspannungsverhältnisse. Bei den Werkzeugen hat man der inneren Beschaffenheit nach zu unterscheiden: Gußstahl (Kohlenstoffstahl), verschiedene Schnellstähle, verschiedene Hartmetalle (Stellit, Akrit, Cäsit usw.), der äußeren Form nach Verschiedenheiten in bezug auf die Anstell-, Meißel-, Span-Einstellwinkel usw.; besondere Formen, wie den Taylorstahl oder den Klopstockstahl; hinzu kommen auch die verschiedenen Schaftgrößen der Stähle. Weitere Gesichtspunkte sind Überhöhung, freier oder gebundener Schnitt.

[1]) Vgl. Meyenberg: Über die Eingliederung der Normungsarbeit in die Organisation einer Maschinenfabrik. Berlin: Julius Springer 1924.

[2]) Kronenberg: Normalisierung, Typisierung, Spezialisierung und ihre Bedeutung für die deutsche Volkswirtschaft. Preisgekrönte Abhandlung. Vgl. Maschinenbau-Betrieb 1921, S. 646, abgedruckt: Deutsche Rundschau, Okt. 1921. Berlin: G. Paetel.

Bei der Maschine sind zu berücksichtigen: Drehzahlen, Vorschübe, Riemenbreiten und Riemengeschwindigkeiten, Schmierung, Kühlung, Leistung, Wirkungsgrad, möglicher Schnittdruck. Als weitere Größen treten auf: Schnittgeschwindigkeit, Spanquerschnitt, Schnitttiefe, spez. Schnittdruck, Spanmenge, Art des Spanaufbaues, Schwingungen usw.

Hiermit sind jedoch noch nicht die verschiedenen Abänderungen einbezogen, die durch die Berücksichtigung der spanabhebenden Formungen durch Fräsen, Hobeln, Bohren, Schleifen auftreten. Wenngleich im nachstehenden hauptsächlich Dreharbeit berücksichtigt ist, neben gelegentlichen Hinweisen auf ähnliche Verhältnisse bei den anderen Bearbeitungsarten, so muß man, wenn man die Schwierigkeiten der Zerspanungslehre erkennen will, auch diese hierbei hinzuzählen. Nicht direkt in das Gebiet der Zerspanungslehre fallend, wohl aber damit zusammenhängend, sind auch die Fragen der Härtung des Werkzeuges, des Gefügeaufbaues u. dgl.

Stellt man sich die Kombinationsmöglichkeiten obiger Gesichtspunkte vor, so erkennt man die Größe des Gebietes der Zerspanungslehre.

In Abb. 1 (Tafel) ist ein Versuch gemacht, die wichtigsten bisherigen Ergebnisse der drehenden Zerspanung systematisch zu ordnen. In der horizontalen Gliederung sind die verschiedenen Gesichtspunkte angeordnet. In der vertikalen Gliederung sind die von den Forschern untersuchten Beziehungen dargestellt. Die Zusammenhänge zwischen den einzelnen Veränderlichen sind durch Verbindung der Felder sinnbildlich zum Ausdruck gebracht. Die mathematischen Beziehungen sind ebenfalls dargestellt, weil durch die Untersuchung der technischen Beziehung einer Größe (z. B. k_s = spez. Schnittwiderstand) zu einer anderen Größe (z. B. F = Spanquerschnitt) auch die zugehörigen mathematischen Abhängigkeiten (z. B. Schnittdruck $P = F \cdot k_s$) erfaßt werden. Die Tafel zeigt, daß man sozusagen zwei Achsen unterscheiden kann, um die sich die Probleme gruppieren:

I. Die Schnittgeschwindigkeit.

II. Der (spez.) Schnittdruck.

Um die „Achse" der Schnittgeschwindigkeit ordnen sich:

A. Schnittgeschwindigkeit — Spanquerschnitt.
B. „ — Schnittiefe — Vorschub.
C. „ — Drehstahlmaterial.
D. „ — Meißelwinkel
E. „ — Einstellwinkel.
F. „ — Kühlung.
G. „ — Zerreißfestigkeit.
H. „ — Schwingungen.
I. „ — Schnittdruck.

Um die „Achse“ des Schnittdruckes gliedern sich:

K. Schnittdruck — Spanquerschnitt.
L. „ — Schnittiefe — Vorschub.
M. „ — Stahlwinkel.
N. „ — Kühlung.
O. „ — Zerreißfestigkeit.
P. „ — Spanbildung.
Q. „ — Werkstückabmessungen.
R. „ — Komponenten (Kriterien).

In den einzelnen Feldern sind durch kleine Kreise oder durch Ein tragung von Zahlenwerten die verschiedenen Gesichtspunkte dargestellt, die jeweils berücksichtigt worden sind. Die gewählten Bezeichnungen sind in der obersten Spalte angegeben, soweit sie nicht ohne weiteres verständlich erscheinen. Die Ergebnisse sind rechts in Stichworten zusammengestellt.

Nachdem man auf diese Weise einen Überblick über die Schwierigkeiten der Probleme erhalten hat, tritt die Frage auf, ob es denn überhaupt einen wirtschaftlichen Sinn hat, die Probleme zu lösen, d. h. ob finanzielle Vorteile für die Industrie aus der Lösung dieser Fragen entstehen können.

Trotzdem es nicht der Zweck der vorliegenden Ausführungen sein kann, ausgedehnte volkswirtschaftliche Erhebungen anzustellen, ist es dennoch besonders für uns Ingenieure wertvoll, hierauf einen kurzen Seitenblick zu werfen. Ein anschauliches Bild hat Dr. Reindl[1]) mit nachstehenden Worten hierzu gegeben:

„Würden nur die innerhalb Deutschlands von den Maschinen abfließenden Späne zu einem Spanfluß zusammenfaßbar sein, so würde die Mächtigkeit dieses Stromes mehr als alles andere überzeugend sein, welchen Einfluß die spanabhebende Formung auf unsere Fertigung hat. Sicher ist, daß die Höhe der Kosten dieses Stromes eine Summe darstellt, die in unserem Wirtschaftsleben eine Rolle spielt. Und wenn es gelänge, diese Kosten nur um ein Viertel zu vermindern, so würden viele Millionen unserer Industrie, unserem Volke gewonnen sein.“

Diese Worte treffen den Nagel auf den Kopf, und um das Bild weiter auszubauen und angenäherte Zahlen zu geben, habe ich versucht, einen Überschlag über die Löhne zu machen, die jährlich in Deutschland für die Arbeit an Werkzeugmaschinen entstehen.

Nach der amtlichen Statistik vom Jahre 1907 waren damals in deutschen Betrieben ca. 1,1 Million Werkzeugmaschinen im Gebrauch. Da eine neuere Statistik zur Zeit noch nicht vorliegt, muß man sich auf Schätzungen der heutigen Zahl beschränken. Unter Einrechnung der

[1]) Aus einer Einladung zur Gründung eines Ausschusses für spanabhebende Formung beim V.D.I.

Entwicklung der Industrie in den letzten 20 Jahren und der Verkleinerung des Reichsgebietes kann man die heutige Zahl mit 1,5 Millionen arbeitender Werkzeugmaschinen annehmen. Die jährlichen Arbeitsstunden an diesen Maschinen sind bei täglich nur einer Schicht von 8 Stunden und 300 Arbeitstagen im Jahr:

$$8 \cdot 300 \cdot 1{,}5 \text{ Millionen} = 3{,}6 \text{ Milliarden Arbeitsstunden.}$$

Bei einem Durchschnittslohn von nur 70 Pfennigen je Stunde über ganz Deutschland gerechnet, ergeben sich also:

$$0{,}7 \cdot 3{,}6 \text{ Milliarden} = \text{rd. } 2{,}5 \text{ Milliarden Mark Löhne}$$

an Werkzeugmaschinen. Trotzdem in diesen Löhnen auch die Löhne für Handarbeiten an Werkzeugmaschinen und an nicht spanabhebenden Maschinen enthalten sind, bleibt noch ein sehr hoher Betrag für die spanabhebende Formung übrig. Könnte man also hiervon nur einen Bruchteil einsparen, so wären der Volkswirtschaft jährlich viele Millionen Mark erhalten bzw. für andere Zwecke verfügbar. Man muß bedenken, daß sich die 2,5 Milliarden Mark nur auf reine Löhne beziehen, ohne die Unkosten, die auf jeder Arbeitsminute ruhen. Auch ein gewisser Teil dieser Unkosten könnte mit eingespart werden, so daß man füglich sagen kann, daß hier ein Problem vorliegt, das in die hundert Millionen jährlich hineingeht, ein Problem, dessen Erforschung wohl alle Anstrengungen lohnt[2])!

N	F	v	s bei $t=5$	n	T	
1,2	1	34	0,2	90	52,6	bei Ausnutzung
1,5	1,6	28	0,32	74,3	40	bei Ausnutzung
2	3	22	0,6	58,4	27	bei Ausnutzung
—	2,5	10	0,5	26,5	72	nach „üblichen" Annahmen

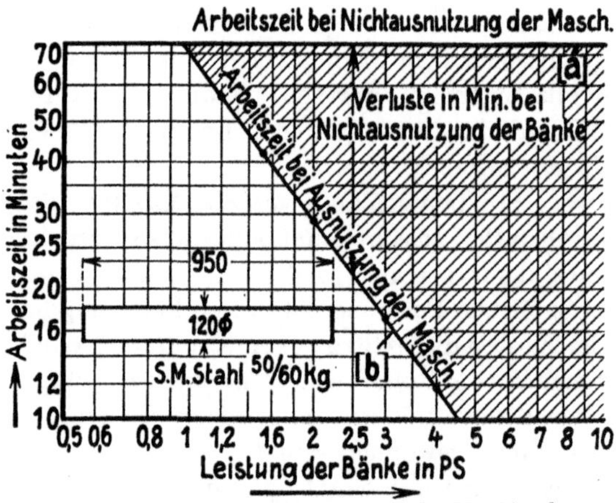

Abb. 2. Verluste bei Nichtausnutzung der Maschinen[1]).

Ist es denn nun vom technischen Standpunkt aus möglich, wesentliche Ersparnisse zu erzielen? Diese Frage ist ohne weiteres zu

[1]) Bild Kronenberg-ADB 13.

[2]) Den großen Einfluß der Ausnutzung der Maschinen auf die Unkosten und damit auf die Stückkosten, hat Heidebroek nachgewiesen. Vgl. Heidebroek, Industriebetriebslehre, S. 191. Berlin: Julius Springer 1923.

bejahen. Schon das bisherige, unglaubliche Durcheinander der in der Industrie gebräuchlichen Kalkulationsmethoden und die ungeheure Verschiedenartigkeit der benutzten Zahlenwerte[1]) beweist dies.

Ein Beispiel, wie es bis vor kurzem noch in allen, und heute noch in vielen Betrieben mit der Ausnutzung der Werkzeugmaschinen aussieht, gibt Abb. 2. Für die Bearbeitungszeit der dort abgebildeten Welle wird in einem anderen Lehrbuch der Vorkalkulation eine Arbeitszeit von 72 Min. angegeben. Diese Arbeitszeit ist berechnet auf Grund von Annahmen für Vorschub und Schnittgeschwindigkeit ohne Berücksichtigung der Ausnutzung der Maschine (Linie *a*). Ganz anders wird das Bild, wenn man die Arbeitszeit unter Berücksichtigung der Maschinenausnutzung ermittelt (Linie *b*). Das gestrichelt angelegte Feld zwischen diesen beiden Linien *a* und *b* zeigt die Verluste, die durch Vernachlässigung der Maschine entstehen. Bei einer Bank von 2 PS verfügbarer Leistung am Stahl ist der Verlust 45 Min., d. h. die Maschinenzeit würde um 167% zu hoch sein. Die am Bilde angebrachte Zahlentafel zeigt die Maschinenzeiten bei Leistungen von 1,2 PS, 1,5 PS und bei 2 PS unter Ausnutzung der Bänke und die Unterlagen, die für die Schnittgeschwindigkeit und den Vorschub im Lehrbuch benutzt worden sind.

II. Die Schnittgeschwindigkeit.

a) Einführende Zusammenhänge.

Die Faktoren der Leistung sind bekanntlich: Der Druck und die Geschwindigkeit, so daß das Problem in die beiden Probleme des Schnittdruckes (P kg) und der Schnittgeschwindigkeit (v m/min) zerfällt.

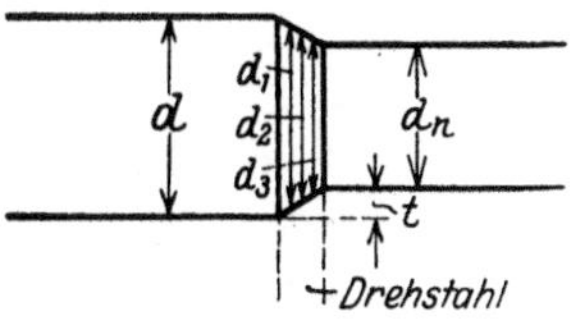

Abb. 3.

Zuerst wenden wir uns der Schnittgeschwindigkeit zu. Unter Schnittgeschwindigkeit versteht man beim Drehen den in der Zeiteinheit am Drehstahl in der Drehrichtung vorbeieilenden Weg des Werkstückes. Strenggenommen entstehen infolge der Schnittiefe t viele Schnittgeschwindigkeiten, und zwar verschiedener Größe, je nachdem, welchen Punkt des Drehstahles, bzw. welchen Drehdurchmesser [$d\,d_1\,d_2\,\ldots\,d_n$ (vgl. Abb. 3)] man betrachtet. Es ist vielfach üblich, die Schnittgeschwindigkeit auf den mittleren Durchmesser, d. h. den Mittelwert zwischen dem Durchmesser (d) vor und hinter (d_n) dem Drehstahl (also in halber Schnittiefe) zu beziehen. Im folgenden ist gemäß den Nor-

[1]) Vgl. Hegner: Lehrbuch der Vorkalkulation von Bearbeitungszeiten. Berlin: Julius Springer 1924. S. VI.

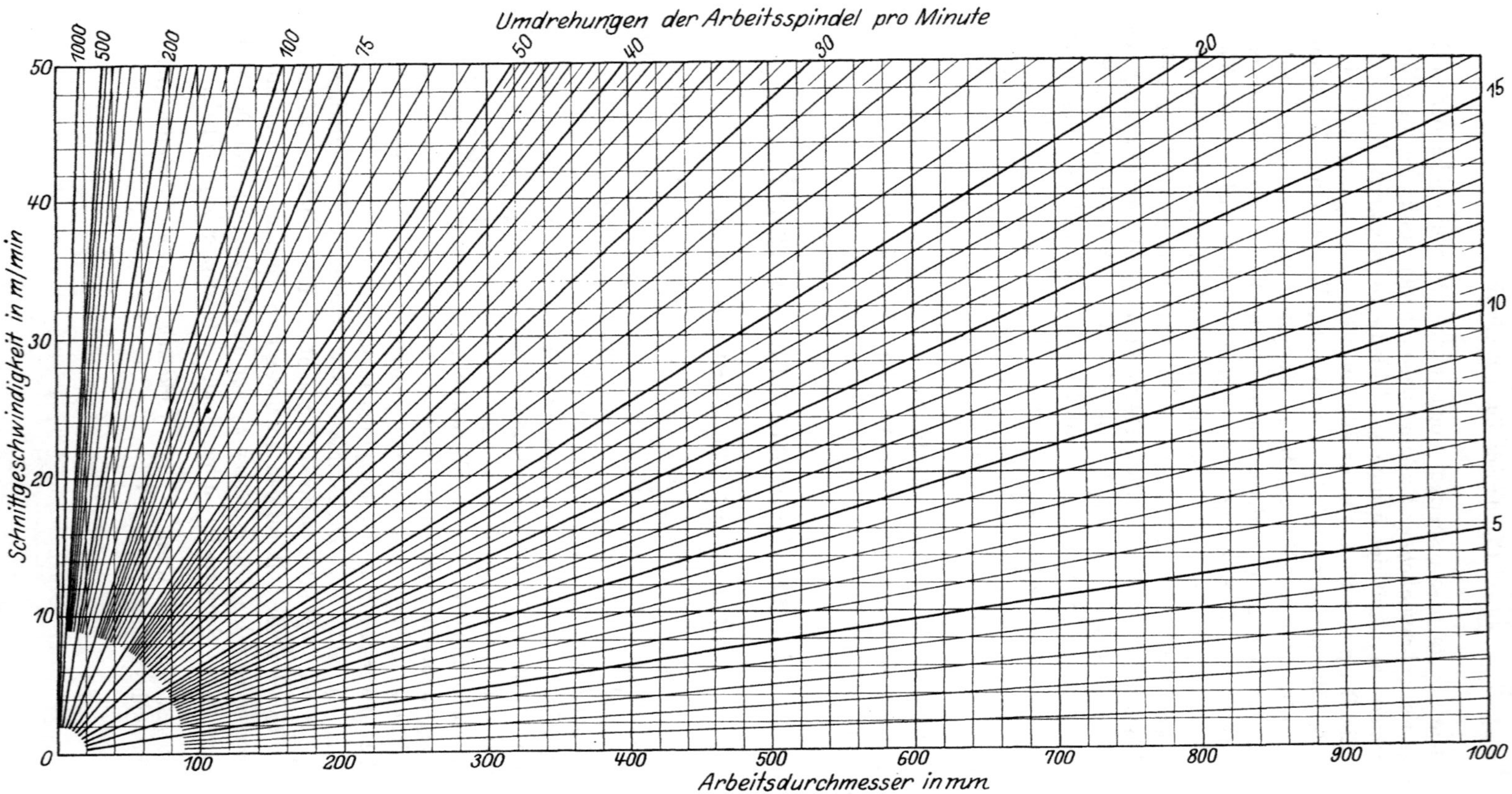

Abb. 4. Allgemeines Strahlen-(Sägen)-Diagramm für $v = d \cdot \pi \cdot n$.

men des A.W.F.[1]) die Schnittgeschwindigkeit auf den Durchmesser (d) vor dem Drehstahl bezogen. Diese Festsetzung hat den Vorteil, daß man mit

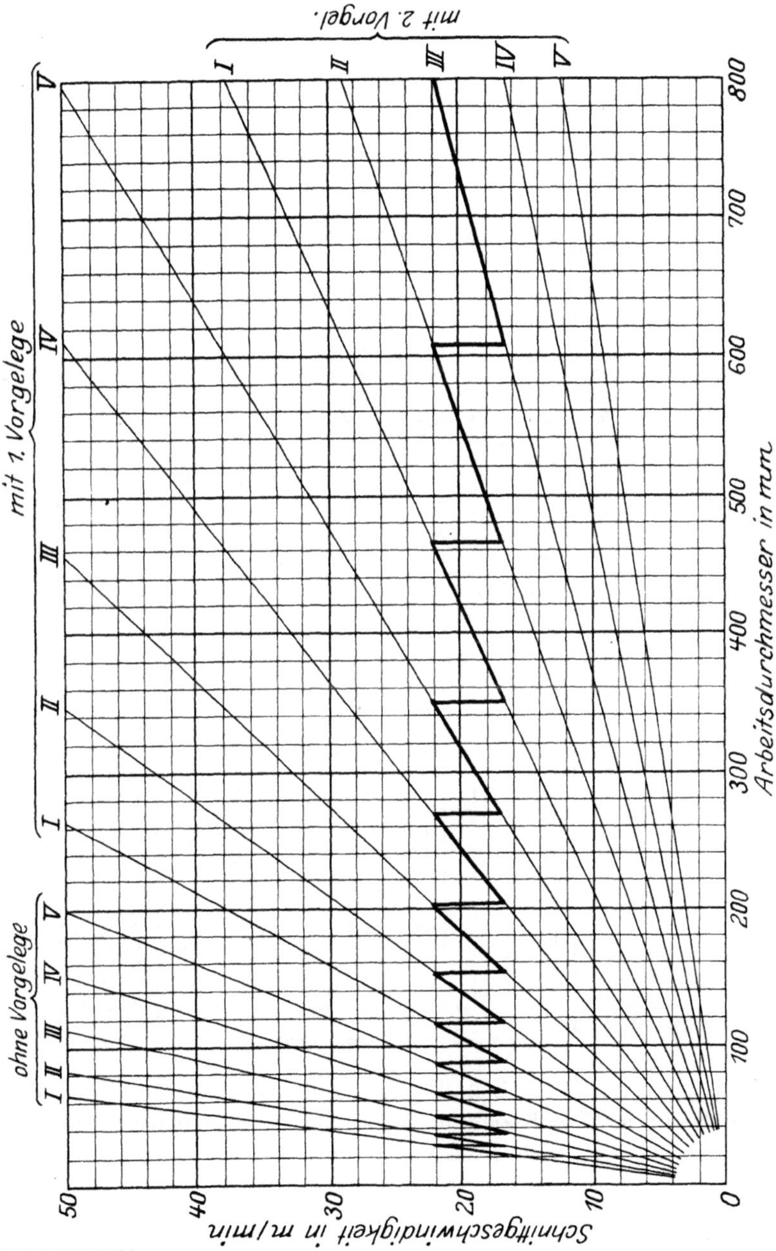

Abb. 5. Sägendiagramm einer bestimmten Drehbank.

[1]) Ausschuß für wirtschaftliche Fertigung beim Reichskuratorium für Wirtschaftlichkeit in Berlin. Abt. Ausschuß für Maschinenarbeit.

dem gegebenen Durchmesser des Werkstückes rechnen kann, und daß keine größeren Schnittgeschwindigkeiten, die etwa schon die Gesetzmäßigkeiten überschreiten könnten, vorhanden sind. Bei Plandreh-

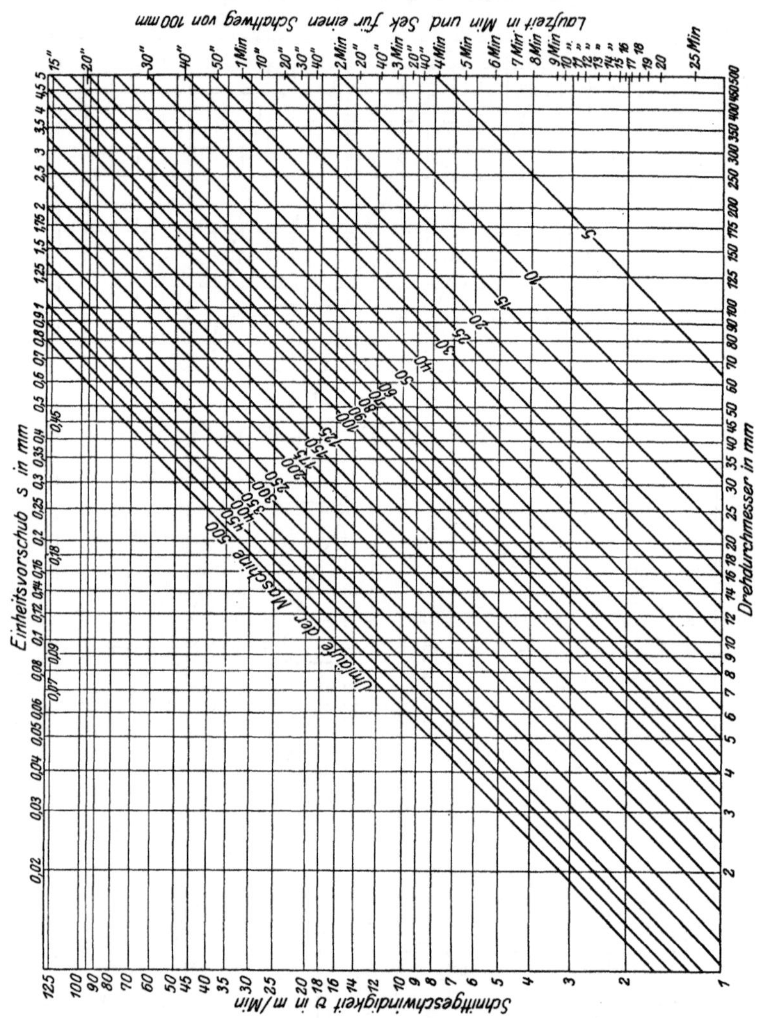

Abb. 6. Logarithmisches Diagramm[1]) für $v = d \cdot \pi \cdot n$.

arbeiten ändert sich die Schnittgeschwindigkeit mit dem Vordringen des Drehstahles. Die Beziehung zwischen Drehdurchmesser (d), Umdrehungen (n) und Schnittgeschwindigkeit (v) ist dargestellt durch

$$v = \frac{d \cdot \pi \cdot n}{1000}.$$

[1]) Vgl. Hülle, Ausnutzung von Werkzeugmaschinen. 5. Aufl. Berlin: Julius Springer. 1926.

Als Maß von v ist stets m/min, von d mm und von n Umdr./min angenommen. Die graphische Beziehung zwischen Durchmesser, Schnittgeschwindigkeit und Umdrehungen wird nach diesem Gesetz durch das bekannte Sägendiagramm dargestellt, wie es Abb. 4 für Durchmesser bis 1000 mm, Schnittgeschwindigkeiten bis 50 m/min und Umdrehungen bis 1000 Umdr./min·wiedergibt. Einen Auszug aus diesem allgemeinen Diagramm stellt Abb. 5 für die Verhältnisse einer bestimmten Drehbank dar. Der Name Sägendiagramm ist auf die einem Sägeblatt ähnlich sehende Kurve für das Ansteigen und Abfallen der Schnittgeschwindigkeit beim Übergang von einer Tourenzahl zur anderen zurückzuführen. Das Sägendiagramm läßt sich im doppellogarithmischen Feld darstellen; hierbei werden aus den Strahlen, gemäß den Gesetzen der logarithmischen Darstellung:

$$\log v = \log d + \log \pi + \log n - \log 1000$$

Parallele (Abb. 6). Das Sägendiagramm ist nichts anderes als die Darstellung der obigen Gleichung, eine weitere Bedeutung kommt ihm nicht zu, da es sozusagen erst dann einsetzt, wenn die wichtigste Frage, nämlich die nach der zulässigen Schnittgeschwindigkeit, sowie nach der Bank und ihrer Leistung, bereits gelöst sein muß. Diese Fragen kann das Sägendiagramm aber nicht lösen.

Als Fortschritt ist das in Abb. 7 abgebildete Diagramm anzusehen, das die Fa. Gebr. Böhringer, Göppingen, nach meinen Angaben[1]) ihren Maschinen beigibt. In diesem Diagramm ist die Leistung am Stahl berücksichtigt. Es war aber mangels besserer Unterlagen damals noch auf konstanten Schnittgeschwindigkeiten aufgebaut (vgl. Abschnitt VI).

Die Schnittgeschwindigkeit, mit der ein bestimmtes Material bearbeitet werden kann, darf eine bestimmte Größe nicht überschreiten, damit der Drehstahl nicht verbrennt, d. h. vorzeitig unbrauchbar wird.

Die beim Zerspanen freiwerdende Wärme ist der Feind des Drehstahles, die ihn abstumpft und schließlich zerstört. Die Wärme entsteht durch die Reibung, die einerseits durch das Abfließen des Spanes über die Brust des Stahles und andererseits durch das Vorbeieilen des Werkstückes am Rücken des Stahles verursacht wird. Hinzu kommt noch die Wärme, die infolge der inneren Vorgänge im Werkstoff durch die Zerstörung der molekularen Zusammenhänge frei wird.

Für den praktischen Gebrauch in der Werkstatt und im Konstruktionsbureau der Werkzeugmaschinenfabriken haben sich im Laufe der Zeit Werte für günstigste Schnittgeschwindigkeiten herausgebildet, wie sie in den bekannten Taschenbüchern in Zahlentafeln zu finden sind.

---

[1]) Kronenberg: Zur Frage des Qualitätsnachweises für Werkzeugmaschinen. Zeitschr. Maschinenbau-Betrieb 1922, S. 404ff.

Aus Abb. 8 ersieht man die Ungenauigkeiten dieser „üblichen“ Angaben über die Schnittgeschwindigkeit. Die im Bilde durch senkrechte

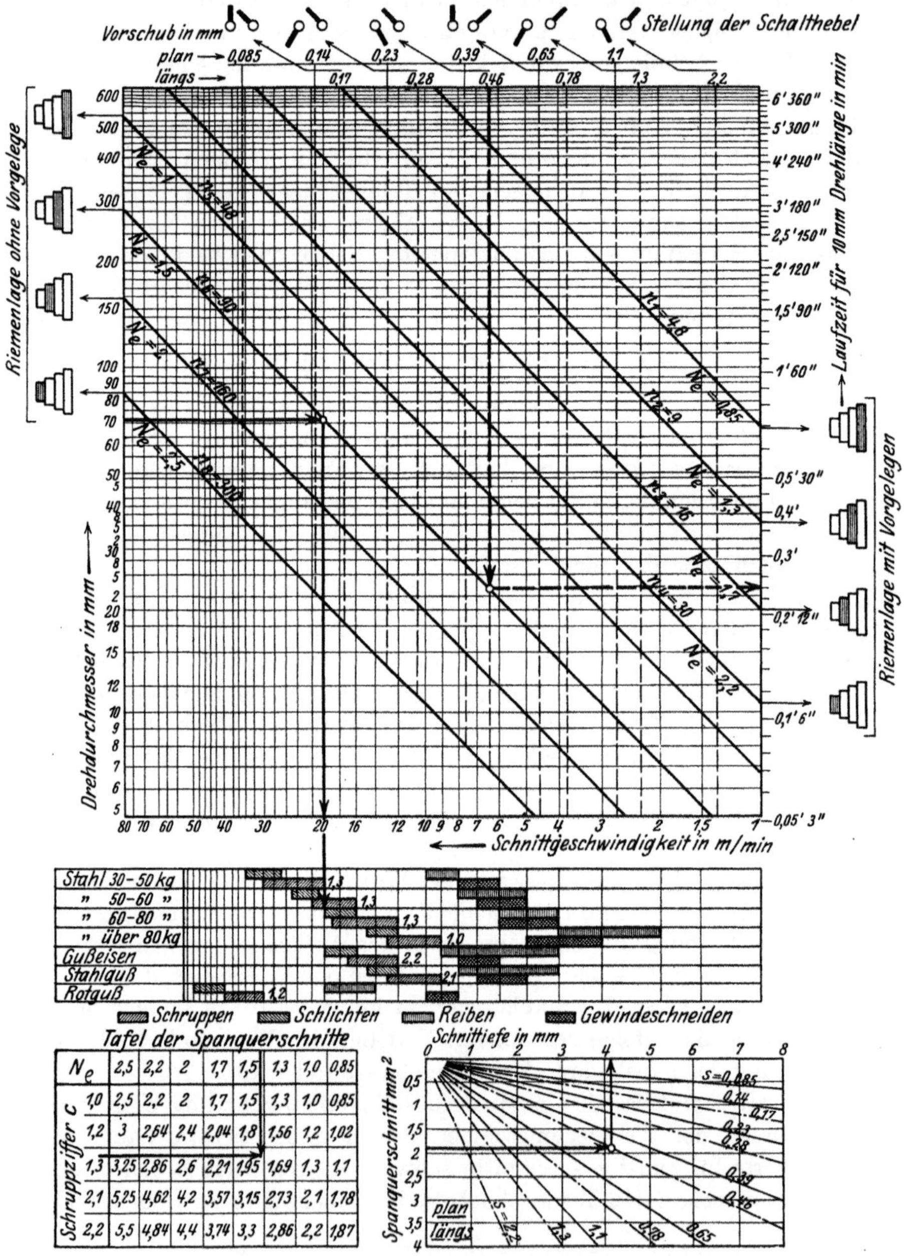

Abb. 7. Diagramm einer Drehbank.
[Fa. Gebr. Böhringer G. m. b. H. Göppingen (Wttbg.) System Kronenberg.]

Striche angegebenen Werte entstammen drei verschiedenen Taschenbüchern. Es sind dabei nicht nur die absoluten Werte verschieden, sondern auch die angegebenen „zulässigen“ Grenzen. Für Schmiedeeisen geben z. B. die Bücher 1 und 2 20 bis 30 m/min an, Buch 3 nur 14 bis 19 m/min. Bei Rotguß sind die Unterschiede noch gewaltiger. Die Schwankungen innerhalb der sogenannten zulässigen Grenzen sind so stark, daß man mit ihnen keine eindeutigen Ergebnisse, geschweige denn sichere Grundlagen erzielen kann. Solche Werte sind heutzutage als unbrauchbar abzulehnen, ebenso wie Tabellen, die mit vieler Mühe aus diesen Werten errechnet werden können, wie sie Zahlentafel 1 und 1a zeigen.

Trotz der vollkommenen Unsicherheit der Angaben werden diese „üblichen“ Werte noch heute in vielen Betrieben benutzt. Daraus erklären sich auch die vielen Unterschiede in den Kalkulationen, so daß Differenzen von 100% und mehr keine Seltenheit sind.

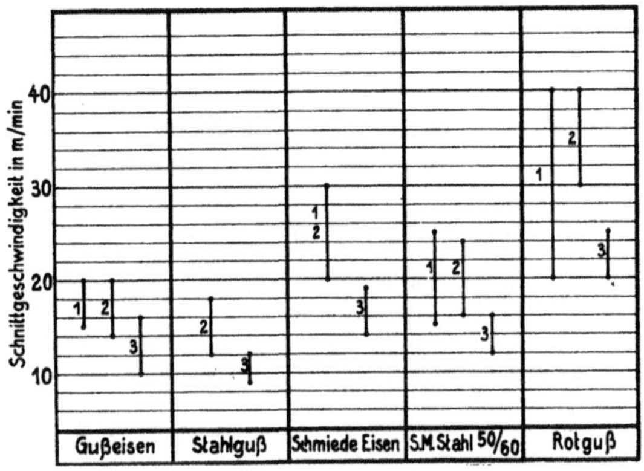

Aus 3 verschiedenen Taschenbüchern 1÷3.

Abb. 8. Ungenauigkeit der „üblichen“ Angaben über Schnittgeschwindigkeiten[1]).

Wie schon eingangs erörtert, haben diese unsicheren Unterlagen ihre Ursache in den vielen Gesichtspunkten, die bei der Bestimmung der besten Schnittgeschwindigkeit mitsprechen.

Die Hauptrolle für die Bestimmung der wirtschaftlichen Schnittgeschwindigkeit spielt der Spanquerschnitt, der abzunehmen ist. Je kleiner unter sonst gleichen Umständen der abzudrehende Spanquerschnitt ist, desto größer kann die Schnittgeschwindigkeit sein und umgekehrt. In den Tabellen kommt diese Abhängigkeit zahlenmäßig gar nicht zum Ausdruck; man kennt höchstens den Unterschied zwischen Schruppen und Schlichten, trotzdem niemand in der Lage ist, anzugeben, wo das Schruppen aufhört und das Schlichten beginnt. Was im Schwermaschinenbau schon mit Schlichten bezeichnet wird, kann im Präzisionsbau noch gröbstes Schruppen sein, trotzdem beidemal der gleiche Span abgenommen wird.

---

1) Bild Kronenberg-ADB 14.

Zahlentafel 1. Beispiel einer Schnittgeschwindigkeitstabelle, wie sie nicht sein soll. Diese Tafel berücksichtigt weder die Leistung, noch den Spanquerschnitt und nur eine Schnittgeschwindigkeit. Für jede andere Schnittgeschwindigkeit und jedes andere Werkzeug ist stets eine weitere Tafel erforderlich!

Schnittgeschwindigkeitstabelle für Drehbank Nr. 2

Für Schnellstahl

	Der Riemen liegt auf der schraffierten Scheibe							
	Ohne Vorgelege				Mit Vorgelege			
	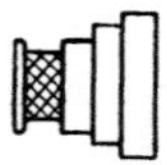	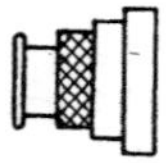	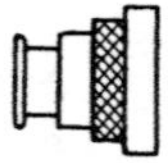	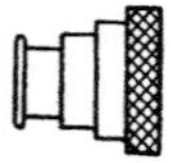	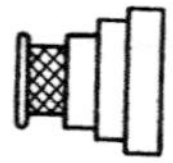	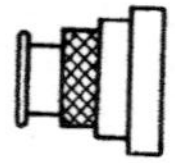	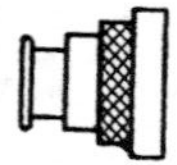	
Schruppen	Durchmesser des Arbeitsstückes							
Gußeisen, weich	10—13	17—26	27—40	41— 80	81—145	146—220	221—385	386—535
„ mittel	9—17	14—20	21—30	31— 55	56—120	121—180	181—280	281—440
„ hart	5— 8	8—12	13—18	19— 35	36— 70	71—107	108—165	166—265
Stahlguß	10—14	15—18	19—28	29— 50	51—100	101—160	161—250	251—400
Schmiedeeisen, weich.	13—18	19—29	30—45	46— 75	76—160	161—255	256—400	401—630
„ mittel.	10—15	16—23	24—35	36— 65	66—130	131—200	201—320	321—485
Wellenstahl, hart	7—12	13—17	18—28	29— 50	51—100	101—160	161—250	251—400
Werkzeugstahl, mittelhart . . .	6—10	11—15	16—24	25— 45	46— 90	91—140	141—220	221—350
Messing und Rotguß	17—27	28—40	41—65	66—115	116—230	231—360	360—370	571—980
Schlichten								
Gußeisen, weich	18—20	21—30	31—45	46— 80	81—165	166—260	261—400	401—600
„ mittel	11—17	18—25	26—40	41— 70	71—140	141—220	221—310	341—520
„ hart	7—11	12—18	19—27	28— 50	51—100	101—160	161—245	246—400
Stahlguß	10—15	16—24	25—36	37— 65	66—135	136—210	211—330	331—520
Schmiedeeisen, weich.	16—24	25—35	36—52	53— 90	91—185	186—300	301—400	401—700
„ mittel	14—20	21—30	31—45	46— 80	81—170	171—260	261—390	391—600
Wellenstahl, hart	11—17	18—25	26—39	40— 65	66—140	141—220	221—340	341—520
Werkzeugstahl, mittelhart . . .	8—13	14—20	21—30	31— 55	56—122	123—180	181—280	281—435
Messing und Rotguß	25—39	40—60	61—90	91—155	156—340	341—560	561—820	821—930

Bohren	Mit Spiralbohrer (Mit Stahl wie oben bei Schruppen und Schlichten)							
Gußeisen, weich	12—18	19—28	29—40	41— 75	76—150	151—245	246—360	361— 505
„ mittel	10—14	15—23	24—35	36— 65	66—130	131—200	201—310	321— 475
„ hart	5— 8	9—12	13—18	19— 35	35— 69	70—105	106—165	166— 250
Stahlguß	10—14	15—23	24—37	38— 60	61—129	130—200	201—310	311— 475
Schmiedeeisen, weich	15—22	23—34	35—50	51— 90	91—180	181—280	281—450	451— 650
„ mittel	12—19	20—25	26—42	43— 80	81—150	151—240	241—365	366— 550
Wellenstahl, hart	10—14	15—22	23—35	36— 70	71—130	131—200	221—340	311— 475
Werkzeugstahl, mittelhart	7—10	11—16	17—25	26— 50	51— 95	96—149	150—225	226— 350
Messing und Rotguß	22—34	35—50	51—75	76—150	151—285	286—450	451—700	701—1100
Abstechen								
Gußeisen, weich	10—15	16—26	27—40	41— 70	71—140	141—220	221—340	341—520
„ mittel	7—11	12—18	19—27	28— 50	51—100	101—159	160—245	246—390
„ hart	5— 7	8—10	11—17	18— 30	31— 60	61— 95	96—145	146—220
Stahlguß	7—11	12—16	17—25	26— 45	46— 95	96—145	146—230	231—350
Schmiedeeisen, weich	12—18	19—27	28—40	41— 80	81—150	151—235	236—360	361—550
„ mittel	9—14	15—21	22—30	31— 60	61—115	116—185	186—290	291—435
Wellenstahl, hart	6— 9	10—14	15—21	22— 40	41— 80	81—125	126—195	196—300
Werkzeugstahl, mittelhart	5— 8	9—12	13—18	19— 35	36— 69	70—105	106—165	166—260
Messing und Rotguß	17—22	23—38	39—60	61—100	101—210	211—335	336—520	521—760
Gewindeschneiden								
Gußeisen, weich	5— 8	9—12	13—18	19— 30	31— 68	69—105	106—165	166—260
„ mittel	4— 5	6— 8	9—12	13— 25	26— 45	46— 75	76—115	116—170
„ hart	2— 4	5— 6	7— 9	10— 18	19— 34	35— 52	53— 80	81—130
Stahlguß	4— 6	7— 9	10—14	15— 26	27— 50	51— 79	80—125	126—200
Schmiedeeisen, weich	7—10	11—17	18—25	26— 50	51— 95	96—149	150—230	231—350
„ mittel	5— 8	9—12	13—18	19— 35	36— 69	70—105	106—164	165—260
Wellenstahl, hart	4— 6	7— 9	10—14	15— 25	26— 50	51— 79	80—125	126—200
Werkzeugstahl, mittelhart	2— 4	4— 6	6— 9	10— 14	15— 33	34— 52	53— 80	81—130
Messing und Rotguß	9—14	15—20	21—30	31— 55	56—115	116—185	186—290	291—435

Zahlentafel 1 a. Dieselbe Zahlentafel wie Nr. 1 als Beispiel für die vollständige Änderung aller Zahlen, wenn statt Schnellstahl Werkzeugstahl zugrunde gelegt wird.

Schnittgeschwindigkeitstabelle für Drehbank Nr. 2

Für gewöhnlichen Werkzeugstahl

	Der Riemen liegt auf der schraffierten Scheibe							
	Ohne Vorgelege				Mit Vorgelege			
	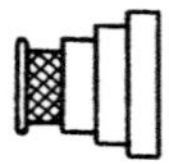	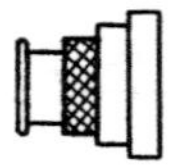	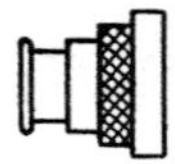	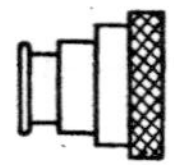	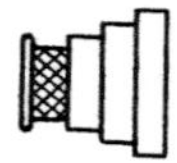	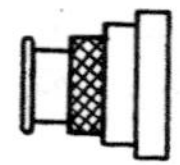	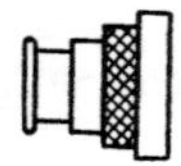	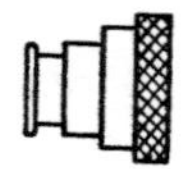
Schruppen	Durchmesser des Arbeitsstückes							
Gußeisen, weich	7—10	12—16	18—24	29—38	65— 90	105—140	160—215	260—350
„ mittel	4— 6	6—10	1—15	18—24	33— 55	53— 88	80—135	130—220
„ hart	3— 5	4— 7	6—10	10—29	22— 40	35— 61	55— 95	87—150
Stahlguß	4— 8	7—12	10—18	17—29	39— 67	61—105	95—160	150—260
Schmiedeeisen, weich.	6— 9	10—14	15—20	24—34	55— 78	87—122	134—190	220—300
„ mittel	5— 8	9—12	13—18	22—29	50— 67	80—105	120—160	195—260
Wellenstahl, hart	4— 6	6—10	9—15	15—24	33— 55	52— 88	80—135	130—220
Werkzeugstahl, mittelhart . . .	4— 6	6— 9	9—13	14—22	33— 50	52— 80	80—120	130—200
Messing und Rotguß	15—20	24—32	35—48	57—77	130—180	210—280	320—430	520—700
Schlichten								
Gußeisen, weich	10—12	16—20	24—30	38—48	90—110	140—175	215—270	330—460
„ mittel	8—18	12—16	18—29	29—38	65— 90	105—140	160—215	220—300
„ hart	5— 8	8—12	12—18	19—29	45— 67	70—105	106—160	130—200
Stahlguß	6—10	10—16	15—24	24—38	55— 90	88—140	134—215	175—260
Schmiedeeisen, weich.	10—12	16—20	24—30	30—47	90—110	140—175	215—270	300—400
„ mittel	6—10	12—16	18—24	24—38	65— 90	105—140	160—215	260—350
Wellenstahl, hart	6— 9	9—14	13—21	22—34	50— 78	79—122	120—190	174—260
Werkzeugstahl, mittelhart . . .	5— 7	8—12	12—18	20—29	45— 67	70—105	106—160	170—260
Messing und Rotguß	18—25	30—40	45—60	70—95	190—220	260—350	400—535	550—750

Bohren								
Gußeisen, weich	10—14	16—22	24—33	38—53	90—120	140—190	215—295	350—480
„ mittel	6—9	10—14	15—21	24—34	55—78	88—122	130—190	220—300
„ hart	4—6	6—9	9—13	14—22	33—50	52—80	85—120	130—200
Stahlguß	5—8	8—12	12—18	19—29	45—67	70—105	106—160	172—260
Schmiedeeisen, weich	8—11	14—18	21—27	24—43	78—100	122—160	190—240	300—400
„ mittel	7—10	12—16	18—24	29—38	67—90	105—140	160—215	240—370
Wellenstahl, hart	5—8	8—12	12—18	23—29	45—67	70—105	106—160	170—260
Werkzeugstahl, mittelhart	5—8	8—12	12—18	19—29	45—67	70—105	106—160	170—260
Messing und Rotguß	15—22	25—35	37—52	60—84	140—195	220—300	335—470	540—750
Abstechen								
Gußeisen, weich	5—8	9—12	13—18	22—29	50—67	80—105	120—160	200—260
„ mittel	4—6	6—9	9—13	14—22	33—50	52—80	81—130	130—200
„ hart	3—4	4—6	6—9	10—14	22—33	35—52	53—80	87—130
Stahlguß	4—6	6—10	9—15	14—24	33—55	62—88	53—134	130—220
Schmiedeeisen, weich	5—8	8—12	12—18	19—29	45—67	70—105	106—160	170—360
„ mittel	4—6	6—10	9—15	14—24	33—55	52—88	80—134	130—220
Wellenstahl, hart	3—5	5—8	8—12	12—19	28—45	45—70	67—106	110—175
Werkzeugstahl, mittelhart	3—4	4—6	6—9	10—14	22—33	35—52	53—80	87—180
Messing und Rotguß	10—14	16—22	24—33	38—53	90—120	140—192	215—295	350—430
Gewindeschneiden								
Gußeisen, weich	4—6	6—9	9—13	14—22	33—50	52—80	81—120	130—200
„ mittel	3—5	5—8	8—12	12—19	28—45	45—70	67—105	110—175
„ hart	2—4	3—6	5—9	7—14	17—33	26—52	40—80	65—130
Stahlguß	3—4	4—7	6—10	10—17	22—39	35—62	52—85	87—150
Schmiedeeisen, weich	5—8	8—12	12—18	19—29	45—67	70—105	106—160	170—260
„ mittel	4—6	6—9	9—13	14—22	33—50	52—80	80—120	130—200
Wellenstahl, hart	3—5	4—7	8—10	10—17	22—34	35—62	52—95	87—150
Werkzeugstahl, mittelhart	2—5	3—5	5—7	7—12	17—28	26—44	40—67	65—110
Messing und Rotguß	9—12	15—20	22—30	36—48	85—110	130—175	200—270	225—435

b) Voraussetzungen für die Gesetzmäßigkeit (Norm der Lebensdauer des Drehstahles).

Der Spanquerschnitt tritt sozusagen als freie Veränderliche auf. Die anderen Größen, die die Schnittgeschwindigkeit beeinflussen, also die Eigenschaften des zu bearbeitenden Werkstoffes, die Winkel und das Material des Drehstahles, die Schneidhaltigkeit bis zum Wiederanschleifen, die Kühlung usw. können in gewissem Sinne als gegeben angesehen werden. Jedoch müssen den Abhängigkeiten zwischen Spanquerschnitt und Schnittgeschwindigkeit jeweils bestimmte Werte für diese Größen zugrunde gelegt werden, wenn man überhaupt weiterkommen will.

Taylor legte seinen Untersuchungen die Annahme einer Normalzeit von 20 Min. zugrunde, d. h. er stellte die Schnittgeschwindigkeit so ein, daß der Drehstahl nach 20 Min. stumpf wurde. Diese Schnittgeschwindigkeit nannte er „Normal-Schnittgeschwindigkeit“. Da aber 20 Minuten Schneidhaltigkeit für den praktischen Betrieb zu kurz ist, stellte er Versuche an, um zu ermitteln, um welchen Betrag die Schnittgeschwindigkeit zu ermäßigen ist, damit der Stahl $1^1/_2$ Stunden scharf bleibt. Diese Schnittgeschwindigkeit nannte er „Praktische Schnittgeschwindigkeit“. Taylor hatte die 20-Minuten-Zeit gewählt, um schneller mit seinen Versuchen fertigzuwerden, denn wenn er alle Versuche auf $1^1/_2$ Stunden ausgedehnt hätte, so hätte er noch bedeutend mehr Zeit für seine Untersuchungen gebraucht, als es schon der Fall gewesen war. Bekanntlich hat Taylor 26 Jahre für seine verschiedenen Untersuchungen benötigt.

Infolge der Aufstellung der „praktischen Schnittgeschwindigkeiten“ hat Taylor auch allgemeine Versuche über das Verhältnis der Lebensdauer (Schneidhaltigkeit) des Drehstahles zur Schnittgeschwindigkeit angestellt, d. h., er untersuchte, um welchen Betrag die Schnittgeschwindigkeit gesteigert werden kann, oder verringert werden muß, wenn die Lebensdauer des Drehstahles kürzer bzw. länger sein soll, als sie der gewählten Schnittgeschwindigkeit entspricht[1]).

In Abb. 9 sind die Verhältnisse graphisch dargestellt. In der Abszissenachse ist vom 0-Punkt nach rechts bzw. links die prozentuale Zunahme bzw. Abnahme der Schnittgeschwindigkeit, in der Ordinatenachse die Zunahme bzw. Abnahme der Lebensdauer des Drehstahles aufgetragen. Die beiden gekennzeichneten Geraden stellen die Verbindung zwischen den obigen Größen her, und zwar einmal nach Taylors Versuchen und Formeln und das zweitemal berechnet nach seinen Tabellen für die praktische Schnittgeschwindigkeit. Den Untersuchungen liegt Schnellstahl als Drehmeißel und SM.-Stahl als Werkstoff zugrunde.

---

[1]) Taylor-Wallichs: Dreharbeit und Werkzeugstähle § 302. Berlin: Julius Springer 1917.

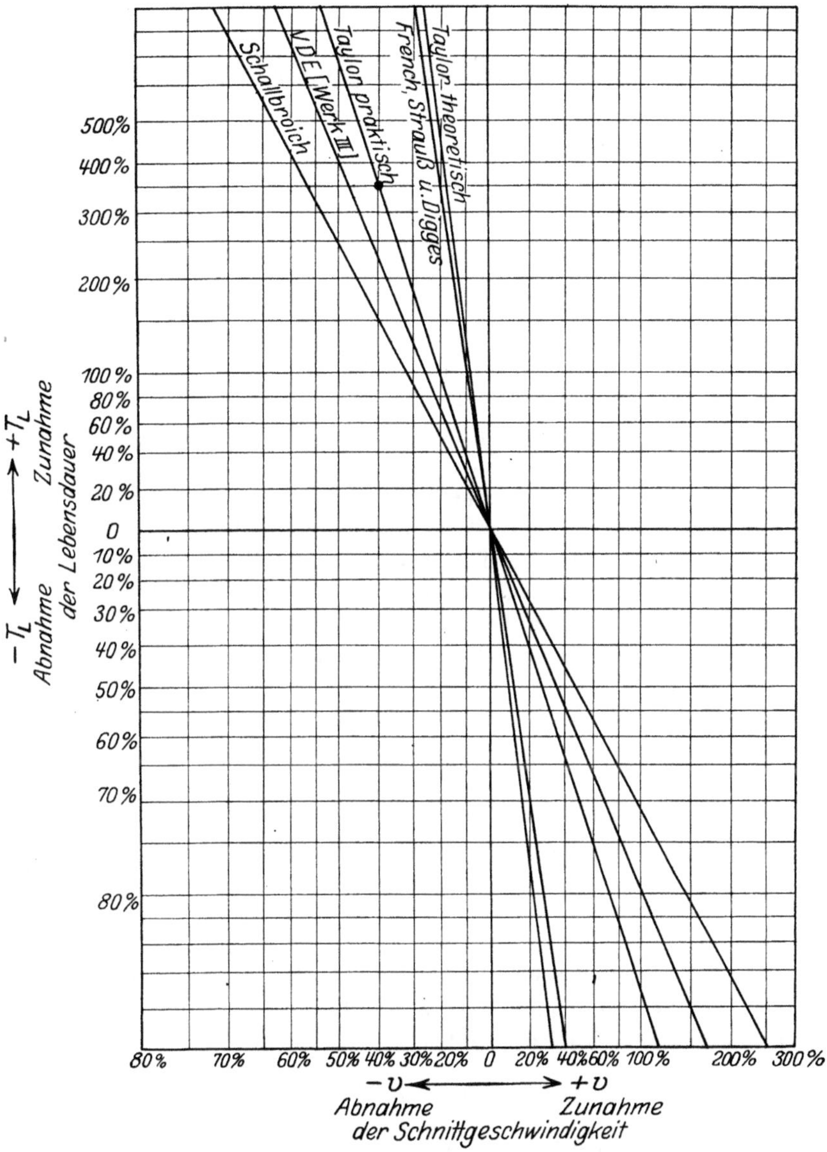

Abb. 9. Änderung der Lebensdauer des Drehstahles bei Änderung der Schnittgeschwindigkeit in Prozenten.

Die Festigkeit des Werkstoffes hat auf diese Beziehungen keinen Einfluß, wenn man für den Vergleich denselben Werkstoff zugrunde legt[1]).

[1]) Den Einfluß der verschiedenen Festigkeiten des Werkstoffes auf die Lebensdauer des Drehstahles bei gleicher Schnittgeschwindigkeit usw. hat Schwerd untersucht. Vgl. Z. d. V. d. I. Bd. 69, S. 785 ff. 1925.

Für Gußeisen ist es Taylor (und meines Wissens auch anderen Forschern bis jetzt) nicht gelungen, eine ähnliche Beziehung aufzustellen.

Aus dem Diagramm geht hervor, daß sich Schneidhaltigkeit und Schnittgeschwindigkeit sehr stark gegenseitig bedingen. Ist z. B. die Schnittgeschwindigkeit für eine bestimmte Schneidhaltigkeit bekannt (0-Punkt) und will man sie noch steigern (unter sonst gleichen Bedingungen), so ersieht man, daß eine Steigerung der Schnittgeschwindigkeit um 10% unter Zugrundelegung der Taylorschen Versuche bereits eine Abnahme der Schneidhaltigkeit um 50% bedingt. Steht ein Drehstahl bei 20 m/min Schnittgeschwindigkeit 20 Minuten bis zur Abstumpfung, so wird er bei 22 m/min nur 10 Minuten scharf bleiben. Da nach meinen Erfahrungen der Einfluß der Steigerung der Schnittgeschwindigkeit auf die Lebensdauer sehr stark ist, jedoch nicht so stark, wie es Taylor angibt, habe ich eine Nachrechnung des Verhältnisses von Taylors praktischen Schnittgeschwindigkeiten zu seinen normalen Schnittgeschwindigkeiten vorgenommen und gefunden, daß er die praktischen Schnittgeschwindigkeiten durch Multiplikation der normalen Schnittgeschwindigkeiten mit im Mittel 0,6 gebildet hat. Da den normalen Schnittgeschwindigkeiten eine Schneidhaltigkeit von 20 Minuten, den praktischen eine solche von 90 Minuten zugrunde liegt, kann man dieses Verhältnis in das Diagramm eintragen (Punkt •) und durch Verbindung mit dem Ursprung die zweite Gerade erhalten. Diese ergibt Werte, die meines Erachtens der Wirklichkeit näherkommen. Hiernach würde einer Steigerung der Schnittgeschwindigkeit um 10% nur ein Abfall der Lebensdauer um 24% entsprechen. Auch hiernach ist der gegenseitige Einfluß beider Größen noch gewaltig groß. Bezeichnet T_L die Lebensdauer des Drehstahles in Minuten bis zum Abstumpfen, so ergibt sich nach Taylor:

$$T_L = f\left(\frac{1}{v^8}\right),$$

d. h. die Lebensdauer ändert sich im umgekehrten Verhältnis der 8. Potenz der Schnittgeschwindigkeit. Die zweite Gerade stellt die Veränderlichkeit mit folgender Funktion fest:

$$T_L = f\left(\frac{1}{v^3}\right),$$

d. h. also, das Verhältnis enthält die 3. Potenz.

In neuester Zeit sind Versuche vom Verein Deutscher Eisenhüttenleute zur Klärung dieser Zusammenhänge[1]) vorgenommen worden. Bei diesen Versuchen wurde festgestellt, daß die Lebensdauer eines Drehstahles wesentlich von der Härtetemperatur abhängt, und zwar ist

[1]) Berichte der Fachausschüsse des Vereins Deutscher Eisenhüttenleute, Werkstoffausschuß, Bericht 86 vom 26. Februar 1926. Von Dr.-Ing. Rapatz.

die günstigste Härtetemperatur dann erreicht, wenn das Kleingefüge aus verhältnismäßig deutlichen und großen Polyedern besteht. Die Legierung des Schnellstahles hat nicht so starken Einfluß auf die Schneidhaltigkeit wie die richtige Härtung, so daß schon niedriger legierte Stähle bessere Leistungen aufwiesen als höhere, falls diese um 50° C zu niedrig gehärtet waren. Die günstigsten Härtetemperaturen sind in der nachstehenden Zahlentafel 2 verzeichnet[1]):

Zahlentafel 2.

Art des Schnellstahles	Günstigste Härtetemperatur	Dauer der Einwirkung dieser Temperatur
∾ 14% Wolfram	1270°÷1290°	1 ÷ höchstens 3 Min.
Mehr als 18% Wolfram	1300°	Desgl.
Mit Kobaltzusatz	1320°	Desgl.

Die feinen Unterschiede der Temperaturen können natürlich nicht mehr geschätzt werden, sondern müssen mit Pyrometern gemessen werden. Als Anhalt dient für die Praxis die beginnende Blasenbildung an der äußersten Kante des Stahles; hiermit kann man die richtige Temperatur zufällig treffen. Die Blasenbildung darf aber nur so weit gehen, wie beim Anschleifen des Stahles Material wieder fortgenommen wird. Unter Berücksichtigung dieser Härteregeln ergeben sich die in Abb. 10 dargestellten Diagramme für die Abhängigkeit zwischen Schnittgeschwindigkeit und Lebensdauer des Drehstahles. Zum Vergleich sind auch die Versuche der Amerikaner French, Strauß und Digges[2]) sowie die von Schallbroich[3]) hinzugezogen. In Abb. 9 (S. 17) sind sie auf prozentuale Änderungen von v und T_L umgewertet und den Taylorschen Ergebnissen gegenübergestellt.

Aus ihr ersieht man, daß die Versuche von French, Strauß und Digges sehr nahe an die theoretischen Angaben Taylors herankommen; die deutschen Versuche liegen der „praktischen" Taylorlinie näher. Während die ersteren sich auch in den Grenzen der Abhängigkeit mit dem umgekehrten Werte der 7. bis 8. Potenz der Schnittgeschwindigkeit bewegen, bewegen sich die letzteren ebenfalls in den Grenzen der 2. bis 3. Potenz wie Taylors praktische Angaben.

Anders liegen die Verhältnisse jedoch bei ausgesprochen kleinen Spanquerschnitten. Für sehr kleine Spanquerschnitte hat E. G. Herbert[4]) schon früher gezeigt, daß die Lebensdauer des Stahles zuerst

[1]) Hierzu vgl. auch: Normen der „American Society for Steel Treating (Cleveland)" über Wärmebehandlung von Kohlenstoff- und Schnellstahl. Werkstattstechnik 1927, S. 49 ff. Berlin: Julius Springer.

[2]) Stahl u. Eisen 1924, S. 566.

[3]) Schieß-Nachrichten 1924/25, S. 178.

[4]) Trans. Manch. Association of Eng. 1908/09.

		Versuchsdaten. Legierung[1) W%	V%	Co%	Härtung	Festigkeit des Werkstückes	Span-querschnitt $s \cdot t$
Schallbroich						62÷66 kg	1,25 · 4,0
French Strauß Digges	A	13,92	1,49	3,63	1320°	50 kg	0,21 · 4,8
	B	17,97	0,73	3,06	1350°	50 ,,	0,21 · 4,8
	C	13,91	1,64	0,09	1290°	50 ,,	0,21 · 4,8
	D	18,33	0,85	—	1320°	50 ,,	0,21 · 4,8
V.D.E.		18			1300	90 ,,	2,12 · 4,0

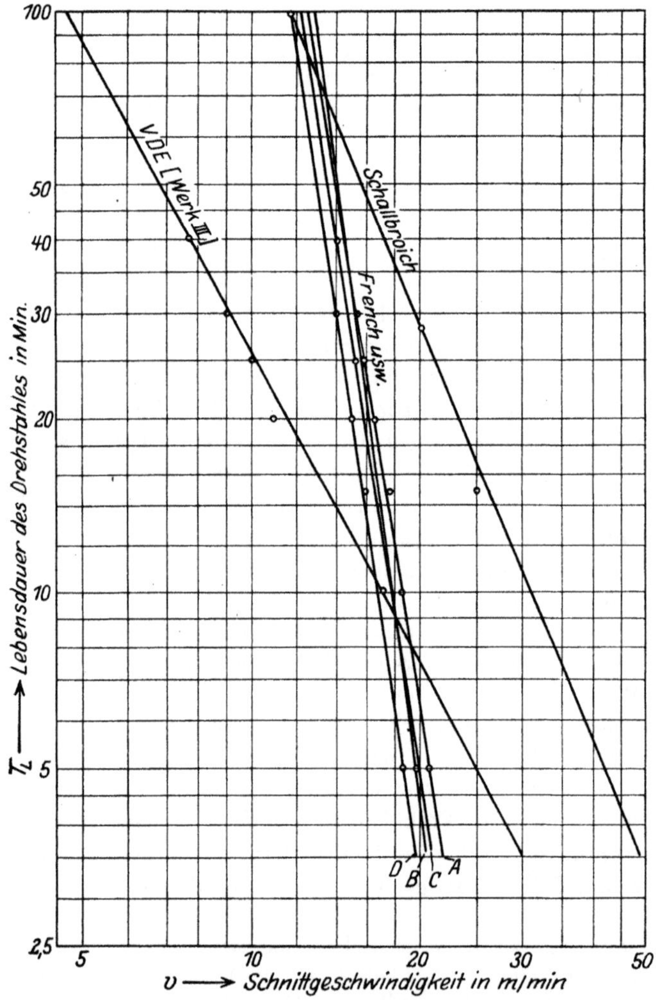

Abb. 10. Abhängigkeit der Lebensdauer des Drehstahles von der Schnittgeschwindigkeit.

[1]) W = Wolfram, V = Vanadium, Co = Kobalt.

mit der Schnittgeschwindigkeit bis auf ein Maximum wächst, dann wieder fällt, auf ein zweites Maximum ansteigt, um schließlich mit weiterwachsender Geschwindigkeit wieder zu fallen. Die Versuche, die Dempster Smith[1]) und Arthur Leigh im Auftrage des Cutting Tools Research Committee ausführten, sollten diese Erscheinungen weiter aufklären.

Als Kriterium der Abstumpfung des Drehstahles sahen sie ein 10proz. Anwachsen der vertikalen Druckkomponente des Schnittdruckes an, wie es an einem besonders gebauten Dynamometer angezeigt wurde. Bei einem solchen Anwachsen des Druckes war der Drehstahl so weit abgenutzt, daß er neu angeschliffen werden mußte. Erwähnt sei hierbei, daß dieses Kriterium zuerst von Schlesinger im Jahre 1913, und zwar für die horizontalen Druckkomponenten angegeben wurde[2]).

Bei den Versuchen wurden sowohl Kohlenstoff- als auch Schnellstähle benutzt. Der Kohlenstoffgehalt der ersteren war 1,28%, der Wolframgehalt der letzteren 13,08%. Als Werkstoff wurde SM.-Stahl von ca. 65 kg Festigkeit verwandt.

Da die Frage der Schneidhaltigkeit auch eine Frage der Härte der Stähle ist, wurden Vorversuche unternommen, um festzustellen, wie sich die Härte der Stähle bei verschiedenen Temperaturen und Härteverfahren ändert. Am Herbertschen Pendelhärteprüfer ergab sich bei Kohlenstoffstählen, die einmal gehärtet wurden, eine Verringerung der Härte bis zu einer Stahltemperatur von 70° C, dann ein Ansteigen bis zu 125° mit darauffolgendem Abfallen der Härte bei höheren Stahltemperaturen. Wird der Stahl gehärtet und noch bei 200° angelassen, so steigt die Härte bis 120° Stahltemperatur, fällt dann bis zu 275° langsam und dann schnell ab. Bei Schnellstahl ergeben sich wellenförmige Kurven für die Härte in Abhängigkeit von der Stahltemperatur. Der einmal bei 1320° gehärtete Stahl läßt mit wachsender Erwärmung des Stahles an Härte nach, allerdings nicht gleichmäßig, sondern mit Härtemaxima bei 250° und 400° und Härteminima bei 160° und 330°. Wird der Stahl bei 450° angelassen, so verschiebt sich das erste Minimum zu den kleineren Temperaturen hin. Diese Verschiebung wird bei einem bei 575° angelassenen Stahl noch stärker, außerdem verschwindet hierbei auch die zweite Welle der Kurve, d. h. die Härte bleibt bis zu Temperaturen von 450° fast konstant. Bei 475° hat dieser Stahl dieselbe Härte wie in kaltem Zustande. Wird der Stahl einer dritten Wärmebehandlung bei 450° unterworfen, so fällt die Härtekurve schon von 350° an. Im Vergleich zu den üblichen Untersuchungen der Stähle in

---

[1]) Experiments with Lathe Tools on fine cuts . . . by Dempster Smith and Arthur Leigh. Proceedings of the Meeting of the Inst. of M. E. London 1925, S. 383.

[2]) Stahl u. Eisen 1913, S. 929ff.

kaltem Zustande treten bei diesen Untersuchungen im warmen Zustande ganz andere Erscheinungen zutage, für die bisher zwar noch keine metallurgischen Erklärungen vorliegen (wegen der Schwierigkeit der mikroskopischen Untersuchung der warmen Stähle), die aber trotzdem schon zeigen, daß durch die zweite Wärmebehandlung eine Steigerung der Härte und Dauerhaftigkeit der Stähle hervorgerufen wird.

Dasselbe Untersuchungsverfahren wurde auch auf das später zerspante Material angewandt. Auch hierbei zeigte sich eine Veränderlichkeit der Härte des Materials mit seinem Wärmezustand; die Härte fiel leicht bis zu 100° Materialtemperatur, stieg bis 300°, blieb bis 430° konstant, um dann bei höheren Temperaturen des Materials schnell abzufallen. Eine Umrechnung der angegebenen Härtegrade in Brinellhärte zeigt z. B., daß oberhalb 430° die Brinellhärte von etwa $H = 190$ auf $H = 110$ bei 620° fällt. In Wirklichkeit bearbeitet man also bei den üblichen Schnittgeschwindigkeiten gar nicht ein Material von „kalter" Härte, sondern ein weicheres. Es findet sozusagen ein „Wettkampf" zwischen der Härte des Werkstoffes und der des Drehstahles statt; beide werden von der Schneidentemperatur verschieden beeinflußt. Zwischen 70° und 125° C nimmt sowohl die Härte des Werkstoffes als auch die des Kohlenstoffstahles zu. Über 150° verliert jedoch der Kohlenstoffstahl seine Härte, zuerst langsam, dann (über $\sim$ 350°) schnell, während der Werkstoff noch an Härte zunimmt, d. h. der Werkstoff bleibt „Sieger", der Kohlenstoffstahl muß das Feld räumen. Ähnlich verläuft der „Kampf" zwischen Schnellstahl und dem Material. Über 600° Schneidentemperatur verträgt Schnellstahl im Durchschnitt nicht; diese Temperatur hält er jedoch hauptsächlich nur deshalb noch aus, weil auch die Härte des Werkstoffes bei diesen Temperaturen bereits stark nachgelassen hat. Darüber hinaus beginnt der Wirkungsbereich der Hartmetalle (Stellit, Akrit, Cäsit usw.), die höhere Temperaturen vertragen, jedoch bereits „weicheres" Material bearbeiten.

Die Untersuchungen von Gottwein[1]) zeigen, daß die Temperaturen der Meißelschneide, und zwar bei Bearbeitung von Flußeisen ($k_z = 40$ kg/mm²) mit verschiedenen Spanquerschnitten, von ca. 200 bis 300° C bei 4 m Schnittgeschwindigkeit bis auf 400 bis 700° C bei 20÷24 m Schnittgeschwindigkeit ansteigen. Klopstock[2]) zeigt in einem Vergleich dieser Untersuchung von Gottwein mit einer entsprechenden von Herbert, daß beide Ergebnisse sehr gut übereinstimmen. Die Schneidentemperatur schwankt auch unter sonst gleichbleibenden Umständen (Werkstoff, Werkzeug, Schnittgeschwindigkeit,

---

[1]) Gottwein: Temperaturen der Meißelschneide beim Schruppdrehen von Metallen. Zeitschr. Maschinenbau 1926, Sonderheft Zerspanung.

[2]) Klopstock: Die Temperaturmessung an der Stahlschneide. Werkstattstechnik 1926, S. 663 ff.

Spanquerschnitt usw.) schon allein infolge des Anstauchens, Aufspaltens und Abtrennens des Spanes. Diese Schwankungen gehen in Bruchteilen von Sekunden vor sich. Sie können neuerdings mit dem Wärmemeßapparat von Einthoven (Leyden) graphisch aufgezeichnet werden, und stimmen mit den filmphotographischen Schnittdruckbildern[1]) von Klopstock dem Verlauf nach überein.

Die Hauptversuche von Smith und Leigh erstreckten sich auf die Untersuchung der Veränderlichkeit der Schneidhaltigkeit bei verschiedenen Schnittgeschwindigkeiten, sowohl für Kohlenstoff- als auch für Schnellstahl bei Trockenschnitt, ferner auf die Einflüsse der zweiten Wärmebehandlung, der Kühlung, der Temperaturen von Stahl und Span und dem Wechsel der Anfangskräfte bei verschiedenen Vorschüben.

Kohlenstoffstähle wurden geprüft bei Schnittgeschwindigkeiten bis zu 50 m/min, einem Vorschub von 0,033 mm/Umdr. und einer Schnitttiefe von 1,59 mm, also bei einem Spanquerschnitt von nur 0,0525 mm². Es wurden Stähle verwandt, die einer einmaligen und einer zweimaligen Wärmebehandlung unterworfen waren. Für die einmal behandelten Stähle waren die Maxima der Schneidhaltigkeit bei $v = 3{,}1$ und bei 18,3 m/min mit 160 Min. bzw. 125 Min.; dazwischen liegt ein Minimum bei $v = 12$ m/min mit nur 80 Min. Schneidhaltigkeit, außerhalb dieser Werte ist die Schneidhaltigkeit wesentlich geringer. Für die zweimal behandelten Stähle liegen die Maxima bei 6,2 und 11 m/min mit 115 bzw. 155 Min. Ein Vergleich mit Schnellstahl zeigt, daß bei Schnittgeschwindigkeiten unter rd. 25 m/Min. und sehr kleinen Spanquerschnitten die Schneidhaltigkeit beider Arten Stähle ziemlich gleich ist, so daß für solche Verhältnisse Kohlenstoffstahl genügt.

Bei den Schnellstählen wurden außer der Schnittgeschwindigkeit auch die Spanquerschnitte verändert. Einmal wurde die Schnittiefe (1,59 mm) konstant gehalten und die Vorschübe (0,033, 0,28, 0,406, 0,945 mm/Umdr.) geändert, das andere Mal der Vorschub auf 0,28 mm/Umdr. gehalten und mit 1,59 und 4,76 mm Tiefe gefahren. Die Minima- und Maximapunkte sind in der Zahlentafel 3 zusammengestellt.

Wie man ersieht, wandert das zweite Maximum immer mehr in die Gebiete der kleineren Schnittgeschwindigkeiten mit wachsendem Spanquerschnitt hinein, d. h. je mehr sich der Spanquerschnitt den betriebsähnlichen Größen nähert, desto eher tritt der Abfall der Schneidhaltigkeit mit wachsender Schnittgeschwindigkeit hervor, und desto mehr verschwindet das eigentümliche Verhalten des Anwachsens bzw. An- und Abschwellens der Schneidhaltigkeit mit wachsender Schnittgeschwindigkeit.

[1]) Berichte des Versuchsfeldes für Werkzeugmaschinen an der Technischen Hochschule Berlin. Heft 8. Berlin: Julius Springer 1926.

Für die Veränderung der Schnittiefe und Beibehaltung des Vorschubes ergeben sich dieselben Verhältnisse, wie sie in der Zahlentafel 3 zum Ausdruck kommen.

Zahlentafel 3.

Vorschub	Schnittgeschwindigkeit m/min	Schneidhaltigkeit Min.
0,033	24,4	100 (Max.)
0,033	40,0	20 (Min.)
0,033	47,5	35 (Max.) fällt dann wieder
0,28	3,1	100 (Max.)
0,28	6,1	97
0,28	9,0	65 (Min.)
0,28	25,0	80 (Max.)
0,28	52,0	15
0,46	3,1	135 (Max.)
0,46	6,1	102 (Min.)
0,46	17,0	134 (Max.) fällt dann wieder
0,945	2,2	120
0,945	6,1	131 (Max.) fällt dann wieder

Die Untersuchung des Einflusses der Kühlung auf die Schneidhaltigkeit des Stahles ergab das Gegenteil der gewöhnlichen Ansicht, daß durch Anwendung von Kühlmitteln eine Verlängerung der Lebensdauer des Stahles zu erzielen ist. Es wurde festgestellt, daß bei Schnittgeschwindigkeiten über 40 m/min und einem Kühlmittel aus Fett, Öl und Wasser der Stahl nach kurzer Zeit stumpf wurde und nicht wieder die Schneidhaltigkeit des ungekühlten Stahles durch Nachschleifen annahm. Bei Trockenschnitt setzten sich an der Stahlschneide Materialteilchen an, die einen Schutz der Schneide bewirken, während bei Naßschnitt sich solche Ansätze nicht bildeten, so daß die Schneide schnell abgeschliffen wurde. Hierbei ist zu beachten, daß sich diese Ergebnisse auf die sehr kleinen Schnittiefen und Vorschübe beziehen, bei denen der Stahl sozusagen auf der Kruste des Werkstückes „kratzt". Die metallographische Untersuchung ergab daher auch, daß der Stahl hauptsächlich durch die Einschlüsse von Schlacke, die wie Schmirgelpulver wirkt, zerstört wurde. Durch den Schnitt wird die Schlacke zerschnitten, und bei der herrschenden hohen Temperatur wird das Perlitgefüge durch die Kühlung sehr hart. Die Hitze dringt jedoch nicht sehr weit in das Innere des Materials ein, das daher auch nicht gehärtet wird; im Innern sind auch keine Schlackeeinschlüsse mehr vorhanden, so daß die Schneide bei tieferen Schnitten nicht mehr angegriffen wird.

Die Zahlentafel 3 gibt die Schneidhaltigkeit in Abhängigkeit von steigenden Spanquerschnitten und Schnittgeschwindigkeiten bei e i n e r Härtemethode wieder. Die folgende Zahlentafel 4 gibt die Schneidhaltigkeit bei v e r s c h i e d e n e n Härtemethoden, einem Vorschub von 0,033, einer Tiefe von 1,59 mm und bei steigenden Schnittgeschwindigkeiten an.

Zahlentafel 4.

Härtung	Schnittgeschwindigkeit m/min	Schneidhaltigkeit Min.
1300°	18	130 (Max. 1)
1300°	26	70 (Min.)
1300°	33	105 (Max. 2)
1300°	53	15 (Min.)
1300°	70	20 (Max. 3)
		fällt dann wieder
1300° und 575°	14	98 (Max. 1)
1300° „ 575°	40	20 (Min.)
1300° „ 575°	45	35 (Max. 2)
1300° „ 575°	61	20 (Min.)
1300° „ 575°	70	22 (Max. 3)
		fällt dann wieder
1300° und 450°	24	85 (Max. 1)
1300° „ 450°	42	30 (Min.)
1300° „ 450°	52	45 (Max. 2)
1300° und 575° und 450°	14	80 (Max.)
	bis 42	starker Abfall auf 25 danach langsamer Abfall

Vergleicht man diese Werte mit den oben (S. 21) angegebenen Härten der Stähle bei verschiedenen Temperaturen, so sieht man, daß die Härte des Drehstahles allein nicht als Maßstab für die Schneidhaltigkeit dienen kann, weil z. B. die einer zweimaligen Wärmebehandlung unterworfenen Stähle zwar eine größere Härte aufweisen, dagegen eine geringere Lebensdauer! Auch die oben (S. 19) angeführten Versuche des V.D.E. legen den Hauptwert auf die Härtetemperatur.

In der Diskussion in London ging besonders Herbert auf die Ähnlichkeit der gewellten „Härtekurven" und der „Schneidhaltigkeitskurven" ein. Die ersten sind in Abhängigkeit von der Temperatur, die zweiten von der Schnittgeschwindigkeit, so daß man infolge der Ähnlichkeit, die Erscheinungen bei verschiedenen Schnittgeschwindigkeiten als Temperaturerscheinungen ansehen kann. Nach seiner Ansicht wird der Stahl bei niedrigen Temperaturen (= Schnittgeschwindigkeiten) durch Zerbröckeln der spröderen Schneide stumpf, und bei höheren Temperaturen (= größeren Schnittgeschwindigkeiten) durch Abschleifen der Schneide. Nach seinen Versuchen schwankt der Stahl zwischen zwei Extremen, der Sprödigkeit bei niederen Temperaturen und Zähigkeit bei höheren Temperaturen. Bei legierten Stählen fand er z. B. ein starkes Abfallen der Dehnbarkeit um 300° herum.

Restlos geklärt sind die Fragen über Schnittgeschwindigkeit und Lebensdauer noch nicht; wir wissen jedoch, daß bei normalen Spanverhältnissen der Einfluß der Schnittgeschwindigkeit auf die Lebensdauer sehr groß ist und seinen Ausdruck in einem Potenzverhältnis finden wird. Für Gußeisen ist hierüber noch weniger Klarheit vorhanden — wie bereits erwähnt —, doch dürfte die gegenseitige Abhängigkeit hierbei nicht so stark ins Gewicht fallen wie bei Stahl.

Für die praktische Seite dieser Betrachtungen ist der wichtige Schluß zu ziehen, daß Schnittgeschwindigkeitsangaben bestimmte Normen der Schneidhaltigkeit des Stahles voraussetzen. Taylor hat auch hierüber Untersuchungen angestellt und ermittelt, welches die wirtschaftlichste Schneidhaltigkeit ist, die man als Norm zugrunde legen kann.

Er ging von der Überlegung aus, daß die Schneidhaltigkeit in einem bestimmten Verhältnis zur Arbeitszeit stehen müsse. Ist die Schneidhaltigkeit zu klein, so muß der Stahl oft nachgeschliffen werden, so daß viel Pausen in der Bearbeitung eintreten. Ist die Schneidhaltigkeit zu groß, so folgt, daß die Schnittgeschwindigkeit zu niedrig bemessen ist, wodurch ebenfalls wieder Verluste an Arbeitszeit entstehen. Bezeichnet T_L die Lebensdauer des Stahles ohne Nachschleifen, also die Schneidhaltigkeit, T_S die Zeit für Nachschleifen des Stahles vom Ausspannen bis zum Wiedereinspannen, so soll nach Taylors Ermittlungen

$$35 > \frac{T_L}{T_S} > 7$$

sein, d. h. die Lebensdauer des Stahles soll *mindestens* 7 mal so groß sein wie die Zeit zum Anschleifen, aber nicht größer als etwa das 35 fache der Schleifzeit, da sonst wieder Unwirtschaftlichkeit eintritt. Taylor hat für seine Betriebe die 10 fache Zeit empfohlen. Hierbei ist allerdings zu bemerken, daß das Wiederanschleifen des Taylorstahls schwieriger ist als das Anschleifen der bei uns gebräuchlichen Stähle mit gerader Schneidkante. Taylor gibt z. B. für Stahlschleifen vom Ausspannen bis Einspannen für den kleinsten Stahl ($^1/_2'' \cdot {}^1/_4''$) 7,7 Min. und für den größten Stahl ($2'' \cdot 3''$) 15,8 Min. an. Für deutsche Verhältnisse kann, nach Angaben des Refa, mit 2,5 bis 4,0 Min. gerechnet werden[1]). Hierbei ist für die geraden Stähle eine Lebensdauer von 60 Min. vorgesehen, so daß das Verhältnis

$$\frac{T_L}{T_S} = 15 \div 24$$

wird, also recht gut innerhalb der Grenzen der von Taylor ermittelten Wirtschaftlichkeit liegt.

---

[1]) Reichsausschuß für Arbeitszeitermittlung beim Verein Deutscher Ingenieure. Refa-Blatt VII, 1, Abs. 5.

c) Das Gesetz der Schnittgeschwindigkeit.

1. Die v-Gerade im doppellogarithmischen Feld.

Das Ziel von Taylors Drehversuchen war die Aufstellung von einfachen und für den täglichen Gebrauch geeigneten Formeln[1]). Eine seiner Formeln lautet in vollständiger Form z. B.:

$$v = \frac{C\left[1 - \frac{0{,}72}{r^2}\right]}{[0{,}0394\, s]^{0{,}4 + \frac{2{,}12}{5 + 1{,}26\, r}} \cdot \left[\frac{1{,}5\, t}{r}\right]^{(0{,}13 + 0{,}0675\sqrt{r}) \cdot \frac{r}{7{,}35\, r + 1{,}88\, t}}}.$$

Hierin bedeuten:

v = Normalschnittgeschwindigkeit in m/min.

s = Vorschub in mm/Umdr.

t = Schnittiefe in mm.

r = Radius der Stahlnase in mm.

C = Materialziffer, die sowohl vom Werkstück als auch vom Drehstahl abhängt.

Man muß mit Bedauern feststellen, daß eine solche Formel, die 13 Potenzexponenten im Nenner enthält, wahrlich nicht einfach, sondern im Gegenteil viel zu verwickelt ist, um im Betriebe angewandt zu werden.

Solche Gesetze, zu deren Aufstellung Taylor besonders gute Mathematiker zu Rate zog, stellen den „Gegenpol" zu den Ungenauigkeiten der auf Abb. 8 angegebenen üblichen Schnittgeschwindigkeiten dar. Was hier zuviel ist, ist dort zuwenig. Die Umständlichkeit dieser Formel beruht vor allem auf der zugrunde liegenden Bogenform der Taylorschneide. Diese Bogenform wurde bekanntlich gewählt, um das Erzittern des Drehstahls zu verhindern. Bei den Stählen mit gerader Schneidkante ist der Druck infolge des gleichbreiten Spanes an allen Berührungsstellen des Stahles mit dem Span gleich groß, der Druck schwillt also auch mit dem Anstauchen, Aufspalten und Abtrennen des Spanes überall gleichmäßig in bestimmten Intervallen an und ab und ruft daher Schwingungen hervor. Beim Taylorstahl wird der Span bekanntlich gleichmäßig schmäler, daher ist der Druck an allen Stellen des Spanes verschieden groß, sodaß die Perioden des höchsten sowie des niedrigsten Druckes verschieden verteilt sind und so die Bildung von Schwingungen vereiteln.

In Deutschland hat sich die Taylorschneide nicht eingeführt, einmal, weil ihre Herstellung und das Nachschleifen umständlich und teuer ist, und zweitens, weil man das Ziel der Taylorschneide auch durch andere, billigere Maßnahmen erreichen kann.

Versuche mit gerader Schneidkante hat Taylor nur im Beginn seiner Arbeiten mit Tiegelgußstählen gemacht und nie mehr wiederholt. Die Taylorschen Schnittgeschwindigkeitsgesetze sind für die Praxis

[1]) Taylor-Wallichs: Dreharbeit und Werkzeugstähle, 3. Aufl. S. 3. Berlin: Julius Springer 1917.

infolge ihrer Umständlichkeit nicht verwendbar. Hierfür, d. h. für die günstigste Ausnutzung der Maschinen, für die Vorkalkulation und für konstruktive Zwecke werden Gesetze benötigt, die bei einfacher Anwendungsmöglichkeit Ergebnisse liefern, die genügend genau sind, d. h. so genau, wie sie überhaupt bei den vielen hineinspielenden Gesichtspunkten verwirklicht werden können. Die Ableitung solcher Gesetze bildet mit eine der wesentlichsten Aufgaben der vorliegenden Ausführungen. Es soll gezeigt werden, daß die Gesetze, die bisher vorlagen, entweder zu umständlich sind oder zu ungenaue Ergebnisse liefern, und daß es möglich ist, Gesetze aufzustellen, die genügend genaue Ergebnisse liefern, wobei sich auch noch die Möglichkeit ergibt, die verschiedenen Forschungsergebnisse zu vergleichen. Taylor hat in seinen Gesetzen die Schnittgeschwindigkeit in Abhängigkeit gebracht vom Vorschub und von der Schnittiefe. Auch in letzter Zeit erschienene Beiträge zu dieser Frage glauben auf der Trennung von Vorschub und Schnittiefe bestehen zu müssen[1]), da man annimmt, daß wesentliche Änderungen der Schnittgeschwindigkeit bei Zusammensetzung des gleichen Spanquerschnittes (F) aus verschiedenen Schnittiefen (t) und Vorschüben (s) entstehen.

Betrachtet man jedoch die Werte der Schnittgeschwindigkeit, die Taylor für den gleichen Spanquerschnitt, der aus verschiedenen Vorschüben und Schnittiefen zusammengesetzt ist, angibt[2]), so zeigt sich z. B.:

Zahlentafel 5a. Drehstahl $1^1/_4''$.

F	t	s	v Stahl weich	Stahl mittel	Stahl hart
∾ 1,9	2,38	0,79	112,5	55,8	25,3
	4,76	0,40	113	56,4	25,6
∾ 3,8	2,38	1,59	78,5	39,3	17,8
	4,76	0,79	79,2	39,6	18
∾ 7,6	3,18	2,38	55,5	27,7	12,6
	4,76	1,59	55,7	27,9	12,7

Zahlentafel 5b. Drehstahl $1''$.

F	t	s	v Stahl weich	Stahl mittel	Stahl hart
∾ 1,9	2,38	0,79	103	51,5	23,4
	4,76	0,4	109	54,6	24,8
∾ 3,8	2,38	1,59	71,6	35,7	16,3
	4,76	0,79	75,3	37,8	17,1
∾ 7,6	3,18	2,38	50,3	25,3	11,4
	4,76	1,59	52,1	26,1	11,8

[1]) Engel: Über die wirtschaftliche Schnittgeschwindigkeit beim Drehen. Maschinenbau 1925. S. 1124 ff.

[2]) Taylor-Wallichs a. a. O. S. 143 ff.

Zahlentafel 5c. Drehstahl 7/8″.

F	t	s	v Stahl weich	v Stahl mittel	v Stahl hart
∾ 1,9	2,38	0,79	99	49,4	22,5
	4,76	0,4	107	53,7	24,4
∾ 3,8	2,38	1,59	67,7	33,9	15,4
	4,76	0,79	73,3	36,6	16,6
∾ 7,6	3,18	2,38	47,6	23,7	10,8
	4,76	1,59	50	25	11,4

Zahlentafel 5d. Drehstahl 1 1/4″.

F	t	s	v Guß weich	v Guß mittel	v Guß hart
∾ 1,9	2,38	0,79	58,2	29	17
	4,76	0,4	57	28,5	16,7
∾ 3,8	2,38	1,59	43,3	21,6	12,6
	4,76	0,79	45,4 (!)	22,8 (!)	13,3 (!)
	9,52	0,4	43,8	21,9	12,8
∾ 7,6	2,38	3,18	31,4	15,7	9,2
	3,18	2,38	32,6	16,3	9,5
	4,76	1,59	33,8	16,9	10
	9,52	0,79	35,1	17,5	10,2

Zahlentafel 5e. Drehstahl 1″.

F	t	s	v Guß weich	v Guß mittel	v Guß hart
∾ 1,9	2,38	0,79	54	26,9	15,7
	4,76	0,4	55,2	27,6	16,1
∾ 3,8	2,38	1,59	39,6	19,8	11,5
	4,76	0,79	43,3	21,6	12,6
	9,52	0,4	43,6	21,8	12,8
∾ 7,6	2,38	3,18	28,3	14,1	8,3
	3,18	2,38	29,6	14,8	7,1 (!)
	4,76	1,59	31,7	15,8	9,2
	9,52	0,79	34,2	17,1	9,9

Zahlentafel 5f. Drehstahl 7/8″.

F	t	s	v Guß weich	v Guß mittel	v Guß hart
∾ 1,9	2,38	0,79	51,5	25,8	15,1
	4,76	0,4	54,3	27,1	15,9
∾ 3,8	2,38	1,59	37,2	18,7	10,9
	4,76	0,79	41,8	20,9	12,2
	9,52	0,4	43,9	21,9	12,8
∾ 7,6	2,38	3,18	26,3	13,2	7,7
	3,18	2,38	28	14	8,2
	4,76	1,59	30,3	15,2	8,8
	9,52	0,79	33,8	16,9	9,8

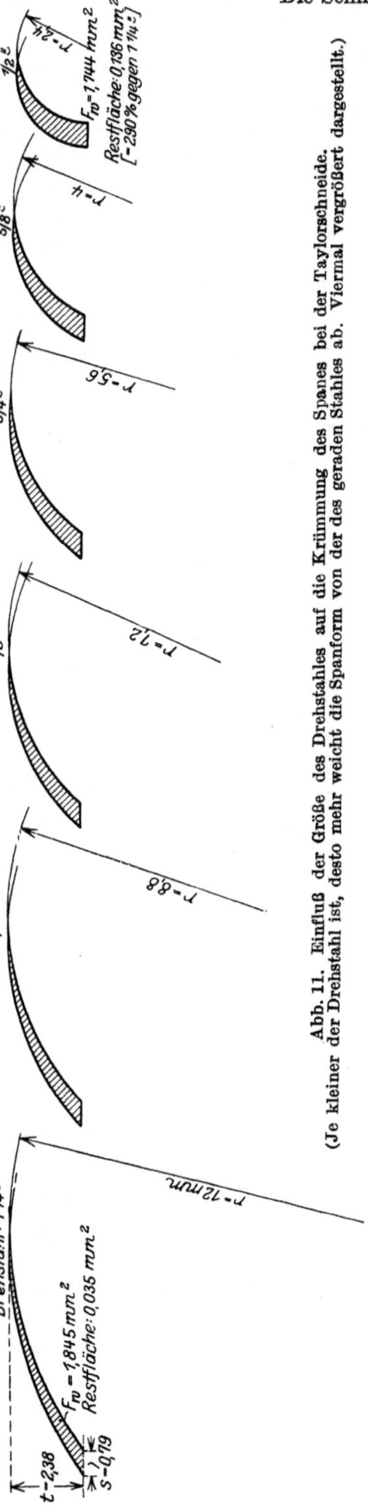

Abb. 11. Einfluß der Größe des Drehstahles auf die Krümmung des Spanes bei der Taylorschneide. (Je kleiner der Drehstahl ist, desto mehr weicht die Spanform von der des geraden Stahles ab. Viermal vergrößert dargestellt.)

Wie man sieht, ist die Übereinstimmung der Schnittgeschwindigkeiten verschieden zusammengesetzter, gleicher Spanquerschnitte bei den kleineren Drehstählen nicht ganz so gut wie bei den größeren. Es scheint, als ob mit fallendem Vorschub und steigender Tiefe eine leichte Steigerung der zulässigen Schnittgeschwindigkeit verbunden wäre. Eine Regelmäßigkeit ist jedoch hierbei nicht zu bemerken, wie Zahlentafel 5d zeigt, in welcher in der Querspalte $F = 3{,}8$ die Schnittgeschwindigkeit mit wachsender Schnittiefe erst leicht ansteigt und dann mit weiterem Anwachsen der Tiefe wieder abfällt. Ebensolche Unregelmäßigkeiten sind auch in Zahlentafel 5e zu finden. Das Auftreten der Abweichungen bei kleineren Stahlschäften kann man auf den stärkeren Einfluß des Radius des Stahles zurückführen; denn je kleiner der Drehstahl ist, desto kleiner wird der Radius der Stahlnase und desto größer damit die Krümmung (gleich $1/r$), desto mehr entfernt sich also die Form des Spanes von der des geraden Stahles, wie es deutlich aus Abb. 11 hervorgeht. Die später noch besprochene Spanrestfläche wächst von 1,86% des nominellen Spanquerschnitts bei $1^1/_4$″-Stahl bis auf 7,25% bei $^1/_2$″-Stahl für das gezeichnete Beispiel, d. h. um 290%.

Die in den obigen Zahlentafeln 5a bis 5f angestellten Vergleiche bezogen sich auf gleiche Spanquerschnitte verschiedener Zusammensetzung. Trägt man die Werte in ein doppellogarithmisches Koordinatensystem, dessen Abszisse der Spanquerschnitt und dessen Ordinate die Schnittgeschwindigkeit ist, ein, so ergibt sich, daß diese Punkte auf Geraden liegen (Abb. 12 u. 13). Fügt man noch die Werte der übrigen, aus Taylors Tabellen

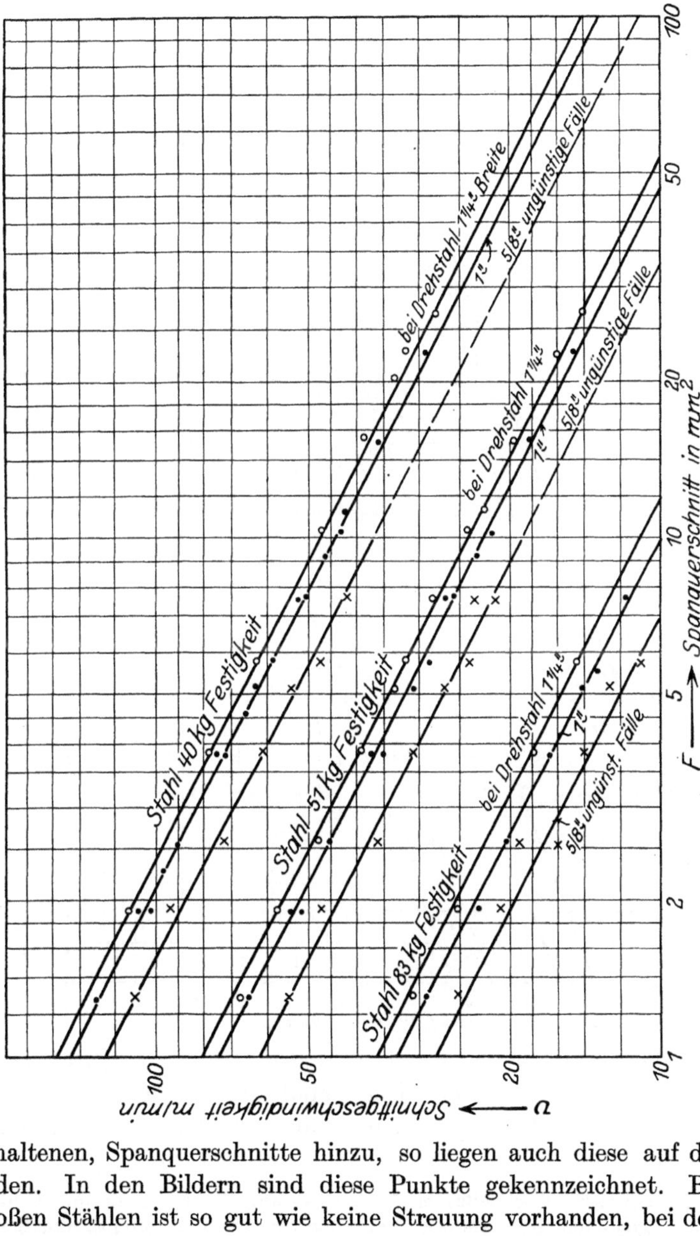

Abb. 12. Abhängigkeit der Schnittgeschwindigkeit vom Spanquerschnitt nach Taylor. A. Bearbeitung von Stahl mit Schnellstahl und Taylorschneide $1^1/_4'' \div {}^5/_8''$.

erhaltenen, Spanquerschnitte hinzu, so liegen auch diese auf den Geraden. In den Bildern sind diese Punkte gekennzeichnet. Bei den großen Stählen ist so gut wie keine Streuung vorhanden, bei den kleineren tritt sie — wie gesagt — wegen der stärkeren Krümmung der

Stahlschneide und des größeren Einflusses der Spanrestfläche mehr in Erscheinung, und zwar bei Gußeisen etwas stärker als bei Stahl.

Zieht man noch Taylors Versuche mit geraden Schneidstählen zu den Betrachtungen hinzu, so ergeben sich auch für diese Werte ge-

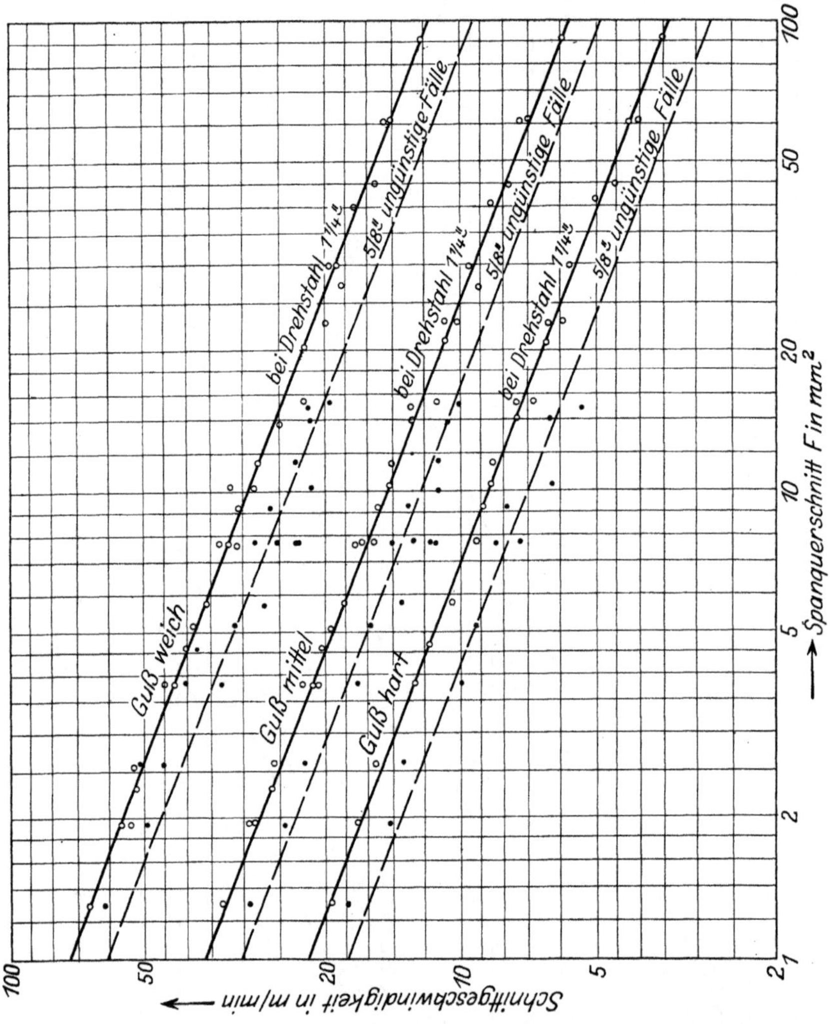

Abb. 13. Abhängigkeit der Schnittgeschwindigkeit vom Spanquerschnitt nach Taylor. B. Bearbeitung von Gußeisen mit Schnellstahl und Taylorschneide $1^1/_4{}'' \div {}^5/_8{}''$.

rade Linien im doppellogarithmischen Feld. Taylor selbst macht darauf aufmerksam, daß sich solche Gerade für gerade Stähle in Abhängigkeit vom Vorschub ergeben; in Abhängigkeit vom Spanquerschnitt tritt dasselbe ein, wie Abb. 14 zeigt. Da Kurrein[1]) gezeigt hat, daß ein

[1]) Kurrein: Sind Schnelldrehspäne ebenso aufgebaut wie die mit Kohlenstoffstählen genommenen? Österr. Wochenschrift für den öffentl. Baudienst. Wien, 16. Sept. 1906.

Unterschied zwischen der Spanbildung bei Schnellstahl und Kohlenstoffstahl nicht besteht, so ergibt sich daraus abermals die Berechtigung, für Schnellstahl auch gerade Linien anzunehmen. Für Kohlenstoffstähle fanden weiterhin auch Ripper und Burley eine Formel, die

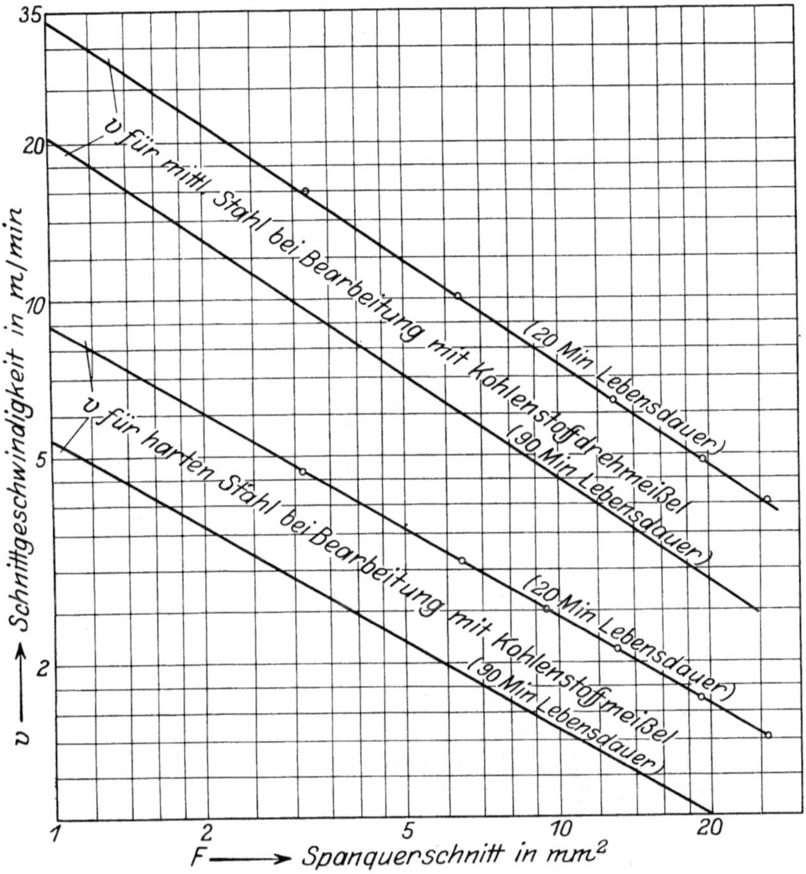

Abb. 14. Abhängigkeit der Schnittgeschwindigkeit vom Spanquerschnitt nach Taylor. C. Bearbeitung von Stahl mit Kohlenstoffdrehstahl und gerader Schneide.

eine Gerade im doppellogarithmischen Feld ergibt; nach ihnen ändert sich v bei $T_L = 60$ Min. umgekehrt proportional zur Quadratwurzel aus dem Spanquerschnitt, und annähernd umgekehrt proportional dem Kohlenstoffgehalt. Für Schnellstahl soll nach ihnen der Quotient aus Spanmenge und Wurzel des Stahlquerschnittes konstant sein.

2. Aufstellung des neuen Gesetzes der Schnittgeschwindigkeit.

Die Beobachtung, daß sich im doppellogarithmischen Koordinatensystem gerade Linien für die Abhängigkeit zwischen Schnittgeschwindigkeit und Spanquerschnitt ergeben, und zwar sowohl für die meisten Fälle der Bogenschneide — wenn man die Auswertung so vornimmt wie oben — als auch für gerade Stähle bietet die erste Handhabe für die Ableitung eines Gesetzes für die Schnittgeschwindigkeit in Funktion vom Spanquerschnitt. Um aus solchen Geraden die Gesetze abzuleiten, verfährt man folgendermaßen:

Die Gleichung der Geraden für die Koordinaten x und y ist bekanntlich allgemein:

$$y = ax + b,$$

wenn a den Tangens des Richtungswinkels und b den Achsenabschnitt bezeichnet.

Für ein doppellogarithmisches Koordinatensystem, dessen Abszisse der Spanquerschnitt und dessen Ordinate die Schnittgeschwindigkeit ist, kann man setzen:

$$y = \log v,$$
$$x = \log F,$$
$$a = -\frac{1}{\varepsilon_v} \text{ [Richtungsgröße der Geraden]}$$
$$b = \log C_v \text{ [Achsenabschnitt]},$$

es ergibt sich dann:

$$\log v = -\frac{1}{\varepsilon_v} \cdot \log F + \log C_v$$

oder:

$$\boxed{v = \frac{C_v}{\sqrt[\varepsilon_v]{F}} \text{ m/min}}$$

Aus Abb. 12 u. 13 ersieht man, daß der Achsenabschnitt auf der Ordinate (C_v) die Schnittgeschwindigkeit für den Spanquerschnitt $F = 1$ mm² darstellt. Die Richtungsgröße ε_v erhält man aus der Beziehung:

$$-\frac{1}{\varepsilon_v} = a = \frac{y_1 - y_2}{x_1 - x_2} = \frac{\log v_1 - \log v_2}{\log F_1 - \log F_2}.$$

Für die rechnungsmäßige Bestimmung der Richtungsgröße wählt man praktischerweise für F_1 und F_2 die Spanquerschnitte 1 und 10 mm², da der Nenner dann gleich 1 wird:

$$-\frac{1}{\varepsilon_v} = \frac{\log v_{10} - \log v_1}{\log 10 - \log 1} = \log v_{10} - \log v_1.$$

v_{10} bedeutet hierin die zu $F = 10$ mm², v_1 die zu $F = 1$ mm² gehörige Schnittgeschwindigkeit.

Aus den Diagrammen ergibt sich also für die Versuchswerte Taylors:

A. Stahl (Taylorschneide, Schnellstahl). (Abb. 12.)

1. Stahl 40 kg.

a) Drehstahl $1^1/_4''$. Achsenabschnitt $\underline{C_v = 158}$

$$-\frac{1}{\varepsilon_v} = \log 48 - \log 158$$

$$= 1{,}681 - 2{,}198 = -0{,}517 = -\frac{1}{1{,}94}$$

$\underline{\varepsilon_v = 1{,}94}$,

b) Drehstahl $^5/_8''$ $\underline{\varepsilon_v = 1{,}94}$ $\underline{C_v = 125}$.

Da sich die Geraden der verschiedenen Stahlfestigkeiten parallel sind, erübrigt sich die Ermittlung von ε_v für diese. Es ergibt sich in diesen Fällen stets das gleiche ε_v, hier also stets 1,94.

C_v ist einfach abzulesen:

2. Stahl 51 kg

a) Drehstahl $1^1/_4''$ $\underline{\varepsilon_v = 1{,}94}$ $\underline{C_v = 80}$,

b) Drehstahl $^5/_8''$ $\underline{\varepsilon_v = 1{,}94}$ $\underline{C_v = 64}$.

3. Stahl 83 kg

a) Drehstahl $1^1/_4''$ $\underline{\varepsilon_v = 1{,}94}$ $\underline{C_v = 36}$,

b) Drehstahl $^5/_8''$ $\underline{\varepsilon_v = 1{,}94}$ $\underline{C_v = 28}$.

B. Gußeisen (Taylorschneide, Schnellstahl). (Abb. 13.)

1. Weiches Gußeisen.

a) Drehstahl $1^1/_4''$ $\underline{C_v = 73}$,

$$-\frac{1}{\varepsilon_v} = \log 29{,}2 - \log 73$$

$$= 1{,}466 - 1{,}863 = -0{,}397 = -\frac{1}{2{,}52} \qquad \underline{\varepsilon_v = 2{,}52}$$

b) Drehstahl $^5/_8''$ $\underline{\varepsilon_v = 2{,}52}$ $\underline{C_v = 60}$.

2. Mittleres Gußeisen.

a) Drehstahl $1^1/_4''$ $\underline{\varepsilon_v = 2{,}52}$ $\underline{C_v = 36}$,

b) Drehstahl $^5/_8''$ $\underline{\varepsilon_v = 2{,}52}$ $\underline{C_v = 30}$.

3. Hartes Gußeisen.

a) Drehstahl $1^1/_4''$ $\underline{\varepsilon_v = 2{,}52}$ $\underline{C_v = 22}$,

b) Drehstahl $^5/_8''$ $\underline{\varepsilon_v = 2{,}52}$ $\underline{C_v = 18}$.

C. Stahl (mit gerader Schneide, Kohlenstoffstahl). (Abb. 14.)

1. Mittlerer Stahl.

a) 20 Min. Schneidhaltigkeit.

$$-\frac{1}{\varepsilon_v} = \log 75 - \log 34$$

$$= 0{,}875 - 1{,}532 = -0{,}657 = -\frac{1}{1{,}52}$$

$\underline{\varepsilon_v = 1{,}52}$ $\underline{C_v = 34}$,

b) 90 Min. Schneidhaltigkeit.

$$\underline{\varepsilon_v = 1{,}52} \qquad \underline{C_v = 20{,}4}.$$

2. Harter Stahl.

a) 20 Min. Schneidhaltigkeit.

$$-\frac{1}{\varepsilon_v} = \log 2{,}43 - \log 9$$

$$= 0{,}385 - 0{,}954 = -0{,}569 = -\frac{1}{1{,}76}$$

$$\underline{\varepsilon_v = 1{,}76} \qquad \underline{C_v = 9},$$

b) 90 Min. Schneidhaltigkeit.

$$\underline{\varepsilon_v = 1{,}76} \qquad \underline{C_v = 5{,}4}.$$

Durch die Werte C_v und ε_v ist man in den Besitz eines Vergleichsmaßstabes des Verhaltens der Schnittgeschwindigkeit bei den verschiedenen Werkstoffen, Schneidhaltigkeiten und bei verschiedenen Spanquerschnitten gelangt. Es wird dadurch nicht nur möglich, die verschiedenen Werkstoffe miteinander zu vergleichen, sondern auch die Ergebnisse der verschiedenen Forscher.

Allgemein verkörpert der Exponent ε_v den Änderungsverlauf der Schnittgeschwindigkeit mit dem Spanquerschnitt. Je kleiner ε_v ist, desto größeren Einfluß hat die Veränderung des Spanquerschnittes auf die Schnittgeschwindigkeit. Je größer ε_v ist, desto geringer ist dieser Einfluß.

Man kann ε_v als Maßstab für die „Empfindlichkeit" der Schnittgeschwindigkeit bei Änderung des Spanquerschnittes ansehen. Durch Vergleich der ε_v-Werte verschiedener Werkstoffe kann man sogleich feststellen, bei welcher gleichen Änderung des Spanquerschnittes die Schnittgeschwindigkeit stärker beeinflußt wird.

Allgemein läßt sich der prozentuale Abfall der Schnittgeschwindigkeit bei Steigerung des Spanquerschnittes folgendermaßen ermitteln: Es bezeichne F_1 einen beliebigen Spanquerschnitt, v_1 die zugehörige Schnittgeschwindigkeit und ε_v den Änderungsfaktor; F_2 sei der auf den $m$fachen Betrag gesteigerte Spanquerschnitt $= m \cdot F_1$; v_2 die zugehörige Schnittgeschwindigkeit, dann ist

$$v_1 = \frac{C_v}{\sqrt[\varepsilon_v]{F_1}}; \qquad v_2 = \frac{C_v}{\sqrt[\varepsilon_v]{m F_1}}.$$

Der prozentuale Abfall χ_v der Schnittgeschwindigkeit ist:

$$\chi_v = \frac{v_1 - v_2}{v_1} \cdot 100 = \frac{\dfrac{C_v}{\sqrt[\varepsilon_v]{F_1}} - \dfrac{C_v}{\sqrt[\varepsilon_v]{m F_1}}}{\dfrac{C_v}{\sqrt[\varepsilon_v]{F_1}}} \cdot 100 = \left(1 - \frac{1}{\sqrt[\varepsilon_v]{m}}\right) \cdot 100,$$

$$\chi_v = \left(1 - \sqrt[\varepsilon_v]{\frac{1}{m}}\right) \cdot 100.$$

In Zahlen ergibt sich für $m = 2$, d. h. Verdoppelung des Spanquerschnittes bei

$$\varepsilon_v = 1: \quad \chi_v = (1 - \tfrac{1}{2}) \cdot 100 = (1 - 0{,}5) \cdot 100 = 50\ \%,$$
$$\varepsilon_v = 2: \quad \chi_v = \left(1 - \sqrt{\tfrac{1}{2}}\right) \cdot 100 = (1 - 0{,}707) \cdot 100 = 29{,}3\ \%,$$
$$\varepsilon_v = 3: \quad \chi_v = \left(1 - \sqrt[3]{\tfrac{1}{2}}\right) \cdot 100 = (1 - 0{,}794) \cdot 100 = 20{,}6\ \%,$$
$$\varepsilon_v = 4: \quad \chi_v = \left(1 - \sqrt[4]{\tfrac{1}{2}}\right) \cdot 100 = (1 - 0{,}841) \cdot 100 = 15{,}9\ \%.$$

In Abb. 15 ist der Einfluß von verschiedenen ε_v auf die Veränderung der Schnittgeschwindigkeit bei Änderung des Spanquerschnitts dar-

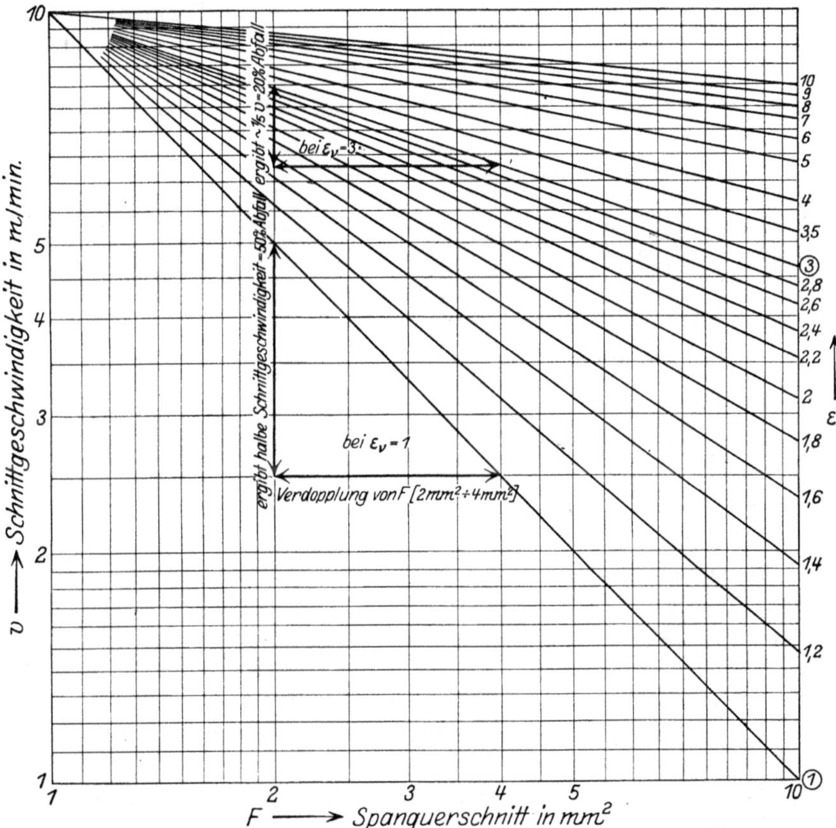

Abb. 15. Einfluß von ε_v auf die Veränderung der Schnittgeschwindigkeit bei Änderung des Spanquerschnittes.

gestellt. Da es sich bei diesem Diagramm um einen Vergleich handelt, sind die Strahlen von ε_v so gelegt, daß sie alle vom gleichen Punkt ausgehen. Zur Verdeutlichung sind zwei Beispiele eingezeichnet, und zwar für Verdoppelung des Spanquerschnittes ($m = 2$). Das eine Beispiel zeigt, daß bei $\varepsilon_v = 1$ sich ein Abfall der Schnittgeschwindigkeit um 50% ergibt, während bei $\varepsilon_v = 3$ die Schnittgeschwindigkeit nur um 20,6% abfällt.

Für Vergleiche des Abfallens der Schnittgeschwindigkeit bei verschiedenen ε_v und verschiedenen m dient Abb. 16. In dieser sind die ε_v auf der horizontalen Achse und der prozentuale Abfall von v auf der vertikalen Achse gezeichnet. Die Abb. zeigt sehr deutlich, wie mit größer werdendem ε_v der Einfluß der Änderung des Spanquerschnittes auf die Schnittgeschwindigkeit immer geringer wird, selbst bei starken F-Steigerungen (100 % F-Steigerung: $m = 2$, 200 %: $m = 3$ usw.).

Während ε_v also den Änderungsvorgang kennzeichnet, stellt C_v die absolute Größenordnung her. In C_v verkörpern sich die Einflüsse der Werkstoffestigkeit, des Drehstahlmaterials, der Schneidhaltigkeit usw. Die Wahl der Schneidwinkel ist dagegen kaum von Einfluß auf C_v, da sowohl Taylor[1]), als auch Schlesinger[2]) (für Leichtmetalle) festgestellt haben, daß die Schnittgeschwindigkeit von den Winkeln des

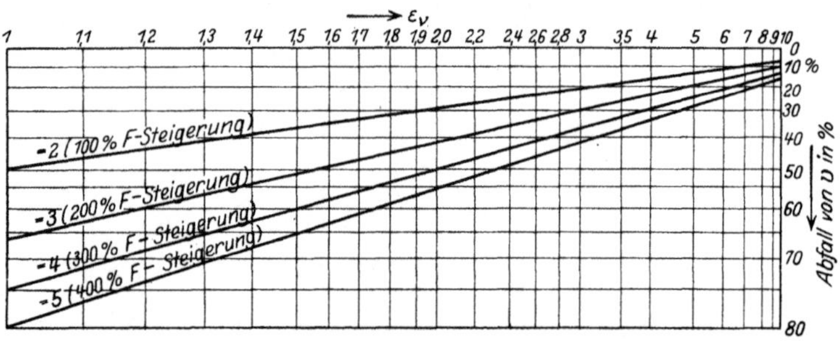

Abb. 16. Diagramm zur Ermittlung des prozentualen Abfalles der Schnittgeschwindigkeit für ε_v von $1 \div 10$ und für verschiedene Steigerungen des Spanquerschnittes.

Drehstahles nicht beeinflußt wird. Auf ihre Einflüsse wird weiter unten, bei Besprechung des Schnittdruckes, noch zurückzukommen sein.

Es genügt natürlich noch nicht, sich nur auf die Ergebnisse eines Forschers bei der Ableitung der Gesetze zu stützen; deswegen werden nunmehr weitere Forschungsergebnisse herangezogen.

Friedrich-Chemnitz ging bei seinen Untersuchungen über die wirtschaftliche Schnittgeschwindigkeit[3]) von der Anschauung aus, daß die Temperatur der Schneide einen bestimmten Wert nicht überschreiten dürfe. Seine Versuche beruhten auf der Messung der Temperatur der abgedrehten Späne, da damals noch kein Verfahren bekannt war, das direkte Wärmemessungen an der Schneide gestattete, wie es in jüngster Zeit von Gottwein[4]), Breslau, angewandt wurde.

[1]) Taylor a. a. O. § 151.

[2]) Berichte des Versuchsfeldes der Technischen Hochschule Berlin, Werkstattstechnik 1923, S. 545 ff.

[3]) Friedrich: Über die Wärmevorgänge beim Spanschneiden und die vorteilhafte Schnittgeschwindigkeit. Z. d. V. d. I. 1914, S. 379 ff.

[4]) Gottwein: Messung der Schneidentemperatur. Maschinenbau 1925, S. 1128 ff.

Die bekannte Gleichung, die **Friedrich** über die Beziehung zwischen Spanquerschnitt und Schnittgeschwindigkeit für Schnellstahl aufstellte, lautet:

$$v_1 = \frac{e}{k\sqrt{F} + w_1},$$

hierin bedeuten:

v_1 = Schnittgeschwindigkeit (mm/sek), F = Spanquerschnitt (mm^2),
e = Wärmeableitung pro Flächeneinheit,
w_1 = Widerstandsarbeit für 1 mm^2 Spanschnittfläche in $mmkg/mm^2$.
k = Schnittwiderstand für 1 mm^2 Spanquerschnitt in kg/mm^2.

Die Werte für k, w_1 und e hat **Friedrich** versuchsmäßig ermittelt, wie sie die Zahlentafel 6 zeigt:

Zahlentafel 6. Versuchswerte von Friedrich.

	k	w_1	e
Stahl, weich	167	51,2	244 000
„ mittel	145	55,5	150 000
„ hart	209	62	97 000
Guß, weich	55	71	94 700
„ mittel	81	151	87 000
„ hart	57	210	56 500

Für die Anwendung in der Praxis hat diese Gleichung jedoch noch verschiedene Nachteile. Die in ihr enthaltenen Begriffe Wärmeablei-

Zahlentafel 7a. Stahl weich:

$$v = \frac{244\,000 \cdot 0{,}06}{167\sqrt{F} + 51{,}2}\ \text{m/min}$$

F	$167\sqrt{F}$	$167\sqrt{F} + 51{,}2$	v
1	167	218,2	67
2	236	287,2	51
3	289	340,2	43
4	334	385,2	38
5	373	424,2	34,5
6	409	460,2	31,8
7	442	493,2	29,8
8	472	523,2	28
9	501	552,2	26,5
10	528	579,2	25,3
12	579	630,2	23,2
14	625	676,2	21,6
16	668	719,2	20,4
18	709	760,2	19,3
20	747	798,2	18,3
30	915	966,2	15,1
40	1057	1108,2	13,2
50	1180	1231,2	11,9

Zahlentafel 7b. Stahl mittel:

$$v = \frac{150\,000 \cdot 0{,}06}{145\sqrt{F} + 55{,}5}\ \text{m/min}$$

F	$145\sqrt{F}$	$145\sqrt{F} + 55{,}5$	v
1	145	200,5	44,9
2	205	260,5	34,5
3	251	306,5	29,3
4	290	345,5	26,0
5	324	379,5	23,7
6	355	410,5	21,9
7	384	439,5	20,5
8	410	465,5	19,3
9	435	490,5	18,3
10	459	514,5	17,5
12	503	558,5	16,1
14	543	598,5	15,0
16	580	635,5	14,1
18	615	670,5	13,4
20	649	704,5	12,8
30	795	850,5	10,6
40	917	972,5	9,25
50	1024	1079,5	8,33

Zahlentafel 7c. Stahl hart:

$$v = \frac{97\,000 \cdot 0{,}06}{209\sqrt{F} + 62}\ \text{m/min}$$

F	$209\sqrt{F}$	$209\sqrt{F} + 62$	v
1	209	271	21,5
2	296	358	16,2
3	362	424	13,7
4	418	480	12,1
5	467	529	11,0
6	512	574	10,1
7	553	615	9,46
8	592	654	8,9
9	627	689	8,45
10	661	723	8,05
12	725	787	7,39
14	782	844	6,89
16	836	898	6,48
18	887	949	6,13
20	935	997	5,83
30	1145	1207	4,82
40	1320	1382	4,20
50	1475	1537	3,79

Zahlentafel 8a. Guß weich:

$$v = \frac{94\,700 \cdot 0{,}06}{55\sqrt{F} + 71}\ \text{m/min}$$

F	$55\sqrt{F}$	$55\sqrt{F} + 71$	v
1	55	126	45
2	77,9	148,9	38,2
3	95,3	166,3	34,1
4	110	181	31,4
5	123	194	29,3
6	135	206	27,5
7	145	216	26,3
8	155	226	25,1
9	165	236	24,1
10	174	245	23,2
12	190	261	21,8
14	206	277	20,5
16	220	291	19,5
18	233	304	18,7
20	246	317	17,9
30	301	372	15,25
40	348	419	13,55
50	389	460	12,33

Zahlentafel 8b. Guß mittel:

$$v = \frac{87\,000 \cdot 0{,}06}{81\sqrt{F} + 151}\ \text{m/min}$$

F	$81\sqrt{F}$	$81\sqrt{F} + 151$	v
1	81	232	22,5
2	114,5	265,5	19,6
3	140	291	17,9
4	162	313	16,65
5	181	332	15,7
6	198	349	14,93
7	214	365	14,3
8	229	380	13,7
9	243	394	13,2
10	256	407	12,8
12	280	431	12,2
14	303	454	11,5
16	324	475	11,0
18	344	495	10,52
20	362	513	10,15
30	444	595	8,78
40	512	663	7,88
50	573	724	7,22

Zahlentafel 8c. Guß hart:

$$v = \frac{56\,500 \cdot 0{,}06}{57\sqrt{F} + 210}\ \text{m/min}$$

F	$57\sqrt{F}$	$57\sqrt{F} + 210$	v
1	57	267	12,65
2	80,6	290,6	11,65
3	98,8	308,8	10,95
4	114	324	10,44
5	127,5	337,5	10,02
6	139	349	9,7
7	151	361	9,38
8	161	371	9,14
9	171	381	8,89
10	180	390	8,68
12	197	407	8,33
14	213	423	8,02
16	228	438	7,73
18	242	452	7,5
20	255	465	7,3
30	312	522	6,5
40	360	570	5,94
50	403	613	5,53

tung, Widerstandsarbeit usw., deren erste sogar sechsstellige Ziffern sind, liegen dem Betriebe zu fern, als daß er sie anwenden könnte,

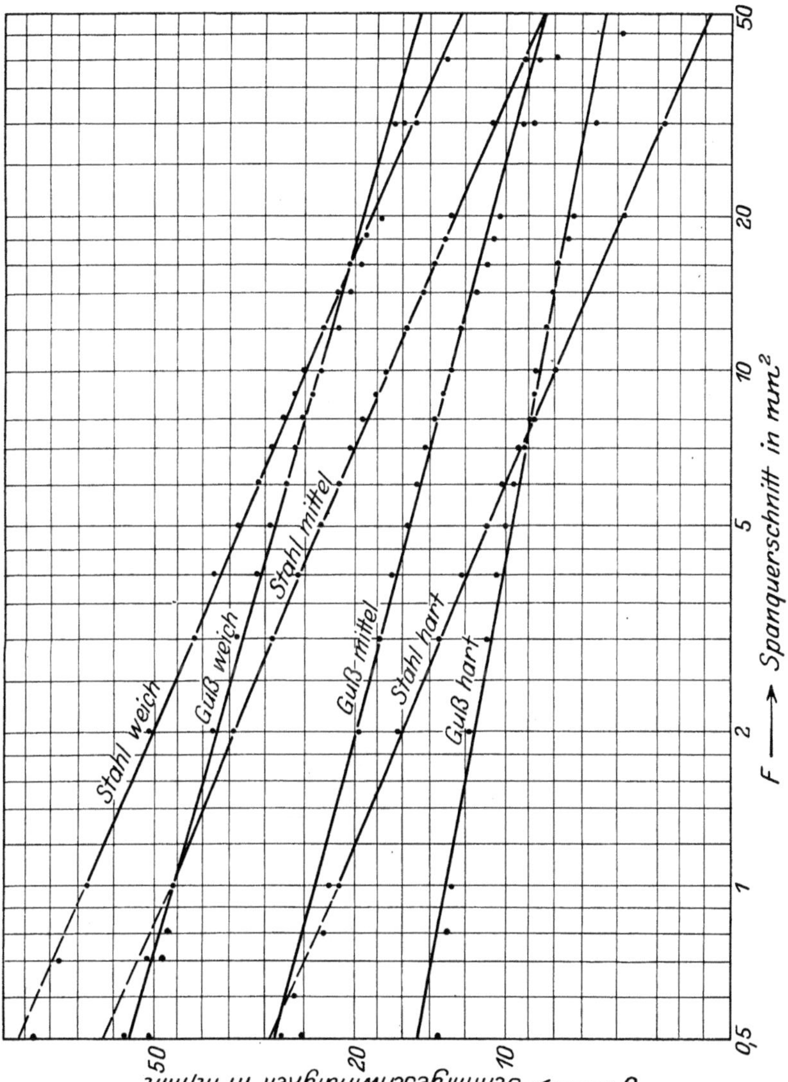

Abb. 17. Abhängigkeit der Schnittgeschwindigkeit vom Spanquerschnitt, ausgemittelt nach den Werten von Friedrich.

außerdem ist die Gleichung durch den Summanden im Nenner nur umständlich zu benutzen, wie die Zahlentafeln zeigen.

Zu einem bedeutend einfacheren Gesetz als Friedrich kann man mit Hilfe dieser Zahlen wiederum durch Eintragung der Werte in ein doppellogarithmisches Koordinatensystem gelangen (Abb. 17). Auf der

Abszisse ist der Spanquerschnitt, und auf der Ordinate die Schnittgeschwindigkeit aufgetragen. Auch hier zeigt es sich wieder, daß die Punkte fast auf geraden Linien liegen, so daß diese nur auszuwerten sind, um die C_v- und ε_v-Werte zu erhalten. Genau genommen ergeben sich nach Friedrichs Werten allerdings schwach gekrümmte Kurven (vgl. z. B. die Punkte bei „Guß hart" Abb. 17). Die Krümmung folgt auch ohne weiteres aus dem Summanden in Friedrichs Gleichung, was jedoch nur für die seltenen Spanquerschnitte, besonders für die sehr großen, in Betracht kommt, bei anderen Spanquerschnitten ist sie unwesentlich. Eine starke Krümmung stände auch mit Taylors Feststellungen über gerade Stähle und mit den übrigen oben (S. 32 u. 33) angeführten Gründen in Widerspruch. Hieraus habe ich die Berechtigung hergeleitet, durch die Punkte Gerade zu legen. Wie das Ergebnis zeigt — insbesondere der unten durchgeführte Vergleich mit Hippler — ist der Schluß zulässig und ergibt eine einfache und genügend genaue Gleichung für die Werte Friedrichs. Es ergibt sich also:

1. Stahl weich:

$$-\frac{1}{\varepsilon_v} = \log 24{,}6 - \log 67$$
$$= 1{,}391 - 1{,}826 = -0{,}435 = -\frac{1}{2{,}3}$$
$$\underline{\varepsilon_v = 2{,}3} \qquad \underline{C_v = 67}\,.$$

2. Stahl mittel:

$$-\frac{1}{\varepsilon_v} = \log 17 - \log 46{,}2$$
$$= 1{,}230 - 1{,}665 = -0{,}435 = -\frac{1}{2{,}3}$$
$$\underline{\varepsilon_v = 2{,}3} \qquad \underline{C_v = 46}\,.$$

3. Stahl hart:

$$-\frac{1}{\varepsilon_v} = \log 8{,}1 - \log 22$$
$$= 0{,}908 - 1{,}343 = -0{,}435 = -\frac{1}{2{,}3}$$
$$\underline{\varepsilon_v = 2{,}3} \qquad \underline{C_v = 22}\,.$$

Wie sich zeigt, sind die ε_v-Werte für Stahl verschiedener Festigkeit gleich, d. h. die Geraden einander parallel. Dieses Verhalten ergab sich schon bei Besprechung der Taylorschen Versuche. Die Feststellung der Parallelität der Geraden desselben Werkstoffes verschiedener Festigkeit steht mit der Angabe Taylors[1]), „das Gesetz der Schnittgeschwindigkeit wird von der Härte des Werkstoffes nicht beeinflußt", im Einklang. Zur Verdeutlichung sei

[1]) Taylor-Wallichs a. a. O. S. 140.

hervorgehoben, daß also nur die Geraden des gleichen Werkstoffes (z. B. SM.-Stahl 30/40 kg, SM.-Stahl 40/50 kg, SM.-Stahl 50/60 kg) einander parallel sind, nicht jedoch die geraden verschiedener Werkstoffe (Stahl u. Gußeisen).

Gußeisen hat auch bei Friedrich, gemäß nachstehender Ableitung, andere ε_v-Werte als Stahl:

Guß weich:

$$-\frac{1}{\varepsilon_v} = \log 24{,}4 - \log 46{,}4$$

$$= \quad 1{,}388 - 1{,}666 = -0{,}278 = -\frac{1}{3{,}6}$$

$$\underline{\varepsilon_v = 3{,}6} \quad \underline{C_v = 46},$$

Guß mittel:

$$-\frac{1}{\varepsilon_v} = \log 12{,}7 - \log 23{,}8$$

$$= \quad 1{,}104 - 1{,}376 = 0{,}272 \sim -\frac{1}{3{,}6}$$

$$\underline{\varepsilon_v = 3{,}6} \quad \underline{C_v = 24},$$

Guß hart:

$$-\frac{1}{\varepsilon_v} = \log 8{,}5 - \log 13$$

$$= -0{,}929 - 1{,}114 = -0{,}185 = -\frac{1}{5{,}4}$$

$$\underline{\varepsilon_v = 5{,}4} \quad \underline{C_v = 13}.$$

Die Versuche Friedrichs galten seinerzeit vornehmlich einer Nachprüfung der Untersuchungen, die Nicolson vorgenommen hatte. Nicolson — bekannt durch seine Schnittdruckversuche — war von dem Bestreben ausgegangen, eine Gesetzmäßigkeit zwischen der Schnittgeschwindigkeit und dem Spanquerschnitt aufzustellen. Er zog zu diesem Zweck die Ergebnisse früherer Versuche, die in Berlin im Jahre 1901 vom V.D.I. und in Manchester angestellt worden waren, zu folgender Formel zusammen[1]):

$$v = \frac{K}{0{,}01\,F + L} + M \text{ m/min.}$$

Hierin bedeutet F den Spanquerschnitt, v die Schnittgeschwindigkeit, während K, L und M Konstante, gemäß nachstehender Zahlentafel 9a sind[2]).

Zahlentafel 9a.

	Stahl			Gußeisen		
	weich	mittel	hart	weich	mittel	hart
K	3,9	3,65	2	6,1	3,25	2,55
L	0,071	0,115	0,115	0,16	0,19	0,23
M	4,6	1,8	1,2	2,4	2,1	1,7

[1]) The Engineer 1905, S. 357. [2]) Vgl. Friedrich a. a. O.

Berechnet man mit diesen Werten die Schnittgeschwindigkeit für verschiedene F, so ergibt sich:

Zahlentafel 9b.

F	v bei Stahl			v bei Gußeisen		
	weich	mittel	hart	weich	mittel	hart
1	52,7	31,0	17,2	38,2	18,3	13
2,5	45,2	27,9	14,3	35,4	17,3	11,7
7,5	31,4	21,1	10,5	28,4	14,4	10,1
15	22,3	15,6	7,6	19,7	11,7	8,4
30	15,1	10,6	4,8	15,65	8,75	6,48

Diese Werte sind in Abb. 18 in Form von Punkten eingetragen. Zum Vergleich sind in diesem Bilde auch die nach obiger Auswertung

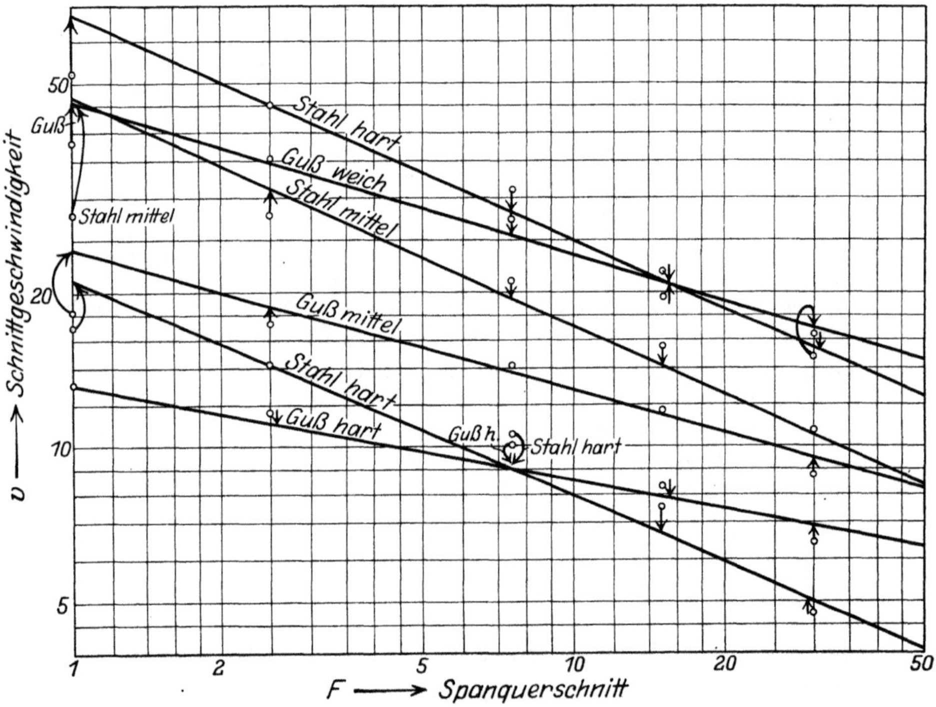

Abb. 18. Vergleich der Schnittgeschwindigkeiten nach Nicolson und Friedrich. (Die Pfeile geben die Abweichungen der Punkte Nicolsons (o) von den ausgemittelten Geraden nach Friedrich an.)

entstandenen Geraden für die Friedrichschen Versuchswerte hinzugefügt. Es zeigt sich nun, daß besonders die kleinen und großen Werte nach der Formel von Nicolson erheblich von den Geraden abweichen, d. h. daß sich diesmal stärker gekrümmte Kurven ergeben.

Schon Taylor hatte die Behauptung aufgestellt[1]), daß die Zusammenziehung, die Nicolson vorgenommen hat, mangelhaft gewesen sei, da bei den Versuchen, die er zur Aufstellung der Formel benutzt hatte, viele Veränderliche, z. B. die Qualität des Stahles, die Schnittiefe, die Form der Schneidkante, von einem Versuch zum anderen nicht konstant gehalten worden waren. Wenn sich nun durch die Friedrichsche Nachprüfung, bzw. durch seine Ergänzungsversuche teilweise andere Werte ergaben, die jetzt aber, wie gezeigt, auf einer Geraden liegen, so kann dies wiederum als Beweis für die Richtigkeit eben dieser Geraden angesehen werden. Bei den Nicolsonschen Zusammenziehungen, die mangelhaft waren, ergaben sich keine Geraden im doppellogarithmischen Feld, bei den Ergänzungen von Friedrich stellen sich diese wieder heraus.

Die Notwendigkeit, die Gleichungen Friedrichs für den praktischen Betrieb umformen zu müssen, hatte Hippler mit als einer der ersten richtig erkannt[2]). Seine Umformungen beschränkten sich jedoch lediglich auf mathematische Vereinfachungen. Hippler setzte zu diesem Zweck die Werte k und w_1 der Friedrichschen Formeln einander gleich. Eine Gleichsetzung von Größen, die sowohl ihrem Wesen nach — w_1 ist eine Widerstandsarbeit in mmkg/mm², k ein Druck in kg/mm² — als auch ihren Zahlenwerten nach (vgl. Zahlentafel 6) durchaus verschieden sind, mußte zu starken Abweichungen von den Originalzahlen Friedrichs führen.

Hipplers Gleichung lautet:

$$v = \frac{M}{\sqrt[4]{F}} \text{ cm/sec}.$$

Hierin bedeutet M die Schnittgeschwindigkeit für $F = 1$ mm² in cm/sec. Die Abweichungen nach der Hipplerschen Vereinfachung steigen bis zu 100% an. In der nebenstehenden Zahlentafel 10 sind die Originalwerte Fried-

Zahlentafel 10.

Spanquerschnitt	Friedrich $v = \frac{150000 \cdot 0{,}06}{145\sqrt{F} + 55{,}5}$	Kronenberg[3]) nach Friedrich $v = \frac{46}{\sqrt[2,3]{F}}$	Hippler[4]) nach Friedrich $v = \frac{45}{\sqrt[4]{F}}$
1	45	46	45
2	34,5	34,1	38
3	29,3	28,6	34,4
4	26	25,7	31,9
5	23,7	23	30,2
6	21,9	21,2	28,8
7	20,5	19,8	27,8
8	19,3	18,6	26,8
9	18,3	17,7	26
10	17,5	16,9	25,3
20	12,8	12,4	21,2
50	8,33	8,36	16,9

[1]) Taylor-Wallichs a. a. O. § 31.

[2]) Hippler: Die Dreherei und ihre Werkzeuge. Berlin: Julius Springer 1923, S. 97ff.

[3]) Anfangsgeschwindigkeit 1 m höher als bei Friedrich gemäß Formel.

[4]) Bei gleicher Anfangsgeschwindigkeit wie Friedrich und Umrechnung aus cm/sec in m/min.

richs denen der Hipplerschen Umformung und denen der oben abgeleiteten Formel für mittleren Stahl gegenübergestellt.

Bei Hipplers Gleichung kehrt der Exponent $\varepsilon_v = 4$ ständig wieder, und zwar für alle Werkstoffe, so daß sich im doppellogarithmischen Koordinatensystem für die verschiedensten Werkstoffe Parallele er-

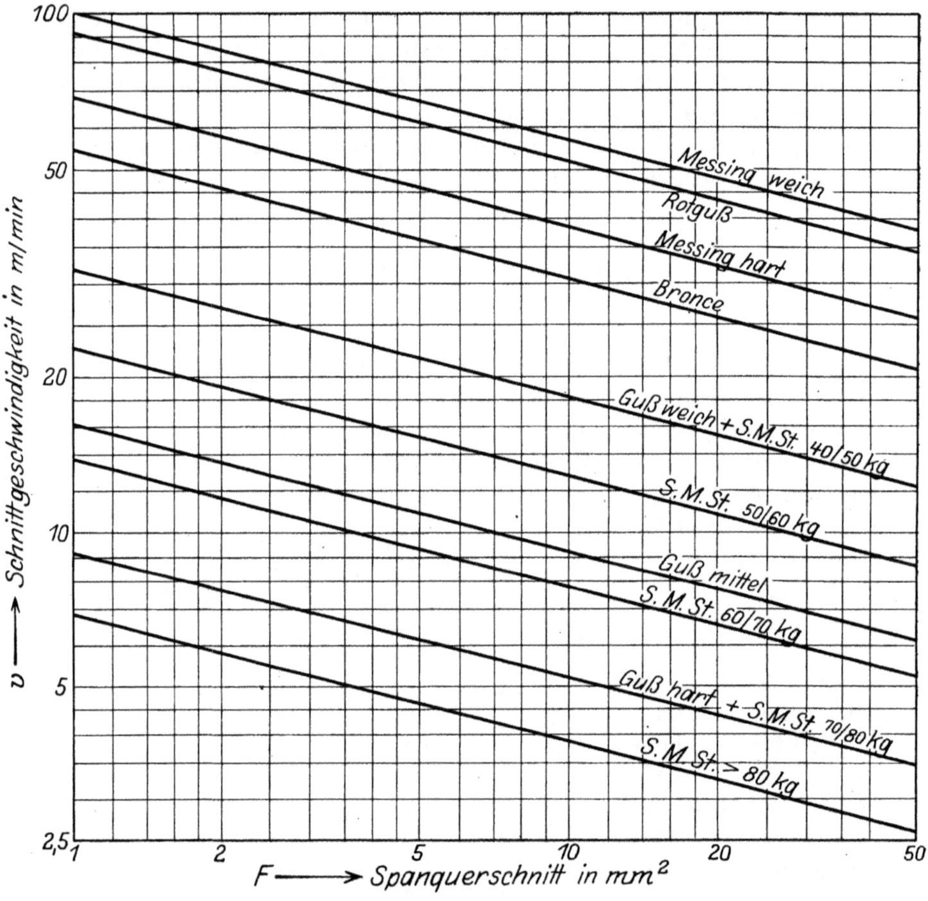

Abb. 19. Abhängigkeit der Schnittgeschwindigkeit vom Spanquerschnitt nach Hippler.

geben, wie Abb. 19 zeigt. Sowohl bei Taylor, als auch bei Friedrich, wurde jedoch gemäß der vorgenommenen Auswertung gefunden, daß sich Parallele nur innerhalb desselben Werkstoffes, z. B. SM.-Stahl, ergeben, daß dagegen die Geraden der verschiedenen Werkstoffe (also z. B. Stahl und Gußeisen) nicht parallel sind. Dies kommt auch in den Exponenten ε_v bei Taylor und Friedrich zum Ausdruck, die für Stahl und Gußeisen verschieden waren. Aber nicht nur dieser Gesichtspunkt der Parallelität ist es, der die Abweichungen Hipplers kennzeichnet, sondern auch die Größe von ε_v. So waren z. B. für mittleren Stahl:

Nach Taylor $\varepsilon_v = 1{,}94$,
Nach Friedrich $\varepsilon_v = 2{,}3$,
Nach Hippler $\varepsilon_v = 4{,}0$.

Gemäß Abb. 16 (zu S. 38) ergibt sich Zahlentafel 11.

Zahlentafel 11.
(Zahlen auf volle Prozente abgerundet.)

Steigerung von F in Proz.	Abfall von v in Proz. nach Taylor $\varepsilon_v = 1{,}94$	nach Friedrich $\varepsilon_v = 2{,}3$	nach Hippler $\varepsilon_v = 4$
100	30	26	16
200	43	38	24
300	52	46	30
400	56	50	34

Das bedeutet, daß Hipplers Werte zu langsam mit steigendem Spanquerschnitt abfallen bzw. daß die Änderung bei Stahl wesentlich größer ist, als es sich nach Hipplers Formel ergibt. Der Unterschied des Abfalles beträgt z. B. bei Verdoppelung des Spanquerschnittes:

Hippler gegenüber Taylor:

$$\frac{30-16}{16}\cdot 100 = \frac{14}{16}\cdot 100 = 87{,}5\,\%\,.$$

Hippler gegenüber Friedrich:

$$\frac{26-16}{16}\cdot 100 = \frac{10}{16}\cdot 100 = 62{,}5\,\%\,.$$

Absolut gemessen, d. h. unter Einbeziehung von C_v, weicht, wie Zahlentafel 10 (S. 45) und Abb. 20 zeigt, Hippler bis 50 mm² Spanquerschnitt um 100% von Friedrich ab. Bemerkt sei, daß sich diese starken Unterschiede hauptsächlich bei Stahl ergeben, daß sie dagegen bei Gußeisen wesentlich geringer sind, wie schon aus den Werten für $\varepsilon_v = 3{,}6$ bei Friedrich und $\varepsilon_v = 4$ bei Hippler hervorgeht.

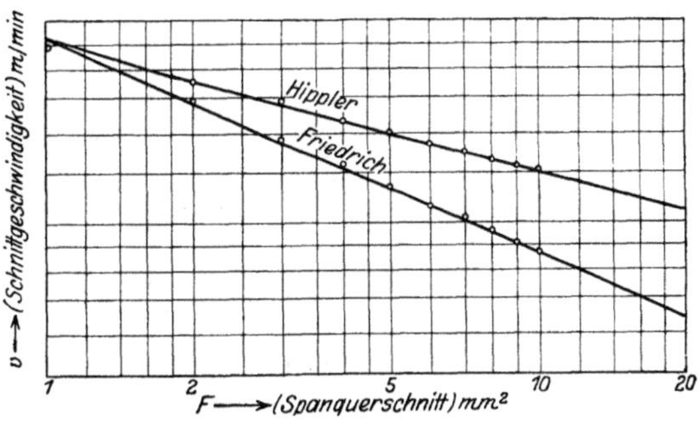

Abb. 20. Abweichung der Hipplerschen Werte von denen Friedrichs bei Stahl, bezogen auf gleichen Anfangswert.

Die Friedrichschen Gesetze haben auch Engel Anlaß gegeben[1]), Versuche zu ihrer Vereinfachung zu unternehmen. Engel ging von dem Gesichtspunkt aus, daß die Hipplersche Formel einerseits zu starke Abweichungen gegen Friedrich ergebe und daß anderseits Friedrichs Formel nur für ähnliche Spanquerschnitte gelte. Unter ähnlichen Span-

[1]) Maschinenbau 1925, S. 1125.

querschnitten sind solche zu verstehen, deren Seiten proportional im mathematischen Sinn sind, so daß auch der Zusatz „ähnlich“ als mathematischer Ausdruck anzusehen ist. Engel ist der Ansicht, daß sich für unähnliche Spanquerschnitte andere Beziehungen zwischen Schnittgeschwindigkeit und Spanquerschnitt ergeben, als Friedrich sie fand. Er hat daher selbst Versuche — allerdings mit den einfachsten Hilfsmitteln der Werkstatt — unternommen und die Verhältnisse für unähnliche Spanquerschnitte untersucht.

Es ist zwar zutreffend, daß Friedrichs Gleichung für ähnliche Spanquerschnitte gilt, jedoch überschätzt Engel meines Erachtens den Einfluß der Spanzusammensetzung in bezug auf die Schnittgeschwindigkeit überhaupt.

Zieht man nämlich zu Vergleichszwecken die Werte Taylors hinzu (S. 28 u. 29), so ergibt sich, daß Taylor die gleiche Schnittgeschwindigkeit auch für solche Spanquerschnitte erhalten hat, die nicht ähnlich, sondern sogar sehr stark unähnlich waren! Die Spanzusammensetzung geht aus Zahlentafel 12 hervor.

Zahlentafel 12.

Zahlentafel	Spanquerschnitt	Schnittiefe zu Vorschub
5a, 5b, 5c	1,9	3 : 1
		12 : 1
„ „ „	3,8	1,5 : 1
		6 : 1
„ „ „	7,6	1,33 : 1
		3 : 1
5d, 5e, 5f	1,9	3 : 1
		12 : 1
„ „ „	3,8	1,5 : 1
		6 : 1
		23,8 : 1
„ „ „	7,6	0,75 : 1
		1,33 : 1
		3 : 1
		12 : 1

Aus der Abb. 21 ergibt sich deutlich die Unähnlichkeit der Spanquerschnitte Taylors. Er erhielt aber für diese Spanquerschnitte trotz ihrer verschiedenen Zusammensetzung und ihrer Unähnlichkeit dieselben Schnittgeschwindigkeiten, und zwar auch unter Berücksichtigung der gleichen Schneidhaltigkeit bei allen Querschnitten. Ich kann mich daher Engels Ansicht, daß die Schnittgeschwindigkeit wesentlich von ähnlichen oder unähnlichen Spanquerschnitten abhängt, nicht anschließen.

Engel hat für unähnliche Spanquerschnitte eine „unähnliche“ Wärmelinie — im Gegensatz zu Friedrichs „ähnlicher“ Wärmelinie — gegeben, die „flacher“ verläuft als diejenige Friedrichs. Diese Wärmelinie soll die Beziehungen zwischen Spanquerschnitt und Schnittgeschwindigkeit richtiger ermitteln lassen als Friedrichs Gesetze. Dabei erhält Engel für verschiedene Verhältnisse der Friedrichschen Werte k/w_1 verschiedene Wärmelinien. Um Vergleiche zu ermöglichen, sei diejenige Wärmelinie — auf der auch seine Tabellen für den Werkstattgebrauch aufgebaut sind — für SM.-Stahl 50/60 kg betrachtet. Nach dieser[1]) ergibt sich:

[1]) Maschinenbau 1926, S. 697.

Zahlentafel 13.

Spanquerschnitt	Schnittgeschwindigkeit nach Engel	Schnittgeschwindigkeit nach Hippler für $v = \frac{39}{\sqrt[4]{F}}$
1	39	39
2	32,3	32,9
3	29	29,7
4	27	27,6
5	25,1	26,1
6	24	25
10	21,2	21,9
20	17,6	18,5
30	15,6	16,7
40	14,4	15,5

Bei Eintragung im doppellogarithmischen Feld ergibt sich gemäß früheren Ausführungen:

$$-\frac{1}{\varepsilon_v} = \log 21{,}2 - \log 39$$
$$= 1{,}326 - 1{,}591$$
$$= -0{,}265 = -\frac{1}{3{,}8}$$
$$\underline{\varepsilon_v = 3{,}8} \qquad \underline{C_v = 39}\,.$$

Das bedeutet, daß Engel fast genau dieselbe Veränderlichkeit der Schnittgeschwindigkeit mit dem Spanquerschnitt erhält wie Hippler ($\varepsilon_v = 4$) (Abb. 22). Aus der obigen Zahlentafel ergibt sich daher auch, daß — unter Voraussetzung gleicher C_v-Werte, d. h. um die gleiche Veränderlichkeit besser darzutun — die Zahlenwerte

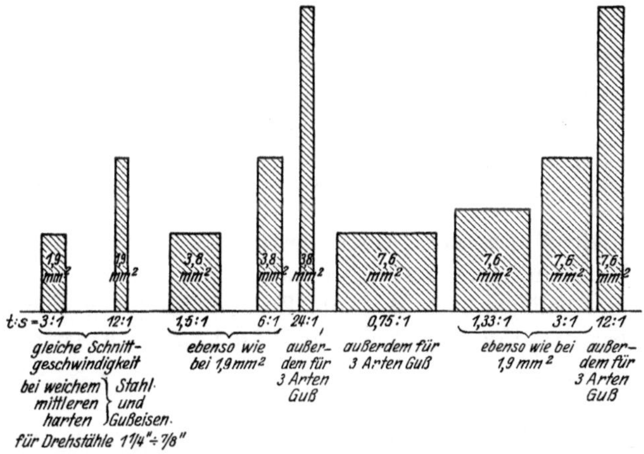

Abb. 21. Einige Beispiele für Taylors „unähnliche" Spanquerschnitte.

zwischen Hippler und Engel fast übereinstimmen. Den prozentualen Abfall der Schnittgeschwindigkeiten nach Abb. 16 (S. 38) gibt Zahlentafel 14 an:

Zahlentafel 14.

Spanquerschnittssteigerung in Proz.	Abfall von v in Proz. nach Engel $\varepsilon_v = 3{,}8$	Abfall von v in Proz. nach Hippler $\varepsilon_v = 4$
100	18	16
200	25	24
300	31	30
400	35	34

Engel kommt also von Friedrich wieder zu Hippler, d. h. durch seine Annahme über das Verhältnis $c = t : s$ „dreht" er sozusagen die steilere Linie Friedrichs in die flachere Hipplers, entgegen dem Sinne des Uhrzeigers, zurück. Man könnte glauben, daß dieser Vergleich zwischen Hippler und Engel eine Bestätigung der Hipplerschen Formel

$$v = \frac{M}{\sqrt[4]{F}}$$

durch Engel erbringe. Dies hat Engel aber selbst nicht angenommen, da er schreibt[1]), daß ihm — sowohl wie Hippler — die Ungenauigkeit der Hipplerschen Formel bekannt sei. Es ist vielmehr der Schluß zu

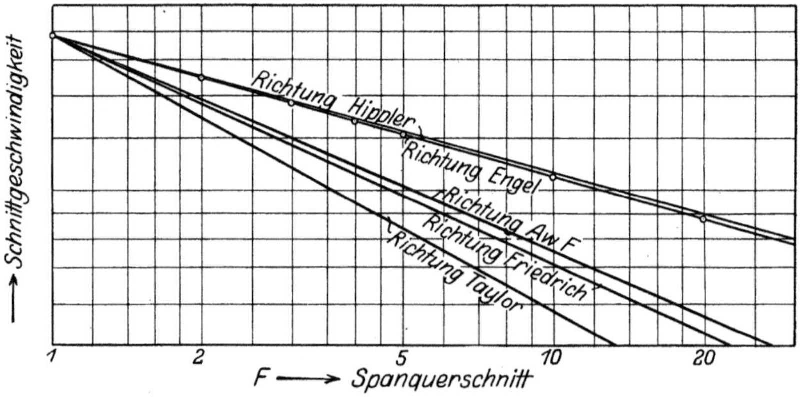

Abb. 22. Vergleich der Veränderlichkeit der Schnittgeschwindigkeit bei Taylor, Friedrich, A.W.F., Engel, Hippler für gleich angenommene Anfangsgeschwindigkeit.

ziehen, daß die Engelschen Annahmen über das Verhältnis von Schnitttiefe zu Vorschub einen Irrtum enthalten, vor allem, wenn man noch die obigen Ausführungen über die Zusammensetzung der Spanquerschnitte bei Taylor berücksichtigt. Auch diese widersprachen den Annahmen Engels.

Die neuesten Versuche über den Zusammenhang von Spanquerschnitt und Schnittgeschwindigkeit sind im Rahmen der Arbeiten des Ausschusses für Maschinenarbeit beim A.W.F. (Ausschuß für wirtschaftliche Fertigung im Reichskuratorium für Wirtschaftlichkeit) durchgeführt worden. Die Ergebnisse sind in den A.W.F.-Richtwerten für Spanquerschnitt und Schnittgeschwindigkeit[2]) niedergelegt. Ihnen liegen Versuche bei ersten Berliner Industriefirmen zugrunde, die sich auf SM.-Stahl 50/60 kg Festigkeit, Gußeisen, Stahlguß, Rotguß, Messing, Temperguß, Chromnickelstahl und Elektron beziehen. Die Angaben berücksichtigen nur Schnellstahl mit 16 bis 18% Wolframgehalt und gelten ohne Kühlung für eine Lebensdauer des Drehstahles von 60 Min.

[1]) Engel: Maschinenbau 1925, S. 1125. [2]) Beuth-Verlag, Berlin SW 19.

Bei den Versuchen wurden allein im Betriebe einer Firma ca. 18 t Material zerspant. Die Richtwerte sind hauptsächlich für Kalkulationszwecke und für die danach vorzunehmende Einstellung der Maschinen

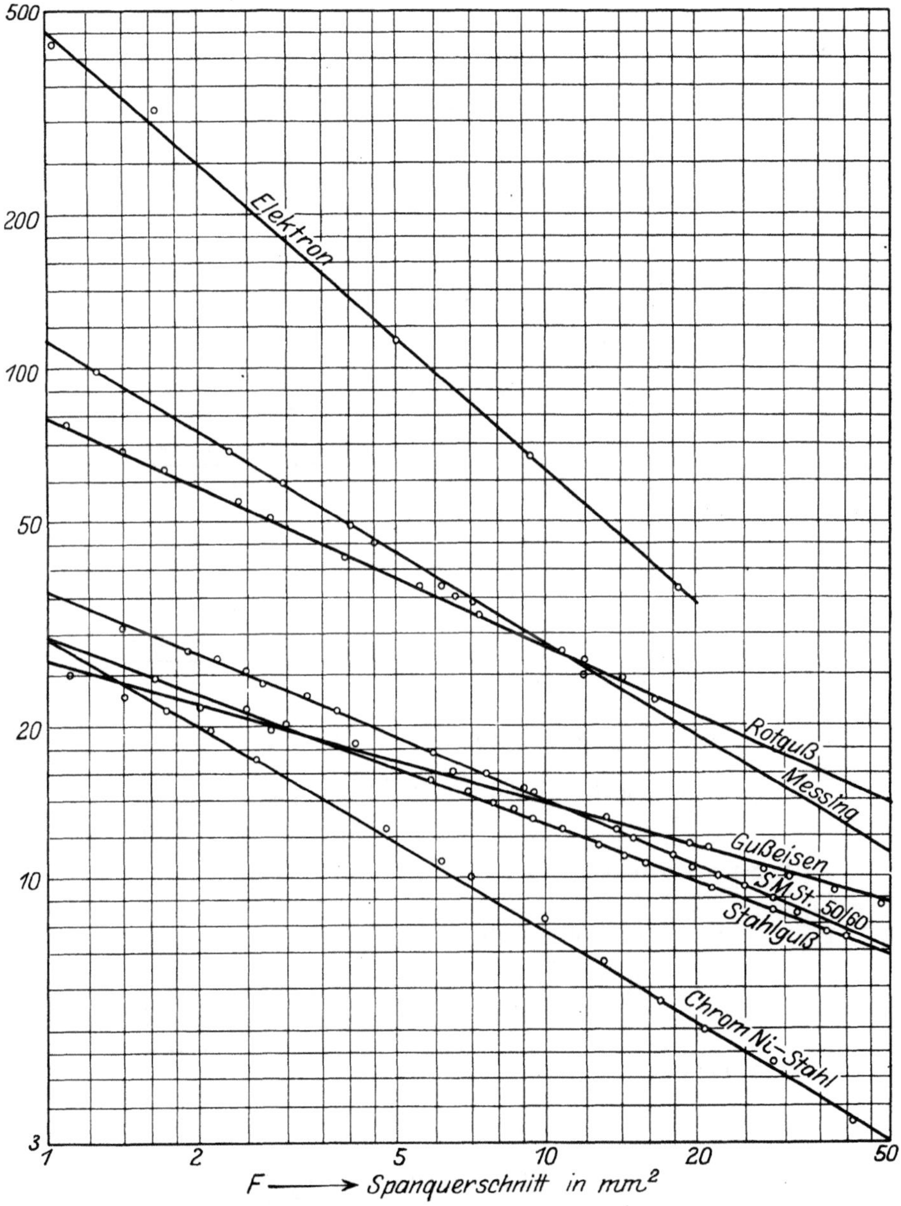

Abb. 23. Abhängigkeit der Schnittgeschwindigkeit vom Spanquerschnitt nach den Richtwerten des A.W.F.

bestimmt. Im Rahmen dieses Abschnittes (Schnittgeschwindigkeit) sollen zunächst nur die Beziehungen zwischen Schnittgeschwindigkeit und Spanquerschnitt beleuchtet und die Gesetze gezogen werden. Hinsichtlich dieser Beziehung stellen die Richtwerte des A.W.F. die ausführlichsten Unterlagen dar, die praktisch erprobt und bereits in vielen Betrieben Deutschlands in Anwendung sind. Es bietet sich hier auch die erste Gelegenheit, weitere Werkstoffe außer Stahl und Gußeisen — die die meisten Forscher nur behandeln — zu betrachten.

Trägt man die Werte des A.W.F. in ein doppellogarithmisches Koordinatensystem ein (Abb. 23), so sieht man, daß sich durch die Punkte wieder gerade Linien legen lassen. Die Auswertung für C_v und ε_ν ergibt:

1. Elektron:

$$-\frac{1}{\varepsilon_v} = \log 62 - \log 430$$
$$= 1{,}792 - 2{,}633 = -0{,}841 = -\frac{1}{1{,}2}$$
$$\underline{\underline{\varepsilon_v = 1{,}2}} \qquad \underline{\underline{C_v = 430}}\,.$$

2. Messing:

$$-\frac{1}{\varepsilon_v} = \log 28 - \log 112$$
$$= 1{,}447 - 2{,}049 = -0{,}602 = \infty - \frac{1}{1{,}65}$$
$$\underline{\underline{\varepsilon_v = 1{,}65}} \qquad \underline{\underline{C_v = 112}}\,.$$

3. Chromnickelstahl:

$$-\frac{1}{\varepsilon_v} = \log 7{,}8 - \log 29$$
$$= 0{,}892 - 1{,}462 = -0{,}570 = -\frac{1}{1{,}75}$$
$$\underline{\underline{\varepsilon_v = 1{,}75}} \qquad \underline{\underline{C_v = 29}}\,.$$

4. SM.-Stahl 50/60 kg:

$$-\frac{1}{\varepsilon_v} = \log 13{,}6 - \log 35$$
$$= 1{,}134 - 1{,}544 = -0{,}410 = -\frac{1}{2{,}44}$$
$$\underline{\underline{\varepsilon_v = 2{,}44}} \qquad \underline{\underline{C_v = 35}}\,.$$

5. Rotguß:

$$-\frac{1}{\varepsilon_v} = \log 28{,}5 - \log 80$$
$$= 1{,}454 - 1{,}903 = -0{,}449 = -\frac{1}{2{,}23}$$
$$\underline{\underline{\varepsilon_v = 2{,}23}} \qquad \underline{\underline{C_v = 80}}\,.$$

6. Stahlguß:

$$-\frac{1}{\varepsilon_v} = \log 12{,}5 - \log 28{,}7$$

$$= 1{,}097 - 1{,}458 = -0{,}361 = \sim \frac{1}{2{,}75}$$

$$\underline{\varepsilon_v = 2{,}75} \qquad \underline{C_v = 28{,}7}\,,$$

7. Gußeisen:

$$-\frac{1}{\varepsilon_v} = \log 13{,}9 - \log 26{,}5$$

$$= 1{,}143 - 1{,}423 = -0{,}280 = -\frac{1}{3{,}58}$$

$$\underline{\varepsilon_v = \sim 3.6} \qquad \underline{C_v = 26{,}5}\,.$$

Aus diesen verschiedenen Werten für ε_v ersieht man, daß bei jedem Werkstoff eine andere Änderung der Schnittgeschwindigkeit mit dem Spanquerschnitt eintritt. Die prozentualen Änderungen der Schnittgeschwindigkeit sind:

Zahlentafel 15.

Werkstoff	ε_v	Steigerung des Spanquerschnittes 100%	200%	300%	400%
Elektron	1,2	44%	60%	68%	74%
Messing	1,65	34%	49%	56%	62%
Chromnickelstahl	1,75	33%	47%	55%	60%
SM.-Stahl 50/60 kg	2,44	25%	36%	44%	49%
Rotguß	2,23	28%	39%	47%	52%
Stahlguß	2,75	23%	33%	40%	45%
Guß, mittel	3,6	18%	26%	32%	36%

Die Gruppierung in der Reihenfolge der Werkstoffe in dieser Zahlentafel ist von oben nach unten mit steigendem ε_v vorgenommen; es ist deutlich zu sehen, daß bei Elektron die Änderung des Spanquerschnittes den größten, bei Gußeisen den geringsten Einfluß auf die Schnittgeschwindigkeit hat; nur ε_v für SM.-Stahl liegt etwas aus der Reihe.

Eine feste Beziehung zwischen dem Ansteigen des Wertes ε_v von Werkstoff zu Werkstoff und anderen Eigenschaften der Materialien (Festigkeit, Dehnung usw.) ist noch nicht zu erkennen.

Auffallend ist es jedoch, daß es sich bei den drei unteren Stoffen (Rotguß, Stahlguß, Gußeisen) um solche Werkstoffe handelt, die ihre Form durch ein Gießverfahren erhalten, während die oberen Stoffe, mit Ausnahme von Elektron (Messing, Chromnickelstahl und SM.-Stahl) durch Pressen oder Schmieden vorgeformt werden.

Es hat jedenfalls etwas Bestechendes für sich, daß die Art der Herstellung der Werkstücke auf die Veränderlichkeit der Schnittgeschwindigkeit Einfluß haben könnte. Man kann sich vorstellen, daß bei gegosse-

Zahlentafel 16. (Bestwerte vgl. Anhang.)

Werkstoff	Kronenberg nach Taylor, Kohlenstoffstahl 20 Min. ε_v	C_v	Kohlenstoffstahl 90 Min. ε_v	C_v	Schnellstahl 90 Min. $1^1/_4''$ ε_v	C_v	Schnellstahl 90 Min. $^7/_8''$ ε_v	C_v	Friedrich ε_v	C_v	Hippler ε_v	C_v	A.W.F. Schnellstahl 60 Min. ε_v	C_v
Elektron	—	—	—	—	—	—	—	—	—	—	—	—	1,2	430
Messing	—	—	—	—	—	—	—	—	—	—	4	100	1,65	112
Chromnickelstahl	—	—	—	—	—	—	—	—	—	—	—	—	1,75	29
SM.-Stahl, weich	1,52	34	1,52	20,4	1,94	158	1,94	125	2,3	67	4	31	—	—
„ mittel	1,76	9	1,76	5,4	1,94	80	1,94	64	2,3	46	4	23	2,44	35
„ hart	—	—	—	—	1,94	36	1,94	28	2,3	22	4	14	—	—
Rotguß	—	—	—	—	—	—	—	—	—	—	4	90	2,23	80
Stahlguß	—	—	—	—	—	—	—	—	—	—	—	—	2,75	28,7
Gußeisen, weich	—	—	—	—	2,52	73	2,52	60	3,6	46	4	31	—	—
„ mittel	—	—	—	—	2,52	36	2,52	30	3,6	24	4	16	3,6	26
„ hart	—	—	—	—	2,52	22	2,52	18	5,4	13	4	9	—	—

nen Stücken die Teilchen nicht so stark aneinanderhängen wie bei geschmiedeten, so daß sie durch Bearbeitung leichter zu trennen sind. Daher könnte eine Veränderung des Spanquerschnittes (ob groß oder klein) bei gegossenen Stücken sich weniger bemerkbar machen, als bei geschmiedeten. Eine Änderung des Spanquerschnittes hätte also bei gegossenen Stücken weniger Einfluß auf v als bei geschmiedeten.

In Zahlentafel 16 sind die C_v- und ε_v-Werte, die nach obigem Verfahren ausgewertet wurden, gegenübergestellt. Man sieht, daß zwischen den einzelnen Werten teilweise gute Übereinstimmung besteht, teilweise jedoch noch große Unterschiede festzustellen sind. Es ist hierbei zu berücksichtigen, daß sich in den C_v-Werten, wie schon ausgeführt, diejenigen Einflüsse darstellen, die auf die Größenordnung der Schnittgeschwindigkeit von Einfluß sind, also abgesehen vom Werkstoff, vor allem die zugrunde gelegte Schneidhaltigkeit des Drehstahles, die Härtung, das Drehstahlmaterial und die Kühlung. Die Richtwerte des A.W.F. verdienen für die Praxis vornehmlich den Vorzug deshalb, weil bei ihrer Aufstellung bewußt bestimmte Normen für die Schneidhaltigkeit und das Material des Drehstahles zugrunde gelegt wurden. Sie liegen im allgemeinen bei Stahl unter den Werten von Taylor (insofern die schwächeren Drehstähle Taylors in Betracht kommen, ist ein Vergleich wegen der Bogenschneide und des dadurch bedingten größeren Einflusses von Schnittiefe und Vorschub je für sich nicht möglich).

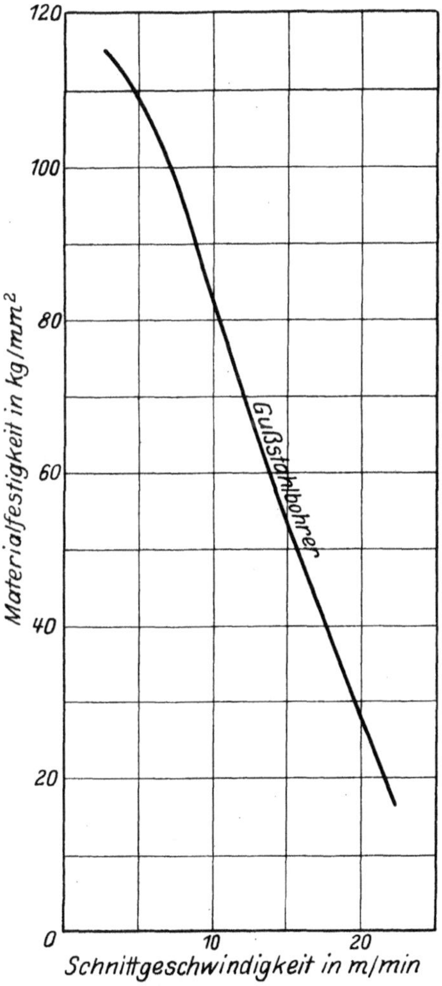

Abb. 24. Schnittgeschwindigkeiten für Gußstahlbohrer.

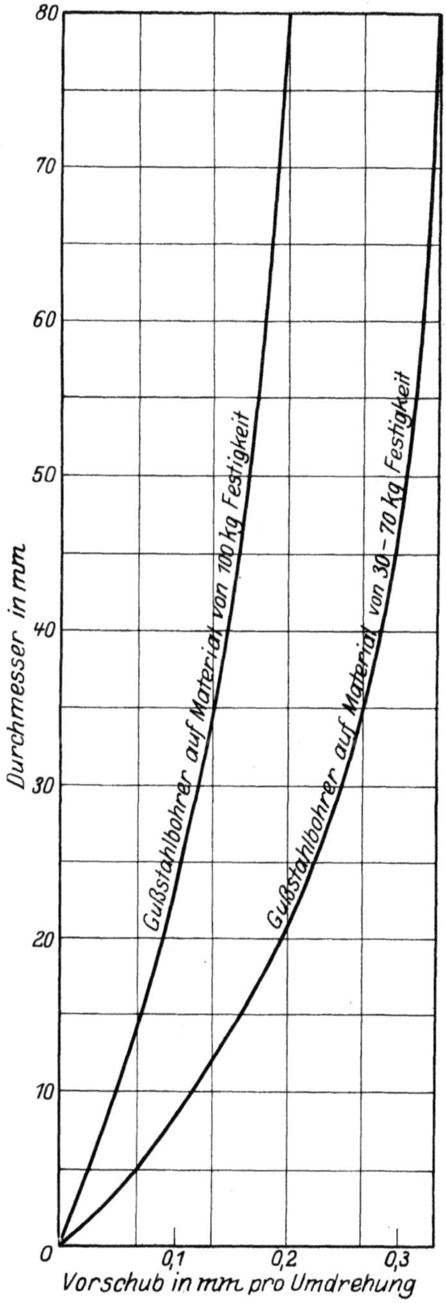

Abb. 25. Vorschübe für Gußstahlbohrer.

Sie liegen ferner auch unter den Werten Friedrichs, bei denen jedoch keine bestimmte Schneidhaltigkeit zugrunde liegt. Für Guß-

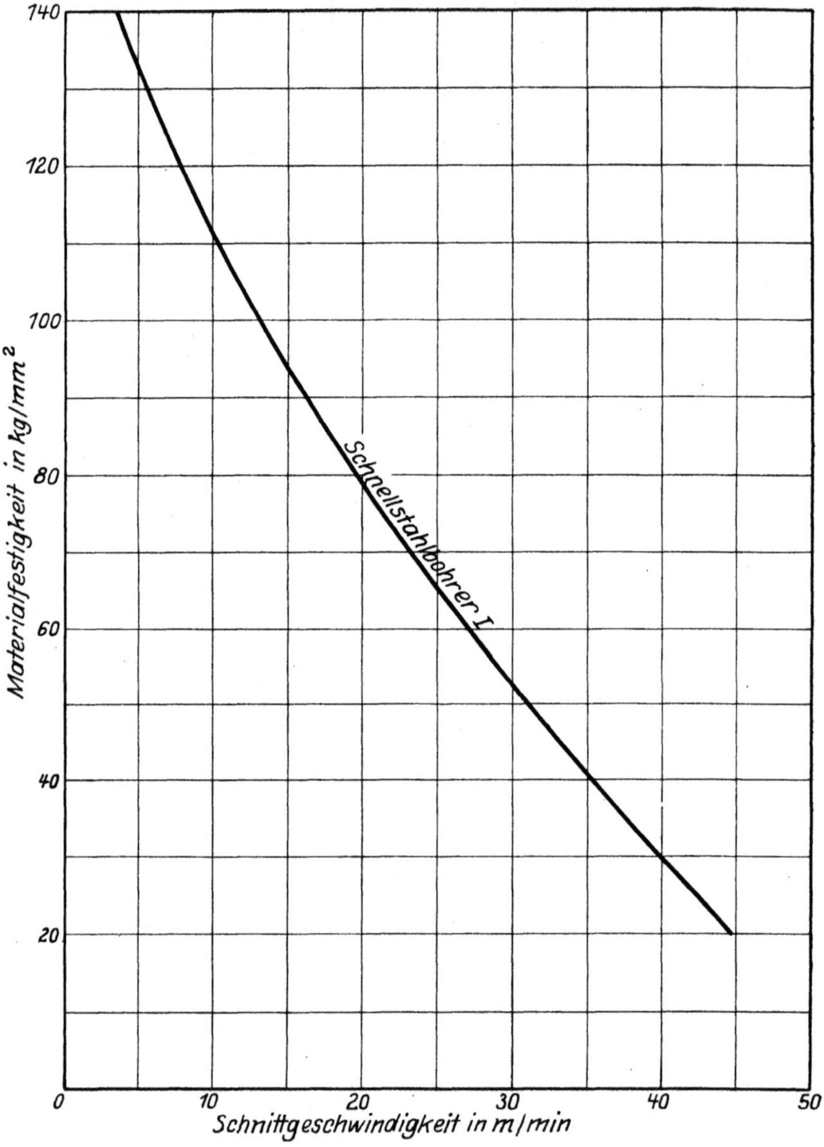

Abb. 26. Schnittgeschwindigkeiten für mittelwertige Schnellstahlbohrer.

eisen ist die Übereinstimmung zwischen A.W.F., Taylor und Friedrich wesentlich besser. Für die übrigen Werkstoffe liegen eingehende Schnittgeschwindigkeitsversuche außer denen des A.W.F. nicht

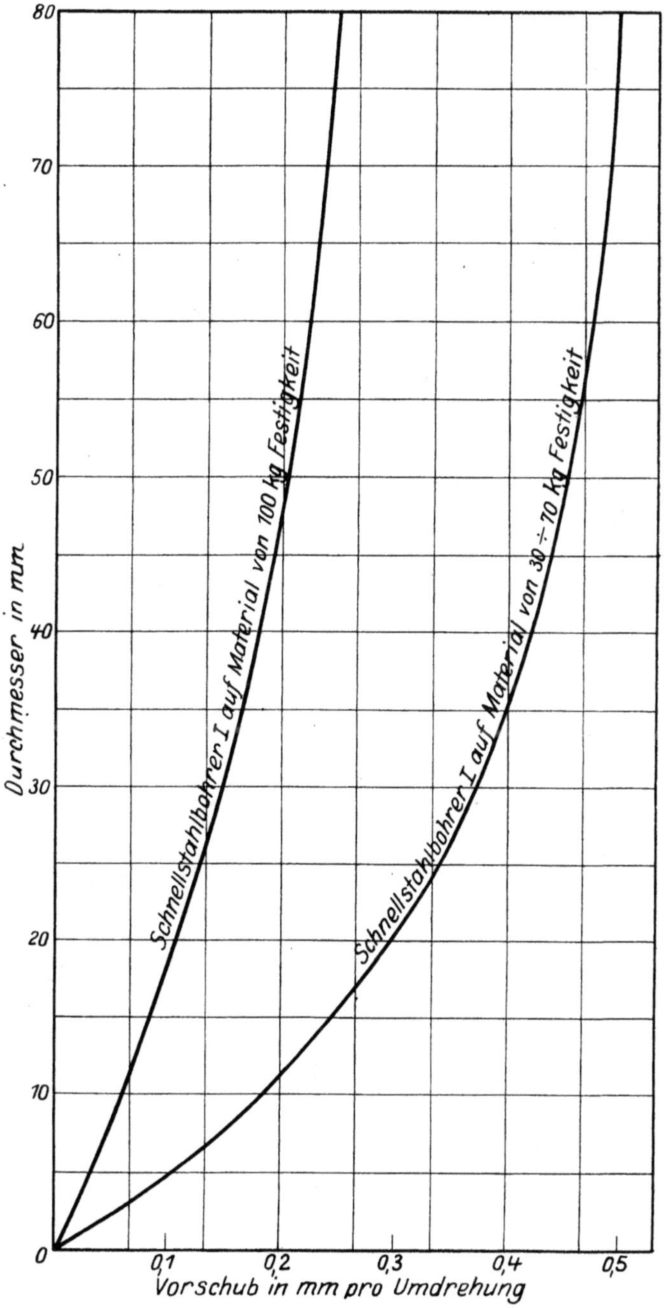

Abb. 27. Vorschübe für mittelwertige Schnellstahlbohrer.

vor. Die Aufgabe weiterer Forschungen wird es sein, die Beziehungen der C_v-Werte zu den Einflußgrößen gesetzmäßig festzustellen, sowie es z. B. weiter unten bei den C_{k_s}-Werten vorgenommen werden wird.

So wichtig es wäre, die Betrachtungen über die Schnittgeschwindigkeit auch für Fräsen, Bohren, Hobeln usw. anzustellen, so wenig liegen

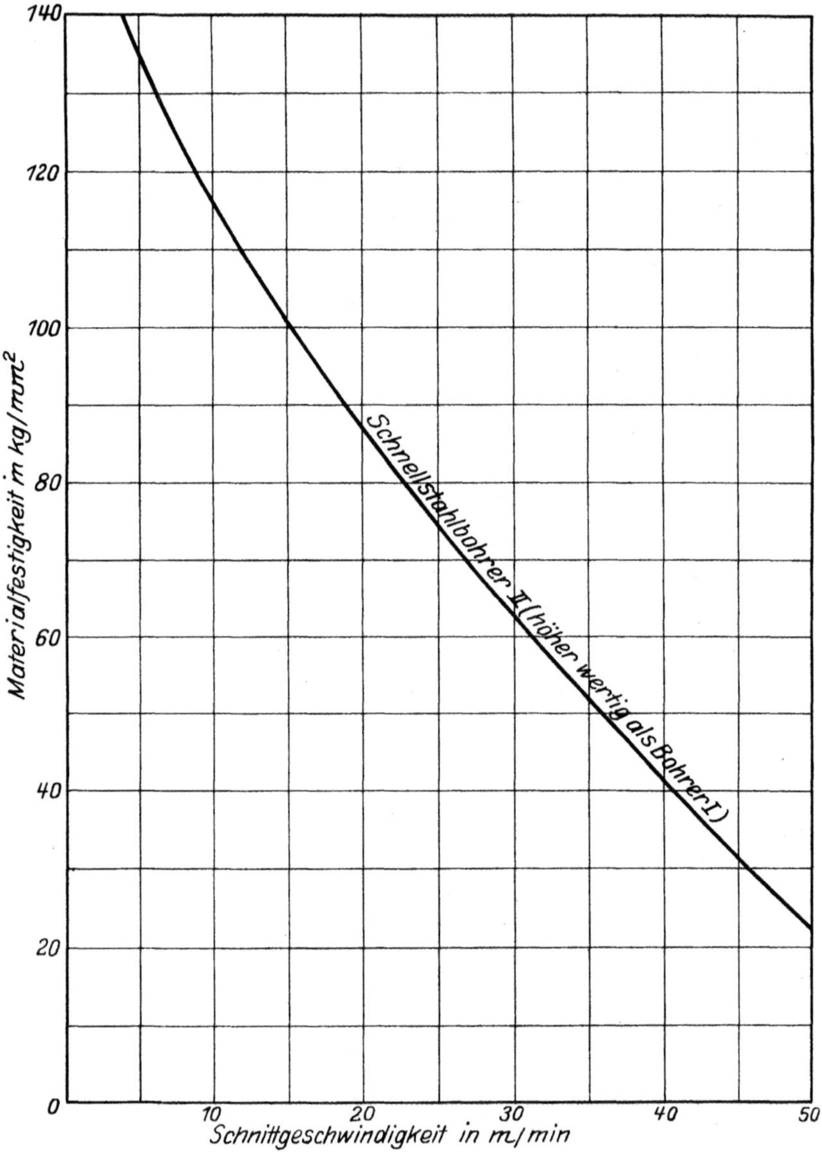

Abb. 28. Schnittgeschwindigkeiten für hochwertige Schnellstahlbohrer.

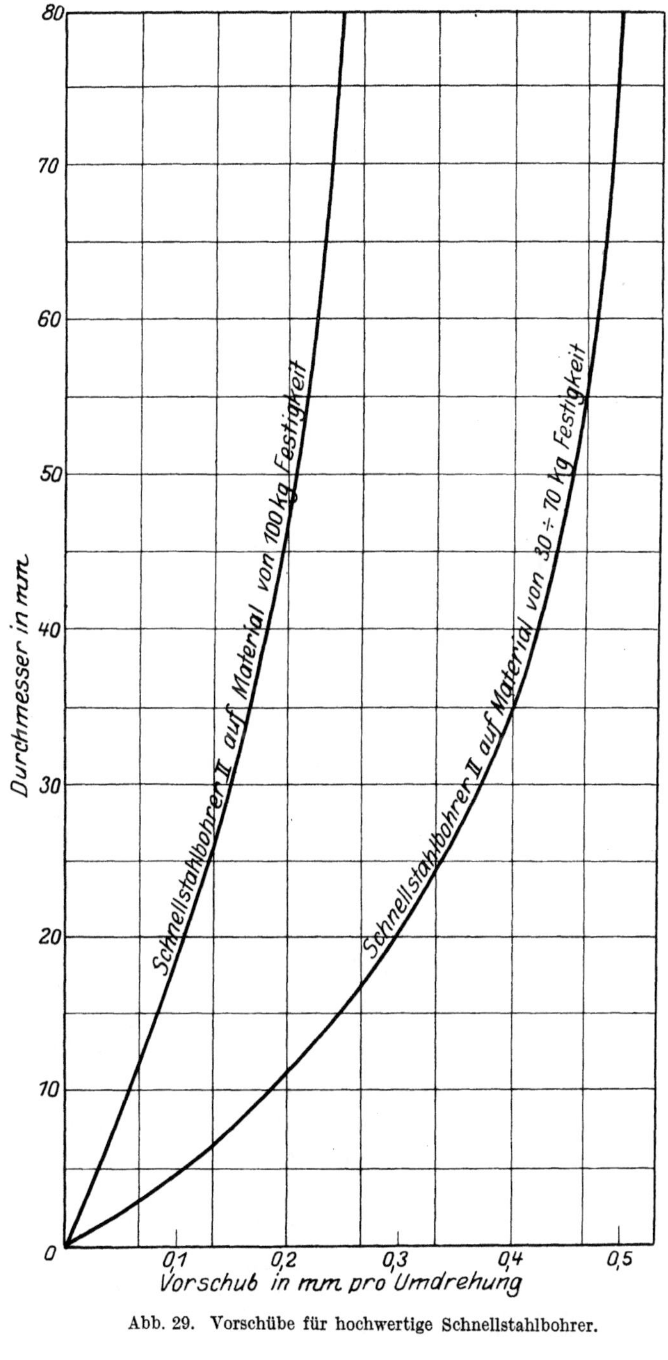

Abb. 29. Vorschübe für hochwertige Schnellstahlbohrer.

zur Zeit verwendbare Untersuchungen vor. Die meisten Forscher haben sich auf die Dreharbeit beschränkt; erst in letzter Zeit beginnt man Versuche auch für Schnittgeschwindigkeiten beim Fräsen anzustellen. Beckh[1]) hat als zulässige Schnittgeschwindigkeit für Walzenfräsen folgende Werte festgestellt:

Zahlentafel 17[1]). (Werte für Fräsen.)

	v m/min	*s* mm/min
Weicher Stahl *St* 34	20÷35	200÷150
Mittlerer „ *St* 50	15÷30	150÷100
Harter „ *St* 70	10÷15	100÷50
Mittelharter Guß ohne Kühlung	15÷20	150÷100
Mittelharter Guß mit „	20÷30	200÷150

Mit diesen Zahlen ist jedoch noch nicht viel gewonnen, da sie nur Grenzen geben.

Diese Zahlen kommen den schon früher bekannten (allerdings ohne Vorschubangabe) nahe, wie die nachstehende Tabelle zeigt:

Zahlentafel 18[2]). (Werte für Fräsen.)

Material	Schnittgeschwindigkeit Meter in der Minute: Schrupparbeit ca. 4 mm Spantiefe	Schnittgeschwindigkeit Meter in der Minute: Schlichtarbeit ca. 1/2 mm Spantiefe	Material	Schnittgeschwindigkeit Meter in der Minute: Schrupparbeit ca. 4 mm Spantiefe	Schnittgeschwindigkeit Meter in der Minute: Schlichtarbeit ca. 1/2 mm Spantiefe
Gußeißen			Maschinenstahl		
weich	12÷15	18÷20	40 kg Festigkeit	16÷20	30÷32
mittelhart	9÷12	15÷18	50 kg „	14÷18	25÷30
hart	6÷8	12÷15	60 kg „	12÷18	20÷25
Stahlguß			70 kg „	10÷12	16÷20
weich	12÷15	18÷20	80 kg „	8÷10	14÷16
mittelhart	10÷12	15÷18	Werkzeugstahl		
hart	6÷8	12÷15	weich	8÷10	14÷18
Temperguß			mittelhart	6÷8	10÷14
weich	18÷20	24÷26	hart	4÷6	8÷10
mittelhart	15÷18	20÷24	Bronze		
hart	12÷15	18÷20	weich	28÷30	40÷45
			mittelhart	25÷28	35÷40
			hart	22÷25	30÷35

Richtwerte[3]) für die Schnittgeschwindigkeit beim Bohren mit Spiralbohrern geben die Diagramme Nr. 24 bis Nr. 29, diese stellen insofern schon einen Fortschritt gegenüber den bekannten Tabellen dar, als in ihnen die Abhängigkeit des Vorschubes vom Bohrdurchmesser schon zum Ausdruck kommt. Sie sind als Erfahrungswerte anzusehen.

[1]) Maschinenbau 1926, S. 497ff. und S. 1119.

[2]) Dr.-Ing. Reindl: Schnittgeschwindigkeiten für Fräser. Zeitschr. f. prakt. Maschinenbau 1910, S. 55/56.

[3]) R. Stock & Co., Berlin-Marienfelde.

III. Der Schnittdruck.

a) Einführende Zusammenhänge.

Nachdem nunmehr die Gesetzmäßigkeit der Schnittgeschwindigkeit durch eine einfache Formel vorliegt, wenden wir uns dem anderen Faktor der Leistung, dem Schnittdruck zu. Damit gehen wir von der „Achse" der Schnittgeschwindigkeit zur „Achse" des Schnittdruckes über.

Obgleich man glauben könnte, daß eine starke gegenseitige Beziehung zwischen Schnittdruck und Schnittgeschwindigkeit besteht, ist dies nicht der Fall. Der Schnittdruck ist von der Schnittgeschwindigkeit so gut wie unabhängig, d. h. für verschiedene Schnittgeschwindigkeiten bleibt unter sonst gleichen Umständen (Werkstück, Werkstoff, Werkzeug usw.) der Schnittdruck unveränderlich. Diese Feststellung ist von fast allen Forschern, z. B. von Taylor[1]), Nicolson[2]), Klopstock[2]) (Abb. 30, 31, 32, 33) für Dreharbeiten, von Beckh[3]) für Fräsarbeiten und von Kurrein[4]) für Bohrarbeiten und neuerdings auch für Schleifarbeiten gemacht worden.

Durch diese Feststellung ist man auch berechtigt, Schnittgeschwindigkeit und Schnittdruck getrennt für sich zu betrachten. In gegenseitiger Abhängigkeit stehen sie nur insofern, als ihr Produkt die Leistung an der Schneide ergibt und demzufolge eine gleichbleibende Leistung die Senkung der Schnittgeschwindigkeit bei Steigerung des Schnittdruckes, und umgekehrt, erfordert. In unmittelbarer gegenseitiger Abhängigkeit stehen sie aber — wie gesagt — nicht.

Zur Vereinfachung der Betrachtungen über den Schnittdruck beschränkt man sich zunächst auf den spezifischen Schnittdruck, d. h. auf den Schnittdruck je 1 mm² Spanquerschnitt. Bezeichnet P den Schnittdruck in kg, F den Spanquerschnitt in mm², so ist der spezifische Schnittdruck k_s

$$k_s = \frac{P}{F}\ \text{kg/mm}^2.$$

k_s wurde früher auch häufig als „Materialkonstante" bezeichnet, obgleich — wie die folgenden Untersuchungen zeigen werden — k_s keine Konstante ist. Ähnlich wie der Schnittgeschwindigkeit haben sich auch für den spezifischen Schnittdruck „Faustwerte" gebildet, die ihren

[1]) Taylor-Wallichs a.a. O. § 33.

[2]) Klopstock: Untersuchung der Dreharbeit. Berichte des Versuchsfeldes der Techn. Hochsch. Berlin, Heft 8, S. 38.

[3]) Beckh: Maschinenbau 1926, S. 559.

[4]) Kurrein: Bohrarbeit und Bohrversuche. Vortrag im Berliner Bezirksverein Deutscher Ingenieure, November 1924.

Ursprung in früheren Versuchen haben. In Zahlentafel 19 sind solche Faustwerte wiedergegeben.

Zahlentafel 19.

	Weicher Guß kg/mm²	Harter Guß kg/mm²	Weicher Stahl kg/mm²	Harter Stahl kg/mm²	Bronze kg/mm²
$k_s =$	$60 \div 90$	$90 \div 130$	$100 \div 150$	$150 \div 240$	$60 \div 100$
$k_s =$	$4{,}5 \div 5{,}5\,k_z$	$4{,}5 \div 5{,}5\,k_z$	$2{,}5 \div 3{,}2\,k_z$	$2{,}5 \div 3{,}2\,k_z$	

Diese Faustwerte bilden eine nur sehr unvollkommene Unterlage; mit ihnen kann man jedes gewünschte Ergebnis „hinrechnen", da die Grenzen viel zu weit gezogen sind, als daß man mit diesen Werten etwas Genaues erhalten könnte. Es ist ja ein großer Unterschied, ob z. B. bei weichem Stahl ein spezifischer Schnittdruck von 100 oder von 150 kg/mm² zugrunde gelegt wird. Trotz dieser Ungenauigkeiten ist man bis vor kurzem genötigt gewesen, mit ihnen, mangels besserem, zu rechnen. Auch heute wird noch vielfach mit ihnen gearbeitet.

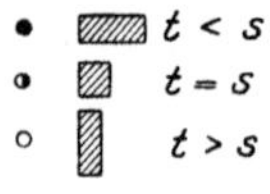

Abb. 30. Bezeichnung der Spanquerschnitte in Abb. 31, 32. 33.

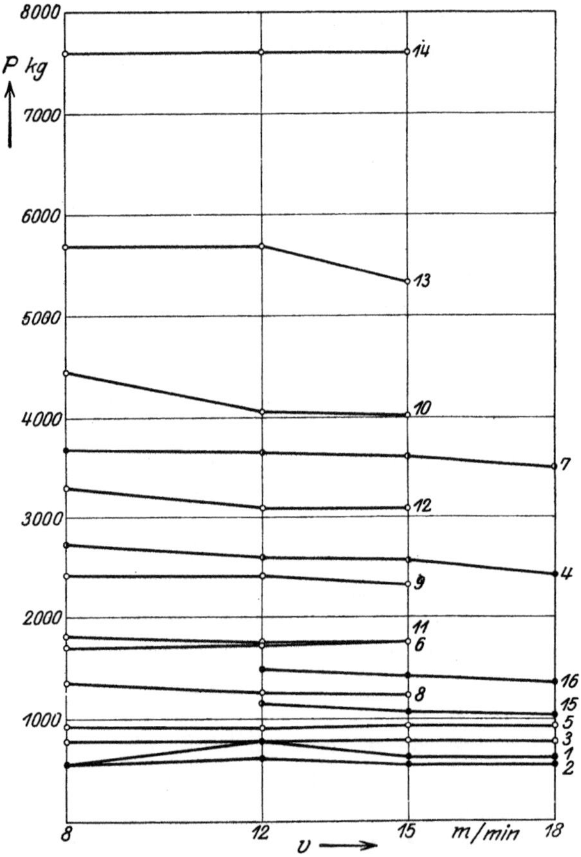

Abb. 31. Verlauf der Schnittdrucke bei wachsender Schnittgeschwindigkeit und verschieden zusammengesetzten Spanquerschnitten (Schmiedeeisen).

Wenn man bedenkt, daß auf diesen Unterlagen die Leistungsangaben für Werkzeugmaschinen beruhen, so kann man sich die vielen verschiedenen Ergebnisse über die Leistungsfähigkeit erklären. Wir benötigen für die Werkzeugmaschinen — worauf besonders Schlesinger hingewiesen hat[1]) — ebenso genaue Konstruktionsunterlagen, wie z. B. der Dampfmaschinenbau, trotzdem bei den Werkzeugmaschinen kein Gesetz solche verlangt. Für den Dampfmaschinenbau sind feste Konstruktionsunterlagen vornehmlich aus Gründen der Betriebssicherheit geschaffen worden. Für die Werkzeugmaschinen sind sie aus Gründen der Wirtschaftlichkeit und Konkurrenzfähigkeit beim Bau und der Ausnutzbarkeit der Maschinen im Betriebe ebenso erforderlich.

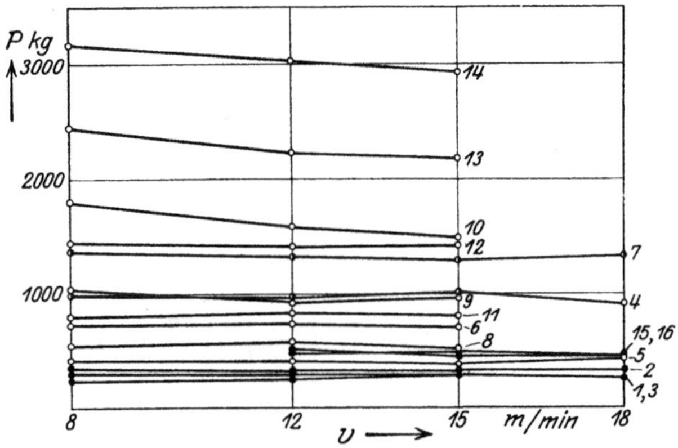

Abb. 32. Verlauf der Schnittdrucke bei wachsender Schnittgeschwindigkeit und verschieden zusammengesetzten Spanquerschnitten (Gußeisen).

Seit langen Jahren beschäftigt sich daher auch die wissenschaftliche Forschung mit der Untersuchung der Fragen des Schnittdruckes; je tiefer man jedoch eindrang, desto mehr Probleme sind aufgetaucht. Taylor gelangte schließlich sogar zu der Ansicht, daß solche Untersuchungen praktisch unfruchtbar seien, und daß er wünschte, die „Aufmerksamkeit der Forscher von den wertlosen (!) Schnittdruckversuchen abzulenken“[2]). Taylors Aufforderung zur Abkehr von Schnittdruckversuchen ist erfreulicherweise nicht befolgt worden, es sind im Gegenteil immer wieder Schnittdruckversuche angestellt worden, die auch schließlich zum Erfolge geführt haben.

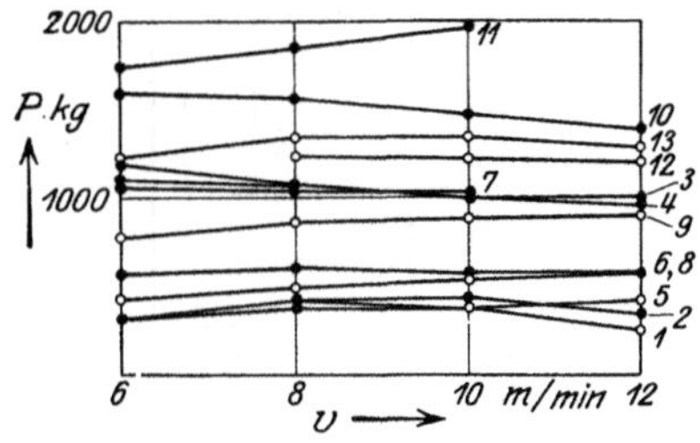

Abb. 33. Verlauf der Schnittdrucke bei wachsender Schnittgeschwindigkeit und verschieden zusammengesetzten Spanquerschnitten (Chromnickelstahl).

Ebenso wie die Schnittgeschwindigkeit hängt auch der spezifische Schnittdruck von einer großen Zahl von Faktoren ab, wie den Eigenschaften des bearbeiteten Werkstoffes, dem Spanquerschnitt, den Winkeln des Drehstahles. Es bedurfte dazu der Untersuchung der Spanbildung, der Schaffung einer einwandfreien Meßapparatur und der Auffindung eines Abstumpfungskriteriums für den Drehstahl, das nicht willkürlich hineingetragen war.

[1]) Schlesinger: Untersuchung einer Drehbank. Berichte des Versuchsfeldes für Werkzeugmaschinen der Techn. Hochsch. Berlin, Heft 1.

[2]) Taylor-Wallichs a. a. O. S. 97.

b) Voraussetzungen für die Gesetzmäßigkeiten.

Taylor kam zur Ablehnung der Schnittdruckversuche hauptsächlich wegen der starken Widersprüche, die die verschiedenen Forschungs-

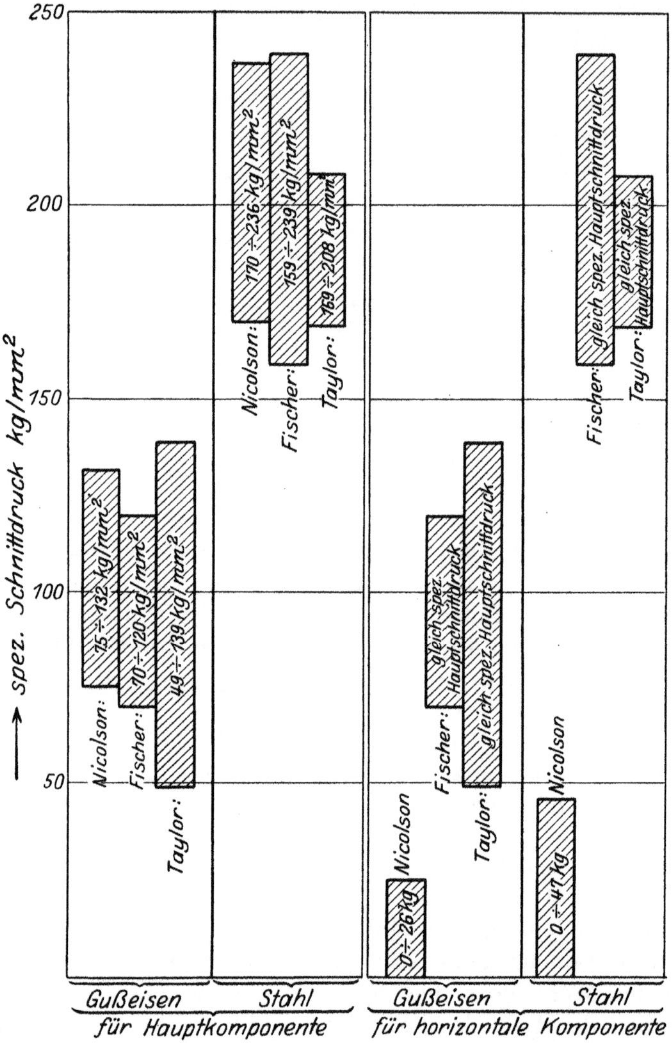

Abb. 34. Abb. 35.
Vergleich der Schnittdruckwerte von Nicolson, Fischer und Taylor.

ergebnisse aufwiesen, „diese Widersprüche schädigten und verzögerten die wissenschaftliche Erkenntnis mehr als sie sie förderten", schreibt er[1]).

[1]) Taylor-Wallichs a. a. O. S. 97.

In Abb. 34 sind die Versuchsergebnisse von Nicolson, Fischer und Taylor in graphischer Darstellung gegenübergestellt. Aus ihnen erkennt man zunächst die starken Schwankungen der Grenzen für die Angaben. Am auffälligsten wird der Widerspruch zwischen Nicolson einerseits und Taylor und Fischer andererseits bei den horizontalen Druckkomponenten (Abb. 35). Hier stellt Nicolson fest, daß die horizontalen Komponenten des Schnittdruckes nur zwischen 0 und 26 kg/mm² bei Gußeisen, und 0 und 47 kg/mm² bei Stahl schwanken, während die Ergebnisse von Fischer und Taylor für Gußeisen (26 kg Nicolson gegen 120 kg Fischer bzw. 26 kg Nicolson gegen 140 kg Taylor) vier- bis fünfmal so hoch liegen!

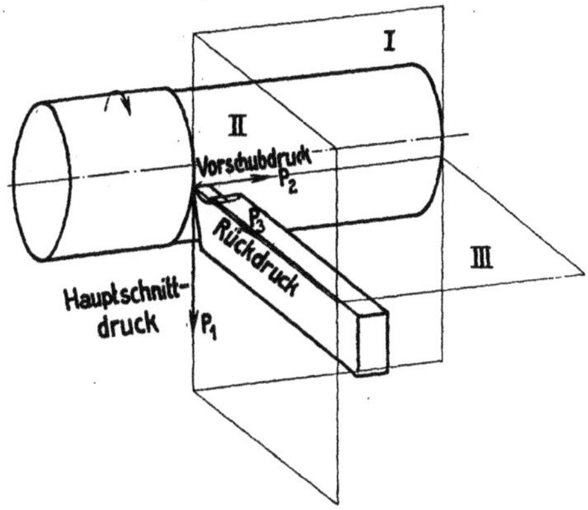

Abb. 36. Die Komponenten des Schnittdruckes[1]).

Die Verschiedenartigkeit der Wertungsergebnisse der einzelnen Forscher erklärt sich aus dem früheren Fehlen eines geeigneten Merkmals

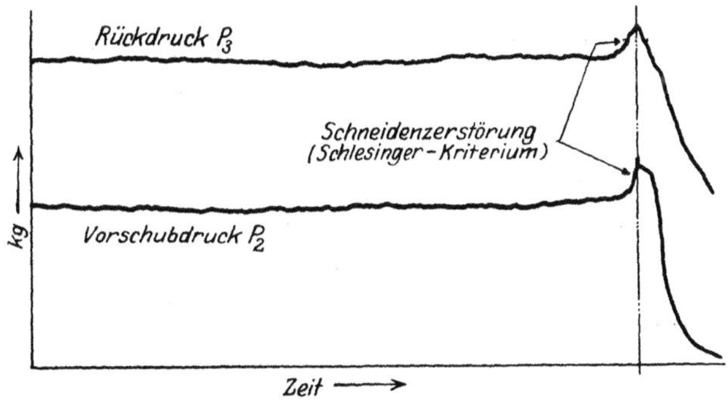

Abb. 37. Schlesinger-Kriterium.

für die Vergleichbarkeit. Erst Schlesinger gelang es, das im Zerspanungsvorgang liegende Kriterium aufzudecken[2]). Er stellte fest (Abb. 36 u. 37), daß die horizontalen Druckkomponenten, nämlich der Rückdruck P_3 und der Vorschubdruck P_2 im Augenblick der Zerstörung der Schneide stark anwachsen. Bei scharfen Stählen ist P_2 und P_3 im Vergleich zum Hauptschnittdruck P_1 nur sehr gering, während sie

[1]) Bild Kronenberg-ADB 15.

[2]) Schlesinger: Die Fortschritte deutscher Stahlwerke bei der Herstellung hochlegierter Stähle. Stahl u. Eisen 1913, Nr. 22.

im Abstumpfungsmoment ebenso groß werden können wie P_1. Dieses Abstumpfungsmerkmal (nämlich das plötzliche Anwachsen der hori-

Abb. 38. Zweikomponentenmeßsupport an einer Drehbank.

zontalen Druckkomponenten) nennt man bekanntlich das Schlesinger-Kriterium.

Da sich die Hauptkomponente P_1 bei der Abstumpfung nicht ändert, kann man das Schlesinger-Kriterium auch dazu verwenden,

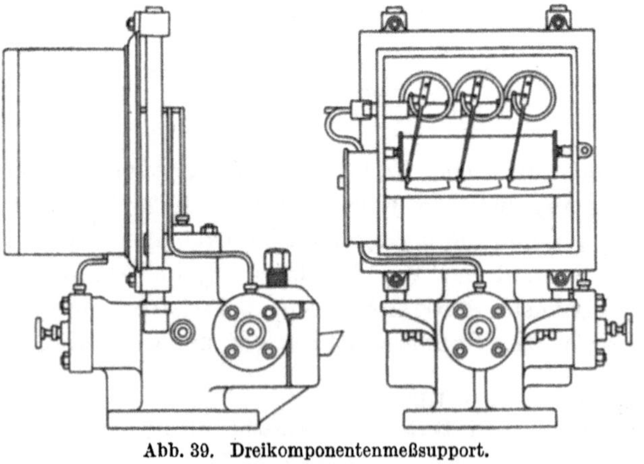

Abb. 39. Dreikomponentenmeßsupport.

Drehstähle auf ihre Lebensdauer zu prüfen. Man hat nur die Kräfte P_2 und P_3 und die Zeit zu beobachten, wie dies mittels des Meßsupports, Bauart Schlesinger-Mohr & Federhaff[1]), geschieht (Abb. 38). Die Kräfte P_2 und P_3 werden an den beiden, im Bilde sichtbaren, Meßdosen abgelesen und gleichzeitig unter Berücksichtigung der Zeit auch

Abb. 40. Zweikomponentenmeßsupport an einer Radialbohrmaschine.

graphisch aufgezeichnet. P_2 und P_3 sind von einander abhängig. Je nach der Stellung des Drehstahles zur Werkstückachse wird die eine Komponente kleiner und die andere größer. Bei 45° sind beide gleich, bei Näherung an die Achse wird P_3 größer als P_2 und umgekehrt. Zum Messen des Hauptschnittdruckes ist obiger Meßsupport nicht eingerichtet. Hierzu ist die Verwendung von mindestens einer dritten (Abb. 39)

1) DRP. 280 436.

Meßdose[1]) erforderlich. Die vierte Meßdose[2]) dient zum Messen evtl. negativer Vorschubkräfte. Auch für andere Werkzeuge als Drehstähle ist die Messung der Komponenten möglich (Abb. 40).

Diagramme, bei denen nur die Hauptkomponente — ohne Berücksichtigung des Schlesinger-Kriteriums — gemessen werden, zeigen die Abb. 41 u. 41 a[3]), und zwar Abb. 41 für eine Drehstahlprüfung und Abb. 41 a für einen Bohrversuch in Holz.

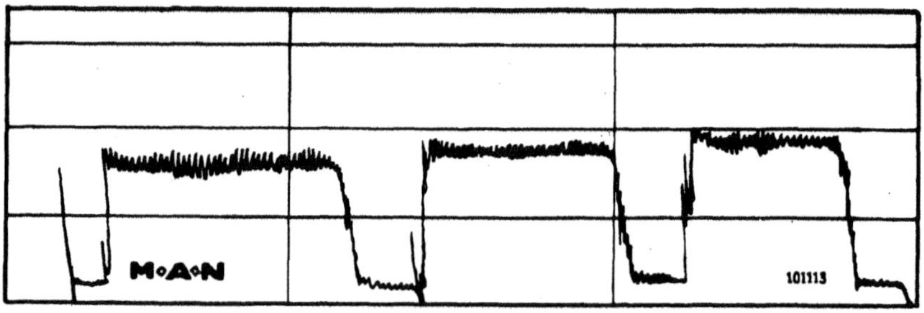

Abb. 41. Drehstahlprüfung beim Abdrehen eines 74 mm starken Bolzens mit $t=0{,}2$ mm. Abszisse: Vorschub und Umdrehungszahl. Ordinate: Schnittdruck. Fläche: Arbeitsschaubild.

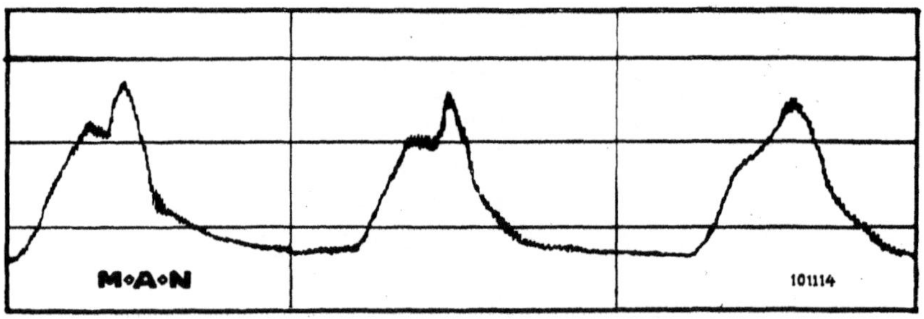

Abb. 41 a. Bohrversuch in Holz, 14 mm Drillbohrer beim Durchbohren eines 30 mm starken Lärchenholzes. Abszisse: Bohrtiefe und Umdrehungszahl. Ordinate: Schnittdruck. Fläche: Arbeitsschaubild.

Mit Hilfe des Schlesinger-Kriteriums ist der Widerspruch zwischen den Forschungen Fischers, Taylors und Nicolsons bald aufgeklärt. Alle drei Forscher waren im Recht, die Unterschiede erklären sich dadurch, daß Nicolson nur scharfe Stähle untersuchte, während Fischer und Taylor, wie es ja richtiger ist, auch die abgestumpften Stähle noch mit einbezogen. Nicolson erhielt daher nur kleine Vorschubkräfte P_2, wie auch aus den Abb. 42 u. 43 hervorgeht, die Bluhm gezeichnet hat[4]), während Taylor und Fischer

[1]) Bauart Schlesinger-Mohr & Federhaff.
[2]) Versuchsfeldberichte der Techn. Hochsch. Berlin, Heft 1, 4, 7 und 8.
[3]) Prüfmaschine, Bauart M.A.N.-Spindel.
[4]) Bluhm: Die Anwendung der Versuchsergebnisse Taylors. W. T. 1921, S. 477.

für die horizontalen Komponenten fast ebenso große Werte wie für die vertikale Komponente erhalten konnten.

Die Taylorschen Schnittdruckversuche hatten s. Zt. unter wesentlichen Mängeln zu leiden. Er mußte sich noch mit indirekten Messungen

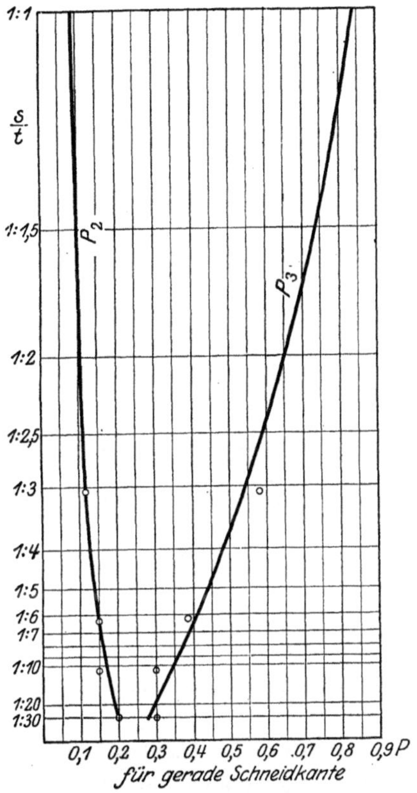

Abb. 42.

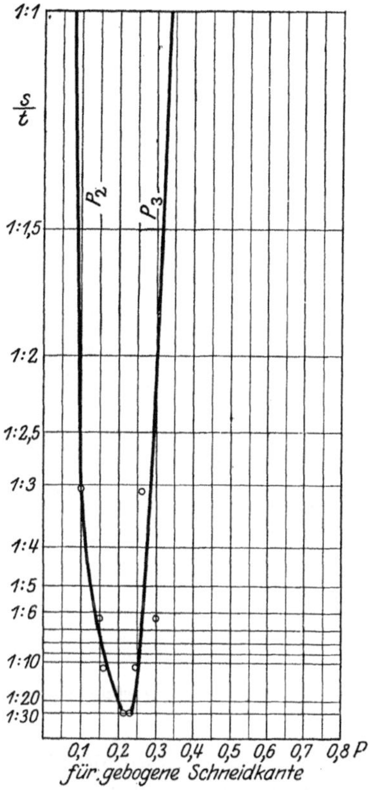

Abb. 43.

Horizontalkomponenten nach Nicolson.

begnügen, da er die von ihm angewandte Seilbremse (Abb. 44) während des Schnittes selbst ausschalten mußte. Beim Schnitt wurde nur die Belastung am Amperemeter abgelesen; nach Beendigung des Schnittes wurde dann mittels der Seilbremse wieder dieselbe Amperebelastung eingestellt und die Seilkraft, bzw. der Schnittdruck, abgelesen.

Der erste Meßsupport von Nicolson (1903) hatte nur zwei Meßdosen, und zwar zum Messen der senkrechten und der Vorschubkraft; erst später nahm er auch die Messung der dritten Komponente hinzu. Nicolson befaßte sich wesentlich mit dem Einfluß der Schleifwinkel des Drehstahles auf den Schnittdruck. In der Nähe eines Meißelwinkels von 60° ist der Schnittdruck nach diesen Ergebnissen sowohl für Guß-

a) Grundriß.

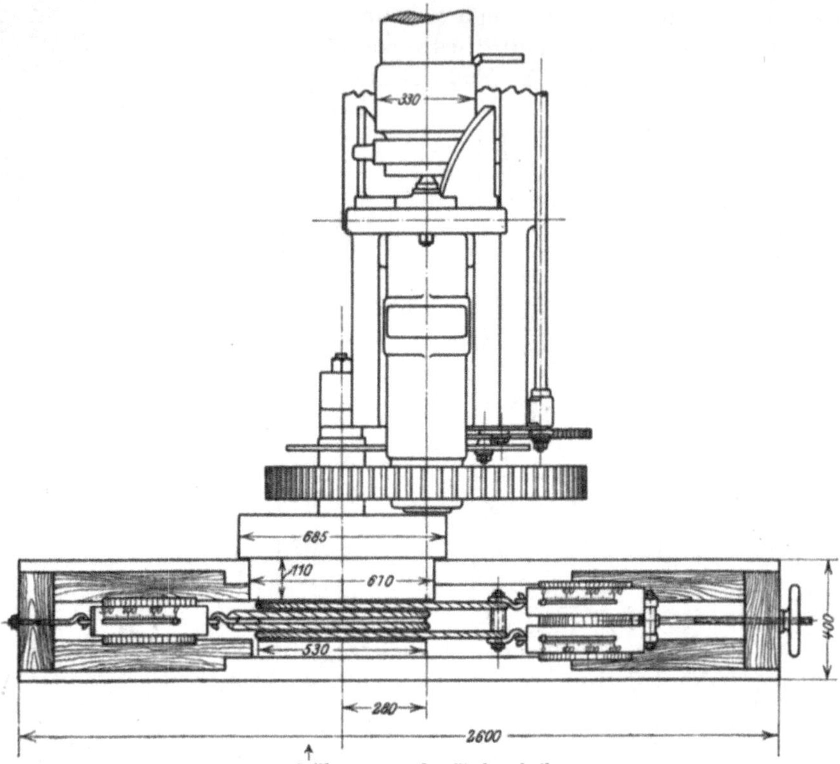

Seilbremse an der Stufenscheibe.

Abb. 44a[1]). Versuchsdrehbank von Taylor zur Bestimmung des Schnittdruckes.

eisen als auch Stahl am kleinsten. Dieser Schnittwinkel ist aber keineswegs derjenige, bei dem die Schneide größte Lebensdauer hat. Hierfür empfiehlt Nicolson Winkel von 80° bei Guß und 70° bei Stahl, die jedoch zu groß sind, als daß man seinem Rat, diese Winkel in der Werkstatt zu benutzen, in allen Fällen folgen könnte.

Eine wesentliche Erkenntnis haben jedoch die Versuche von Nicolson gebracht: nämlich, daß der Schnittdruck nicht gleichförmig, sondern je nach Anstauchen und Abtrennen in Schwingungen vor sich geht, worauf weiter unten noch zurückzukommen sein wird.

Ripper und Burley legten ihren Schnittdruckmessungen kein wissenschaftlich einwandfreies Kriterium zugrunde. Bei Kohlenstoffstählen prüften sie die Abnutzung des Drehstahles unter dem Mikroskop und sahen 0,125 mm Abnutzung als Kennzeichen an. Bei Schnell-

[1]) Taylor-Wallichs a. a. O. S. 104/105.

stählen richteten sie sich lediglich nach dem beim Abstumpfen auftretenden Blankbremsen am Werkstück.

b) Seitenriß.

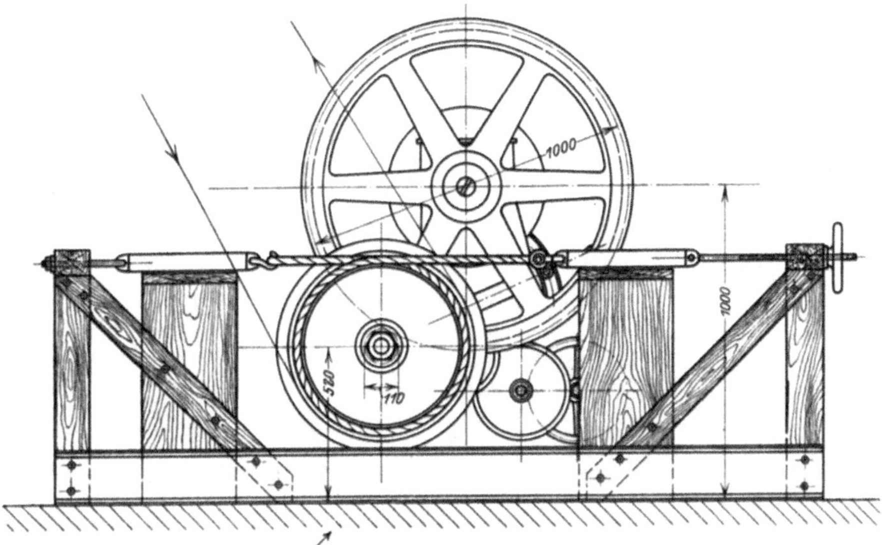

Seilbremse an der Stufenscheibe.

Abb. 44 b.

c) Das Gesetz des spezifischen Schnittdruckes.

1. In Abhängigkeit vom Spanquerschnitt.

Taylor hat für den Schnittdruck folgende Gesetze angegeben[1]):

Guß hart: $P = 138\, t^{\frac{14}{15}} \cdot s^{\frac{3}{4}}$,

Guß weich: $P = 88\, t^{\frac{14}{15}} \cdot s^{\frac{3}{4}}$,

Stahl mittel: $P = 200 \cdot t \cdot s^{\frac{14}{15}}$,

für k_s ergibt sich dementsprechend:

Guß hart: $k_s = \dfrac{138}{t^{\frac{1}{15}} \cdot s^{\frac{1}{4}}}$,

Guß weich: $k_s = \dfrac{88}{t^{\frac{1}{15}} \cdot s^{\frac{1}{4}}}$,

Stahl mittel: $k_s = \dfrac{200}{s^{\frac{1}{15}}}$.

---

[1]) Taylor-Wallichs a. a. O. §§ 240÷252.

Um auf den Spanquerschnitt F zu kommen, kann man folgende Umformungen vornehmen: $\Big($die Beispiele seien auf Spanquerschnitte mit der Zusammensetzung $\frac{s}{t} = \frac{1}{1}$, $\frac{s}{t} = \frac{1}{10}$ und $\frac{s}{t} = \frac{10}{1}$ beschränkt$\Big)$.

Fall A: $\frac{s}{t} = \frac{1}{1}$:

Guß hart: $P = 138 \cdot t^{\frac{14}{15}} \cdot t^{\frac{3}{4}} = 138 \cdot t^{1,683}$,

Guß weich: $P = 88 \cdot t^{1,683}$,

Stahl mittel: $P = 200 \cdot t \cdot t^{\frac{14}{15}} = 200 \cdot t^{\frac{29}{15}} = 200 \cdot t^{1,93}$.

Andererseits ist:

$$s \cdot t = F, \quad \text{oder da} \quad s = t \text{ ist:}$$
$$t^2 = F,$$
$$t = F^{\frac{1}{2}}.$$

Es wird also:

$$t^{1,683} = F^{\frac{1}{2} \cdot 1,683} = F^{0,842},$$

ebenso:

$$t^{1,93} = F^{\frac{1}{2} \cdot 1,93} = F^{0,965}.$$

Der Schnittdruck wird somit:

Guß hart: $\underline{P = 138 \cdot F^{0,842}}$
Guß weich: $\underline{P = 88 \cdot F^{0,842}}$ für $s = t$.
Stahl mittel: $\underline{P = 200 \cdot F^{0,965}}$

Fall B: $\frac{s}{t} = \frac{1}{10}$:

Guß hart: $P = 138 \cdot t^{\frac{14}{15}} \cdot \left[\frac{t}{10}\right]^{\frac{3}{4}} = \frac{138 \cdot t^{1,683}}{10^{0,75}}$,

Guß weich: $P = \frac{88 \cdot t^{1,683}}{10^{0,75}}$,

Stahl mittel: $P = 200 \cdot t \cdot \left[\frac{t}{10}\right]^{\frac{14}{15}} = \frac{200 \cdot t^{1,93}}{10^{\frac{14}{15}}}$.

Andererseits ist:

$$s \cdot t = F \text{ oder da } s = \frac{t}{10}$$
$$\frac{t^2}{10} = F$$
$$t = [10 \cdot F]^{\frac{1}{2}}.$$

Durch Einsetzen ergibt sich:

$$\left.\begin{array}{ll} \text{Guß hart:} & P = \dfrac{138 \cdot 10^{\frac{1}{2} \cdot 1{,}683} F^{\frac{1}{2} \cdot 1{,}683}}{10^{0{,}75}} \\ \text{Guß hart:} & \underline{P = 138 \cdot 1{,}23 \cdot F^{0{,}842}} \\ \text{Guß weich:} & \underline{P = 88 \cdot 1{,}23 \cdot F^{0{,}842}} \\ \text{Stahl mittel:} & P = 200 \cdot t \cdot \left[\dfrac{t}{10}\right]^{\frac{14}{15}} = \dfrac{200 \cdot t^{1{,}93}}{10^{\frac{14}{15}}} \\ & t^{1{,}93} = 10^{\frac{1{,}93}{2}} \cdot F^{\frac{1{,}93}{2}} \\ \text{Stahl mittel:} & \underline{P = 200 \cdot 1{,}08 \cdot F^{0{,}965}} \end{array}\right\} \text{für } s = \frac{t}{10},$$

Fall C:

$$\frac{s}{t} = \frac{10}{1}:$$

$$s = 10t.$$

$$\text{Guß hart:} \quad P = 138 \cdot t^{\frac{14}{15}} \cdot [10t]^{\frac{3}{4}} = 138 \cdot t^{1{,}683} \cdot 10^{0{,}75},$$

$$\text{Guß weich:} \quad P = 88 \cdot t^{1{,}683} \cdot 10^{0{,}75},$$

$$\text{Stahl mittel:} \quad P = 200 \cdot t \cdot [10t]^{\frac{14}{15}} = 200 \cdot t^{1{,}93} \cdot 10^{0{,}935}.$$

Andererseits ist:

$$s \cdot t = F \text{ oder da } s = 10t \text{ ist:}$$

$$10t^2 = F,$$

$$t = \left[\frac{F}{10}\right]^{\frac{1}{2}}.$$

Durch Einsetzen ergibt sich:

$$\text{Guß hart:} \quad \underline{P} = \frac{138 \cdot F^{\frac{1}{2} \cdot 1{,}683} \cdot 10^{0{,}75}}{10^{\frac{1}{2} \cdot 1{,}683}} = \underline{\frac{138 \cdot F^{0{,}842}}{1{,}23}},$$

$$\text{Guß weich:} \quad \underline{P = \frac{88 \cdot F^{0{,}842}}{1{,}23}},$$

$$\text{Stahl mittel:} \quad \underline{P} = \frac{200 \cdot F^{\frac{1}{2} \cdot 1{,}93} \cdot 10^{0{,}935}}{10^{\frac{1}{2} \cdot 1{,}93}} = \underline{\frac{200 \cdot F^{0{,}965}}{1{,}08}}.$$

Aus den Gleichungen, die in den Abb. 45 u. 46 graphisch dargestellt sind, ersieht man, daß nach Taylor der Schnittdruck für Gußeisen beim Anwachsen der Schnittiefe von 1 auf 10, bzw. beim Vermindern auf $\frac{1}{10}$ nur um den Faktor 1,23, d. h. um 23% ab- bzw. zunimmt. Bei Stahl ist der Prozentsatz bedeutend geringer, nämlich nur $\mp$ 8%.

Es wird weiter unten auf Grund der Untersuchungen Klopstocks gezeigt werden, daß bei geraden Stählen keine solchen Änderungen des

Schnittdruckes eintreten, daß vielmehr für reziproke Spanquerschnitte $\left(\frac{s}{t} = \frac{1}{10}\right.$ und $\left.\frac{s}{t} = \frac{10}{1}\right)$ sich fast gar keine Einflüsse bemerkbar machen. Die Erscheinungen, die sich in dieser Form der Taylorschen Glei-

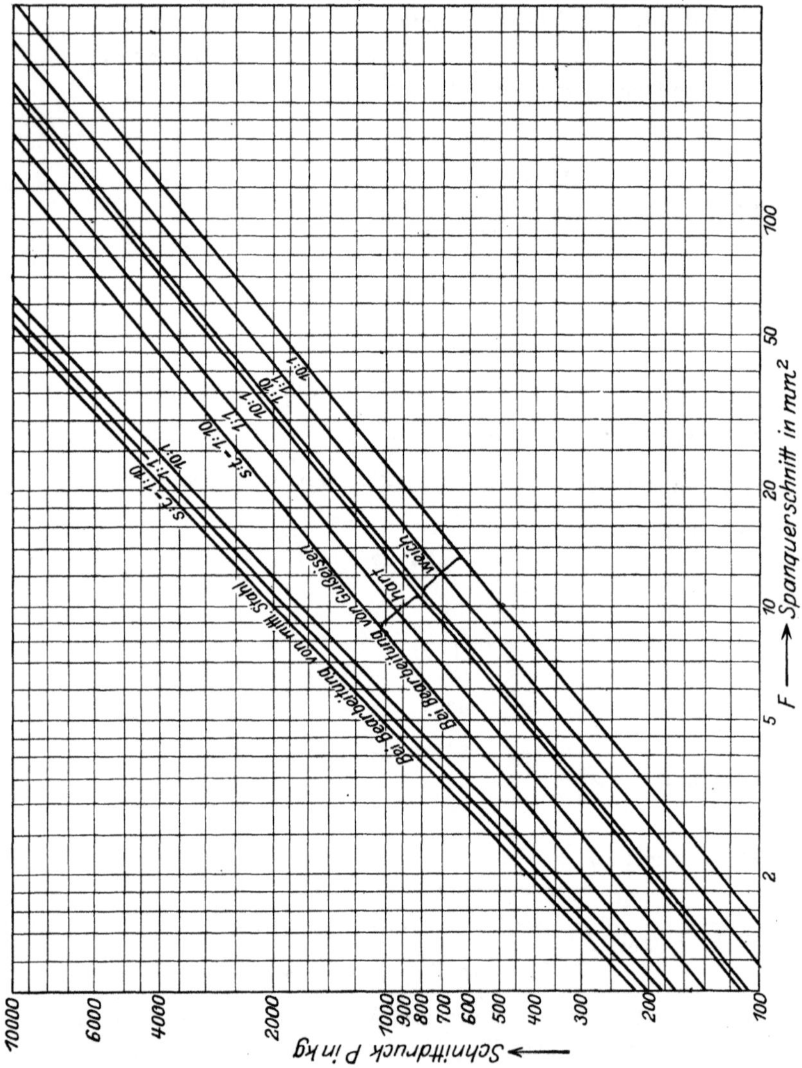

Abb. 45. Abhängigkeit des Schnittdruckes vom Spanquerschnitt nach Taylor.

chungen feststellen lassen, sind also wohl auf die Bogenform der Schneide zurückzuführen. Bei dieser änderte sich bei jeder Änderung der Schnittiefe auch die Spanbreite, so daß Unregelmäßigkeiten hineingetragen wurden. Für den *spezifischen* Schnittdruck ergibt sich:

Fall A: $\frac{s}{t} = \frac{1}{1}$:

Guß hart: $k_s = \frac{P}{F} = 138\,F^{0,842-1} = 138\,F^{-0,158} = \frac{138}{\sqrt[6,34]{F}}$,

Guß weich: $k_s = \frac{P}{F} = 88F^{0,842-1} = 88F^{-0,158} = \frac{88}{\sqrt[6,34]{F}}$,

Stahl mittel: $k_s = \frac{P}{F} = 200\,F^{0,965-1} = 200\,F^{0,035} = \frac{200}{\sqrt[28,5]{F}}$.

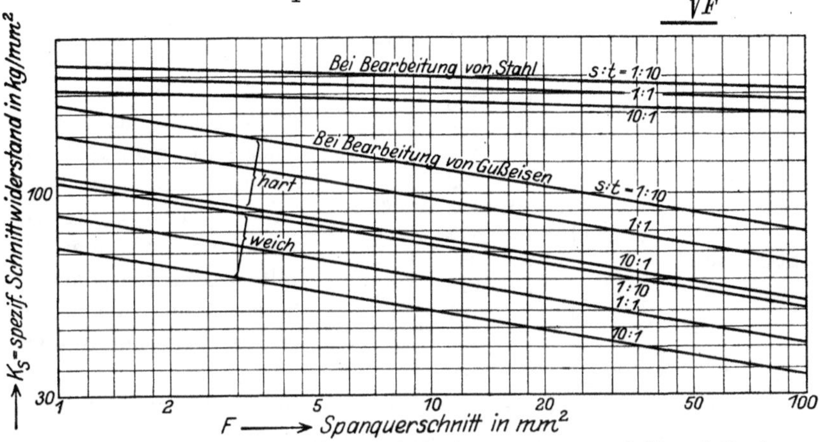

Abb. 46. Abhängigkeit des spezifischen Schnittdruckes vom Spanquerschnitt nach Taylor.

Für die anderen Verhältnisse von $s : t$ ergeben sich dieselben Wurzelexponenten, jedoch mit anderen Werten im Zähler:

Fall B: $\frac{s}{t} = \frac{1}{10}$:

Guß hart: $k_s = \frac{138 \cdot 1,23}{\sqrt[6,34]{F}} = \frac{170}{\sqrt[6,34]{F}}$,

Guß weich: $k_s = \frac{88 \cdot 1,23}{\sqrt[6,34]{F}} = \frac{108}{\sqrt[6,34]{F}}$,

Stahl mittel: $k_s = \frac{200 \cdot 1,08}{\sqrt[28,5]{F}} = \frac{216}{\sqrt[28,5]{F}}$,

Fall C: $s : t = 10 : 1$:

Guß hart: $k_s = \frac{138}{1,23\,\sqrt[6,34]{F}} = \frac{112}{\sqrt[6,34]{F}}$,

Guß weich: $k_s = \frac{88}{1,23\,\sqrt[6,34]{F}} = \frac{72}{\sqrt[6,34]{F}}$,

Stahl mittel: $k_s = \frac{200}{1,08\,\sqrt[28,5]{F}} = \frac{185}{\sqrt[28,5]{F}}$.

Bezeichnet man, entsprechend den Festlegungen bei dem Gesetz der Schnittgeschwindigkeit, hier den spezifischen Schnittdruck für $F = 1$ mit C_{k_s} und den Exponenten der Wurzel mit ε_{k_s}, so ergibt sich das neue Gesetz für den spezifischen Schnittdruck:

$$k_s = \frac{C_{k_s}}{\sqrt[\varepsilon_{k_s}]{F}}$$

Zahlentafel 20.

	$s:t$	C_{k_s}	ε_{k_s}
Guß hart	1 : 1	138	6,34
	1 : 10	170	
	10 : 1	112	
Guß weich	1 : 1	88	6,34
	1 : 10	108	
	10 : 1	72	
Stahl mittel. . . .	1 : 1	200	28,5
	1 : 10	216	
	10 : 1	185	

Die Taylorschen Werte gibt Zahlentafel 20.

Zu demselben Gesetz für den spezifischen Schnittdruck hätte man auch wieder durch die logarithmische Auswertung der Geraden kommen können. Es sollte jedoch hier auch auf diesen Weg hingewiesen werden, bei dem das Gesetz sich folgerichtig und sozusagen von selbst ergibt.

Ganz entsprechend dem Schnittgeschwindigkeitsgesetz stellt ε_{k_s} wieder den Änderungsverlauf des spez. Schnittdruckes mit dem Spanquerschnitt dar, während C_{k_s} die absolute Größenordnung ergibt.

Die C_{k_s}- und ε_{k_s}-Werte, die sich nach obiger Auswertung für Taylor ergeben, scheinen bei Stahl wenig zuverlässig. Die Veränderlichkeit des spezifischen Schnittdruckes ist weit größer, als sie sich mit $\varepsilon_{k_s} = 28{,}5$ ergibt. Solch hoher Wert für ε_{k_s} bedeutet schon fast Unveränderlichkeit des spezifischen Schnittdruckes, wie auch aus dem Diagramm zu ersehen ist. Für Stahl ist die k_s-Gerade schon der x-Achse fast parallel. Wesentlich richtiger erscheinen die C_k und ε_{k_s}-Werte für Gußeisen. Die Ungenauigkeiten der Taylorschen Werte für Stahl gehen auch schon aus der Formel von ihm hervor:

Stahl mittel: $$k_s = \frac{200}{s^{\frac{1}{15}}}$$

in dieser ist die Schnittiefe vollständig fortgefallen und selbst der Vorschub nur in der 15. Wurzel vertreten.

Ebenso wie für die Schnittgeschwindigkeit hat Friedrich-Chemnitz auch ein Gesetz für den spezifischen Schnittdruck aufgestellt[1]):

$$k_s = k + \frac{w_1}{\sqrt{F}}.$$

[1]) Z. V. d. I. 1909, S. 860.

Die Werte w und k sind hierbei dieselben, wie in der Schnittgeschwindigkeitsformel, was als wesentlicher Vorteil anzusehen ist, da hierdurch die Gleichartigkeit beider Formeln hergestellt wird.

Friedrich weist nach, daß die Abnahme des spezifischen Schnittdruckes darin seinen Grund hat, daß bei kleinen Spänen das Material in feinere Teile gespalten wird als bei großen Spänen. Infolgedessen ist die aufzuwendende Arbeit bzw. Kraft bei kleineren Spänen spezifisch größer als bei großen Spänen.

Für Stahl ergibt sich unter Einsetzung der Zahlen für w_1 und k:

Zahlentafel 21 a.

Stahl weich: $k_s = 167 + \frac{51{,}2}{\sqrt{F}}$.

F	$\sqrt{F}$	$\frac{w_1}{\sqrt{F}}$	k_s
0,5	0,705	72,4	239
1	1	51,2	218
2	1,41	36,2	203
3	1,73	29,6	197
4	2	25,6	193
5	2,23	23	190
6	2,45	20,9	188
7	2,64	19,4	186
8	2,82	18,2	185
9	3	17	184
10	3,16	16,2	183
20	4,46	11,4	178
30	5,48	9,3	176
50	7,05	7,24	174

Zahlentafel 21 b.

Stahl mittel: $k_s = 145 + \frac{56}{\sqrt{F}}$.

F	$\sqrt{F}$	$\frac{w_1}{\sqrt{F}}$	k_s
0,5	0,705	79,5	224
1	1	56	201
2	1,41	40	185
3	1,73	32	177
4	2	28	173
5	2,23	25	170
6	2,45	23	168
7	2,64	21	166
8	2,82	20	165
9	3	19	164
10	3,16	18	163
20	4,46	12,5	158
30	5,48	10,2	155
50	7,05	7,95	153

Vergleicht man diese Zahlentafeln miteinander, so fällt auf, daß k_s für Stahl weich höher liegen soll als für Stahl mittel. Dies rührt von den Zahlenwerten für k her, die (vgl. S. 39) insofern unregelmäßig sind, als k für Stahl weich 167, für Stahl mittel 145 und Stahl hart 209 ist. k fällt also und steigt dann wieder. An dieser Stelle liegt somit eine Unstimmigkeit vor. Man konnte früher glauben, daß diese Unstimmigkeit darauf zurückzuführen ist, daß die Festigkeit k_z und der spezifische Schnittwiderstand k_s nicht proportional seien. Dies ist

Zahlentafel 21 c.

Stahl hart: $k_s = 209 + \frac{62}{\sqrt{F}}$.

F	$\sqrt{F}$	$\frac{w_1}{\sqrt{F}}$	k_s
0,5	0,705	88	297
1	1	62	271
2	1,41	44	253
3	1,73	36	245
4	2	31	240
5	2,23	28	237
6	2,45	25	234
7	2,64	23	232
8	2,82	22	231
9	3	20,6	230
10	3,16	19,6	229
20	4,46	13,9	223
30	5,48	11,3	220
50	7,05	8,8	218

aber — wie noch gezeigt werden soll — nach Klopstock wohl der Fall.

Für Gußeisen ergibt sich nach Friedrich:

Zahlentafel 22a.

Guß weich: $k_s = 55 + \frac{71}{\sqrt{F}}$.

F	$\sqrt{F}$	$\frac{71}{\sqrt{F}}$	k_s
0,5	0,705	100	155
1	1	71	126
2	1,41	50,4	105
3	1,73	41	96
4	2	35,5	91
5	2,23	31,8	87
6	2,45	29	84
7	2,64	26,9	82
8	2,82	25,2	80
9	3	23,7	79
10	3,16	22,5	78
20	4,46	15,9	71
30	5,48	12,9	68
50	7,05	10,05	65

Zahlentafel 22b.

Guß mittel: $k_s = 81 + \frac{151}{\sqrt{F}}$.

F	$\sqrt{F}$	$\frac{151}{\sqrt{F}}$	k_s
0,5	0,705	214	295
1	1	151	232
2	1,41	107	188
3	1,73	87	168
4	2	75,5	157
5	2,23	67,5	149
6	2,45	61,6	143
7	2,64	57,1	138
8	2,82	53,5	135
9	3	50,2	131
10	3,16	47,8	129
20	4,46	33,8	115
30	5,48	27,6	109
50	7,05	21,4	102

Zahlentafel 22c.

Guß hart: $k_s = 57 + \frac{210}{\sqrt{F}}$.

F	$\sqrt{F}$	$\frac{210}{\sqrt{F}}$	k_s
0,5	0,705	298	355
1	1	210	267
2	1,41	149	206
3	1,73	121	178
4	2	105	162
5	2,23	94	151
6	2,45	86	143
7	2,64	79,5	137
8	2,82	74,5	132
9	3	70	127
10	3,16	66,5	124
20	4,46	47,1	104
30	5,48	38,4	95
50	7,05	29,8	87

Aus denselben Gründen wie bei der Schnittgeschwindigkeit und mit derselben Berechtigung, die noch durch die Klopstockschen Versuche wieder bekräftigt wurde, kann man durch die nun gewonnenen Punkte der k_s-Werte Friedrichs Gerade im doppellogarithmischen Feld legen (Abb. 47). Aus diesen Geraden lassen sich die Werte C_{k_s} und ε_{k_s} ermitteln, und zwar C_{k_s} als Achsenabschnitt und ε_{k_s} nach der Gleichung:

$$-\frac{1}{\varepsilon_{k_s}} = \frac{\log k_{s_{10}} - \log k_{s_1}}{\log 10 - \log 1} = \log k_{s_{10}} - \log k_{s_1}.$$

$k_{s_{10}}$ ist der zu $F = 10$, und $k_{s_1} = C_{k_s}$ der zu $F = 1$ gehörende spezifische Schnittdruck. Es ergibt sich demnach:

1. Stahl weich:

$$-\frac{1}{\varepsilon_{k_s}} = \log 187 - \log 218$$

$$= 2{,}2718 - 2{,}3385 = -0{,}6667 = -\frac{1}{15}$$

$$\underline{\underline{\varepsilon_{k_s} = 15}} \qquad \underline{\underline{C_{k_s} = 218}}\,.$$

2. Stahl mittel: Die Gerade verläuft parallel zu Stahl weich, es ergibt sich also:

$$\underline{\underline{\varepsilon_{k_s} = 15}} \qquad \underline{\underline{C_{k_s} = 198}}\,.$$

Auch aus dem niedrigeren C_{k_s}-Wert für Stahl mittel ersieht man die weiter oben (S. 77) erwähnte Unstimmigkeit.

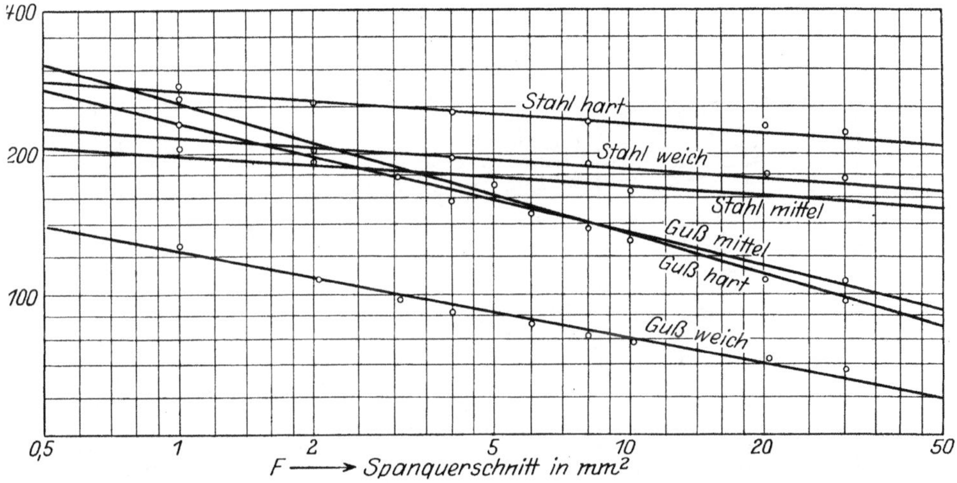

Abb. 47. Abhängigkeit des spezifischen Schnittdruckes vom Spanquerschnitt, ausgewertet nach Friedrich.

3. Stahl hart: Die Gerade ist ebenfalls parallel zu den beiden anderen, also:

$$\underline{\underline{\varepsilon_{k_s} = 15}} \qquad \underline{\underline{C_{k_s} = 270}}\,.$$

Auf Grund von $C_{k_s} = 218$ und $C_{k_s} = 270$ müßte der Wert C_{k_s} für Stahl mittel bei Friedrich etwa 244 sein.

4. Guß weich:

$$-\frac{1}{\varepsilon_{k_s}} = \log 80{,}5 - \log 123$$

$$= 1{,}9058 - 2{,}0899 = -0{,}1841 = -\frac{1}{5{,}44}$$

$$\underline{\underline{\varepsilon_{k_s} = 5{,}44}} \qquad \underline{\underline{C_{k_s} = 123}}\,.$$

5. Guß mittel:

$$-\frac{1}{\varepsilon_{k_s}} = \log 135 - \log 232$$

$$= 2{,}1303 - 2{,}3655 = -0{,}2352 = -\frac{1}{4{,}26}$$

$$\underline{\varepsilon_{k_s} = 4{,}26} \qquad \underline{C_{k_s} = 232},$$

6. Guß hart:

$$-\frac{1}{\varepsilon_{k_s}} = \log 134 - \log 252$$

$$= 2{,}1271 - 2{,}4014 = -0{,}2743 = -\frac{1}{3{,}65}$$

$$\underline{\varepsilon_{k_s} = 3{,}65} \qquad \underline{C_{k_s} = 252}.$$

Aus der Verschiedenartigkeit der ε_{k_s}-Werte sieht man, daß sich die Geraden für Guß bei Friedrich nicht parallel sind (wie bei Taylor),

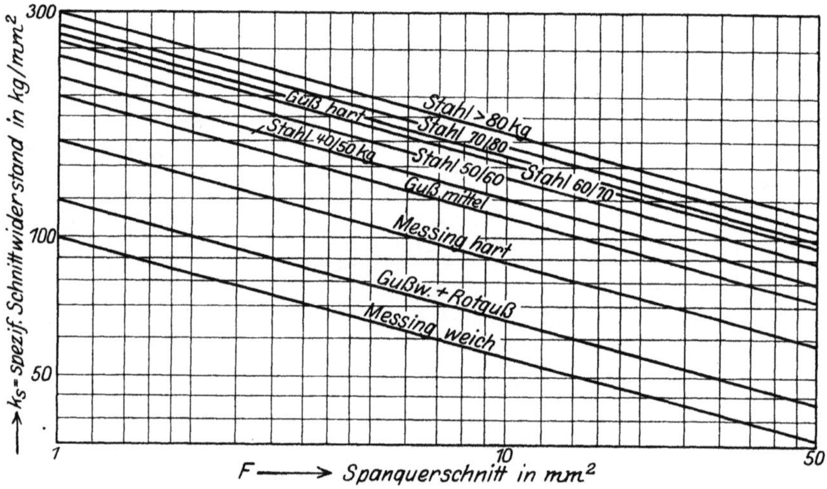

Abb. 48. Abhängigkeit des spezifischen Schnittdruckes vom Spanquerschnitt, nach Hippler.

und daß sich Unregelmäßigkeiten zwischen Guß mittel und Guß hart ergeben. Guß mittel liegt bei den kleinen Spanquerschnitten richtig zwischen Guß hart und Guß weich, bei denjenigen über rd. 10 mm² kehren sich die Verhältnisse jedoch um.

Beim Vergleich zwischen Taylor und Friedrich fällt sofort auf, daß beide eine wesentlich geringere Veränderlichkeit des spezifischen Schnittdruckes für Stahl als für Gußeisen festgestellt haben; dies zeigen die Werte für Stahl $\varepsilon_{k_s} = 28{,}5$ (Taylor), $\varepsilon_{k_s} = 15$ (Friedrich), und für Gußeisen hart: $\varepsilon_{k_s} = 6{,}34$ (Taylor), $\varepsilon_{k_s} = 3{,}65$ (Friedrich). Beidemal ist ε_{k_s} für Stahl wesentlich größer als für Gußeisen, und zwar für diese Werte fast übereinstimmend 4- bis $4^1/_2$ mal so groß.

Hippler hat die Friedrichsche Gleichung für den spezifischen Schnittwiderstand durch den gleichen Vorgang wie bei der Schnittgeschwindigkeit, nämlich durch Gleichsetzung von w_1 und k umgeformt in[1])

$$k_s = \frac{K}{\sqrt[4]{F}}.$$

Hierbei bezeichnet K die Hipplersche Stoffzahl; es entstehen wiederum dieselben Abweichungen wie bei der Schnittgeschwindigkeit. Infolge des ständig wiederkehrenden Exponenten 4 erhält Hippler abermals für sämtliche Werkstoffe Parallele für den spezifischen Schnittwiderstand (vgl. Abb. 48). Die C_{k_s}-Werte für Stahl liegen bei Hippler jedoch richtiger als bei Friedrich, nämlich in der Reihenfolge 220 (für SM.-Stahl 40/50 kg), 240 (für SM.-Stahl 50/60 kg) und 260 (für SM.-Stahl 60/80 kg). Die vollständigen C_{k_s}-Werte für Hipplers Gleichung sind in der Zahlentafel 24 (Zusammenstellung) angegeben.

In den Richtwerten des A.W.F. ist nicht nur eine Beziehung zwischen dem Spanquerschnitt und der Schnittgeschwindigkeit, sondern auch zwischen dem Spanquerschnitt und der Riemengeschwindigkeit (v_r in m/sec) und Riemenbelastung der Bank gegeben. Dadurch ist es möglich, aus den Richtwerten auf den jeweiligen spezifischen Schnittwiderstand zu schließen. Diese Beziehung wurde dadurch gewonnen, daß man die Bank bis zum Riemenrutsch belastete und die weitere Prüfung mit einem etwas niedrigeren Spanquerschnitt, bei dem die Bank dauernd durchzog, fortsetzte. Obgleich dieses Verfahren vom wissenschaftlichen Standpunkt aus nicht einwandfrei ist — denn die Belastung des Riemens, der Wirkungsgrad der Maschine usw., ändern sich —, mußte man sich bei Aufstellung der Richtwerte damit begnügen, wollte man die Zeit für die Ausarbeitung nicht über Gebühr ausdehnen. Die Beziehungen zwischen Spanquerschnitt und Schnittgeschwindigkeit, die der A.W.F. (Unterausschuß für Maschinenarbeit) aufstellte, sind die verläßlichsten Unterlagen, die zur Zeit vorhanden sind. Diejenigen zwischen Spanquerschnitt und Riemenleistung sind noch an einigen Stellen verbesserungsfähig, besonders, seit durch die Versuche von Klopstock neue wissenschaftlich begründete Anhalte vorhanden sind.

Den Richtwerten liegt ein Wirkungsgrad der Maschine von $\eta = 0{,}75$ zugrunde. Bezeichnet man die durch den Riemen eingeleitete Leistung mit N_r, die Leistung am Stahl mit N, so ist also:

$$N = N_r \cdot \eta .$$

Um k_s zu erhalten, setzt man:

$$N = \frac{F \cdot v \cdot k_s}{75 \cdot 60},$$

$$N_r = \frac{p \cdot b_r \cdot v_r}{75},$$

[1]) Hippler: a. a. O. S. 91ff.

wenn p die spezifische Riemenbelastung in kg/mm und b_r die Riemenbreite in mm bedeuten. Es ergibt sich also:

$$\frac{F \cdot v \cdot k_s}{75 \cdot 60} = \frac{p \cdot b_r \cdot v_r \cdot \eta}{75}.$$

$\eta = 0,75$

$$k_s = \frac{p \cdot b_r \cdot v_r \cdot 0,75 \cdot 75 \cdot 60}{75 \cdot F \cdot v},$$

$$k_s = \frac{p \cdot b_r \cdot v_r \cdot 45}{F \cdot v} \text{ kg/mm}^2.$$

Wertet man die A.W.F.-Richtwerte nach dieser Gleichung aus, so ergibt sich z. B.:

1. SM.-Stahl 50/60 kg (A.W.F. 101).

Für $b_r = 100$ mm,
$p = 1,5$ kg,
$b_r \cdot p = 150$ kg.

Zahlentafel 23a.

v_r	F	v	$k_s = \frac{6750 \cdot v_r}{F \cdot v}$
1,25	2,4	24,5	143,4
1,5	3,5	21	137,6
1,75	5,0	18	131
2,0	6,6	16	128
2,75	13	12,2	117
3,0	15,8	11,2	114
3,25	18,8	10,4	112
3,75	26	9,2	106
4,0	29,5	8,8	104
4,75	43	7,5	99,5
5,0	48	7,1	99
5,25	53	6,9	97

In den Zahlentafeln 23a—g sind die Streuungen, die sich bei der Schnittgeschwindigkeitsausgleichung[1]) weiter oben ergaben, noch enthalten. Man könnte k_s auch durch Einsetzen der Gleichung

$$v = \frac{35}{\sqrt[2,44]{F}}$$

erhalten zu:

$$k_s = \frac{6750 \cdot v_r \cdot \sqrt[2,44]{F}}{F \cdot 35} = \frac{193 \cdot v_r}{\sqrt[1,7]{F}}.$$

Es ergeben sich dann ausgemittelte Werte für k_s; sorgfältiger ist es jedoch, k_s durch graphisches Ausgleichen der Originalwerte als durch bereits einmal ausgeglichene Werte zu erhalten.

Für Gußeisen ergibt sich (A.W.F. 103):

$b_r = 60$ mm, $p = 1,2$ kg/mm,
$b_r \cdot p = 72$ kg.

Zahlentafel 23b.

v_r	F	v	$k_s = \frac{3240 \cdot v_2}{F \cdot v}$
1,00	1	23	141[2])
1,5	2,8	19,2	92
2,0	5,8	16,3	68,6
2,5	9,2	14,6	60,5
3,0	12,6	13,2	58,1
3,5	14	12,5	65
4,0	18,2	11,7	61
4,5	21,5	11	62
5,0	27	10,2	58,6
5,5	31,5	9,6	58,7
6,0	37	9,1	57,6

Nach der Gleichung

$$v = \frac{26}{\sqrt[3,6]{F}}$$

ergibt sich:

$$k_s = \frac{3240 \cdot v_r \sqrt[3,6]{F}}{26 \cdot F} = \frac{124,3 \cdot v_r}{\sqrt[1,38]{F}}.$$

---

[1]) Vgl. die Punkte in Abb. 23. S. 51.

[2]) Vgl. S. 84.

Für Messing (A.W.F. 105):

$b_r = 50$ mm, $p = 1{,}2$ kg/mm, $b_r \cdot p = 60$ kg.

Zahlentafel 23c.

v_r	F	v	$k_s = \frac{2700 \cdot v_r}{F \cdot v}$
2,5	0,6	150	75
2,75	0,84	122	72,5
3,0	1,25	96	67,5
3,25	1,6	84	65,2
3,5	2,3	66	62,3
3,75	2,9	57	61,4
4,0	4,0	47	57,5
4,25	4,5	45	56,8
4,5	6,2	36	54,5
4,75	7,4	33	52,5
5,0	9,2	29	50,6

Für Rotguß (A.W.F. 106):

$b_r = 60$ mm, $p = 1{,}2$ kg/mm, $b_r \cdot p = 72$ kg.

Zahlentafel 23d.

v_r	F	v	$k_s = \frac{3240 \cdot v_r}{F \cdot v}$
2	1,2	70	77
2,25	1,7	61	70,1
2,5	2,4	53	63,5
2,75	3,4	45	58
3,25	5,6	36	52,3
3,5	7,2	33	47,8
3,75	9,4	29	44,5
4,5	14,4	24	42

Für Elektron (A.W.F. 107):

$b_r = 50$ mm, $p = 1{,}2$ kg/mm, $b_r \cdot p = 60$ kg.

Zahlentafel 23e.

v_r	F	v	$k_s = \frac{2700 \cdot v_r}{F \cdot v}$
3,5	0,8	490	24,2
3,75	1,0	430	23,5
4	1,2	380	23,7
4,25	1,6	320	22,4
4,5	5	114	21,3
4,75	9,5	65	20,6
5	19	35	20,3

Für Chromnickelstahl (A.W.F. 108):

$b_r = 60$ mm, $p = 1{,}2$ kg/mm, $b_r \cdot p = 72$ kg.

Zahlentafel 23f.

v_r	F	r	$k_s = \frac{3240 \cdot v_r}{F \cdot v}$
2	1,1	24	246
2,25	1,4	22	236
2,5	1,7	20,5	232
2,75	2,1	19	223
3	2,5	18	216
3,25	3,4	15	206
3,5	3,6	14,5	216
3,75	4,8	12,2	207
4	6,2	10,5	199

Für Stahlguß (A.W.F. 109):

$b_r = 60$ mm; $p = 1{,}2$ kg/mm; $b_r \cdot p = 72$ kg.

Zahlentafel 23g.

v_r	F	v	$k_s = \frac{3240 \cdot v_r}{F \cdot v}$
2	1,6	24	169
2,25	2,2	21,5	153
2,5	2,5	21	154
2,75	3	19,5	152
3	3,6	18	150
3,25	4,3	17	144
3,5	5	16	141
3,75	6	15	135
4	7,1	14	130
4,25	8	13,5	127
4,5	8,8	13,2	125
4,75	9,6	12,7	126
5,25	11	12	129

Abb. 49 stellt diese Auswertungen im doppellogarithmischen Koordinatensystem dar, in dem durch die Punkte — unter Verwendung weiterer Auswertungen für hier nicht wiedergegebene Riemenbreiten — Gerade gelegt worden sind.

Es ergeben sich:

SM.-Stahl 50/60 kg.

$$-\frac{1}{\varepsilon_{k_s}} = \log 119 - \log 160$$

$$= 2{,}076 - 2{,}204 = -0{,}128 = -\frac{1}{7{,}8}$$

$$\underline{\varepsilon_{k_s} = 7{,}8} \qquad \underline{C_{k_s} = 160}\,.$$

Dieser Wert für C_{k_s} erscheint sehr niedrig, was entweder auf eine zu starke Beanspruchung der Bänke bzw. Riemen bei den Ver-

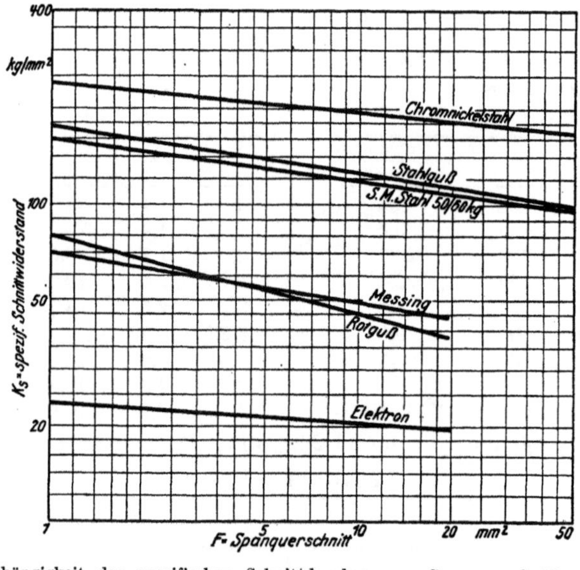

Abb. 49. Abhängigkeit des spezifischen Schnittdruckes vom Spanquerschnitt auf Grund der Richtwerte des A.W.F.[1]).

suchen oder auf einen von $\eta = 0{,}75$ abweichenden Wirkungsgrad schließen läßt.

Gußeisen: Die Beziehungen zwischen v_r und F bei Gußeisen (A.W.F. 103) sind sehr unregelmäßig, d. h. die Punkte streuen stark, außerdem ergibt sich ein Knick in der k_s-Linie bei $F = 10$[2]).

[1]) Die Gußeisenlinie ist nicht gezeichnet.

[2]) Die A.W.F.-Richtwerte werden in dieser Hinsicht zur Zeit einer Nachprüfung unterzogen (vgl. S. 81).

Messing:

$$-\frac{1}{\varepsilon_{k_s}} = \log 49{,}8 - \log 70$$

$$= 1{,}697 - 1{,}845 = -0{,}148 = \infty - \frac{1}{6{,}8}$$

$$\underline{\varepsilon_{k_s} = 6{,}8} \qquad \underline{C_{k_s} = 70}\,,$$

Rotguß:

$$-\frac{1}{\varepsilon_{k_s}} = \log 45 - \log 80$$

$$= 1{,}653 - 1{,}903 = -0{,}250 = -\frac{1}{4}$$

$$\underline{\varepsilon_{k_s} = 4} \qquad \underline{C_{k_s} = 80}\,,$$

Elektron:

$$-\frac{1}{\varepsilon_{k_s}} = \log 20{,}9 - \log 23{,}8$$

$$= 1{,}320 - 1{,}377 = -0{,}057 = -\frac{1}{17{,}6}$$

$$\underline{\varepsilon_{k_s} = 17{,}6} \qquad \underline{C_{k_s} = 23{,}8}\,,$$

Chromnickelstahl:

$$-\frac{1}{\varepsilon_{k_s}} = \log 193 - \log 241$$

$$= 2{,}286 - 2{,}382 = -0{,}096 = -\frac{1}{10{,}4}$$

$$\underline{\varepsilon_{k_s} = 10{,}4} \qquad \underline{C_{k_s} = 241}\,,$$

Stahlguß:

$$-\frac{1}{\varepsilon_{k_s}} = \log 125 - \log 176$$

$$= 2{,}097 - 2{,}246 = -0{,}149 = -\frac{1}{6{,}7}$$

$$\underline{\varepsilon_{k_s} = 6{,}7} \qquad \underline{C_{k_s} = 176}\,.$$

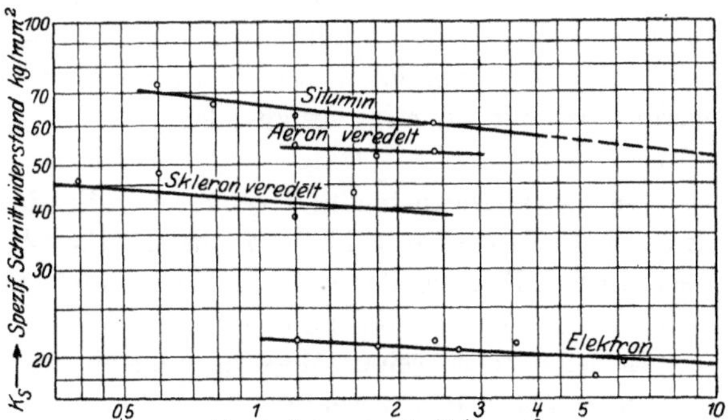

Abb. 50. Abhängigkeit des spezifischen Schnittdruckes vom Spanquerschnitt bei Leichtmetallen nach Coenen.

Da besonders für Leichtmetalle bisher noch wenig Schnittdruckversuche unternommen worden sind, ist es lehrreich, Vergleiche zwischen den k_s-Werten des A.W.F. für Elektron und Versuchen anzustellen, die Coenen-Chemnitz[1]) ange-

[1]) Die Angaben hat mir Herr Prof. Coenen freundlichst zur Verfügung gestellt.

stellt hat. Hierbei wurden folgende Werte festgestellt, die stets als Mittel aus verschiedenen Versuchen gebildet und in Abb. 50 als Diagramm dargestellt sind:

Elektron, 16,7 kg Festigkeit, 7,7% Dehnung, 53,2 Brinell.

F	k_s
1,2	21,7
1,8	21,2
2,4	21,4
2,7	20,8
3,6	21,2
5,4	18,0
7,2	19,5

$$-\frac{1}{\varepsilon_{k_s}} = \log 19 - \log 21{,}7$$

$$= 1{,}279 - 1{,}336 = 0{,}057 = -\frac{1}{17{,}6}$$

$$\underline{\varepsilon_{k_s} = 17{,}6} \qquad \underline{C_{k_s} = 21{,}7}\,.$$

Die Übereinstimmung dieser Werte für Elektron mit denen nach den A.W.F.-Richtwerten ist außerordentlich groß, so daß diese Versuche als Bestätigung der A.W.F.-Richtwerte für Elektron hinsichtlich k_s anzusehen sind.

F	k_s
0,6	46
0,8	48,2
1,2	38
1,6	43

Skleron veredelt, 45,8 kg Festigkeit, 13,8% Dehnung, 121,3 Brinell.

F	k_s
0,4	54,5
0,6	51,5
0,8	53,0

Aeron veredelt, 34 kg Festigkeit, 16,1% Dehnung, 95,2 Brinell.

Bei Skleron und Aeron streuen die Punkte für eine Auswertung noch zu stark.

Silumin, 14,6 kg Festigkeit, 0% Dehnung, 48,6 Brinell.

F	k_s
0,6	74
0,8	66,6
1,2	62
2,4	60

$$-\frac{1}{\varepsilon_{k_s}} = \log 52 - \log 66$$

$$= 1{,}7160 - 1{,}8195 = -0{,}1035 = -\frac{1}{9{,}65}$$

$$\underline{\varepsilon_{k_s} = 9{,}65} \qquad \underline{C_{k_s} = 66}\,.$$

Von den vier Leichtmetallen ist Elektron mit dem geringsten und Silumin mit dem größten Schnittwiderstand zu bearbeiten. Es ist jedoch weder eine Regelmäßigkeit hinsichtlich der Festigkeit, noch der Brinellwerte, noch der Dehnung festzustellen.

Die umfangreichsten und genauesten Versuche über den Schnittdruck hat Klopstock im Versuchsfeld für Werkzeugmaschinen der Technischen Hochschule in Berlin, das unter der Leitung von Prof. Schlesinger steht, vorgenommen[1]).

Er benutzte zu seinen Messungen die eingangs erwähnte Apparatur und untersuchte das Verhalten des Schnittdruckes für 45 Spanquerschnitte, deren kleinster 3 mm² und deren größter 70 mm² war. Die Versuche wurden an Chromnickelstahl 85÷90 kg Festigkeit, SM.-Stahl

[1]) Klopstock: a. a. O.

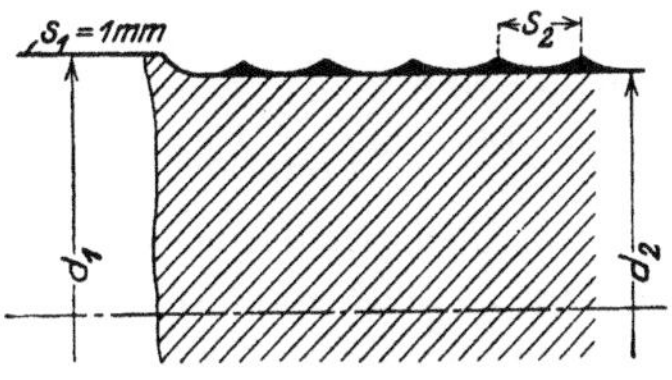

Abb. 51. Die mit dem Vorschub s_2 überdrehte Wellenoberfläche.

75 kg, Schmiedeeisen 45 kg, Kupfer, Gußeisen und Messing durchgeführt.

Klopstock wies als erster auf den Unterschied zwischen nominellem und wirklichem Spanquerschnitt hin, der vor allem für die Auswertung von Versuchsergebnissen wichtig ist. Für den praktischen Betrieb kommt er aber kaum in Frage, da Unterschiede erst bei großen Vorschüben ($s > 1$) bemerkbar werden und bei sehr großen (3 bis 10) ins Gewicht fallen. Bei solchen Vorschüben bildet sich auf der abgedrehten Welle ein deutliches Gewinde aus, d. h. der Drehstahl läßt Materialteilchen stehen (Abb. 51), so daß der rechnerische (nominelle) Spanquerschnitt aus Schnittiefe und Vorschub gar nicht abgedreht wird, sondern ein kleinerer. Klopstock hat hierzu Berechnungen für die verschiedenen Winkel der Drehstähle, der Vorschübe und Radien der Stahlnasen angestellt. Abb. 52 zeigt einige Diagramme zur Ermittlung des wirklichen Spanquerschnittes. Berücksichtigt man den Unterschied bei Versuchen nicht, so ergeben sich evtl. falsche Werte.

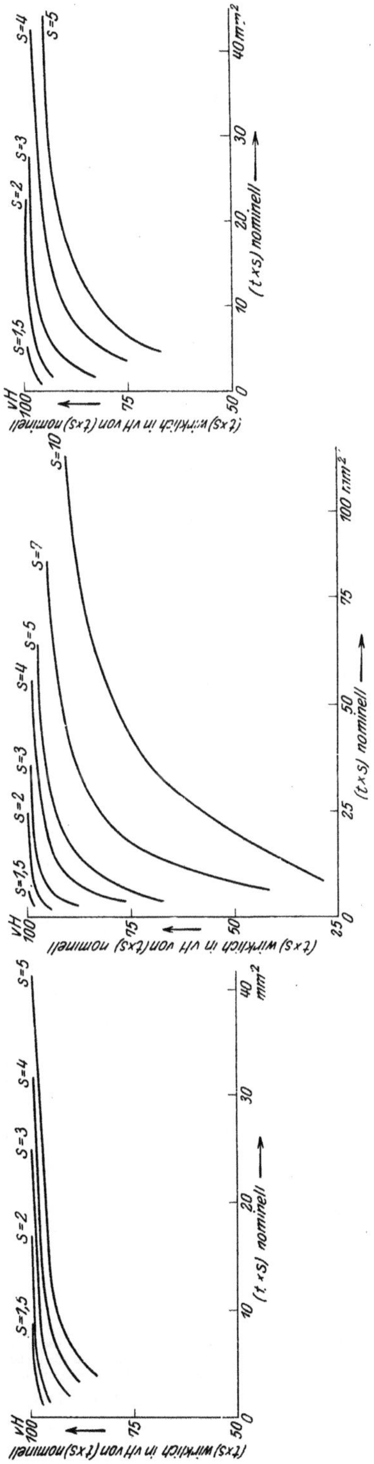

Abb. 52 a—c. Klopstocks Diagramme zur Ermittlung der wirklichen Spanquerschnittsflächen.

Angenommen, ein Versuch ergibt einen Schnittdruck von 1540 kg bei einem Vorschub von 10 mm und einer Schnittiefe von 2 mm, also $F = 20\ \text{mm}^2$, so wäre nach üblicher Rechnung $k_s = \frac{1540}{20} = 77\ \text{kg/mm}^2$. Aus der Abbildung 52b ist jedoch zu ersehen, daß der wirkliche Spanquerschnitt nur 50% des nominellen ist, d. h. es sind nicht 20 mm², sondern nur 10 mm² abgedreht worden, so daß $k_s = \frac{1540}{10} = 154\ \text{kg/mm}^2$, also doppelt so hoch wäre.

Der wirkliche Spanquerschnitt ist jedoch nicht von der Schnittiefe abhängig. Klopstock hat Formeln angegeben, nach denen sich der wirkliche Spanquerschnitt berechnen läßt. Da an früherer Stelle (S. 30), bei Gelegenheit der Schnittgeschwindigkeitsbetrachtungen mit Taylorschen Stählen schon die Restfläche des Spanquerschnittes erwähnt worden ist, sei hier die Klopstocksche Gleichung für Taylorstähle angeführt und die Restfläche für $1^1/_4''$ und $^1/_2''$-Stahl bei $s = 0{,}79$ und $t = 2{,}38$ durchgerechnet.

Es bezeichne F_W den wirklichen, F_n den nominellen Spanquerschnitt, F_R die Restfläche und r den Radius der Stahlnase, dann ist:

$$F_W = F_n - F_R .$$

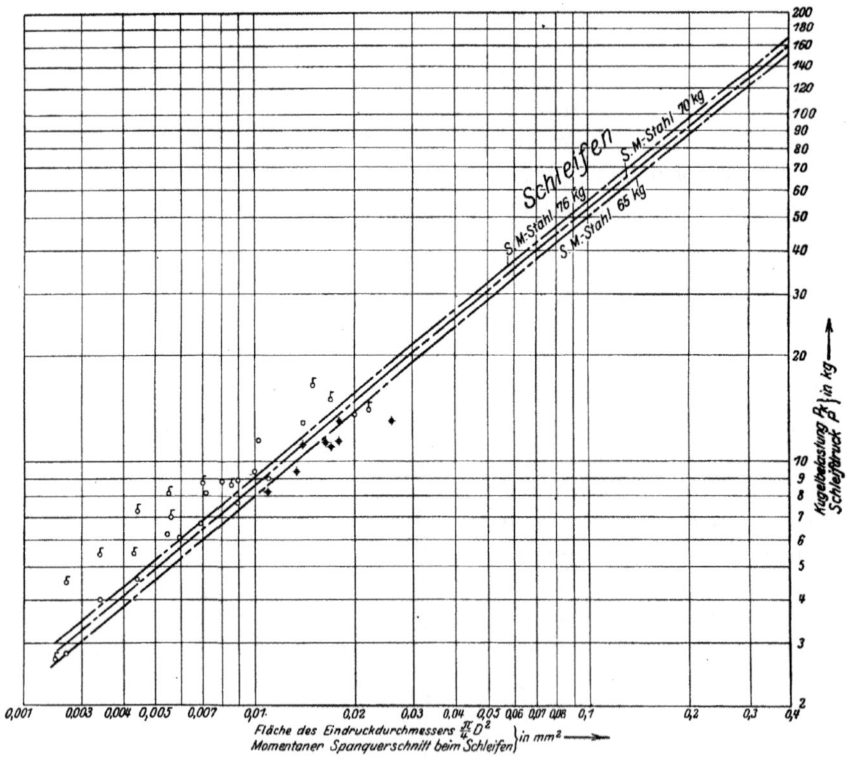

Abb. 53a. Schleifversuche von Kurrein.

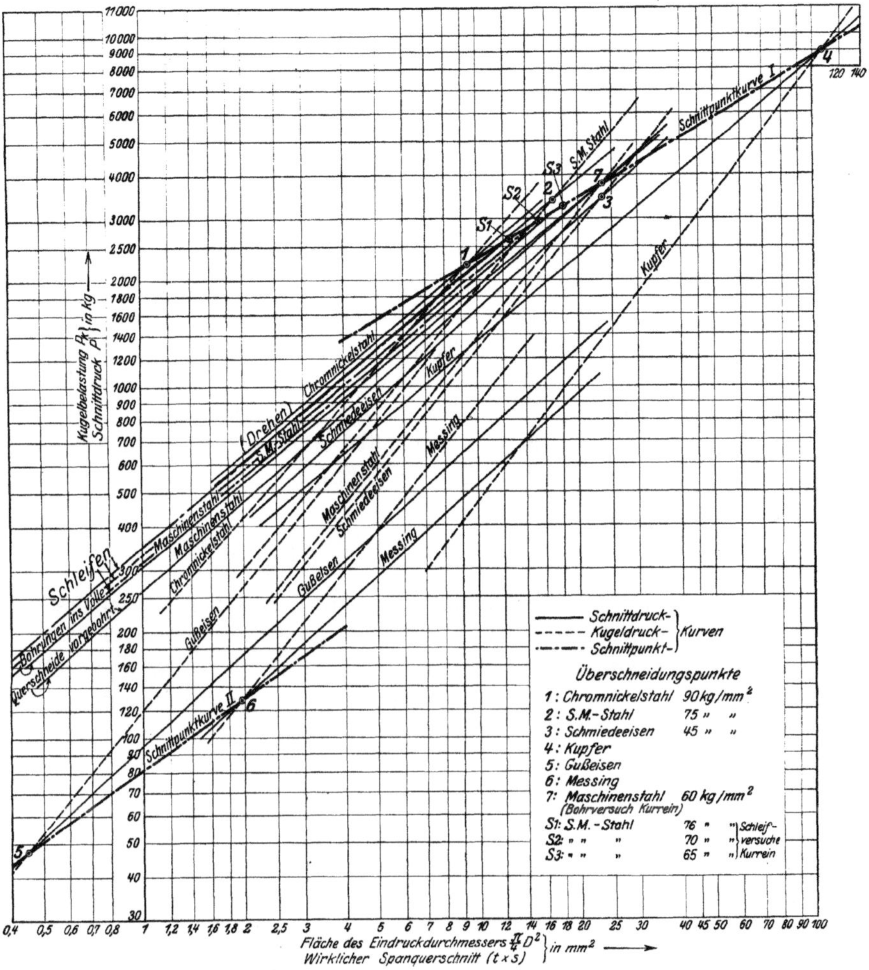

Abb. 53b. Drehversuche von Klopstock und Bohrversuche von Kurrein.

Abb. 53a u. b. Kugeldruck-, Schnittdruck-, Schleifdruckkurven und die Schnittpunkt-(Überschneidungs-)Geraden im doppellogarithmischen System[1]).

Für die Taylorschneide ($s < r$) gilt nach Klopstock[2])

$$F_W = F_n - \left[s \cdot r - \left(\frac{s}{2}\sqrt{r^2 - \frac{s^2}{4}} + r^2 \arcsin\frac{s}{2r}\right)\right].$$

Beim $1^1/_4''$-Stahl ist $r = 12$ mm, also

$$F_W = 1{,}88 - \left[9{,}49 - 0{,}395\sqrt{144 - 1{,}56} + 144 \arcsin\frac{0{,}79}{24}\right],$$

$$F_W = 1{,}880 - 0{,}033 = 1{,}847\ \text{mm}^2.$$

---

[1]) Das Diagramm der Schleifdruckkurven hat mir Herr Prof. Kurrein freundlichst zur Verfügung gestellt.

[2]) Klopstock a. a. O. S. 37, Fall 3.

Beim $^1/_2''$-Stahl ist $r = 2{,}4$, also:

$$F_W = 1{,}88 - \left[1{,}895 - 0{,}395\sqrt{5{,}76 - 1{,}56} + 5{,}76 \arcsin\frac{0{,}79}{4{,}8}\right],$$

$$F_W = 1{,}88 - 0{,}136 = 1{,}744\ \text{mm}^2.$$

Die Restfläche hat sich also von 0,033 auf 0,136 vergrößert, da sich r von 12 auf 2,4 verkleinert hat. Praktisch fallen solche Unterschiede nicht ins Gewicht. Theoretisch können sie es bei großen Vorschüben.

Unter Berücksichtigung des wirklichen Spanquerschnittes hat Klopstock Gesetze für den Schnittdruck aufgestellt. Auch seine Diagramme (Abb. 53) zeigen, daß der Schnittdruck im doppellogarithmischen Koordinatensystem Gerade ergibt; ebenso auch die mit eingezeichnetem Werte für den Schnittdruck beim Bohren und Schleifen nach Kurreins Versuchen.

Die Klopstockschen Gesetze lauten:

1. Schmiedeeisen:

$$\log P = 0{,}862 \log(s \cdot t) + \log 229\,.$$

In dieser Gleichung stellt $s \cdot t$ den wirklichen Spanquerschnitt dar; für die praktischen Fälle ($s < 2$) unterscheidet sich jedoch der wirkliche Spanquerschnitt nicht vom nominellen Spanquerschnitt, so daß man statt $s \cdot t$ auch F setzen kann. Der spezifische Schnittdruck wird dann:

$$\log k_s = \log P - \log F,$$

$$\log k_s = 0{,}862 \log F - \log F + \log 229,$$

$$k_s = F^{0{,}862-1} \cdot 229,$$

$$k_s = \frac{229}{F^{0{,}138}} = \frac{229}{\sqrt[7{,}25]{F}},$$ also ergibt sich wieder:

$\underline{C_{k_s} = 229}$ $\underline{\varepsilon_{k_s} = 7{,}25}$.

Gußeisen:

$$\log P = 0{,}865 \log(s \cdot t) + \log 95{,}5,$$

$$\log k_s = \log F\,(0{,}865 - 1) + \log 95{,}5,$$

$$k_s = \frac{95{,}5}{F^{0{,}135}} = \frac{95{,}5}{\sqrt[7{,}4]{F}},$$ $\underline{C_{k_s} = 95{,}5}$ $\underline{\varepsilon_{k_s} = 7{,}4}$.

Chromnickelstahl:

$$\log P = 0{,}802 \log(s \cdot t) + \log 367,$$

$$\log k_s = \log F\,(0{,}802 - 1) + \log 367,$$

$$k_s = \frac{367}{F^{0{,}198}} = \frac{367}{\sqrt[5{,}05]{F}},$$ $\underline{C_{k_s} = 367}$ $\underline{\varepsilon_{k_s} = 5{,}05}$.

SM.-Stahl 75 kg:

$$\log P = 0{,}803 \log(s \cdot t) + \log 350\,,$$
$$\log k_s = \log F\,(0{,}803 - 1) + \log 350\,,$$
$$k_s = \frac{350}{F^{0,197}} = \frac{350}{\sqrt[5,07]{F}}\,, \qquad \underline{C_{k_s} = 350} \qquad \underline{\varepsilon_{k_s} = 5{,}07}\,.$$

Kupfer:

$$\log P = 0{,}824 \log(s \cdot t) + \log 208\,,$$
$$\log k_s = \log F(0{,}824 - 1) + \log 208\,,$$
$$k_s = \frac{208}{F^{0,176}} = \frac{208}{\sqrt[5,7]{F}}\,, \qquad \underline{C_{k_s} = 208} \qquad \underline{\varepsilon_{k_s} = 5{,}7}\,.$$

Messing:

$$\log P = 0{,}869 \log(s \cdot t) + \log 71\,,$$
$$\log k_s = \log F\,(0{,}869 - 1) + \log 71\,,$$
$$k_s = \frac{71}{F^{0,131}} = \frac{71}{\sqrt[7,64]{F}} \qquad \underline{C_{k_s} = 71} \qquad \underline{\varepsilon_{k_s} = 7{,}64}\,.$$

Wie schon erwähnt, hat Kurrein[1]) für Bohren und Schleifen entsprechende Versuche angestellt, deren Geraden auch in Abb. 53 (S. 88 und 89) zu sehen sind. Für C_{k_s} und ε_{k_s} ergeben sich:

Maschinenstahl 60 kg. Bohren ins Volle:

$$\log P = a \log F + \log C_{k_s}\,,$$
$$a = \frac{\log 1600 - \log 400}{\log 8 - \log 1{,}4} = \frac{3{,}204 - 2{,}602}{0{,}903 - 0{,}146} = 0{,}795\,,$$
$$\log P = 0{,}795 \log F + \log 310\,,$$
$$\log k_s = \log F\,(0{,}795 - 1) + \log 310\,,$$
$$k_s = \frac{310}{F^{0,205}} = \frac{310}{\sqrt[4,9]{F}} \qquad \underline{C_{k_s} = 310} \qquad \underline{\varepsilon_{k_s} = 4{,}9}\,.$$

Maschinenstahl 60 kg. Querschneide vorgebohrt:

$$\log P = a \log F + \log C_{k_s}\,,$$
$$a = \frac{\log 3000 - \log 1200}{\log 18 - \log 6} = \frac{3{,}477 - 3{,}079}{1{,}255 - 0{,}778} = 0{,}833\,,$$
$$\log P = 0{,}833 \log F + \log 260\,,$$
$$\log k_s = \log F\,(0{,}833 - 1) + \log 260\,,$$
$$k_s = \frac{260}{F^{0,167}} = \frac{260}{\sqrt[6]{F}} \qquad \underline{C_{k_s} = 260} \qquad \underline{\varepsilon_{k_s} = 6}\,.$$

---

[1]) In einem Schreiben macht mich Prof. Kurrein darauf aufmerksam, daß die Bohr- und Schleifversuche vorläufig nur für normale Eisen-Kohlenstoff-Legierungen Geltung haben.

SM.-Stahl 65 kg (Schleifen).

$$\log P = a \cdot \log F + \log C_{k_s},$$

$$a = \frac{\log 49{,}9 - \log 8}{\log 0{,}1 - \log 0{,}01} = \frac{1{,}698 - 0{,}903}{1} = 0{,}795\,.$$

C_{k_s}, d. h. der Schnittdruck für $F = 1$ wäre lt. Diagramm 315; also ergibt sich:

$$\log P = 0{,}795 \cdot \log F + \log 315\,,$$

$$\log k_s = \log F\,(0{,}795 - 1) + \log 315\,,$$

$$k_s = \frac{315}{F^{0{,}205}} = \frac{153}{\sqrt[4{,}9]{F}} \qquad \underline{\underline{C_{k_s} = 315}} \qquad \underline{\underline{\varepsilon_{k_s} = 4{,}9}}\,,$$

ebenso folgt:

SM.-Stahl 70 kg (Schleifen): $\underline{\underline{C_{k_s} = 330}}$ $\underline{\underline{\varepsilon_{k_s} = 4{,}9}}$,

SM.-Stahl 76 kg (Schleifen): $\underline{\underline{C_{k_s} = 350}}$ $\underline{\underline{\varepsilon_{k_s} = 4{,}9}}$.

Der Wert C_{k_s} ist der spezifische Schnittwiderstand bei einem Spanquerschnitt $F = 1\ \text{mm}^2$. C_{k_s} ist also als Bezugsgröße des spezifischen Schnittwiderstandes für andere Spanquerschnitte als 1 anzusehen und in diesem Sinne als Konstante (daher auch das Symbol C_{k_s}). Diese Konstante ist natürlich für jedes Material verschiedenartig und — wie das Gefühl schon sagt — muß sie von verschiedenen Faktoren, hauptsächlich der Festigkeit, Härte, Bearbeitbarkeit und evtl. auch von den Winkeln des Drehstahles beeinflußt werden. Schon der tabellarische Vergleich der C_{k_s}- und ε_{k_s}-Werte (S. 93) für die verschiedenen Forscher zeigt, daß die Übereinstimmung der C_{k_s}- und ε_{k_s}-Werte schwankend ist.

Bei Elektron ist zwischen A.W.F. und Coenen eine Übereinstimmung festzustellen.

Für Chromnickelstahl stellt Klopstock jedoch einen doppelt so großen Einfluß des Spanquerschnittes auf den spez. Schnittwiderstand fest ($\varepsilon_{k_s\,\text{Klopst.}} = \sim\frac{1}{2}\,\varepsilon_{k_s\,\text{A.W.F.}}$), wie die Richtwerte des A.W.F. Außerdem liegt Klopstocks Wert der Größenordnung nach (367) rund 50% über der Größe des A.W.F. (241).

Bei Messing ist die Übereinstimmung zwischen Klopstock und A.W.F. in bezug auf die Veränderlichkeit wesentlich besser ($\varepsilon_{k_s\,\text{Klopst}} = 7{,}64$, $\varepsilon_{k_s\,\text{A.W.F.}} = 6{,}8$). Der Größenordnung ($C_{k_s}$) nach stimmen sie überein (71 bzw. 70). Diese Übereinstimmung heißt also, daß sich bei kleinen Spanquerschnitten ($F = 1$) nach A.W.F. und Klopstock derselbe spezifische Schnittwiderstand ergibt, und daß erst bei größeren Spanquerschnitten infolge der ε_{k_s}-Verschiedenheit Abweichungen auftreten, wobei Klopstock infolge des „flacheren" Verlaufs (ε_{k_s} größer) etwas größere Werte erhält; die Abweichungen sind jedoch selbst bei Verfünf-

Zahlentafel 24. Zusammenstellung der C_{k_s}- und ε_{k_s}-Werte.

Werkstoff	Taylor C_{k_s}				Kronenberg nach Friedrich		Hippler		A.W.F.		Coenen		Klopstock		(Bohren) Kurrein		(Schleifen) Kurrein	
	$s:t = 1:10$	1:1	10:1	ε_{k_s}	C_{k_s}	ε_{k_s}	C_{k_s}	ε_{k_s}	C_{k_s}	ε_{k_s}	C_{k_s}	ε_{k_s}	C_{k_s}	ε_{k_s}	C_{k_s}	ε_{k_s}	C_{k_s}	ε_{k_s}
Elektron	—	—	—	—	—	—	—	—	23,8	17,6	21,7	17,6	—	—	—	—	—	—
Silumin	—	—	—	—	—	—	—	—	—	—	66	9,65	—	—	—	—	—	—
Chromnickelstahl	—	—	—	—	—	—	—	—	241	10,4	—	—	367	5,05	—	—	—	—
Messing	—	—	—	—	—	—	100 w	4	70	6,8	—	—	71	7,64	—	—	—	—
							160 h											
Rotguß	—	—	—	—	—	—	120	4	80	4	—	—	Cu:208	5,7	—	—	—	—
Schmiedeeisen .	—	—	—	—	—	—	—	—	—	—	—	—	229	7,25	—	—	—	—
SM.-Stahl																		
40/50 kg . . .	—	—	—	—	218	15	220	4	—	—	—	—	—	—	—	—	—	—
50/60 kg . . .	216	200	185	28,5	198	15	240	4	160	7,8	—	—	—	—	310	4,9 voll	—	—
															260	6 vorg.	315	4,9
60/80 kg . . .	—	—	—	—	270	15	260	4	—	—	—	—	350	5,07	—	—	330	4,9
Stahlguß. . . .	—	—	—	—	—	—	—	—	176	6,7	—	—	—	—	—	—	350	4,9
Gußeisen																		
weich	108	88	72	6,34	123	5,44	120	4	—	—	—	—	—	—	—	—	—	—
mittel	—	—	—	—	232	4,26	200	4	[1]	[1]	—	—	95,5	7,4	—	—	—	—
hart	170	138	112	6,34	252	3,65	270	4	—	—	—	—	—	—	—	—	—	—

[1]) Vgl. S. 84.

fachung von F nur unbedeutend (Klopstock ∾ 20 % k_s-Abfall; A.W.F. ∾ 22 % k_s-Abfall).

Für SM.-Stahl 50/60 kg liegt Taylor mit $\varepsilon_{k_s} = 28{,}5$ sehr „flach", d. h. die Veränderlichkeit ist sehr gering, Friedrichs Werte $\varepsilon_{k_s} = 15$ liegen schon „steiler", während sowohl nach den A.W.F.-Richtwerten ($\varepsilon_{k_s} = 7{,}8$) als auch nach denen Klopstocks ($\varepsilon_{k_s} = 7{,}25$ bzw. 5,07), Kurreins ($\varepsilon_{k_s} = 4{,}9$ bzw. 6) und Hipplers ($\varepsilon_{k_s} = 4$) der Einfluß der Änderung des Spanquerschnittes abermals stärker ist. Der Größenordnung nach erscheinen die A.W.F.-Richtwerte ($C_{k_s} = 160$) zu niedrig, was auf die Riemenbelastung oder den Wirkungsgrad η zurückzuführen ist.

2. Das Gesetz des spezifischen Schnittdruckes in Abhängigkeit vom Spanquerschnitt und der Zerreißfestigkeit.

Als wichtigstes Ergebnis der Untersuchungen von Klopstock ist meines Erachtens die Auffindung der „Überschneidungsgeraden" anzusehen, mit deren Hilfe sich der Anfang einer Klärung über die Gründe der verschiedenen C_{k_s}-Werte ergibt. Diese Überschneidungsgeraden bieten die Möglichkeit, eine direkte Beziehung zwischen dem spezifischen Schnittwiderstand k_s und der Zerreißfestigkeit k_z bzw. der Brinellhärte H herzustellen, eine Beziehung, die man bisher vielfach herzustellen sich bemühte.

Kurreins Versuche zeigten das bedeutsame Ergebnis, daß dieselben Überschneidungsgeraden auch für Bohren und Schleifen gelten.

Die Überschneidungsgeraden sind im Diagramm (Abb. 53, S. 88 u. 89) abgebildet. Klopstock hat hier auf der Abszissenachse außer dem Spanquerschnitt F auch noch die Fläche des Eindruckdurchmessers der Brinellprobe des untersuchten Werkstoffes, und auf der Ordinate den zugehörigen Kugeldruck eingetragen. Es ergab sich, daß die Gerade des Schnittdruckes und die Gerade des Kugeldruckes desselben Materials sich schneiden. Für andere Materialien lagen die Schnittpunkte anders, jedoch so, daß die Punkte für die spanbildenden Materialien (Chromnickelstahl, SM.-Stahl, Schmiedeeisen, Kupfer) auf einer Geraden I, und die Punkte der nicht spanbildenden Werkstoffe (Gußeisen, Messing) auf einer anderen Geraden II lagen. Die Überschneidungsgeraden sind also der geometrische Ort für die Schnittpunkte der Schnittdruck- und Kugeldruckgeraden. Da Klopstock die Richtung der Geraden für die verschiedenen Werkstoffe festgestellt hat, ist es möglich, Meßblätter herzustellen, mit deren Hilfe man aus einer Brinellprobe den Schnittdruckverlauf und damit C_{k_s} bestimmen kann. Abb. 54 zeigt den Entwurf eines solchen Meßblattes für Stahl.

Die mit 1 bezeichnete Gerade ist die Kugeldruckrichtung für Stahl, die mit 3 bezeichnete die Schnittdruckrichtung, und die mit 2 bezeichnete Gerade ist die Klopstocksche Überschneidungsgerade.

Alle drei Geraden sind von mir so gelegt worden, daß sie von einem Punkt ausgehen, da sie nur die Richtung anzugeben haben.

Als Beispiel ist der Fall eingetragen, daß sich bei einer Brinellprobe bei einem Kugeldruck von 590 kg eine Eindruckfläche von 6 mm² ergeben habe. Man legt durch diesen Punkt zuerst eine Parallele zur Kugeldruckrichtung (1), die die Überschneidungsgerade in S schneidet.

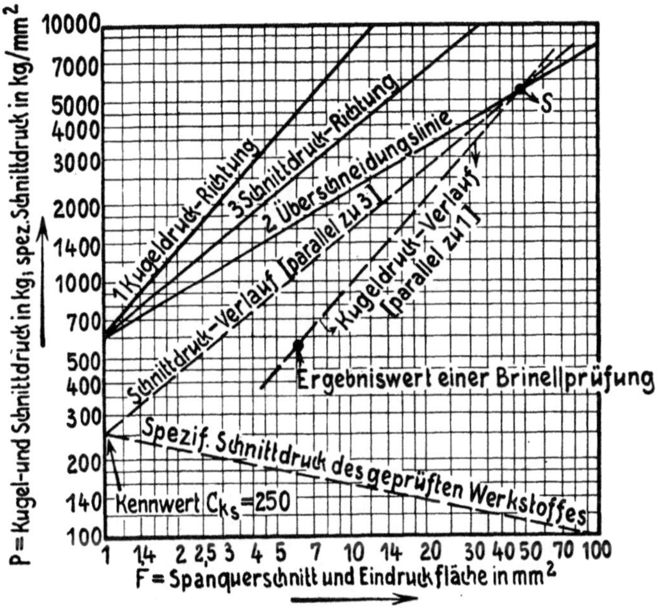

Abb. 54. Meßblatt für Stahl¹).

Durch S wird die Parallele zur Schnittdruckrichtung (3) gelegt, die somit bereits die Größe des Schnittdruckes des untersuchten Werkstoffes für die verschiedenen Spanquerschnitte angibt.

C_{k_s} ist der Schnittpunkt dieser Geraden mit der Ordinate, im Beispiel also: $C_{k_s} = 250$. Der Verlauf der Geraden des spezifischen Schnittdruckes des untersuchten Werkstoffes ist auch eingezeichnet, da sie von $C_{k_s} = 250$ ausgehen muß.

Für andere Werkstoffe als Stahl ist das Verfahren dasselbe, nur daß jeweils die Richtungen der Geraden 1 und 3 anders liegen und evtl. auch (für Gußeisen und Messing) eine andere Überschneidungsgerade 2 in Frage kommt.

Um zu einer direkten Beziehung zwischen k_s und k_z zu gelangen, muß man noch einen Schritt weiter gehen, nämlich nicht beliebige Brinellpunkte eintragen, sondern bestimmte.

¹) Bild Kronenberg-ADB 91.

Die Beziehung zwischen dem Durchmesser d_e der Eindrucksfläche und der Brinellhärte H ist gemäß DIN 1605 bei dem Kugeldruck P_K für den Durchmesser D der Brinellkugel:

$$H = \frac{2 P_K}{\pi D (D - \sqrt{D^2 - d_e^2})} \text{ kg/mm}^2 .$$

Im Regelfall ist:

$$P_K = 3000 \text{ kg},$$

$$D = 10 \text{ mm},$$

so daß entsteht:

$$H = \frac{6000}{\pi \cdot 10 (10 - \sqrt{100 - d_e^2})} \text{ kg/mm}^2 ,$$

$$H = \frac{191}{10 - \sqrt{100 - d_e^2}} \text{ kg/mm}^2 .$$

Um die Eindrucksflächen für verschiedene H (100, 120, 140, 160, 180) bei $P_K = 3000$ zu erhalten, wird hieraus gebildet:

$$\frac{d_e^2 \pi}{4} = \frac{\pi}{4}\left[100 - \left(10 - \frac{191}{H}\right)^2\right].$$

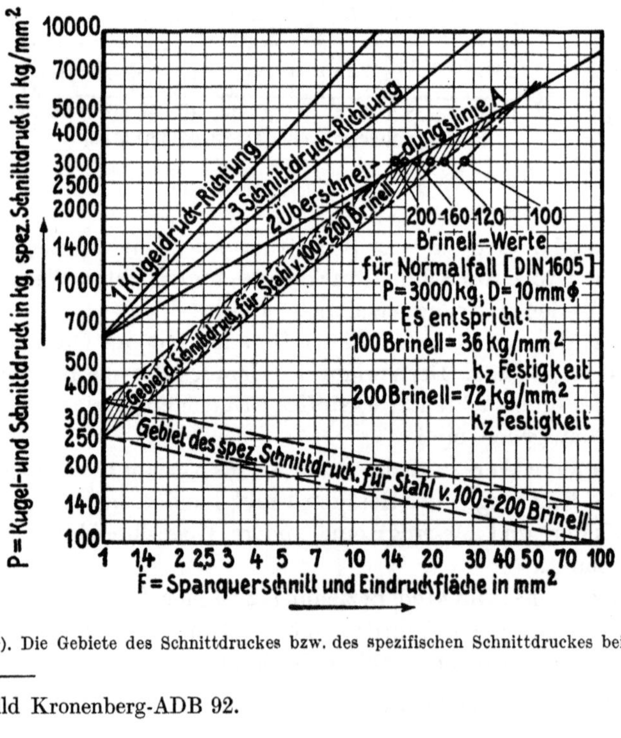

Abb. 55[1]). Die Gebiete des Schnittdruckes bzw. des spezifischen Schnittdruckes bei Stahl.

---

[1]) Bild Kronenberg-ADB 92.

Es ergibt sich also:

Zahlentafel 25.

H	$\frac{191}{H}$	$10-\frac{191}{H}$	$\left(10-\frac{191}{H}\right)^2$	$100-\left(10-\frac{191}{H}\right)^2$	$\frac{d_e^2\pi}{4}$
50	3,82	6,18	38,19	61,81	48,5
100	1,91	8,09	65,44	34,56	27,1
120	1,59	8,41	70,73	29,27	23
140	1,362	8,638	74,48	25,52	20
160	1,192	8,808	77,44	22,56	17,65
180	1,06	8,94	79,92	20,08	15,8
200	0,955	9,045	81,81	18,19	14,25

Trägt man die Eindrucksflächen für $H = 100$ und 200 auf der zugehörigen Horizontalen ($P_K = 3000$ kg) ein (Abb. 55) und ermittelt, wie oben beschrieben, durch Ziehen der Parallelen usw. C_{k_s}, so erhält man die Gebiete des Schnittdrucks bzw. des spezifischen Schnittdrucks für Stahl, denen, wie sich später noch zeigen wird, bestimmte Meißelwinkel β des Drehstahles zugeordnet sind. Zeichnet man außer den Werten $H = 100$ und $H = 200$ auch noch die übrigen Eindruckflächen ein (Abb. 56), so erhält man zu jeder Brinellhärte H einen zugehörigen C_{k_s}-Wert.

Bei Stahl (70 kg) ergeben sich nebenstehende Werte:

In derselben Weise kann man auch die Beziehung zwischen H und C_{k_s} bei den anderen Werkstoffen herstellen, wie es ebenfalls in Abb. 56 vorgenommen ist; man erhält hiernach:

Zahlentafel 26a—e.

a) Für Stahl:

H	C_{k_s}
100	250
120	270
140	290
160	310
180	325
200	340

b) Für Schmiedeeisen:

H	C_{k_s}
50	138
100	196
120	210
140	227
160	240
180	250
200	263

c) Für Chromnickelstahl:

H	C_{k_s}
100	260
120	280
140	300
160	320
180	335
200	350

d) Für Kupfer:

H	C_{k_s}
50	182
100	239
120	260
140	275
160	290
180	305
200	320

Da für Gußeisen eine andere Überschneidungsgerade in Frage kommt, ergeben sich gemäß Abb. 57 nachstehende Zahlen:

e) Für Gußeisen:

H	C_{k_s}
50	56
100	74
120	80
140	86
160	90
180	95
200	102

Zur Feststellung der Gesetzmäßigkeiten zwischen C_{k_s} und H trägt man (Abb. 58) diese Werte in ein doppellogarithmisches Feld ein, dessen Abszisse die Brinellwerte und dessen Ordinate die C_{k_s}-Werte sind. Die Brinellwerte müssen dabei, zur Feststellung des Achsenabschnittes $C_{k_{s_1}}$, auf den Wert $H = 1$ bezogen werden.

Es ergibt sich dann:

SM.-Stahl:

$$\log C_{k_s} = a \cdot \log H + \log C_{k_{s_1}},$$

$$a = \frac{\log 86 - \log 30{,}2}{\log 10 - 1} = 1{,}934 - 1{,}48 = 0{,}454,$$

$$\underline{a = \frac{1}{2{,}2}},$$

$$C_{k_{s_1}} = \backsim 30,$$

$$\underline{C_{k_s} = 30 \sqrt[2,2]{H}}.$$

Da zwischen H und k_z die Beziehung besteht:

$$H = \frac{k_z}{0{,}36},$$

kann man auch setzen:

$$C_{k_s} = 30 \cdot \sqrt[2,2]{\frac{k_z}{0{,}36}},$$

$$\underline{C_{k_s} = 47{,}5 \cdot \sqrt[2,2]{k_z}}.$$

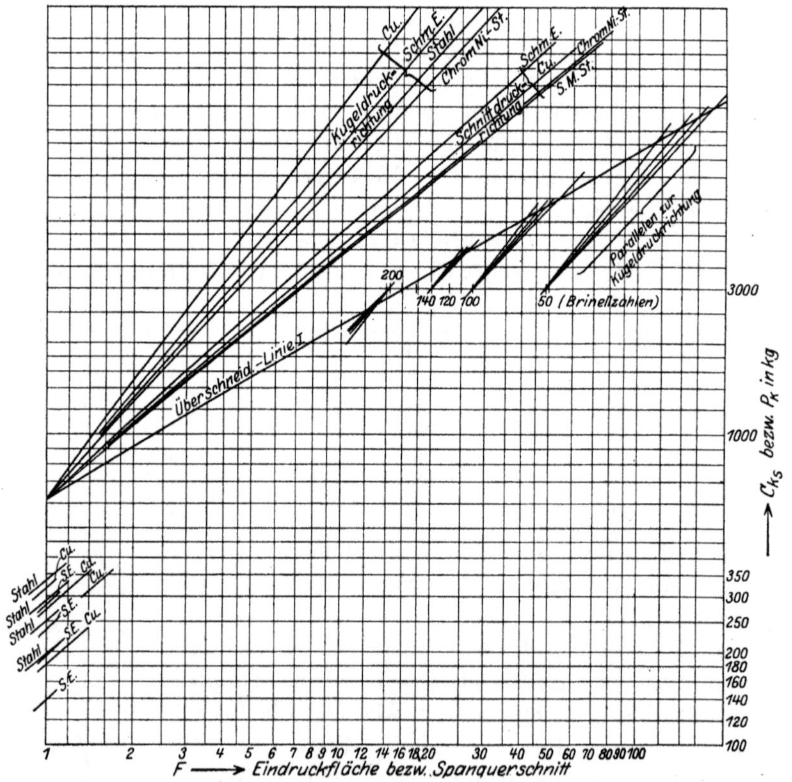

Abb. 56. Ermittlung der Beziehungen zwischen Brinellhärte und Schnittdruck bei Chromnickelstahl, Stahl, Schmiedeeisen und Kupfer.

Die Gleichung für k_s bei SM.-Stahl war nach **Klopstocks** Versuchen

$$k_s = \frac{C_{k_s}}{\sqrt[5{,}07]{F}},$$

so daß sich ergibt:

$$\boxed{k_s = 47{,}5 \cdot \frac{\sqrt[2{,}2]{k_z}}{\sqrt[5{,}07]{F}}} \quad \text{SM.-Stahl.}$$

Hiermit ist die erste Gleichung gewonnen, die die direkte Beziehung zwischen k_s und k_z angibt.

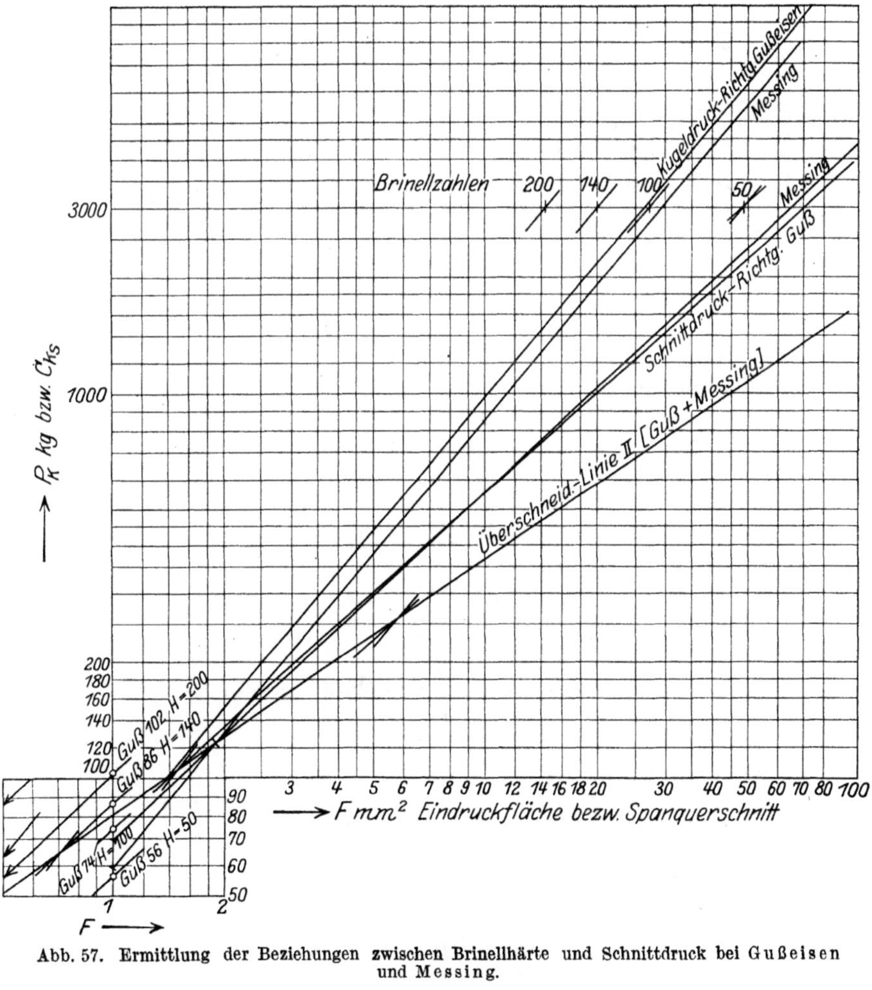

Abb. 57. **Ermittlung der Beziehungen zwischen Brinellhärte und Schnittdruck bei Gußeisen und Messing.**

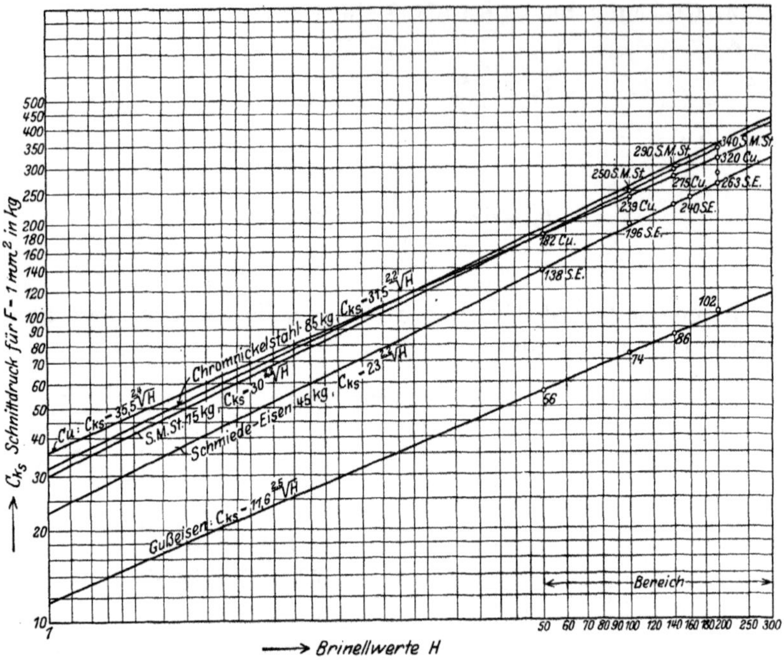

Abb. 58. Ableitung des Gesetzes zwischen H und C_{k_s}.

Bei den anderen Werkstoffen wird:

Schmiedeeisen:

$$a = \log 66 - \log 23$$
$$= 1{,}819 - 1{,}362 = 0{,}457$$
$$= \frac{1}{2{,}19} \sim \frac{1}{2{,}2}$$

$$\underline{C_{k_s} = 23 \sqrt[2,2]{H}\,,}$$

$$\underline{C_{k_s} = 36{,}5 \sqrt[2,2]{k_z}\,.}$$

$$\boxed{k_s = 36{,}5\,\frac{\sqrt[2,2]{k_z}}{\sqrt[7,25]{F}}}\quad \text{Schmiedeeisen.}$$

Chromnickelstahl:

$$a = \log 90 - \log 31{,}5$$
$$= 1{,}954 - 1{,}498 = 0{,}456$$
$$= \frac{1}{2{,}2}$$

$$\underline{C_{k_s} = 31{,}5 \sqrt[2,2]{H}\,,}$$

für Chromnickelstahl gilt:

$$k_s = \frac{k_z}{0{,}34}$$

also:

$$C_{k_s} = 31{,}5 \sqrt[2,2]{\frac{k_z}{0{,}34}}$$

$$\underline{C_{k_s} = 51{,}5 \sqrt[2,2]{k_z}}$$

$$\boxed{k_s = 51{,}5 \frac{\sqrt[2,2]{k_z}}{\sqrt[5,05]{F}}} \quad \text{Chromnickelstahl.}$$

Kupfer:

$$a = \log 93 - \log 35{,}5$$
$$= 1{,}968 - 1{,}550 = 0{,}418 = \frac{1}{2{,}4}$$

$$C_{k_s} = 35{,}5 \sqrt[2,4]{H}\,.$$

Eine Beziehung zwischen k_z und H besteht für Kupfer und Gußeisen nicht, so daß hier die Gesetze zwischen k_s und H aufgestellt werden müssen:

$$\boxed{k_s = 35{,}5 \frac{\sqrt[2,4]{H}}{\sqrt[5,7]{F}}} \quad \text{Kupfer.}$$

Gußeisen:

$$a = \log 29 - \log 11{,}6$$
$$= 1{,}462 - 1{,}064 = 0{,}398$$
$$= \frac{1}{2{,}5}$$

$$\underline{C_{k_s} = 11{,}6 \sqrt[2,5]{H}}$$

$$\boxed{k_s = 11{,}6 \frac{\sqrt[2,5]{H}}{\sqrt[7,4]{F}}} \quad \text{Gußeisen.}$$

Zahlentafel 27. Umrechnungstafel von Shorehärte in Brinellhärte.
(3000 kg Druck und 10 mm Kugeldurchmesser.)

Shore	Brinell	Shore	Brinell	Shore	Brinell	Shore	Brinell
12	40	35	226	58	350	80	488
15	66	38	243	60	362	82	502
18	98	40	255	62	373	85	522
20	118	42	265	65	392	88	547
22	135	45	280	68	410	90	563
25	162	48	298	70	420	92	582
28	185	50	308	72	433	95	612
30	198	52	320	75	453	98	642
32	210	55	334	78	472	100	665

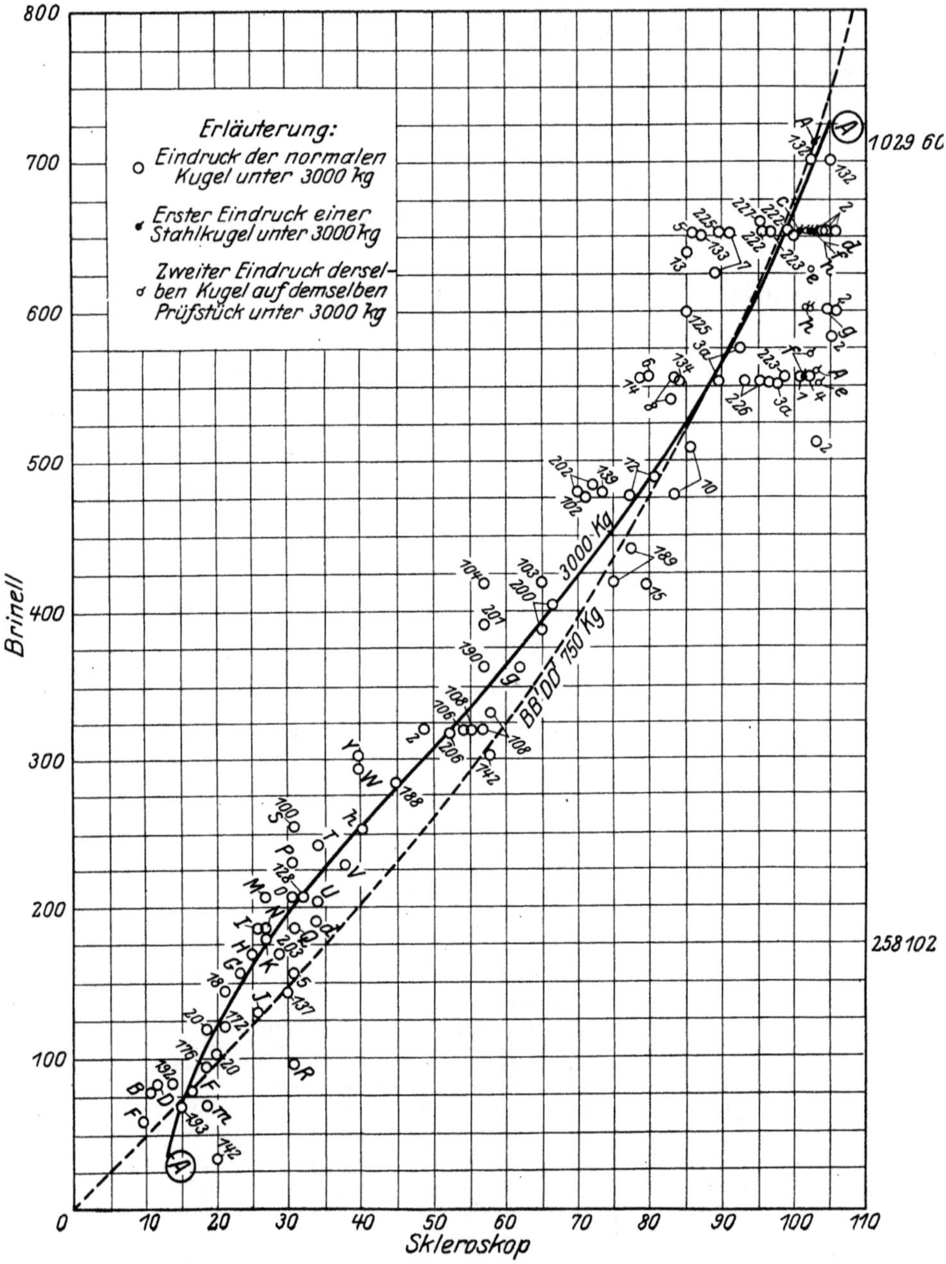
Erläuterung:
Eindruck der normalen Kugel unter 3000 kg
Erster Eindruck einer Stahlkugel unter 3000 kg
Zweiter Eindruck derselben Kugel auf demselben Prüfstück unter 3000 kg
3000 Kg
BB DD 750 Kg
1029 60
258 102
Brinell
Skleroskop
0
10
20
30
40
50
60
70
80
90
100
110
100
200
300
400
500
600
700
800

Abb. 59.

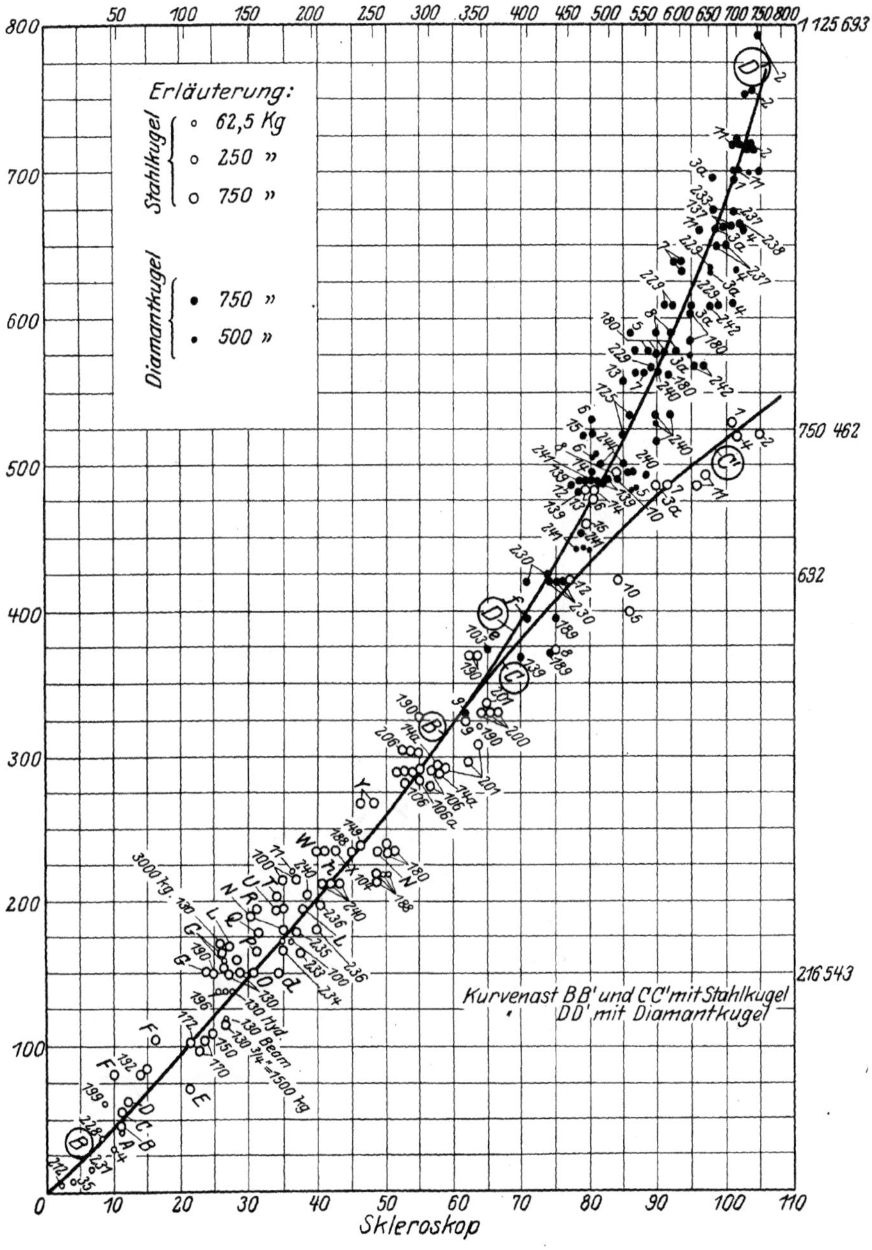
Erläuterung:
Stahlkugel
62,5 Kg
250 "
750 "
Diamantkugel
750 "
500 "
Kurvenast BB' und CC' mit Stahlkugel
" DD' mit Diamantkugel
1 125 693
750 462
692
216 543
3000 kg.
130 Hyd.
130 Beam
3/4" = 1500 kg
Skleroskop

Abb. 60.

Da es in vielen Betrieben üblich ist, nicht nach der Brinellhärte, sondern nach der Shorehärte zu rechnen, ist hier eine Umrechnungstafel

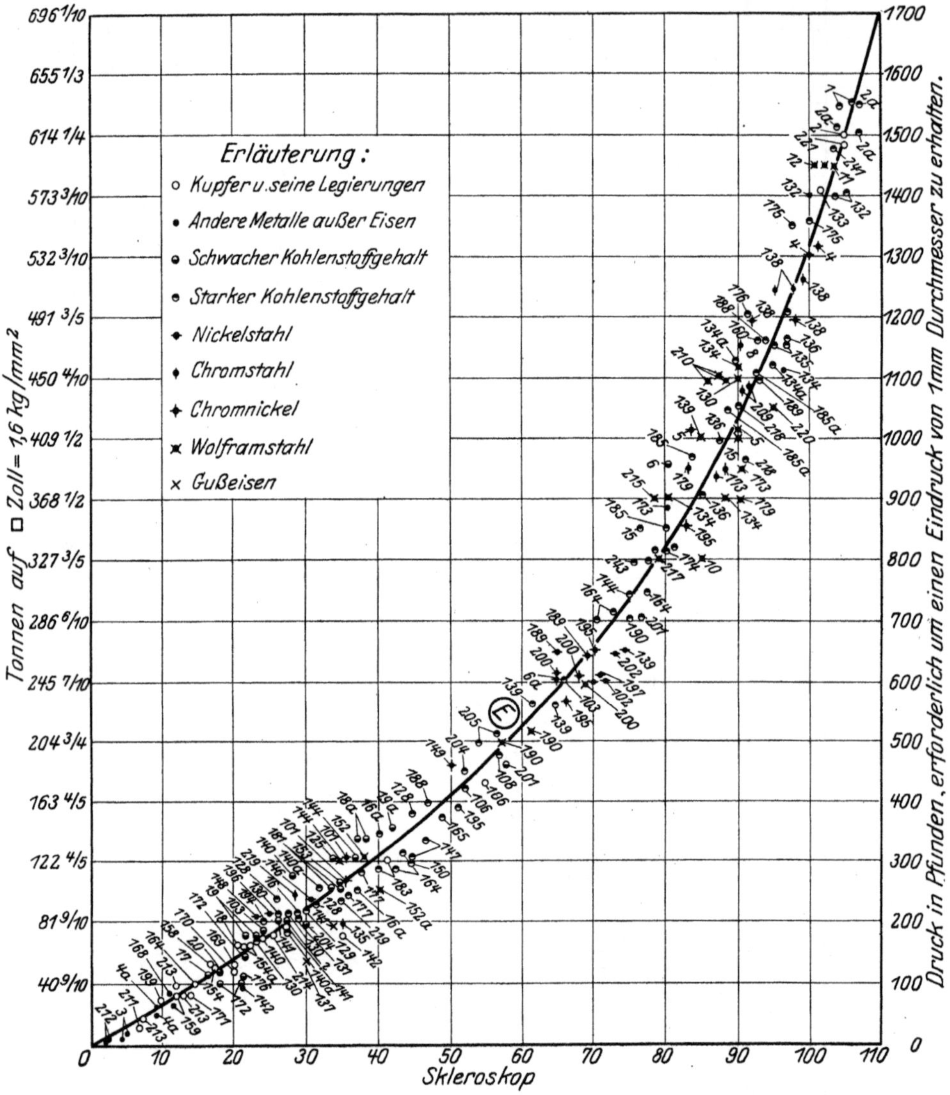

Abb. 61.

beigefügt[1]), die nach einer umfangreichen Versuchsreihe, die A. F. Shore im September 1918 angestellt hat, ermittelt wurde. Die zugrunde liegenden Diagramme[2]) sind in den Abb. 59, 60, 61 wiedergegeben.

[1]) Von Fa. Schuchardt & Schütte A.-G. freundlichst zur Verfügung gestellt.
[2]) „Revue de Metallurgie“, Juni 1920, Nr. 6, S. 252—259.

Die bei den Versuchspunkten angegebenen Zahlen und Buchstaben bezeichnen die verschiedenen untersuchten etwa 250 Arten, umfassenden Werkstoffe. Unter ihnen befinden sich neben den verschiedensten Stahl- und Eisensorten auch legierte Stähle, Aluminium, Zinn, Zink, Kupfer, Messing usw., die verschiedener thermischer Behandlung unterworfen waren. Abb. 59 zeigt, daß sich bei 3000 kg Brinelldruck eine wellige Kurve ergab. Wendet man jedoch nicht so starken Druck an, so erhält man für die Beziehungen zwischen der Brinell- und Shorehärte die Kurve BB'—DD', die zum Vergleich aus Abb. 60 in Abb. 59 punktiert eingezeichnet ist. Dabei ist zu beachten, daß oberhalb 320 Brinell eine Diamantkugel zu benutzen ist. Für eine Stahlkugel ergibt sich der Ast CC' der Kurve in Abb. 60, d. h. eine Ungleichförmigkeit. Nach Ansicht von Shore stellt die Kurve von BB'—DD' das genaueste Verhältnis dar, das man zwischen Brinell- und Shoreprobe erhalten kann. Sir Robert Hadfield, auf dessen Veranlassung Shore die Versuche unternommen hat, fügt hinzu, daß die Kurve BB'—DD' zwar die besten Verhältnisse zwischen beiden Methoden wiedergibt, daß jedoch die Übereinstimmung der Härtezahlen nur bedingt ist. Dies folge daraus, daß beim Brinellversuch mit 3000 kg evtl. die Elastizitätsgrenze überschritten wird, beim Skleroskop jedoch nicht. Verringert man den Brinelldruck so, daß keine Überschreitung der Elastizitätsgrenze möglich ist, so erhält man die Kurve Abb. 61, die befriedigende Übereinstimmung der Härte ergibt, und zwar unter Zugrundelegung des gleichen Eindruckdurchmessers d_e. Hierbei tritt

Abb. 62. Normale Original-Brinellpresse für 3000 kg Druck.

jedoch der Mangel auf, daß die Eindruckdurchmesser so klein werden, daß sie praktisch nur schwer zu erkennen und zu messen sind. Aus allem folgt also, daß die obige Zahlentafel 27 nur bedingte Gültigkeit für Vergleichszwecke hat. Für absolute Messungen sind also die Brinellpresse oder die nach ihrer Art arbeitenden Geräte vorläufig zuverlässiger.

Abb. 63. Brinellpresse von Schopper.

Verschiedene Arten von Brinellpressen zeigen die Abb. 62, 63, deren eine ein Fabrikat der Fa. L. Schopper-Leipzig, und deren andere ein Fabrikat der Fa. Aktiebolaget Alpha-Stockholm ist.

Einige andere Apparate zur Bestimmung der Härtezahlen für den Werkstattgebrauch zeigen die Abb. 64[1], 65[1], 66[1], 67[2], 68[3]. Die Zahlentafeln 47 a—d (Anhang) dienen zur Ermittlung der Brinellzahlen bei verschiedenen Eindruckdurchmessern und Kugelbelastungen. Beispiele einiger Brinellzahlen für verschiedene Werkstoffe gibt Zahlentafel 48 (Anhang).

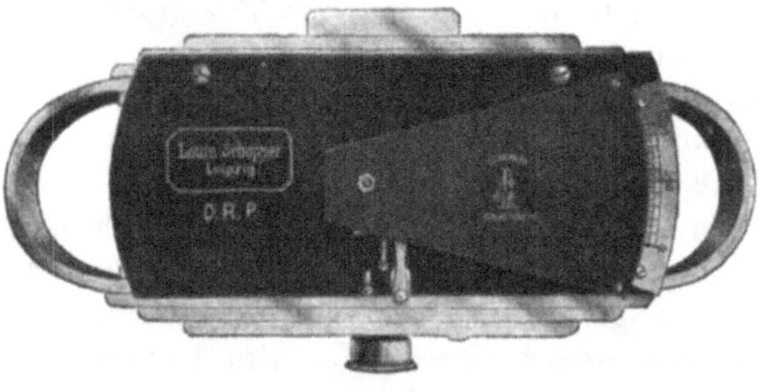

Abb. 64. Druckkraftmeßapparat (Anwendung vgl. Abb. 65 u. 66).

[1]) L. Schopper-Leipzig, Bauart Dr.-Ing. Seehase-Berlin.
[2]) Steinrück-Berlin W 50. [3]) Schuchardt & Schütte A.-G., Berlin.

3. Das Gesetz des spezifischen Schnittdruckes in Abhängigkeit vom Spanquerschnitt, der Festigkeit und dem Meißelwinkel.

Obgleich Taylor der Ansicht war, daß „die Schleifwinkel bezüglich ihres Einflusses auf die Schnittgeschwindigkeit und auf die

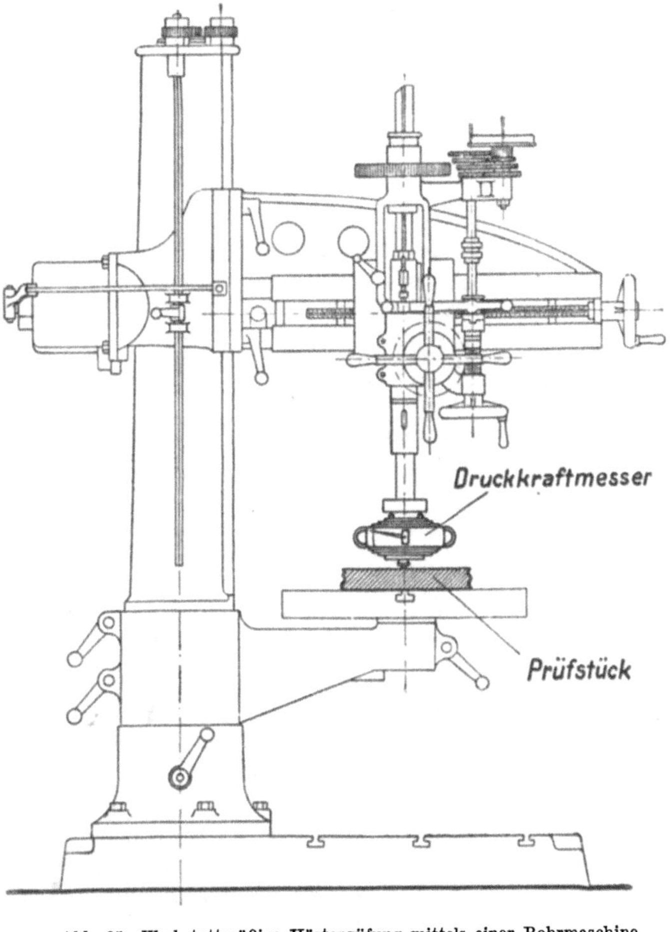

Abb. 65. Werkstattmäßige Härteprüfung mittels einer Bohrmaschine.

zum Abheben des Spanes erforderliche Kraft, entgegen der üblichen Meinung, nur eine untergeordnete Rolle spielen“[1]), sind die Untersuchungen hierüber immer wieder aufgenommen worden. Daß solche Untersuchungen erforderlich sind, zeigt ein tabellarischer Vergleich (Zahlentafel 28) der in den verschiedensten Quellen zu findenden

[1]) Taylor-Wallichs: a. a. O. § 151.

Zahlentafel 28.

	Weicher SM-Stahl und weicher Guß					Harter SM-Stahl und harter Guß			
	α	β	γ	Vord. Einstell-winkel	Besond. Winkel	α	β	γ	Besond. Winkel
	Grad	Grad	Grad	Grad	Grad	Grad	Grad	Grad	Grad
Taylor	6	61	23		$\xi = 23$	6	68	16	$\xi = 14$
Nicolson	Stahl $\beta = 70$, Guß $\beta = 80$								
Schlesinger	11	67	12	40					
Gottwein	8	bis 60	bis 22		$\xi = 22$	6 ·	76	8	
bei leichten Schnitten						8	60	22	
Simon	6÷12	54÷56	30÷22			5÷10	69÷72	16÷8	
A.W.F.	6	65	19	45		vgl. Chromnickelstahl			
Klopstock									
B-Stahl	10	68	12	43	25				
S-Stahl	7	60	23	60	25				
Klopstockstahl	8	$\beta_1 = 70$	$\gamma_1 = 12$	Winkel der Fase					
		$\beta_2 = 32$	$\gamma_2 = 50$	Winkel der Tangente der Auskehlung					
Friedrich		60							
Hippler	8	62	20	70					
Krupp, normal	·10	60	20			7	63	20	
bei schwer. Schnitten	12	60	18						
Sachsenberg	6÷12	54÷68	30÷10			5÷10	66÷75	19÷15	
Schuchardt & Schütte .	10	64	16	für Stahl		10	72	8	für Guß
bei leichten Schnitten	6	70	14			6	80	4	
Poldihütte	12	57÷62							
Krefelder Stahlwerk .	10	55	25						
Fabriknorm, Stahl	10	65	15	55					
Gußeisen	10	68	12						

Winkelangaben. In Anbetracht der vielen Gesichtspunkte, die bei der Normung von Stahlwinkeln zu berücksichtigen sind, ist es schwierig, zu einer endgültigen Festlegung zu kommen. Vorschläge für eine Normung der Winkel am Stahl zeigen die Abb. 69, 70a und b [1]), aber auch hier konnte man noch keine Einheitlichkeit erzielen.

Die Winkel des Klopstockstahls (D.R.P.) zeigt Abb. 71.

Um eine Einheitlichkeit in der Benennung und Bezeichnung der Winkel zu wahren, sind hier die Normen gemäß A.W.F. 100 benutzt, wie sie Abb. 72 zeigt.

Die neuesten Versuche über die Änderung des Schnittdruckes bei verschiedenen Meißelwinkeln β sind von Stanton und Heyde unternommen worden [2]).

[1]) ADB. Ortsgruppe Kiel. Maschinenbau 1925, S. 1025 ff.

[2]) Cutting Tools Research Comittee, An Experimental Study of the forces exerted on the surface of a cutting tool by Stanton and Heyde. Proceedings of the Inst. of Mech. Eng. London 1925, S. 175ff.

Zu Zahlentafel 28.

Rotguß Messing				Chromnickelstahl				Stahlguß				Elektron				Hartguß		
α	β	γ	Vord. Einstell-winkel	α	β	γ	Vord. Einstell-winkel	α	β	γ	Vord. Einstell-winkel	α	β	γ	Vord. Einstell-winkel	α	β	γ
Grad	Grad	Grad	Grad	Grad	Grad	Grad	Grad	Grad	Grad	Grad	Grad	Grad	Grad	Grad	Grad	Grad	Grad	Grad
																	86÷90	
10	64	16	62	10	68	12	45	8	67	15	45	10	46	34	63	3÷8	81÷82	6÷0
																3÷6	85÷90	α=100 bei l. Schn.
																bis 6	bis 84	
												Weichmet.						
												15	70	5				

Die von ihnen untersuchten Werkstoffe sind:

Zahlentafel 29.

Nr.	Werkstoff	C	Analyse Si	Mn	Ni	Cr	Va	Dehnung %	Brinell-zahl
1	Nickelstahl.	0,36	0,19	0,425	3,43	0,21	—	23	202
2	Chromnickelstahl . .	0,33	0,18	0,485	3,41	0,53	—	16	275
3	Weicher Stahl . . .	0,22	0,6	0,68	—	—	—	38	130
4	Rohr (I)	0,49	—	0,8	—			17	183
5	Rohr (II) getemp. .	0,49	—	0,8	—			29	165
6	Mittlerer Stahl . . .	0,47	0,15	0,91	0,18			23	214
7	Gußeisen.	3,2	2,0	0,57				—	209
8	Bronze	Cu: 61,8 Sn: 1,20 Zn: 36,47 Pb: 0,49							104
9	Kupfer.								83

Die Versuchsstücke waren Hohlkörper von ca. 40 ∅, die auf Drehdornen zwischen den Spitzen bearbeitet wurden. Es wurden lediglich Seitenstähle benutzt, damit nur eine vertikale und eine horizontale Schnittkomponente entsteht. Vorschubkraft P_2 und Rückdruck P_3 fallen zusammen parallel zur Werkstückachse (Abb. 73). Die Kräfte,

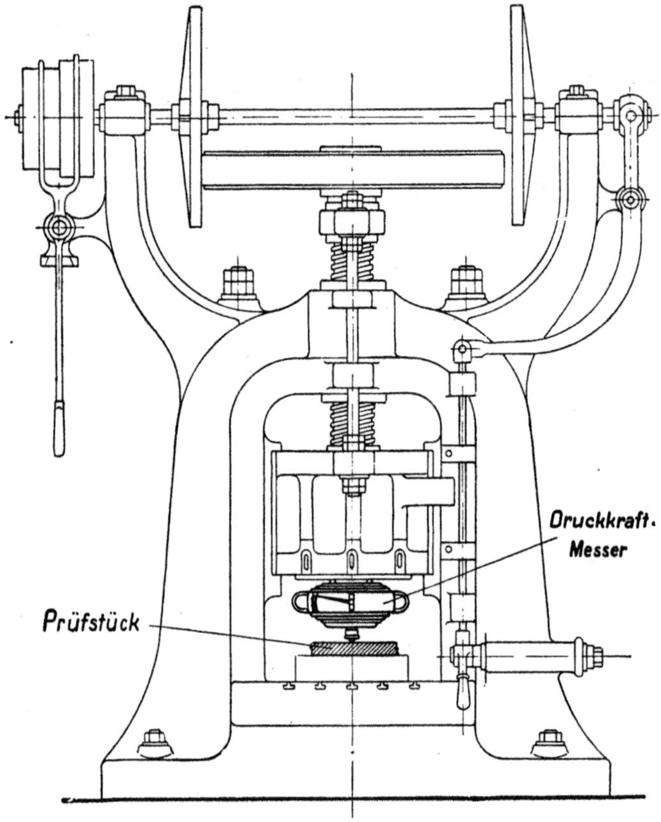

Abb. 66. Werkstattmäßige Härteprüfung mittels einer Spindelpresse.

die infolge der kleinen Spanquerschnitte nur gering waren, wurden an einem besonders gebauten Dynamometer abgelesen. Die Stähle wurden beim Versuch dauernd scharf gehalten und nach dem Diamant-Ritzverfahren geprüft. Es war nicht so sehr die Absicht die Größe des Schnittdruckes, als vielmehr seine Änderung bei verschiedenen Meißelwinkeln β, zu untersuchen, die zwischen 50° und 75° um je 5° steigend geändert wurden. $\sphericalangle \alpha$ wurde unverändert auf 10° gehalten.

In Abb. 74 sind die Kräfte am Drehstahl wiedergegeben. OB stellt die Stahlbrust, OC den Stahlrücken dar, die den Meißelwinkel β einschließen. Durch die Stahlspitze ist eine horizontale Achse gelegt;

senkrecht dazu steht die Bewegungsrichtung des Werkstückes, die sich in diesem Fall (Seitenstahl) als gerade Linie und nicht als Kreis dar-

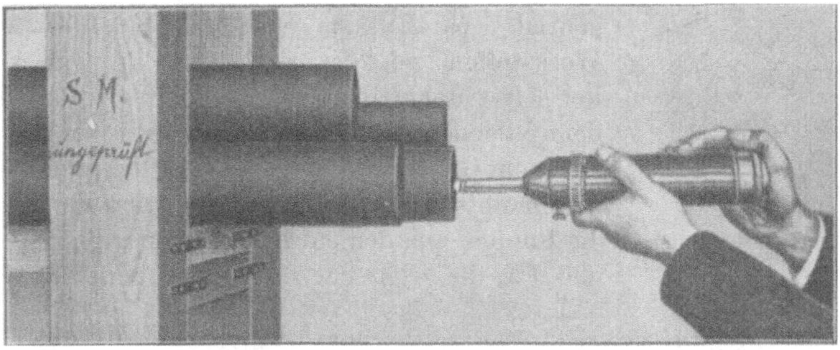

Abb. 67. Schlaghärteprüfer von Baumann & Steinrück.

stellt. Durch das Vordringen des Stahles (bzw. umgekehrt durch die Bewegung des Werkstückes) entsteht längs OO' ein Riß im Material, so daß ein Abscheeren in Richtung $O'A' // OA$ eintritt. Durch Versuche von Hankins[1]) ist nachgewiesen worden, daß der Abscheerwinkel $O''O'A' = O''OA = \mu$, bei allen Werkstoffen konstant $= 26°$ ist. $O'A'$ stellt die Rißebene des Spanes dar, in der das gegenseitige Gleiten zwischen dem noch nicht abgetrennten und dem abgetrennten Material stattfindet. Durch das Gleiten entstehen Reibungskräfte. Der Schnittdruck setzt sich also aus der Einreißkraft und der inneren Reibung zusammen. Im Vergleich zur Einreißkraft ist die innere Reibung jedoch nur sehr klein, so daß der Hauptteil des Schnittdruckes auf die Einreißkraft entfällt.

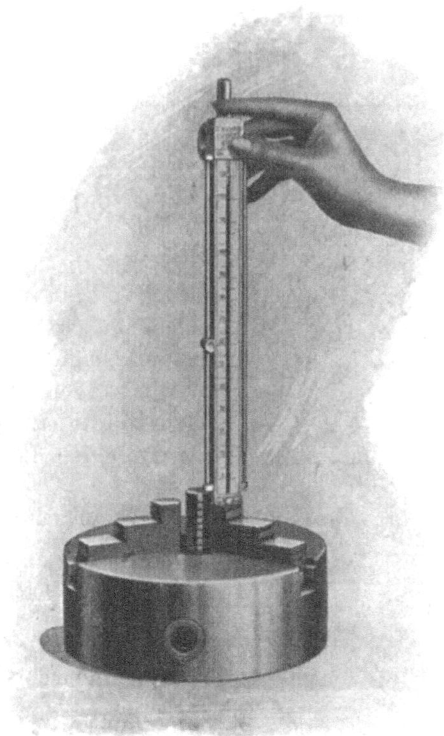

Abb. 68. Härteprüfung mittels Skleroskop.

[1]) Hankins: Proceedings Inst. Mech. Eng. 1923.

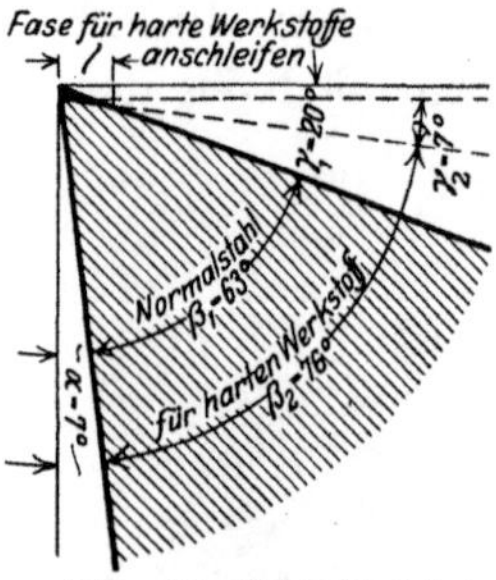

Abb. 69. Schneidwinkel (Normvorschlag der ADB Kiel).

Die Einreißkraft kann zerlegt werden in die Komponente P_N (normal = senkrecht) zur Stahlbrust, und in die Komponente P_T (tangential = parallel) zur Stahlbrust. Bei fast allen Werkstoffen zeigt es sich, daß P_T vom Winkel β fast unabhängig ist, während P_N stark mit dem fallenden Winkel fällt, und zwar scheinbar bis zu einem Grenzwert. Von den Kräften interessiert hier hauptsächlich die Hauptschnittkraft P_1, d. h. die Summe aus denjenigen Komponenten von P_N und P_T, die senkrecht nach unten gerichtet sind.

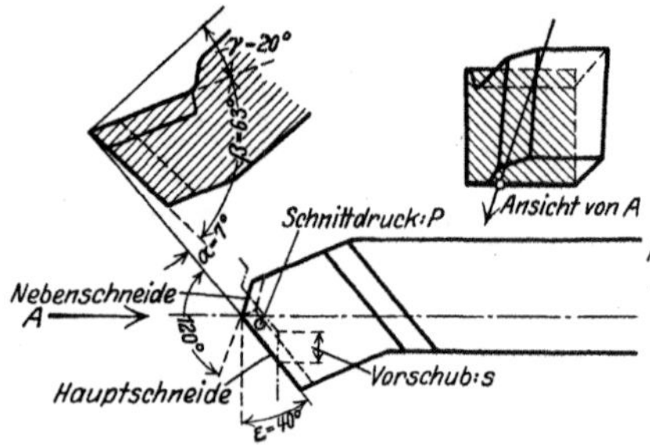

Abb. 70a. Rechter Schruppstahl, seitlich gekröpft.

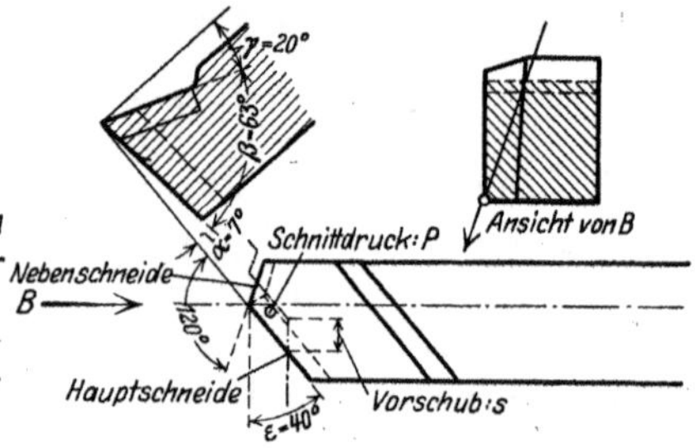

Abb. 70b. Rechter Schruppstahl, gerade.

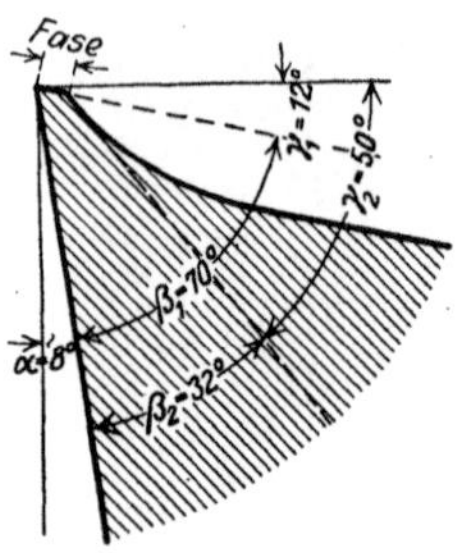

Abb. 71. Klopstockstahl.

Wie aus der Abb. 74 ersichtlich ist, ergibt sich:

$$P_1 = P_N \cdot \sin(\alpha + \beta) + P_T \cdot \cos(\alpha + \beta).$$

Stanton und Heyde haben P_1 selbst nur für Nickelstahl angegeben, und zwar für verschiedene Spanquerschnitte, wie sie nachstehend aus den Diagrammen unter Umrechnung in kg ermittelt worden sind:

Nickelstahl: *Vertikale Kraft* P_1 *Horizontale Kraft* P_2, Schnittiefe 2,54 mm.

a) Vorschub 0,105, Spanquerschnitt 0,267 mm².

β	50°	55°	60°	65°	70°	75°	
P_1	—	52,3	56	—	62,5	66	kg
P_2	20	22,7	26,8	29,5	32,5	36	„

b) Vorschub 0,141, Spanquerschnitt 0,358 mm².

β	50°	55°	60°	65°	70°	75°	
P_1	67	71	74	77	81,5	91	kg
P_2	26,8	30,5	35,2	38,8	43,5	48	„

c) Vorschub 0,169, Spanquerschnitt 0,43 mm².

β	50°	55°	60°	65°	70°	75°	
P_1	81,5	85	—	91	100	107	kg
P_2	—	—	—	—	—	—	„

d) Vorschub 0,186, Spanquerschnitt 0,472 mm².

β	50°	55°	60°	65°	70°	75°	
P_1	—	—	99	100	110	114	kg
P_2	34,8	40,5	47,2	51,8	57,2	63,4	„

e) Vorschub 0,212, Spanquerschnitt 0,539 mm².

β	50°	55°	60°	65°	70°	75°	
P_1	100	—	111	116	—	132	kg
P_2	—	—	—	—	—	—	„

f) Vorschub 0,242, Spanquerschnitt 0,615 mm².

β	50°	55°	60°	65°	70°	75°	
P_1	113,5	118	128	131,5	143	—	kg
P_2	45,5	52,2	61,5	68	75,5	83	„

g) Vorschub 0,254, Spanquerschnitt 0,645 mm².

β	50°	55°	60°	65°	70°	75°
P_1	120	127	132	136	147,5	157 kg

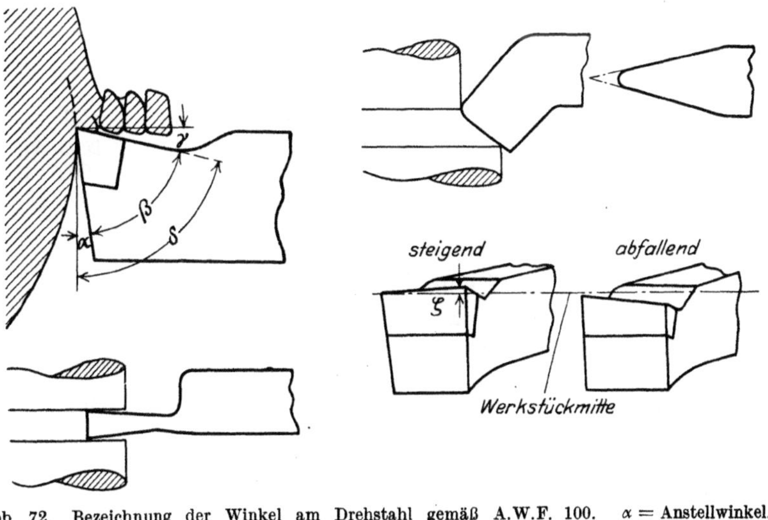

Abb. 72. Bezeichnung der Winkel am Drehstahl gemäß A.W.F. 100. α = Anstellwinkel. β = Meißelwinkel. γ = Spanwinkel. δ = Schneidewinkel. ζ = Schneidkantenwinkel.

Bei den anderen Werkstoffen ist nur jeweils mit einem Vorschub gefahren worden. Für diese Werkstoffe sind nur P_N und P_T angegeben.

Chromnickelstahl:

$v = \sim 4$ m/min,
$s = 0{,}254$ mm/Umdr.,
$t = 2{,}54$ mm, $F = 0{,}645$ mm².

β	50°	55°	60°	65°	70°	75°
P_N	78,5	92,4	108	123	138,5	155 kg
P_T	106	—	—	—	—	104 „

Weicher Stahl:

$v = \sim 4$ m/min,
$s = 0{,}254$ mm/Umdr.,
$t = 2{,}54$ mm, $F = 0{,}645$ mm².

β	50°	55°	60°	65°	70°	75°
P_N	73	86	97	110	124	139 kg
P_T	83,5	86	87	86,8	86,8	96 „

Rohr I:

$v = \sim 4$ m/min,
$s = 0{,}254$ mm/Umdr.,
$t = 2{,}54$ mm, $F = 0{,}645$ mm².

β	50°	55°	60°	65°	70°	75°
P_N	85	107	136	176	222	268 kg
P_T	101,8	111	126	151	189	230 „

Rohr II:

$v = \sim 4$ m/min,
$s = 0{,}254$ mm/Umdr.,
$t = 2{,}54$ mm, $F = 0{,}645$ mm².

β	50°	55°	60°	65°	70°	75°
P_N	76	86	99	114	132	151,5 kg
P_T	88	90	91,5	93,4	92,5	90,5 „

Mittlerer Stahl:

$v = \sim 4$ m/min,
$s = 0{,}254$ mm/Umdr.,
$t = 2{,}54$ mm, $F = 0{,}645$ mm².

β	50°	55°	60°	65°	70°	75°
P_N	79,5	90,5	104,5	118,3	131	144 kg
P_T	95	97	99	100	101	101 „

Bronze:

$v = 13{,}7$ m/min,
$s = 0{,}254$ mm/Umdr.,
$t = 6{,}35$ mm, $F = 1{,}61$ mm².

β	55°	60°	65°	70°
P_N	122	138	152	159 kg
P_T	104	105,5	107,2	102,8 „

Kupfer:

$v = 13{,}7$ m/min,
$s = 0{,}254$ mm/Umdr.,
$t = 2{,}54$ mm, $F = 0{,}645\ \text{mm}^2$.

β	50°	55°	60°	65°	70°	75°
P_N	51	59,5	67,5	77	86	94,5 kg
P_T	38	42,5	48	52	57	62 „

Gußeisen:

$v = \backsim 4$ m/min,
$s = 0{,}254$ mm/Umdr.,
$t = 2{,}54$ mm, $F = 0{,}645\ \text{mm}^2$.

β	50°	55°	60°	65°	70°	75°
P_N	42,5	52	59	68,5	78	86 kg
P_T	60	62	63	63	63	59 „

Trägt man die Werte für Nickelstahl in einem doppellogarithmischen Koordinatensystem, dessen Abszisse die Meißelwinkel β und dessen Ordinate die vertikalen (P_1) bzw. die horizontalen Kräfte (P_2) sind, auf (Abb. 75 und 76), so ergeben sich gerade Linien. Aus ihnen kann man das Gesetz für die Beziehungen zwischen β und P ableiten. Stanton und Heyde haben nur sehr kleine Spanquerschnitte (< 1) verwendet. Um eine Umrechnung auf $F = 1$, den Spanquerschnitt, auf den man im metrischen Maßsystem praktisch die Abhängigkeiten bezieht, einfach vornehmen zu können, sind in Abb. 77 die Werte in Abhängigkeit vom Spanquerschnitt aufgetragen. Aus diesem Bilde gewinnt man durch Extrapolation die zu $F = 1$ gehörigen Schnittdrucke für verschiedene Winkel β, die nun durch Übertragung in Abb. 75 die „berechnete“ $F = 1$-Linie ergibt. Für diese ist das Gesetz:

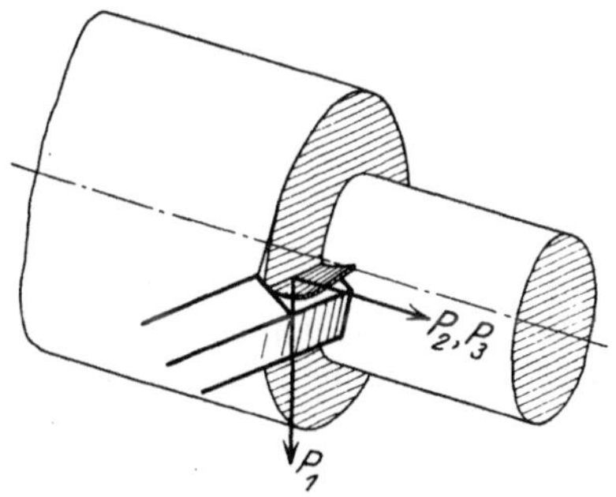

Abb. 73. Richtung der Kraftkomponenten bei den Versuchen von Stanton & Heyde.

Nickelstahl bei $F = 1$

$$\frac{1}{\varepsilon_\beta} = \log 280 - \log 62 =$$

$$2{,}4472 - 1{,}7924 = 0{,}6548 = \frac{1}{1{,}53}$$

$$\varepsilon_\beta = 1{,}53.$$

Für Winkel $\beta < 50°$, die praktisch jedoch keine Bedeutung haben, fällt der Schnittdruck bedeutend stärker ab, wie das Meißelwinkel-

Kraft-[1])Diagramm (Abb. 78) beweist. Um daher sinnfällige Bezugswerte zu erhalten, wird die Konstante der Gleichung zwischen β und P

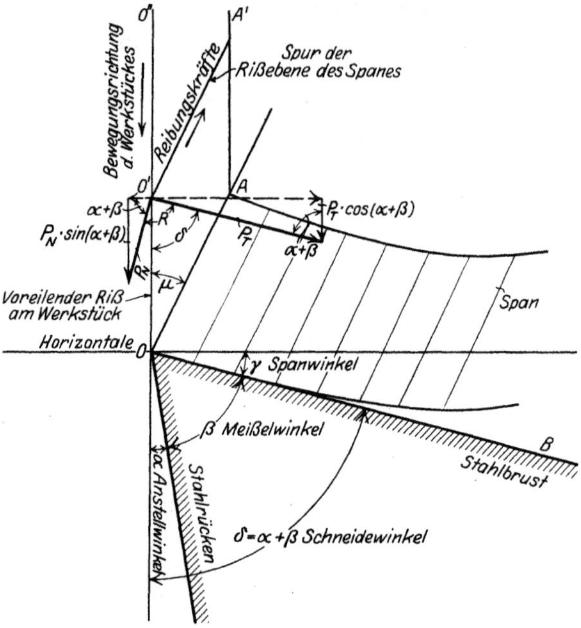

Abb. 74. Die Kräfte am Drehstahl (Seitenstahl).

nicht auf $\beta = 1$, sondern auf $\beta = 50°$ bezogen. Da der Achsenabschnitt bei $\beta = 50°$ 180 ist, entsteht das Gesetz:

$$P_{\text{für } F = 1} = 180 \sqrt[1,53]{\left(\frac{\beta}{50}\right)}.$$

Da nach den früheren Festsetzungen der Schnittdruck für den Spanquerschnitt 1 C_{k_s} genannt wurde, ergibt sich:

Nickelstahl:

$$C_{k_s} = 180 \sqrt[1,53]{\left(\frac{\beta}{50}\right)}.$$

Damit ist eine Gleichung für den Schnittdruck in Abhängigkeit vom Meißelwinkel gewonnen.

Eine Möglichkeit, Vergleiche über die absolute Größenordnung anzustellen, ist leider schwer, da weder von Klopstock noch sonst Angaben über Nickelstahl vorliegen. Es scheint jedoch, daß der C_{k_s}-Wert, den man nach obiger Gleichung erhält, zu niedrig ist. Er könnte schätzungsweise 280 sein. Der niedrige Wert ist auf die Versuchsumstände zurückzuführen. Stanton und Heyde wollen nämlich gefunden haben, daß der Schnittdruck proportional dem Vorschub oder

[1]) Trans. Am. Soc. Mech. Eng. Bd. 39, S. 194 (1917). Stöwer, Zerspanungssonderheft der Zeitschrift Maschinenbau 1926, S. 52.

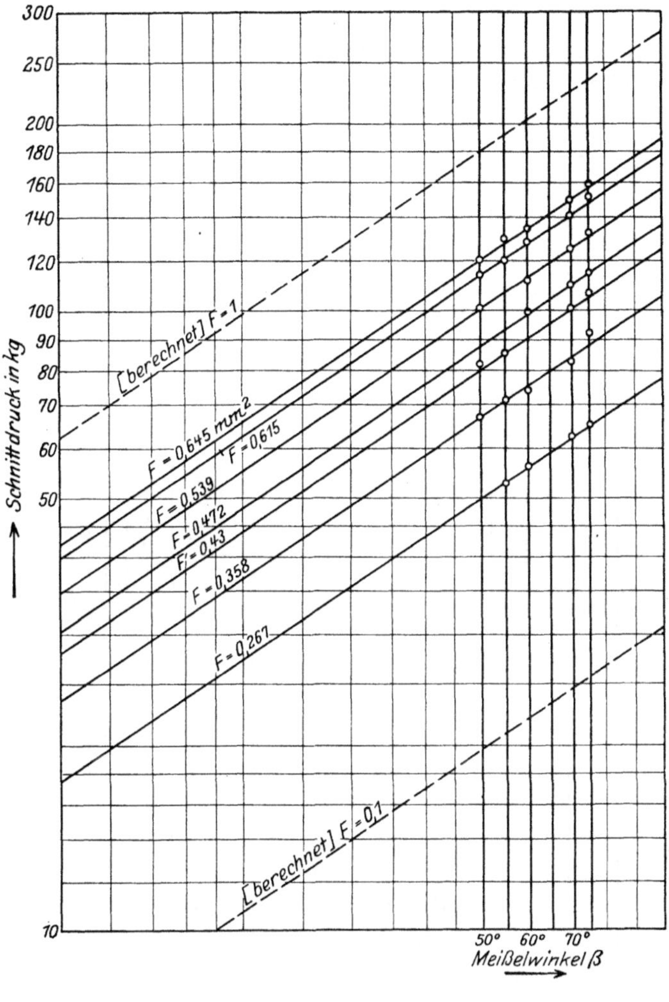

Abb. 75. Vertikaler Schnittdruck für verschiedene Meißelwinkel bei Nickelstahl. (Nach Stanton & Heyde.)

(da sie gleiche Schnittiefe hatten) proportional dem Spanquerschnitt gewesen ist. Dies ist aber nach allen anderen Forschern nicht der Fall, da k_s mit steigendem F fällt. Die Proportionalität kommt auch rechnerisch beim Auswerten der Abb. 77 zum Ausdruck. Für den Winkel $\beta = 50°$ ergibt sich dort z. B.:

$$\frac{1}{\varepsilon_P} = \log 180 - \log 19{,}4$$
$$= 2{,}2553 - 1{,}2878 = 0{,}9675$$
$$\log P_1 = 0{,}968 \log F + \log 19{,}4 .$$

Der Exponent von F ist also nur sehr wenig von 1 verschieden, bei dem eine lineare Proportionalität, also kein k_s-Abfall, vorhanden wäre. Die abgeleiteten Exponenten lagen sämtlich wesentlich niedriger (vgl. Zahlentafel 24).

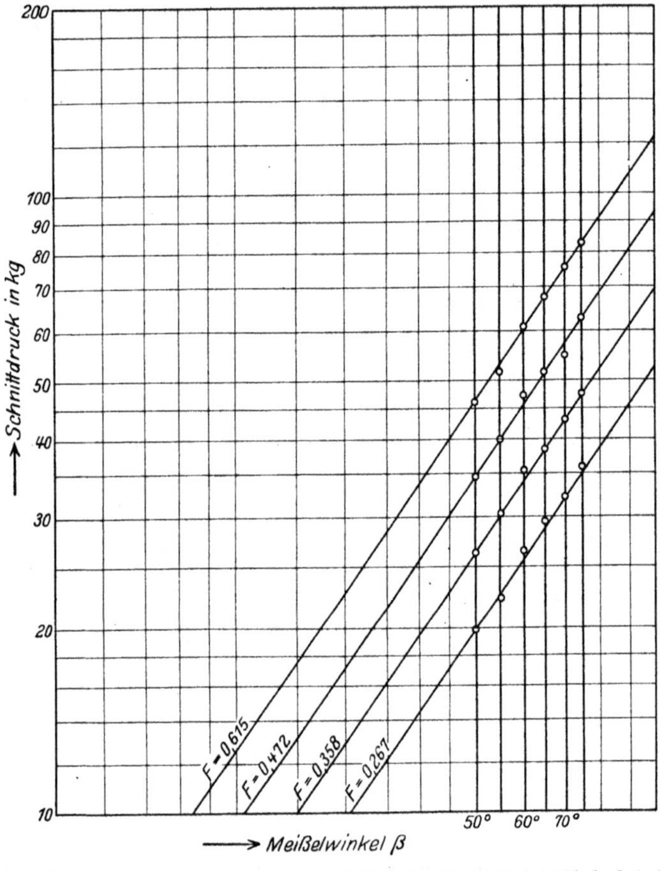

Abb. 76. Horizontaler Schnittdruck für verschiedene Meißelwinkel bei Nickelstahl. (Nach Stanton & Heyde.)

Die Klopstockschen Versuche, die sich über weit mehr Spanquerschnitte erstreckten, müssen daher für die Beziehungen zwischen F und P herangezogen werden, um so mehr als auch alle anderen Forscher die nicht proportionale Veränderlichkeit des Schnittdruckes festgestellt haben. Bei Kupfer haben übrigens auch Stanton und Heyde diese Feststellung machen müssen. Aus den Stanton-und-Heyde-Versuchen können jedoch die Beziehungen zwischen P und β gewonnen werden, ohne daß ihre absoluten Zahlenwerte für P durchweg zugrunde gelegt werden.

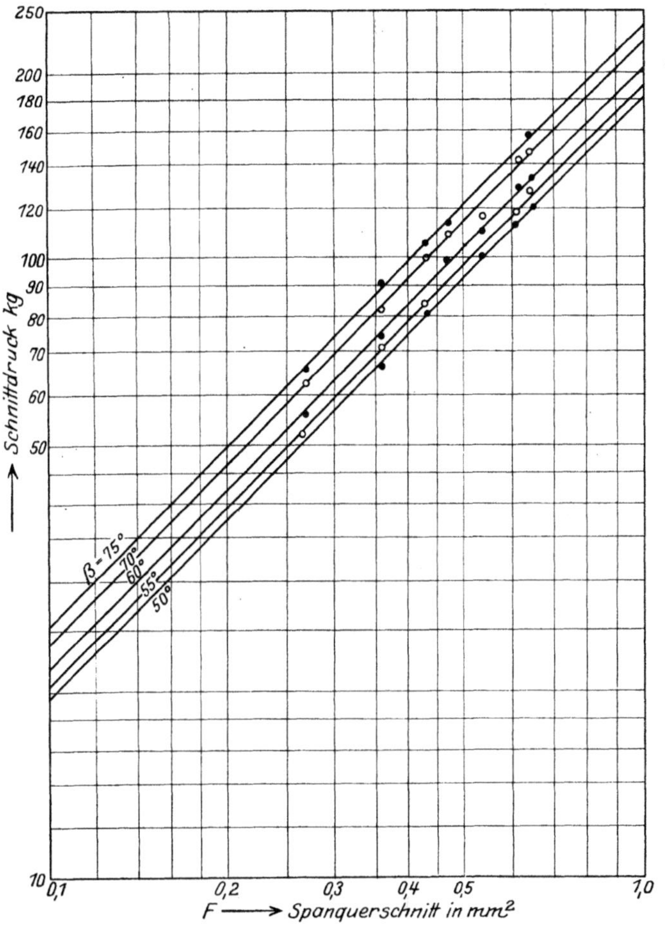

Abb. 77. Schnittdruck in Abhängigkeit vom Spanquerschnitt bei Nickelstahl. (Nach Stanton & Heyde.)

Bei den anderen Werkstoffen liegen, wie wir sahen, nur Werte für einen Spanquerschnitt und für die P_N- und P_T-Komponenten vor, so daß erst die P_1-Komponente daraus abgeleitet werden muß.

Trägt man diese Werte im doppellogarithmischen Koordinatensystem auf, so ergeben sich die in den Abb. 79—87 dargestellten Geraden. Die P_T-Kom-

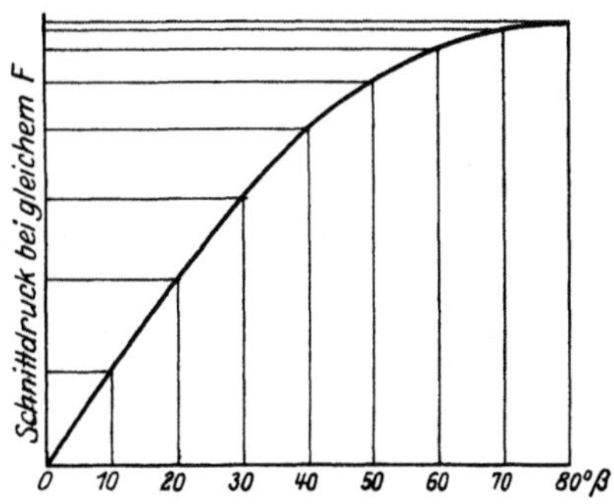

Abb. 78. Meißelwinkel-Kraftdiagramm nach De Leeuw.

ponente liegt, wie diese Abbildungen zeigen, fast oder völlig horizontal, d. h. P_T ist nur wenig oder gar nicht vom Winkel β abhängig. Ausgenommen ist Kupfer (Abb. 86), bei dem P_T stark veränderlich erscheint, und Rohr I (Abb. 82), bei dem sich eine Kurve für P_T ergibt. Nachdem man jedoch das Rohr I ausgeglüht hatte (Rohr II,

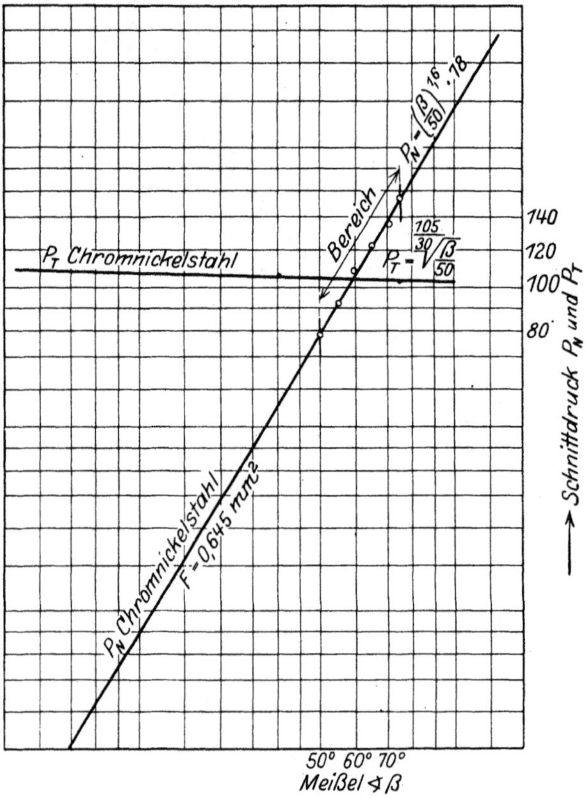

Abb. 79. P_N und P_T für verschiedene Meißelwinkel bei Chromnickelstahl.

Abb. 83), zeigte sich auch hier dieselbe Lage für P_T wie bei den anderen Materialien.

Die Ermittlung der Gleichung der Geraden sei hier unterlassen und nur das Ergebnis nachstehend zusammengestellt:

Es ergibt sich für $F = 0{,}645\,\text{mm}^2$:

Chromnickelstahl (Abb. 79):

$$P_N = 78 \cdot \left(\frac{\beta}{50}\right)^{1,6},$$

$$P_T = \frac{105}{\sqrt[30]{\frac{\beta}{50}}};$$

Nickelstahl (Abb. 80):

$$P_N = 82 \cdot \left(\frac{\beta}{50}\right)^{1,34},$$
$$P_T = 104;$$

Weicher Stahl (47 kg) (Abb. 81):

$$P_N = 73 \cdot \left(\frac{\beta}{50}\right)^{1,52},$$
$$P_T = 87;$$

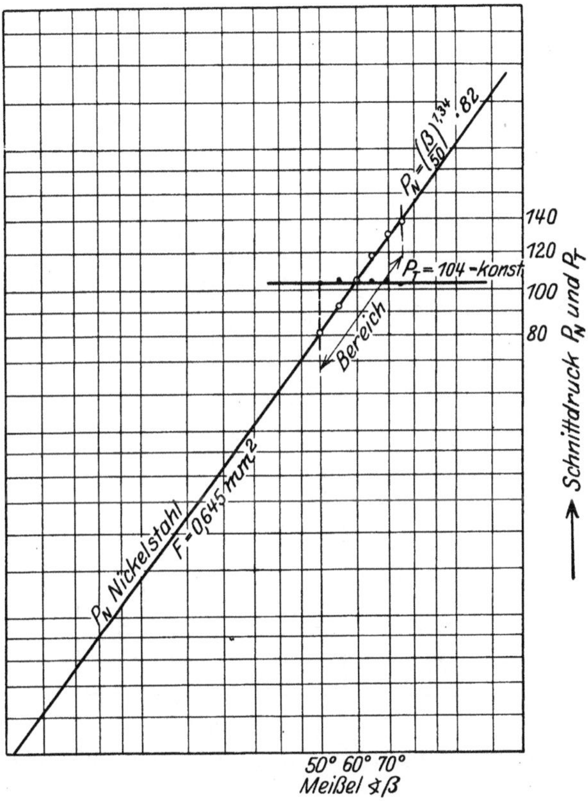

Abb. 80. P_N und P_T für verschiedene Meißelwinkel bei Nickelstahl.

Rohr I (Abb. 82):

$$P_N = 84 \cdot \left(\frac{\beta}{50}\right)^{2,6},$$

$$P_T = 10 \cdot \left(\frac{\beta}{50}\right)^{6,85} + 92.$$

Die Gleichung dieser P_T-Kurve wird durch Strecken der Kurve und Addition der Verschiebung ermittelt. Die gestreckte Kurve ist gestrichelt eingezeichnet.

Rohr II (Abb. 83):

$$P_N = 74 \cdot \left(\frac{\beta}{50}\right)^{1,65},$$

$$P_T = 90 \cdot \sqrt[18,5]{\frac{\beta}{50}};$$

Mittlerer Stahl (77 kg) (Abb. 84):

$$P_N = 80 \cdot \left(\frac{\beta}{50}\right)^{1,4}$$

$$P_T = 96 \sqrt[6,5]{\frac{\beta}{50}};$$

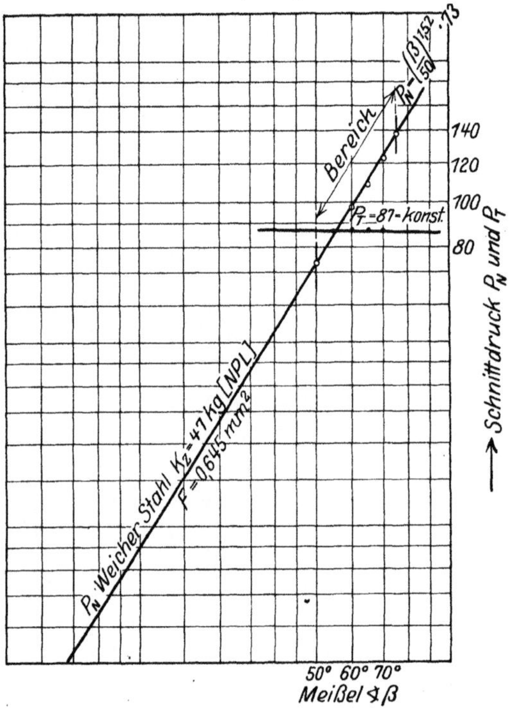

Abb. 81. P_N und P_T für verschiedene Meißelwinkel bei weichem Stahl.

Bronze (Abb. 85):

$$P_N = 113 \cdot \left(\frac{\beta}{50}\right)^{1,1}$$

$$P_T = 104;$$

Kupfer (Abb. 86):

$$P_N = 51 \cdot \left(\frac{\beta}{50}\right)^{1,6}$$

$$P_T = 38 \cdot \left(\frac{\beta}{50}\right)^{1,2};$$

Gußeisen (Abb. 87):

$$P_N = 42,5 \cdot \left(\frac{\beta}{50}\right)^{1,7}$$

$$P_T = 62$$

Aus diesen Geraden sind nunmehr die P_1-Komponenten abzuleiten; es war:

$$P_1 = P_N \cdot \sin(\alpha + \beta) + P_T \cdot \cos(\alpha + \beta).$$

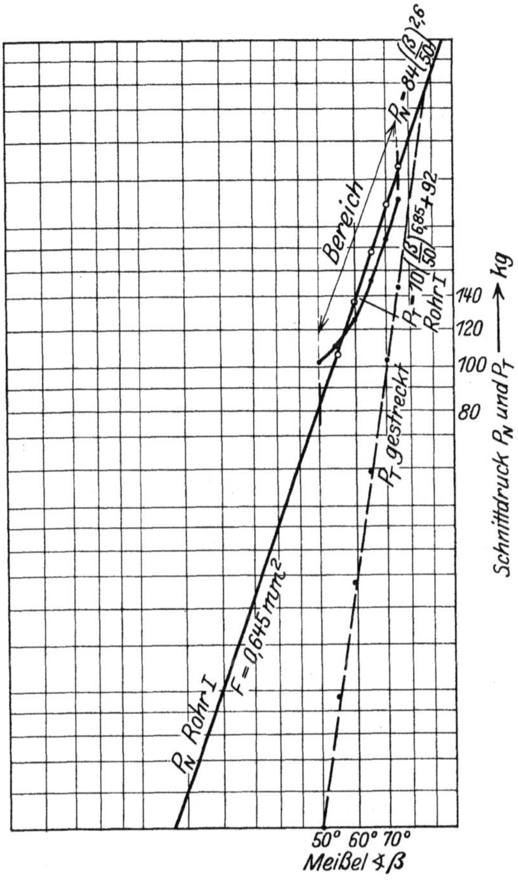

Abb. 82. P_N und P_T für verschiedene Meißelwinkel bei Rohr 1.

Für P_1 werden nur je drei Werte errechnet, da die anderen ohne weiteres interpoliert werden können. P_N und P_T werden nach den Diagrammen ermittelt:

Chromnickelstahl: $F = 0,645\ mm^2$ (Abb. 79, S. 120).

β	50°	60°	70°
$\alpha + \beta$	60	70	80
P_N	78	106	134
P_T	105	104,5	104
$P_N \sin(\alpha + \beta)$	67,5	100	132
$P_T \cos(\alpha + \beta)$	52,5	35,8	18,1
P_1	120	135,8	150,1

$$\frac{1}{\varepsilon_\beta} = \log 188 - \log 43$$

$$= 2,2742 - 1,6335 = \frac{1}{1,56}$$

$$P_1 = 120 \sqrt[1,56]{\frac{\beta}{50}} \text{ für } F = 0,645$$

Da von **Stanton** und **Heyde** Werte nur für den Spanquerschnitt $F = 0{,}645\ \text{mm}^2$ vorliegen, und es außerdem, wie bereits erwähnt, nicht ratsam erscheint, die Größenordnung der englischen Versuche hier mit einzubeziehen, so sollen die **Klopstock**schen Versuche zur Herstellung der Größenordnung dienen. Es werden also in den folgenden Ausführungen die Veränderlichkeiten des Schnittdruckes mit β auf Grund der **Stanton** und **Heyde**schen Versuche in die **Klopstock**schen Ver-

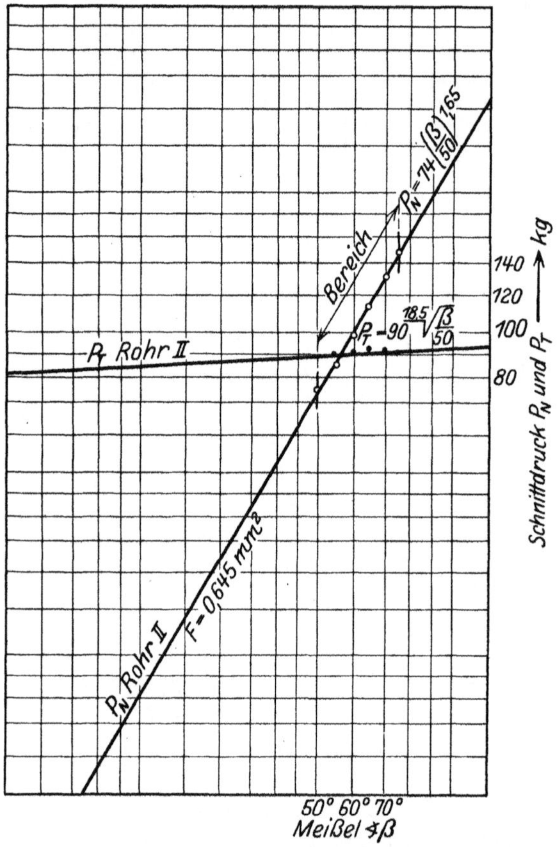

Abb. 83. P_N und P_T für verschiedene Meißelwinkel bei **Rohr** II.

suche eingesetzt. Sie dienen also dazu, die Versuchswerte von **Klopstock** zu erweitern, um den Schnittdruck (bzw. spezifischen Schnittdruck) nicht nur in Abhängigkeit vom Spanquerschnitt, sondern auch weiter in Abhängigkeit vom Meißelwinkel und von der Brinellhärte zu erhalten.

Für **Chromnickelstahl** war die Gleichung für P_1 auf Grund der **Stanton**-Versuche:

$$P_1 = 120 \sqrt[1{,}56]{\frac{\beta}{50}}.$$

Diese Gleichung ist im linken Teil (S. 128) der Abb. 88 dargestellt. Im rechten Teil (S. 129) des Bildes ist die Chromnickelstahllinie nach Klopstock in Funktion vom Spanquerschnitt bis $F = 1$ gezeichnet. Daran anschließend ist nach links nicht die Abszisse F, sondern der Meißelwinkel β aufgetragen, und zwar so, daß der Winkel, den Klopstock

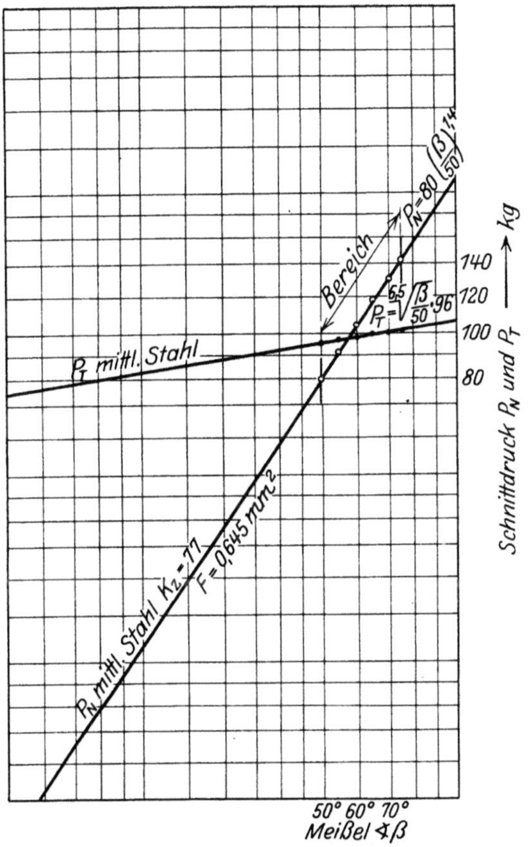

Abb. 84. P_N und P_T für verschiedene Meißelwinkel bei mittlerem Stahl.

benutzte (68°), zusammenfällt mit $F = 1$. In diesem Punkt muß also die Richtung der obigen Gleichung für P_1 einsetzen, die bis zum Bezugswinkel $\beta = 50°$ gezeichnet ist. Der Schnittpunkt der 50°-Linie mit dieser Richtlinie liegt bei

$$C_{k_s} = 302,$$

mit anderen Worten bedeutet das, daß der Schnittdruck für $F = 1\ mm^2$ und $\beta = 50°$ 302 kg für Chromnickelstahl wird. Auch rechnerisch ergibt sich diese Zahl:

C_{k_s} für $\beta = 68°$ war 367 (vgl. Zahlentafel 24 [S. 93]), also:

$$C_{k_s} = 367 = x \cdot \sqrt[1,56]{\frac{68}{50}},$$
$$x = 302,$$

also:

$$\underline{C_{k_s} = 302 \cdot \sqrt[1,56]{\frac{\beta}{50}} \text{ für } H = 220.}$$

Da früher gezeigt wurde, daß C_{k_s} auch von der Brinellhärte H abhängig ist, so muß diese Abhängigkeit offenbar noch in der Zahl 302

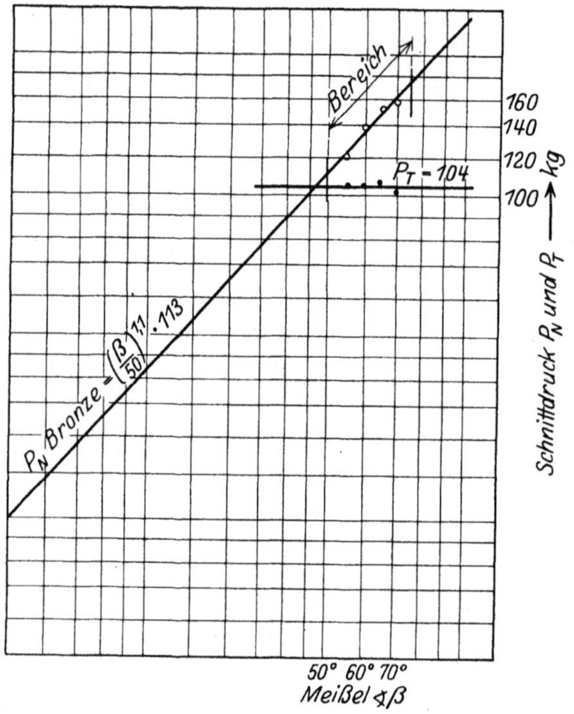

Abb. 85. P_N und P_T für verschiedene Meißelwinkel bei Bronze.

enthalten sein. Nach dem Diagramm (Abb. 58, S. 100) ist die Brinellhärte für das Versuchsmaterial $C_{k_s} = 367 : H = 220$ gewesen. (Diese Zahl ergibt sich auch aus dem Diagramm [Abb. 53b, S. 89] und der Gleichung für die Brinellhärte [S. 96]. Klopstocks Angabe für die Brinellhärte [240] liegt, gemessen an seiner Geraden, etwas zu hoch.) Es war (S. 100):

$$C_{k_s} = 31,5 \cdot \sqrt[2,2]{H} \text{ (für } \beta = 68°).$$

Um den Anteil der Brinellhärte 220 an dem Werte 302 zu finden, setzt man:

$$y = \frac{302}{31,5 \cdot \sqrt[2,2]{220}} = \frac{302}{31,5 \cdot 11,65} = 0,826,$$

also:

$$302 = 0{,}826 \cdot 31{,}5 \cdot \sqrt[2{,}2]{220}\,,$$

da sich für andere Werte von H auch y ändert ist zu setzen:

$$C_{k_s} = 0{,}826 \cdot 31{,}5 \cdot \sqrt[2{,}2]{H} \cdot \sqrt[1{,}56]{\frac{\beta}{50}}\,,$$

$$C_{k_s} = 26 \cdot \sqrt[2{,}2]{H} \cdot \sqrt[1{,}56]{\frac{\beta}{50}}\,,$$

$$\boxed{P = F^{0{,}802} \cdot 26 \cdot \sqrt[2{,}2]{H} \cdot \sqrt[1{,}56]{\frac{\beta}{50}}}\quad \text{Chromnickelstahl.}$$

Hiermit ist die erste Gleichung gewonnen, die eine direkte Beziehung zwischen dem Schnittdruck, dem Spanquerschnitt, der Brinellhärte und dem Meißelwinkel β herstellt. Da H und β gegebene Größen sind, so kann C_{k_s} jederzeit für alle Veränderungen von H und β errechnet werden. In der Gleichung bleibt nur ein Faktor 26 übrig, der sich noch nicht auflösen läßt; er scheint die sonstigen Eigenschaften des Werkstoffes, wie Dehnung usw., einzuschließen.

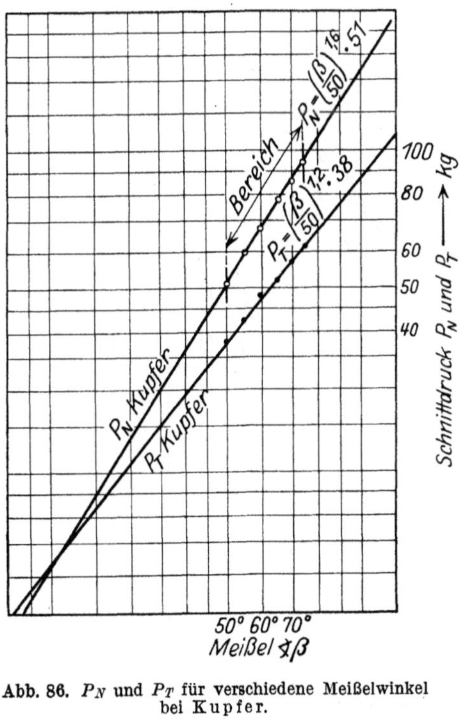

Abb. 86. P_N und P_T für verschiedene Meißelwinkel bei Kupfer.

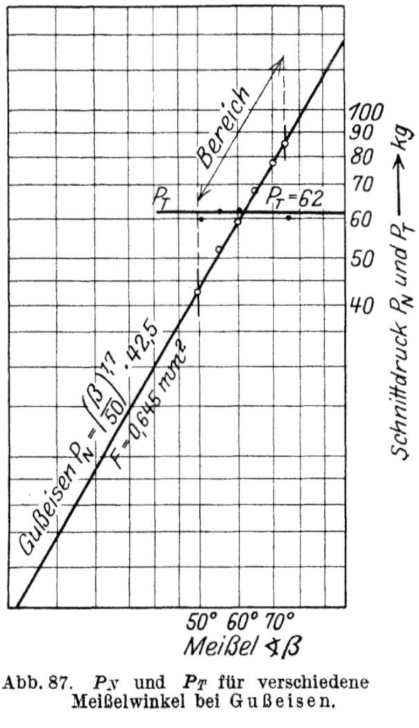

Abb. 87. P_N und P_T für verschiedene Meißelwinkel bei Gußeisen.

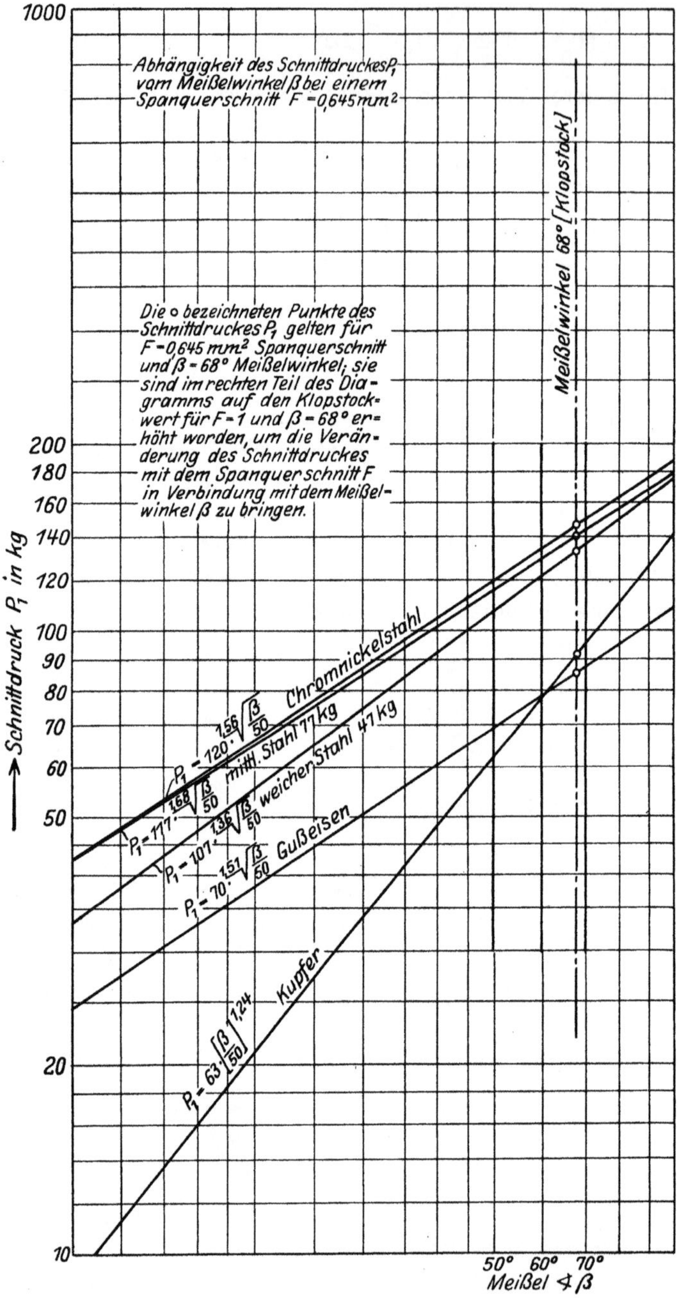

Abb. 88 (linke Hälfte). Einbeziehung des Meißelwinkels β in die Abhängigkeit des Schnittdruckes vom Spanquerschnitt.

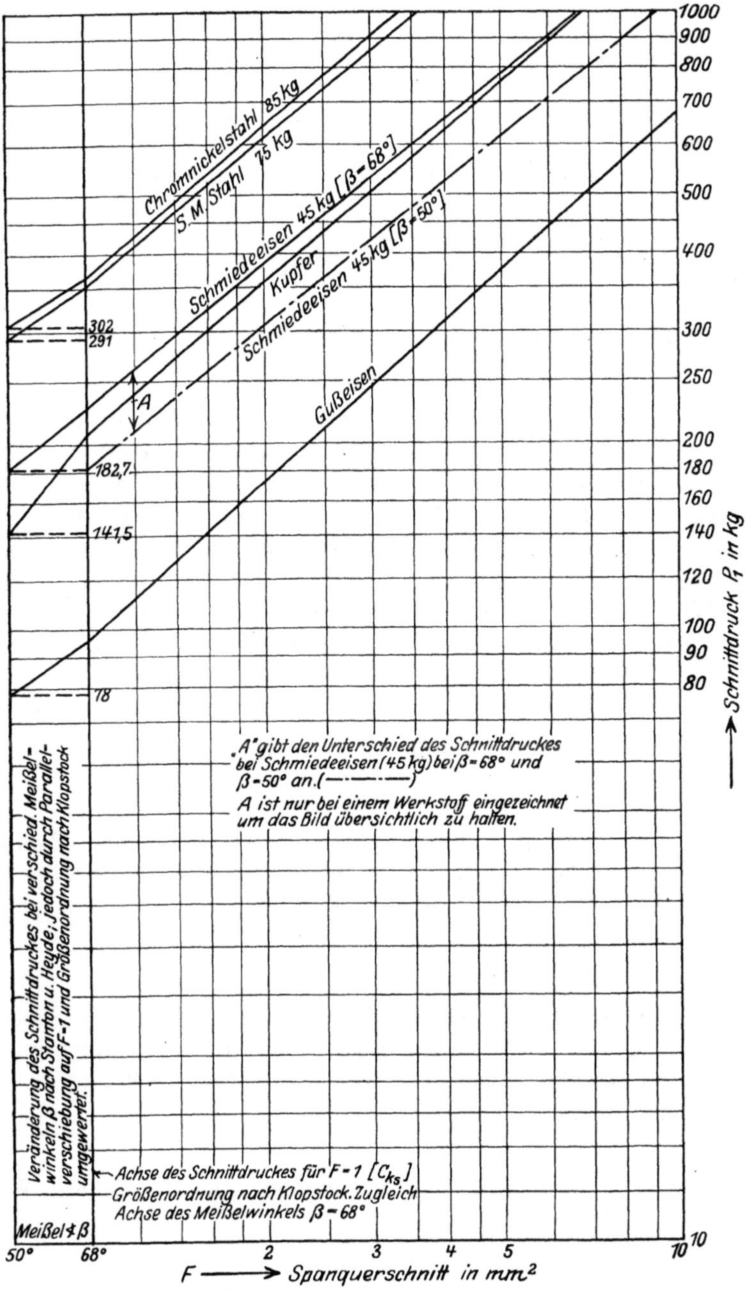

Abb. 88 (rechte Hälfte). Einbeziehung des Meißelwinkels β in die Abhängigkeit des Schnittdruckes vom Spanquerschnitt.

Der spezifische Schnittdruck wird demnach:

$$k_s = \frac{24{,}5 \cdot \sqrt[2,2]{H} \cdot \sqrt[1,56]{\frac{\beta}{50}}}{\sqrt[5,05]{F}}.$$

Zur Prüfung soll auch eine graphische Untersuchung angestellt werden. In Abb. 89 ist im doppellogarithmischen Koordinatensystem H und C_{k_s} auf den Achsen aufgetragen. Außerdem ist eine graphische Darstellung für die Beziehung β und C_{k_s} eingefügt worden, so wie sich die Richtungen aus Stanton und Heyde und die Größen aus Klopstock ergaben. Punkt A stellt $C_{k_s} = 367$ bei Chromnickelstahl für $H = 220$ und $\beta = 68°$ dar. Durch ihn geht also die Gerade AA' nach der Gleichung:

$$C_{k_s} = 31{,}5 \cdot \sqrt[2,2]{H},$$

die im Diagramm (Abb. 58, S. 100) gezeichnet war. Man geht von A horizontal nach links bis nach B, d. h. man verfolgt den C_{k_s}-Wert für $\beta = 68°$ und $H = 220$ bis zum Schnitt mit dem 68°-Wert. Die Veränderung von C_{k_s} bei anderen Winkeln β bis zu $\beta = 50°$ zeigt die Gerade BC (natürlich geht man dadurch aus dem Koordinatensystem $H \div C_{k_s}$ in das Koordinatensystem $\beta \div C_{k_s}$ über). Der Punkt C liegt auf der Horizontalen $C_{k_s} = 302$, dem Wert also, der im umstehenden Diagramm (Abb. 88) auch gefunden wurde. Verfolgt man den Wert 302 wieder bis zu $H = 220$ (Punkt D), so ist dies der Punkt für C_{k_s} bei $H = 220$ und $\beta = 50°$. Legt man hierdurch eine Gerade DD' zu AA', so erhält man für diese Gerade die Gleichung $\left(\text{da } \frac{\beta}{50} \text{ für } \beta = 50 \text{ gleich 1 wird}\right)$

$$C_{k_s} = 24{,}5 \cdot \sqrt[2,2]{H}.$$

Für jeden Wert von $\beta = 50°$ bis $68°$ ergibt sich eine solche Parallele, die bei Chromnickelstahl im Raum zwischen $AA' \div DD'$ liegt, so daß diese Geradenschar dargestellt wird durch:

$$C_{k_s} = 24{,}5 \cdot \sqrt[2,2]{H} \cdot \sqrt[1,56]{\frac{\beta}{50}},$$

d. h. die Gleichung ist bezogen auf $\beta = 50°$ als Anfang der Geradenscharen und $H = 1$ als Anfangspunkt. Ursprung des Koordinatensystems der Geradenscharen wäre also $C_{k_s} = 24{,}5$, der Punkt, der sich durch Multiplikation

$$302 \cdot 0{,}811 = 24{,}5$$

auch ergab.

Für mittleren Stahl (77 kg) ergibt sich in derselben Weise (Abb. 84, S. 125):

β	50	60°	70°
P_N	80	104	128
P_T	96	99	101
P_1	117,2	132	143,7

$$P_1 = 117 \cdot \sqrt[1,68]{\frac{\beta}{50}}.$$

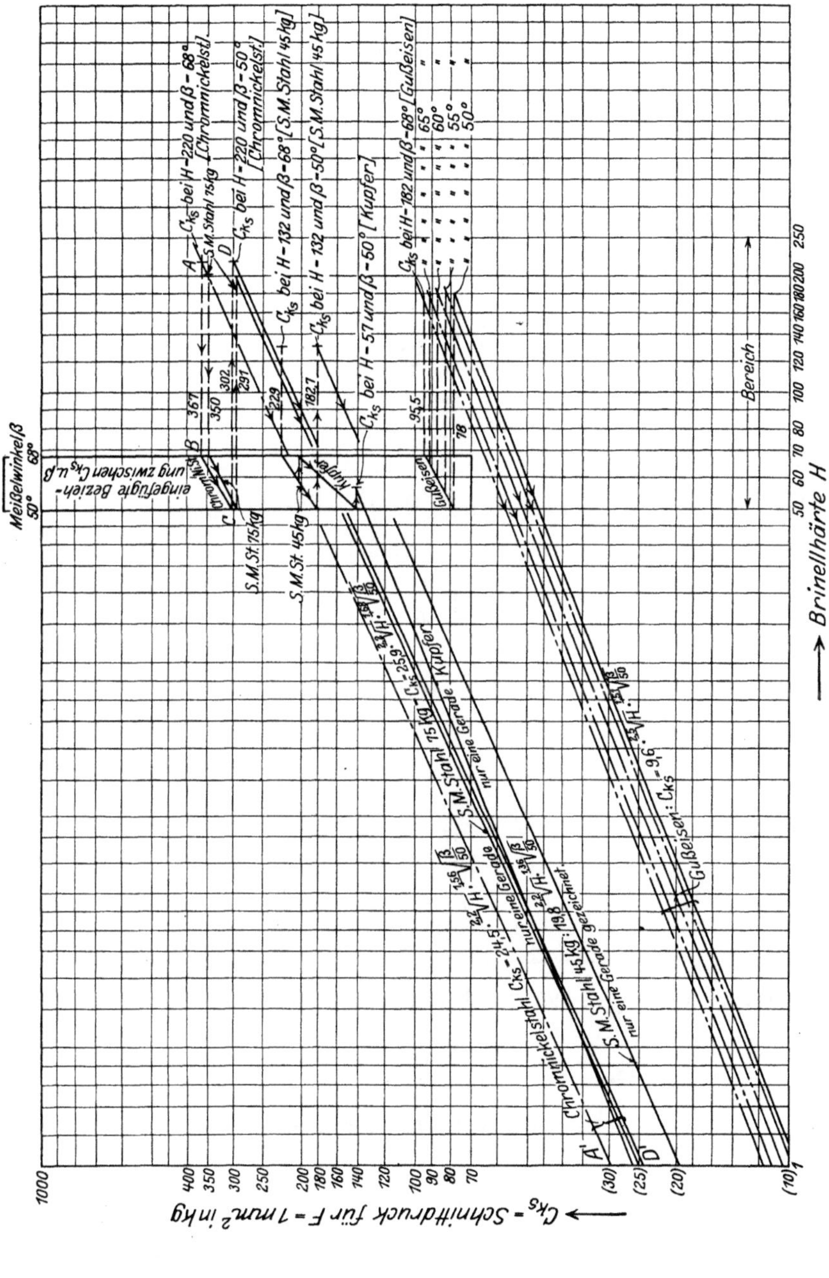

Abb. 89. Einbeziehung des Meißelwinkels β in die Abhängigkeit des Schnittdruckes C_{k_s} von der Brinellhärte H.

Diese Gerade ist wieder in Abb. 88 (S. 128) dargestellt.

Sowohl graphisch, als auch rechnerisch, erhält man in gleicher Weise wie oben:

$$C_{k_s} = 350 \text{ (vgl. Zahlentafel 24) } = x \cdot \sqrt[1,68]{\frac{68}{50}},$$

$$x = 291 \text{ (vgl. Diagramm Abb. 88, S. 129)},$$

$$C_{k_s} = 291 \cdot \sqrt[1,68]{\frac{\beta}{50}} \text{ (für } H = 208).$$

Das Diagramm (Abb. 89, S. 131) ergibt, ebenso wie die Rechnung:

$$C_{k_s} = 30 \cdot \sqrt[2,2]{H} \text{ (S. 98)},$$

$$y = \frac{291}{30 \cdot \sqrt[2,2]{208}} = 0,864.$$

die Gleichung:

$$C_{k_s} = 25,9 \cdot \sqrt[2,2]{H} \cdot \sqrt[1,68]{\frac{\beta}{50}},$$

$$\boxed{P = F^{0,803} \cdot 25,9 \cdot \sqrt[2,2]{H} \cdot \sqrt[1,68]{\frac{\beta}{50}}} \text{ Stahl mittel,}$$

$$\underline{k_s = \frac{25,9 \cdot \sqrt[2,2]{H} \cdot \sqrt[1,68]{\frac{\beta}{50}}}{\sqrt[5,07]{F}}}.$$

Für weichen Stahl (= Schmiedeeisen) $k_z = 47$ kg ergibt sich (Abb. 81, S. 122):

β	50°	60°	70°
P_N	73	98	124
P_T	87	87	87
P_1	107	122	137

$$\underline{P_1 = 107 \cdot \sqrt[1,36]{\frac{\beta}{50}}} \text{ für } F = 0,645.$$

Ferner war $C_{k_s} = 229$ (Zahlentafel 24, S. 93), also:

$$C_{k_s} = 229 = x \cdot \sqrt[1,36]{\frac{\beta}{50}},$$

$$x = 182,7 \text{ (vgl. Diagramm S. 129)},$$

$$C_{k_s} = 182,7 \cdot \sqrt[1,36]{\frac{\beta}{50}}.$$

Ferner war bei Klopstock $H = 132$ (laut Diagramm Abb. 53, S. 89, und Gleichung S. 96) und

$$C_{k_s} = 23 \cdot \sqrt[2,2]{H} \text{ (S. 100)},$$

$$y = \frac{182,7}{23 \cdot \sqrt[2,2]{132}} = 0,86\,,$$

$$C_{k_s} = 19,8 \cdot \sqrt[2,2]{H} \cdot \sqrt[1,36]{\frac{\beta}{50}}\,,$$

$$\boxed{P = F^{0,862} \cdot 19,8 \cdot \sqrt[2,2]{H} \cdot \sqrt[1,36]{\frac{\beta}{50}}} \quad \text{Stahl weich,}$$

$$k_s = \frac{19,8 \cdot \sqrt[2,2]{H} \cdot \sqrt[1,36]{\frac{\beta}{50}}}{\sqrt[7,25]{F}}\,.$$

Vergleicht man die für drei verschiedene Stahlarten gefundenen Gesetze für C_{k_s}, so erkennt man, daß sich die einzelnen Gleichungen nur noch geringfügig voneinander unterscheiden. Diese Unterschiede sind einerseits noch auf die sonstigen, schon erwähnten Eigenschaften des bearbeiteten Werkstoffes zurückzuführen und andererseits auch auf die Ungenauigkeiten, die durch Auswertung der logarithmischen Geraden entstehen. Man kann alle drei Stahlgleichungen zusammenfassen und erhält mit sehr guter Annäherung folgendes einfaches Gesetz:

$$\boxed{C_{k_s\,\text{für Stahl}} = 2,5 \div 3\sqrt{H \cdot \beta} = 4,2 \div 4,9\sqrt{k_z \cdot \beta}}$$

Für kleine Werte von k_z (45 kg) nimmt man hierbei 4,2, für große Werte (80 kg) 4,9. In der Zahlentafel (Nr. 44, Anhang) sind die C_{k_s}-Werte für verschiedene Größen von β und k_z angegeben. In Abb. 90 u. 91 ist die Zahlentafel in Abhängigkeit von H bzw. k_z graphisch dargestellt.

Die Zahlentafel gibt die berechneten Schnittdruckwerte für den Spanquerschnitt $F = 1$ mm² an. Für andere Spanquerschnitte erhält man den Schnittdruck durch Multiplikation der C_{k_s}-Werte mit den in Beitabelle 44a angegebenen Faktoren. Zwischenwerte für diese Faktoren können dem Diagramm (Abb. 154, Anhang) entnommen werden. Sowohl aus diesem Diagramm als auch aus den Faktoren der Beitabelle erkennt man, daß für weicheren Stahl ein höherer Faktor zu nehmen ist als für härteren Stahl, der Schnittdruck für härteren Stahl nimmt also nicht so stark zu, wie für weicheren. So ist C_{k_s} z. B. für $F = 10$ und $\beta = 60°$ bei weichem Stahl mit 7,3, bei mittlerem Stahl nur mit 6,8, bei hartem Stahl sogar nur mit 6,3 zu multiplizieren. Dieses Verhalten folgt aus den ε_{k_s}-Faktoren, die bei weichem Stahl (= Schmiedeeisen) 7,25 und bei hartem nur 5,05 bzw. 5,07 waren. Der absolute Schnittdruck ist natürlich bei hartem Stahl höher (z. B. für $F = 10$ $6,3 \cdot 321 = 2030$ kg) als bei weichem (z. B. für $F = 10$ $7,3 \cdot 218 = 1590$ kg).

Aber diese Erscheinung des stärkeren Anstiegs des Schnittdrucks bei weicherem Material (Gußeisen verhält sich wie weicher Stahl, wie sich noch zeigen wird) kann leicht zu dem Irrtum Anlaß geben, als ob es günstiger wäre, hartes Material zu bearbeiten, wie dies geschehen ist[1]).

Auf Grund der angestellten Überlegungen kann man sich nunmehr die Unterschiede für C_{k_s} erklären, die sich für Stahl bei den verschiedenen Forschern ergaben; es sind Erscheinungen der verschiedenen Festigkeit und der verschiedenen Meißelwinkel. Auf den gleichen Meißelwinkel β bezogen, erhält man bei gleicher Festigkeit auch fast gleiche C_{k_s}-Werte, wie die nachstehende Übersicht zeigt:

Zahlentafel 30.

	$k_z = 45$	$k_z = 75$	$k_z = 85$
Klopstock gibt an bei $\beta = 68°$	229	350	367
Gleichung ergibt bei $\beta = 68°$	232	343	372

	$k_z = 45$	$k_z = 60$	
Friedrich gibt an bei $\beta = 60°$.	218	270	
Gleichung ergibt bei $\beta = 60°$	218	270	

	$k_z = 45$	$k_z = 55$	
Hippler gibt an bei $\beta = 62°$	220	240	
Gleichung ergibt bei $\beta = 62°$	222	256	

Der Vergleich der C_{k_s}-Werte nach obiger vereinfachter Formel mit den Angaben Klopstocks, Friedrichs und mit denen von Hippler zeigt eine sehr gute Übereinstimmung, was als Beweis der Brauchbarkeit der oben abge-

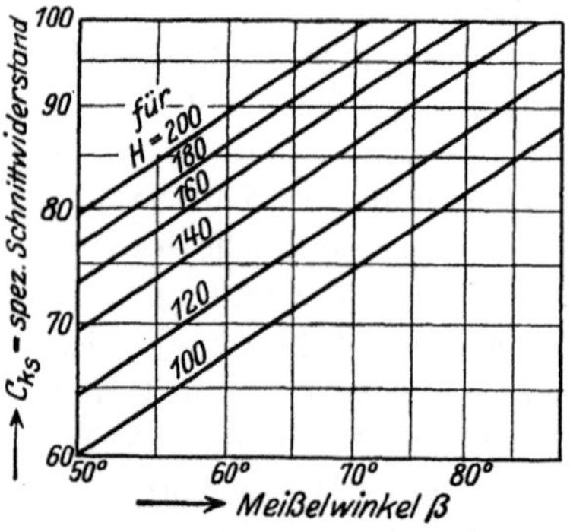

Abb. 90. Abhängigkeit des spezifischen Schnittdruckes C_{k_s} (für $F = 1$) von der Brinellhärte und dem Meißelwinkel bei Gußeisen.

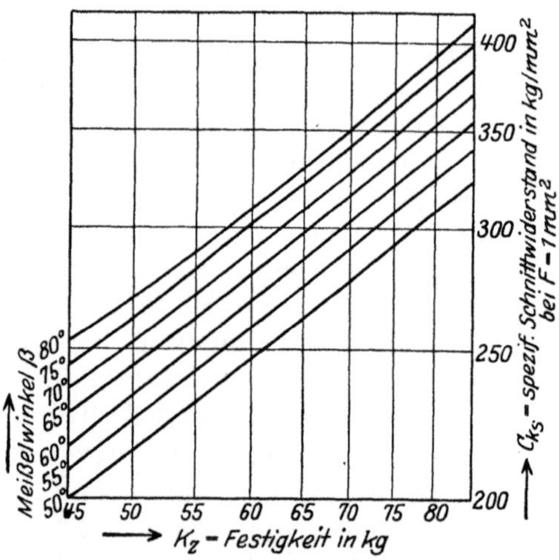

Abb. 91. Abhängigkeit des spezifischen Schnittdruckes C_{k_s} (für $F = 1$) von der Zerreißfestigkeit und dem Meißelwinkel bei Stahl.

[1]) Vgl. Hippler a. a. O. S. 140 und 143.

leiteten Formel anzusehen ist. Die Gleichung gilt nicht für Taylor-Rundstähle, bei denen man für verschiedene Schnittiefen verschiedenen spezifischen Schnittdruck erhält.

Für Gußeisen wird (Abb. 87, S. 127):

β	50°	60°	70°
P_N	44,5	59,5	78
P_T	62	62	62
P_1	69,5	77,2	86,7

$$P_1 = 70 \cdot \sqrt[1{,}51]{\frac{\beta}{50}} \quad \text{für } F = 0{,}645 \text{ mm}^2.$$

$C_{k_s} = 95{,}5$ bei $\beta = 68°$:

$$95{,}5 = x \cdot \sqrt[1{,}51]{\frac{\beta}{50}},$$

$$x = 78 \text{ (vgl. Diagramm auf S. 129)},$$

$$C_{k_s} = 78 \cdot \sqrt[1{,}51]{\frac{\beta}{50}} \text{ (für } H = 182),$$

Brinellhärte laut Diagramm Abb. 53 b (S. 89 und Gleichung S. 96): 182. Es war (S. 101):

$$C_{k_s} = 11{,}6 \cdot \sqrt[2{,}5]{H},$$

$$y = \frac{78}{11{,}6 \cdot \sqrt[2{,}5]{182}} = 0{,}830,$$

$$C_{k_s} = 9{,}6 \cdot \sqrt[2{,}5]{H} \cdot \sqrt[1{,}51]{\frac{\beta}{50}},$$

$$\boxed{P = F^{0{,}865} \cdot 9{,}6 \cdot \sqrt[2{,}5]{H} \cdot \sqrt[1{,}51]{\frac{\beta}{50}}} \quad \text{Gußeisen},$$

$$k_s = \frac{9{,}6 \cdot \sqrt[2{,}5]{H} \cdot \sqrt[1{,}51]{\frac{\beta}{50}}}{\sqrt[7{,}4]{F}}.$$

Die graphische Darstellung in den Diagrammen (S. 129 und 131) ergibt dasselbe. Ebenso wie für Stahl ist auch eine praktische Schnittdrucktafel mit Beitabelle für Gußeisen angefügt (Nr. 45 u. 45a, Anhang), deren Gebrauch der für Stahl entspricht (vgl. auch Diagramm Abb. 154). Den starken Einfluß der Veränderlichkeit des Schnittdruckes mit dem Spanquerschnitt erkennt man sowohl aus den Multiplikationsfaktoren der Beitabelle als auch aus der Abb. 92. So ist z. B. bei 20 mm² Spanquerschnitt der Schnittdruck statt 20 mal nur 13,2 mal so groß wie für 1 mm². Für $\beta = 68°$ und $H = 200$ ($C_{k_s} = 100$) ergibt dies statt: 2000 kg Schnittdruck (bei konstantem k_s Gerade a) nur 1320 kg (Gerade b)!

Bei Kupfer wird (Abb. 86, S. 127):

β	50°	60°	70°
P_N	51	67	87
P_T	37,5	47	57
P_1	63,0	79	95,9

$$P_1 = 63 \left[\frac{\beta}{50}\right]^{1{,}24} \text{ für } F = 0{,}645 \text{ mm}^2.$$

Bei Kupfer ist also die Abhängigkeit des Schnittdruckes vom Meißelwinkel β bedeutend stärker als bei den bisher betrachteten Werkstoffen, wie auch aus den Diagrammen (S. 128 und 131) hervorgeht.

$$C_{k_s} = 208 \text{ bei } \beta = 68^\circ,$$

$$208 = x \cdot \left[\frac{68}{50}\right]^{1,24},$$

$$x = 141,5,$$

$$C_{k_s} = 141,5 \left[\frac{\beta}{50}\right]^{1,24} \quad \text{bei } H = 57.$$

Brinellhärte H laut Diagramm Abb. 53 b (S. 89 und Gleichung S. 96): 57.

Ferner war (S. 101):

$$C_{k_s} = 35,5 \sqrt[2,4]{H},$$

$$y = \frac{141,5}{35,5 \sqrt[2,4]{57}} = \frac{141}{192} = 0,739,$$

$$C_{k_s} = 26,3 \sqrt[2,4]{H} \cdot \left[\frac{\beta}{50}\right]^{1,24},$$

$$\boxed{P = F^{0,824} \cdot 26,3 \sqrt[2,4]{H} \cdot \left[\frac{\beta}{50}\right]^{1,24}},$$

$$k_s = \frac{26,3 \cdot \sqrt[2,4]{H} \left[\frac{\beta}{50}\right]^{1,24}}{\sqrt[5,7]{F}}.$$

Von besonderem Wert ist es jetzt, sich auch über die Richtung des Schnittdruckes bei verschiedenen Meißelwinkeln β zu unterrichten. Hierzu ist die Resultante von P_N und P_T zu ermitteln und festzustellen, um welchen Winkel w die Resultante P_R gegen die Richtung von P_T gedreht ist.

Für die Zusammensetzung der Kräfte gilt:

$$\operatorname{tg} w = \frac{P_N}{P_T},$$

$$P_R = \frac{P_N}{\sin w},$$

demnach ist bei Chromnickelstahl:

$$\operatorname{tg} w = \frac{78 \cdot \left[\frac{\beta}{50}\right]^{1,6}}{\frac{105}{\sqrt[30]{\frac{\beta}{50}}}} = 0,72 \left[\frac{\beta}{50}\right]^{1,565} \text{ (vgl. S. 120).}$$

β	50°	60°	70°	75°
$\operatorname{tg} w$	0,734	1,013	1,289	1,48
w	36° 15′	45° 25′	52° 20′	55° 55′
P_R	130	149	170	186

für $F = 0,645\ \text{mm}^2$.

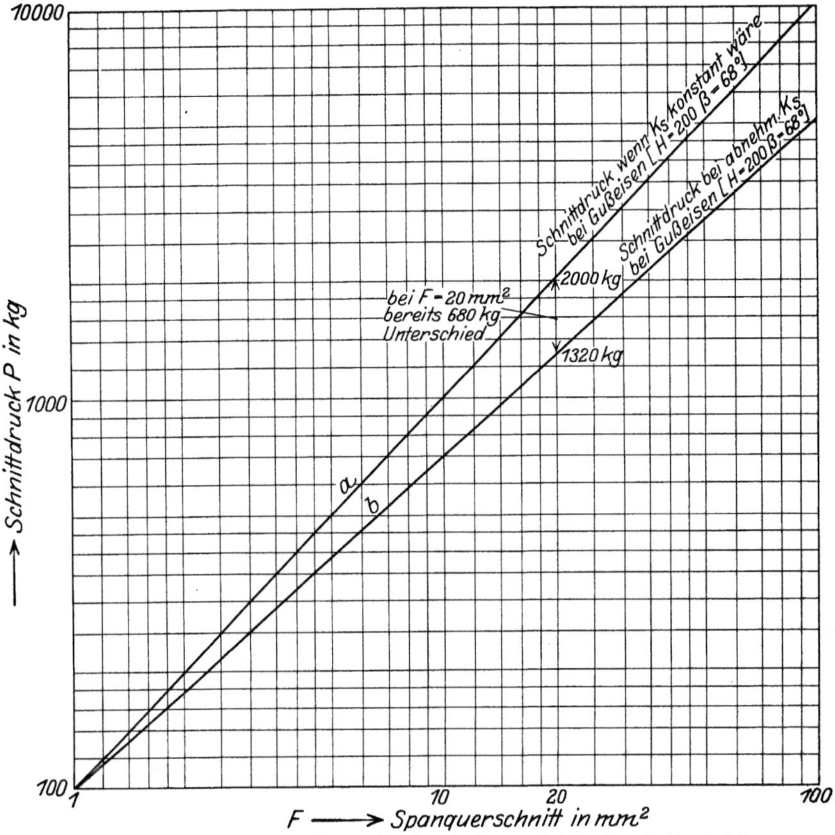

Abb. 92. Vergleich des Schnittdruckes bei konstantem und fallendem k_s für Gußeisen.

Nickelstahl:

$$\operatorname{tg} w = \frac{82\left(\frac{\beta}{50}\right)^{1,34}}{104} = 0{,}79\left(\frac{\beta}{50}\right)^{1,34} \quad \text{(vgl. S. 121).}$$

β	50°	60°	70°	75°
tg w	0,78	1	1,25	1,361
w	38°	45°	51° 25′	53° 45′
P_R	134,5	147	166,5	176

für $F = 0{,}645$ mm².

Weicher Stahl:

$$\operatorname{tg} w = \frac{73\left(\frac{\beta}{50}\right)^{1,52}}{87} = 0{,}84\left(\frac{\beta}{50}\right)^{1,52} \quad \text{(vgl. S. 121).}$$

β	50°	60°	70°	75°
tg w	0,839	1,125	1,425	1,588
w	40°	48° 25′	55°	57° 45′
P_R	114	131	152	163

für $F = 0{,}645$ mm².

Rohr I:

$$\operatorname{tg} w = \frac{84\left(\frac{\beta}{50}\right)^{2,6}}{10\left(\frac{\beta}{50}\right) + 92} \quad \text{(vgl. S. 121).}$$

β	50°	60°	70°	75°
tg w	0,835	1,08	1,172	1,170
w	39° 50′	47° 15′	49° 35′	49° 35′
P_R	133	185	291	352

für $F = 0{,}645\ \text{mm}^2$.

Rohr II:

$$\operatorname{tg} w = \frac{74\left(\frac{\beta}{50}\right)^{1,65}}{90\sqrt[18,5]{\frac{\beta}{50}}} \quad \text{(vgl. S. 122).}$$

β	50°	60°	70°	75°
tg w	0,864	1,092	1,436	1,61
w	40° 50′	47° 30′	55° 10′	58° 10′
P_R	116	134	161	178

für $F = 0{,}645\ \text{mm}^2$.

Mittlerer Stahl ($k_z = 77$):

$$\operatorname{tg} w = \frac{80\left(\frac{\beta}{50}\right)^{1,4}}{96\sqrt[6,5]{\frac{\beta}{50}}} \quad \text{(vgl. S. 122).}$$

β	50°	60°	70°	75°
tg w	0,834	1,05	1,269	1,411
w	39° 50′	46° 25′	51° 45′	54° 45′
P_R	125	144	163	174

für $F = 0{,}645\ \text{mm}^2$.

Bronze:

$$\operatorname{tg} w = \frac{113 \cdot \left(\frac{\beta}{50}\right)^{1,1}}{104} \quad \text{(vgl. S. 122).}$$

β	50°	60°	70°	75°
tg w	1,088	1,305	1,455	1,69
w	47° 25′	52° 30′	55° 30′	59° 25′
P_R	154	172	199	205

Kupfer:

$$\operatorname{tg} w = \frac{51\left(\frac{\beta}{50}\right)^{1,6}}{38 \cdot \left(\frac{\beta}{50}\right)^{1,2}} \quad \text{(vgl. S. 122).}$$

β	50°	60°	70°	75°
tg w	1,36	1,422	1,489	1,53
w	53° 40′	54° 55′	56° 5′	56° 50′
P_R	63,5	82	104	113

Gußeisen:

$$\operatorname{tg} w = \frac{42{,}5\left(\frac{\beta}{50}\right)^{1,7}}{62} \quad \text{(vgl. S. 122).}$$

β	50°	60°	70°	75°
$\operatorname{tg} w$	0,719	0,96	1,259	1,4
w	35° 45′	43° 50′	51° 35′	54° 25′
P_R	76	86	101	106

In den Abb. 93 bis 101 sind die Richtungen der Resultantenkräfte für $\beta_1 = 50°$ und $\beta_2 = 75°$ dargestellt. Die jeweilige Richtung der Stahlbrust ist ebenfalls eingezeichnet, so daß deutlich die Drehung der Resultierenden mit dem $\sphericalangle\, \beta$ zu erkennen ist.

Bezeichnet (Abb. 93) ϱ_1 den Winkel, den die Resultante mit der Bewegungsrichtung des Werkstückes (Vertikale) bei einem Meißelwinkel

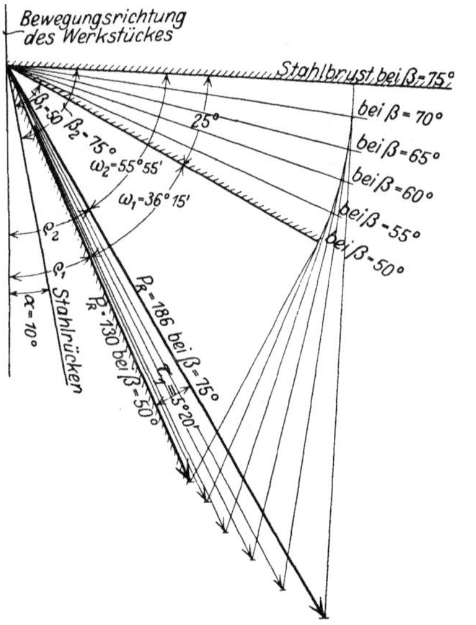

Abb. 93. Chromnickelstahl. Richtung des Schnittdruckes bei verschiedenen Meißelwinkeln β.

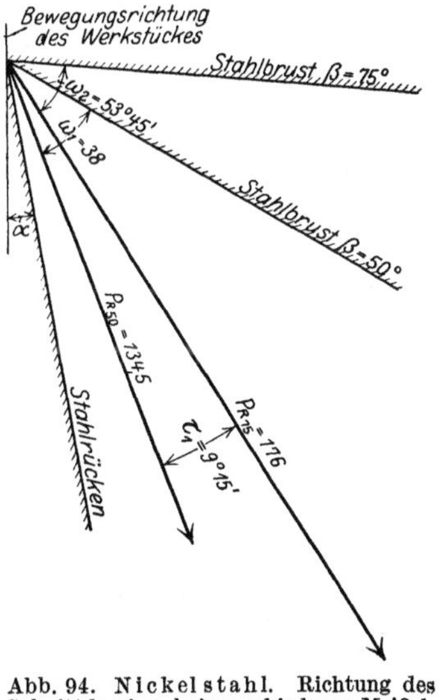

Abb. 94. Nickelstahl. Richtung des Schnittdruckes bei verschiedenen Meißelwinkeln β.

$\beta_1 = 50°$, ϱ_2 den Winkel bei $\beta_2 = 75°$ bildet, so ist die Drehung τ_1 der Resultante

$$\tau_1 = \varrho_2 - \varrho_1 .$$

Es ist ferner:

$$\varrho_2 = \beta_2 + \alpha - w_2 ,$$
$$\varrho_1 = \beta_1 + \alpha - w_1 ,$$

$$\tau_1 = \varrho_2 - \varrho_1 = \beta_2 - \beta_1 - w_2 + w_1 ,$$
$$\beta_2 - \beta_1 = 75° - 50° = 25° ,$$
$$\tau_1 = 25° + w_1 - w_2 .$$

Demnach ergibt sich:

Chromnickelstahl (Abb. 93):

$$\tau_1 = 25^\circ + 36^\circ\,15' - 55^\circ\,55',$$

$$\tau_1 = 5^\circ\,20'.$$

Wenn der Winkel β also um 25° kleiner wird, d. h. die Stahlbrust um 25° stärker geneigt wird, so dreht sich die Kraftresultante in gleicher Richtung nur um 5° 20′.

Nickelstahl (Abb. 94):

$$\tau_1 = 25^\circ + 38^\circ - 53^\circ\,45',$$

$$\tau_1 = 9^\circ\,15'.$$

Bei Nickelstahl ist die Drehung der Kraftresultante etwas größer.

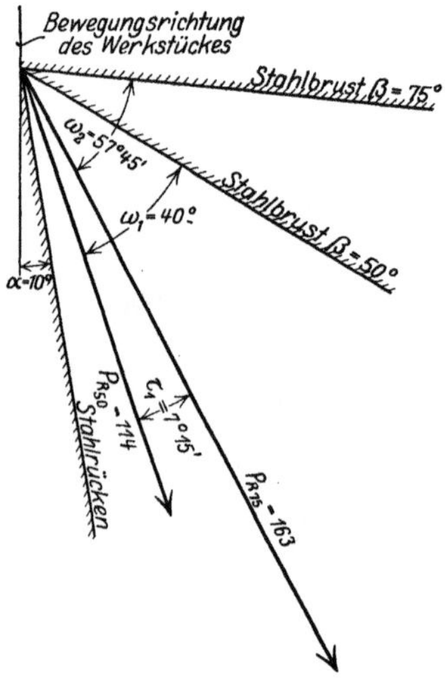

Abb. 95. Weicher Stahl. Richtung des Schnittdruckes bei verschiedenen Meißelwinkeln β.

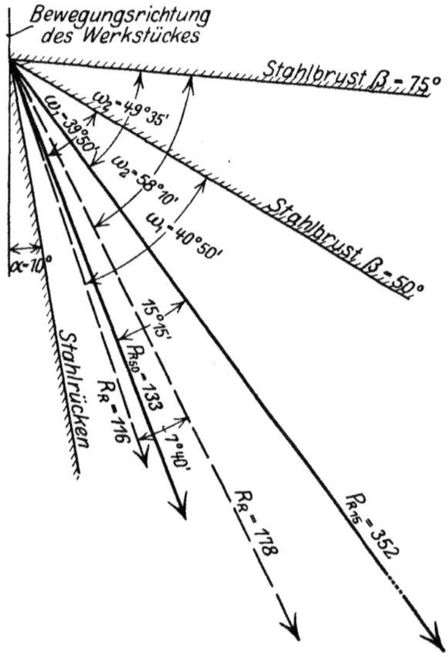

Abb. 96. Rohr I und Rohr II (gestrichelt). Richtung des Schnittdruckes bei verschiedenen Meißelwinkeln β.

Weicher Stahl (Abb. 95):

$$\tau_1 = 25^\circ + 40^\circ - 57^\circ\,45',$$

$$\tau_1 = 7^\circ\,15'.$$

Rohr I (Abb. 96):

$$\tau_1 = 25^\circ + 39^\circ\,50' - 49^\circ\,35',$$

$$\tau_1 = 15^\circ\,15'.$$

Rohr II (Abb. 96, gestrichelte Geraden):

$$\tau_1 = 25^\circ + 40^\circ\,50' - 58^\circ\,10',$$

$$\tau_1 = 7^\circ\,40.$$

Mittlerer Stahl (Abb. 97):

$$\tau_1 = 25° + 39° 50' - 54° 45',$$

$$\tau_1 = 10° 5'.$$

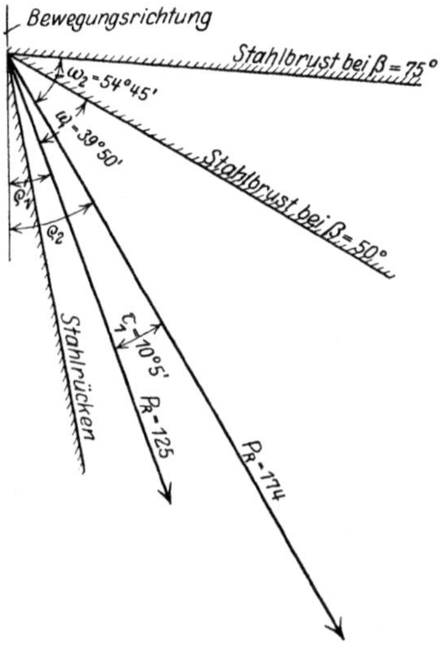

Abb. 97. Mittlerer Stahl. Richtung des Schnittdruckes bei verschiedenen Meißelwinkeln β.

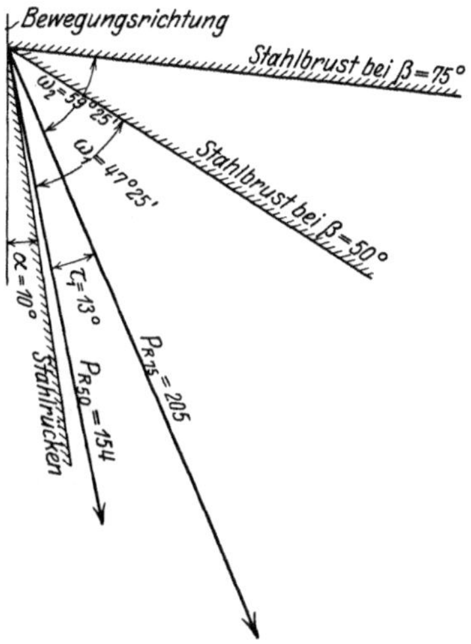

Abb. 98. Bronze. Richtung des Schnittdruckes bei verschiedenen Meißelwinkeln β.

Bronze (Abb. 98):

$$\tau_1 = 25° + 47° 25 - 59° 25',$$

$$\tau_1 = 13°.$$

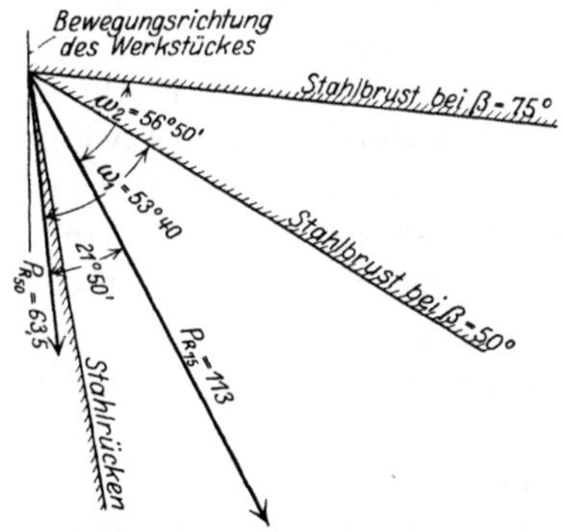

Abb. 99. Kupfer. Richtung des Schnittdruckes bei verschiedenen Meißelwinkeln β.

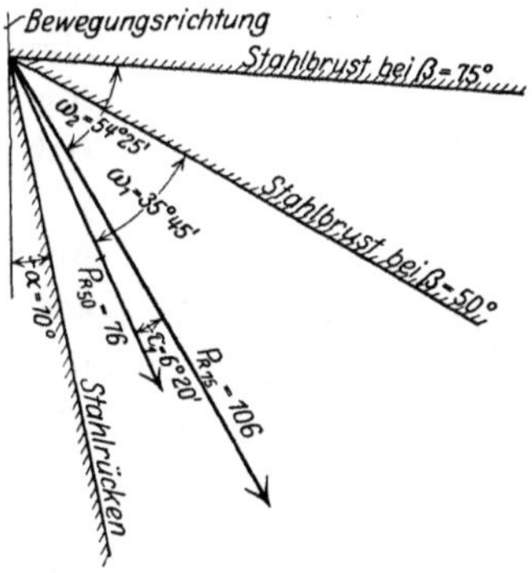

Abb. 100. Gußeisen. Richtung des Schnittdruckes bei verschiedenen Meißelwinkeln β.

Kupfer (Abb. 99):

$$\tau_1 = 25° + 53° 40' - 56° 50',$$

$$\tau_1 = 21° 50°.$$

Dieser Winkel erscheint sehr groß. Die Resultierende geht bei kleinem $\sphericalangle\beta$ nicht mehr durch den Drehstahl. Die Werkstatt benutzt bei diesem Werkstoff gern große Meißelwinkel!

Gußeisen (Abb. 100):

$$\tau_1 = 25° + 35° 45' - 54° 25,$$
$$\tau_1 = 6° 20'.$$

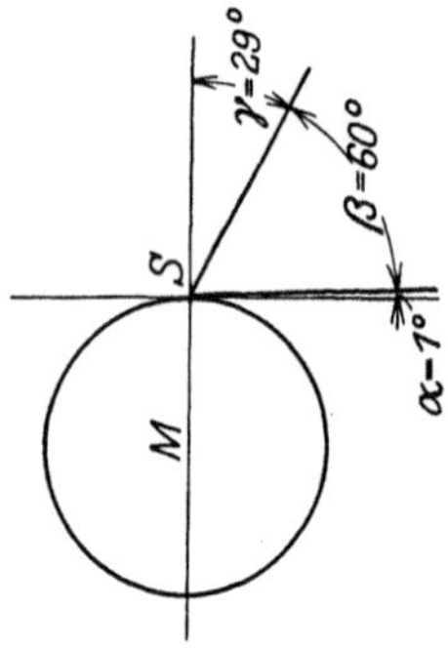

Abb. 102.

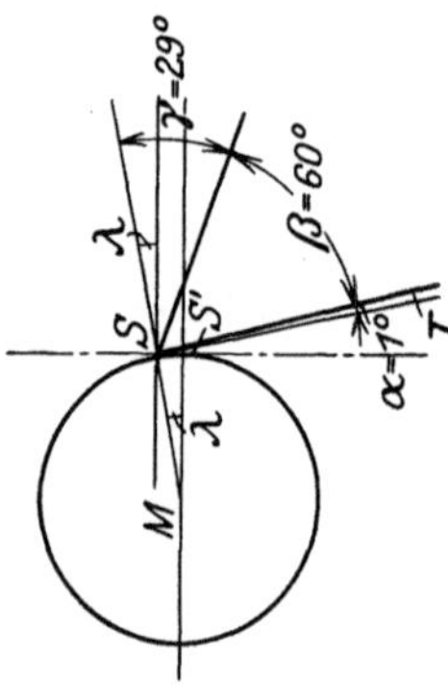

Abb. 101 b. Überhöhung des Drehstahles.

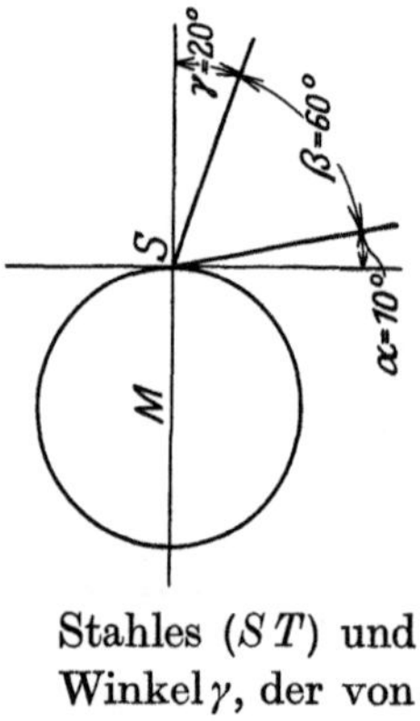

Abb. 101 a.

Die Richtung des Schnittdruckes ist jedoch nicht nur von den Winkeln am Stahl selbst, sondern auch von seiner Einstellung auf „Mitte", über oder unter „Mitte" abhängig. Durch Erfahrung in der Werkstatt haben sich bei den verschiedenen Arbeitsweisen Regeln herausgebildet, welche Stellung dem Stahl zu geben ist[1]). Durch die Vornahme solcher Überhöhungen ist man in der Lage, die Schnittdruckrichtung zu beeinflussen, so daß der Stahl besser schneidet und nicht in das Werkstück „einhakt". Grundsätzlich könnte man jedoch auch ohne Überhöhung auskommen, da sich die Schnittdruckrichtung auch durch die Wahl geeigneter Winkel beeinflussen läßt. Es ist für den praktischen Betrieb jedoch wesentlich leichter, eine Überhöhung vorzunehmen, als andere Winkel an den Stahl zu schleifen.

Abb. 101 a und b zeigt den gleichen Stahl ($\beta = 60°$) in zwei verschiedenen Stellungen, einmal auf Mitte (a) und einmal über Mitte (b). Steht der Stahl auf Mitte, so wird die Abflußrichtung des Spanes durch den Spanwinkel $\gamma = 20°$ gekennzeichnet; wird der Stahl jedoch überhöht eingestellt, so tritt ein neuer Winkel auf (λ) (Abb. 101 b), der von der Horizontalen und der Verbindungslinie — MS —, d. h. der Geraden vom Mittelpunkt des Werkstückes bis zur Berührungsstelle des Stahles, gebildet wird. Aus der Abbildung sieht man deutlich, daß durch die Überhöhung der $\sphericalangle\alpha$ (Anstellwinkel), der von der Tangente im Berührungspunkt des Stahles (ST) und dem Stahlrücken gebildet wird, verkleinert und der Winkel γ, der von der verlängerten Verbindungslinie MS und der Stahlbrust gebildet wird, um 9° vergrößert worden ist. Durch die Überhöhung

[1]) Vgl. Betriebsblatt des A.W.F.: „Anstellen des Drehstahles". (A.W.F. 36.)

sind also solche Winkel entstanden, „als ob“ der Stahl geiler geschliffen wäre, so daß der Spanabfluß günstiger und leichter wird. Man kann zu dem gleichen Spanwinkel auch durch entsprechendes Schleifen eines Stahles kommen, den man auf Mitte stellt, wie Abb. 102 zeigt. Dieser Stahl hätte den gleichen Spanabfluß wie der über Mitte gestellte Stahl. In den Abb. 101 und 102 sind absichtlich übertriebene Werte eingezeichnet, um die Verhältnisse deutlich zu zeigen. Gewöhnlich wird die Überhöhung in einem bestimmten Verhältnis zum Durchmesser vorgenommen, und zwar beträgt sie praktischerweise

$$\ddot{u} = \frac{d}{50},$$

wenn $\ddot{u}$ die Überhöhung und d den Durchmesser in mm bedeuten. Hieraus kann man berechnen, wie groß der Winkel λ ist:

$$\sin\lambda = \operatorname{tg}\lambda = \frac{SS'}{MS} = \frac{\frac{d}{50}}{\frac{d}{2}} = 0{,}04,$$

$$\underline{\lambda = \text{rd. } 2^1/_2{}^\circ.}$$

Der Einfluß der Überhöhung auf die Winkel ist also nicht so groß, wie man oft annimmt. Durch die Überhöhung hat man es hauptsächlich in der Hand, kleine Unterschiede der Stahlwinkel, die man schwer genau schleifen kann, zu verbessern.

d) Schnittdruck und Spanbildung.

Als besondere Erschwerung aller Betrachtungen über den Schnittdruck kommt noch hinzu, daß der Schnittdruck eine schwingende Kraft ist, wie dies zuerst von Nicolson[1]) beobachtet und von allen Forschern[2]) bestätigt wurde. Je nach dem Beginn der Spaltung und ihrem Ende entsteht ein Druckmaximum bzw. Druckminimum (Abbildung 103). Die Größe der Amplitude und der Periodenlänge hängt dabei

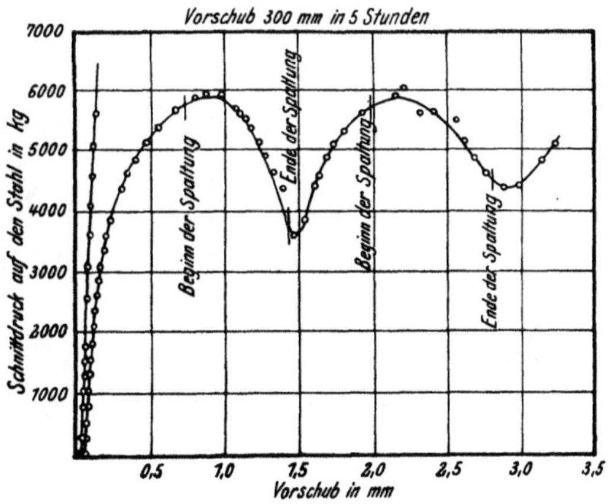

Abb. 103. Schwingungen des Schnittdruckes nach Nicolson[3]).

---

[1]) Transactions Bd. 25, S. 672ff.

[2]) Klopstock: a. a. O. S. 49. — Codron: Expèriences sur le travail des machines outil pour les metaux Bd. II, S. 81/87. 1906.

[3]) Taylor-Wallichs: a. a. O. S. 61.

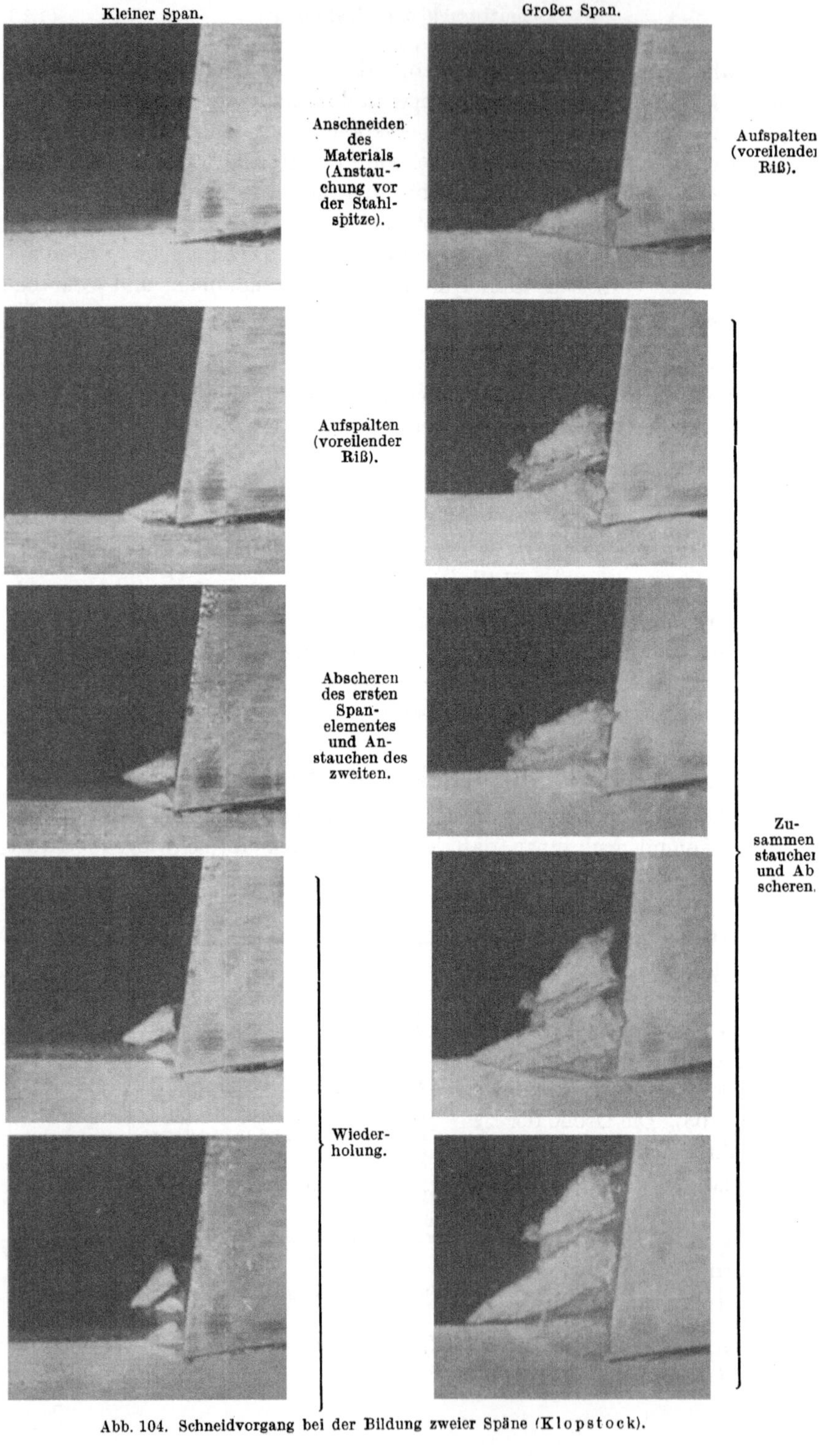

Abb. 104. Schneidvorgang bei der Bildung zweier Späne (Klopstock).

vom Spanquerschnitt ab. Bemerkt sei hier, daß Taylor wegen dieser Erscheinungen zum Rundstahl kam, da bei diesem der Druck nicht gleichzeitig an allen Stellen des Stahles ein Maximum und Minimum wird, sondern nacheinander. Infolgedessen ist der Rundstahl gleichmäßiger belastet als der gerade Stahl und neigt weniger zum Vibrieren.

Die Beobachtung der Schwingungen ist jedoch nur bei sehr kleinen Schnittgeschwindigkeiten möglich (Nicolson gebrauchte z. B. $v = 0{,}06$ m/Std.!). Bei größeren Schnittgeschwindigkeiten zeichnen die üblichen Instrumente nicht genügend genau, so daß der Schnittdruck

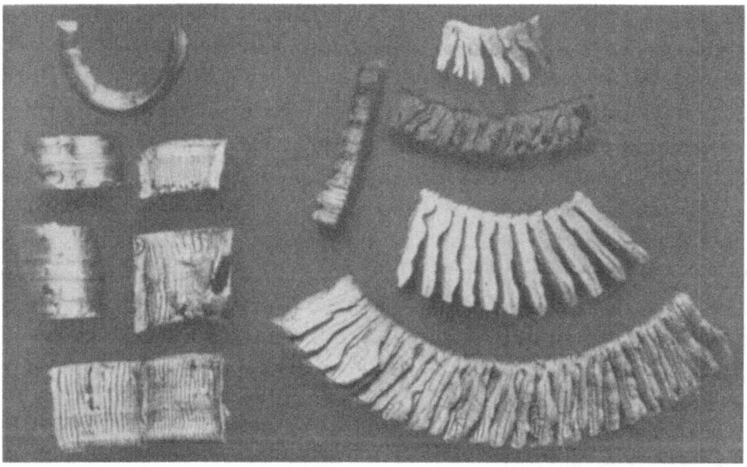

Abb. 105[1]). Späne mit deutlicher Bildung von Spanelementen.

bei größeren Geschwindigkeiten sich nur als leicht gewellte Linie darstellt. Untersuchungen über die Größe der Schwingungserscheinungen bei betriebsüblichen Schnittgeschwindigkeiten, die bei Hartmetallwerkzeugen bis ca. 120 000 mal so groß sind, wie die von Nicolson gebrauchten, sind meines Wissens noch nicht unternommen worden. Hierfür wären auch besonders empfindliche, mit möglichst wenig Masse versehene Instrumente erforderlich.

Die Schwingungserscheinungen übertragen sich vom Drehstahl aus auf alle Teile der Maschine und verstärken sich durch Superposition bei Fehlern in der Konstruktion oder der Ausführung der Bänke.

Nach Klopstock[2]) zerfällt der Schneidvorgang in drei Abschnitte (Abb. 104): Das Anschneiden des Materials durch die Stahlschneide, Aufspalten der abzuhebenden Materialschicht (voreilender Riß), Zusammenstauchen und Abscheren des sich bildenden Spanelementes

[1]) Versuche von Herrn Obering. Butschke.

[2]) Klopstock a. a. O. S. 50.

(vgl. auch Abb. S. 116). Die Bildung der Spanelemente ist besonders deutlich in Abb. 105 zu sehen.

Über die Abhängigkeit der Spanbildung von den Winkeln des Drehstahles haben Rosenhain und Sturney[1]) Versuche unternommen. Sie benutzten das zuerst im Jahre 1905 von Kurrein angewandte Verfahren der Mikrophotographie der Späne[2]). Die Versuche wurden an weichem Stahl und an Bronze von rd. 75 mm Dmr. angestellt. Als Drehstahl wurden Kohlenstoff-(Gußstahl-)Meißel verwandt mit einer Shorehärte von 90°. Diese Beschränkung auf nur eine Sorte Drehstahl ist zulässig, da nach den früheren Untersuchungen Kurreins feststeht, daß die innere Zusammensetzung des Drehstahles (Schnellstahl oder Gußstahl) ohne Einfluß auf die Spanbildung ist. Verändert wurden die Anstellwinkel α (Abb. 72, S. 113) zwischen 0° und 20°, die Spanwinkel γ zwischen 0° und 30°, und die Schnittiefe zwischen 0,05 mm und 1,3 mm. Der Drehstahl wurde stets auf Mitte gestellt. Die Schnittgeschwindigkeit konnte nur ganz klein (1,3 m/min) genommen werden, da das Werkstück plötzlich abgebremst werden mußte, bevor es noch eine Umdrehung vollendet hatte, um den Zusammenhang zwischen dem Span und dem Werkstück zu bewahren. Jedes so erhaltene Versuchsstück wurde für sich von der Welle abgesägt, elektrolytisch verkupfert, um Beschädigungen zu vermeiden, und dann mikrophotographisch untersucht. Auf Grund der Untersuchungen lassen sich drei Arten der Spanbildung unterscheiden:

1. der Abreißspan,
2. der Abscherspan,
3. der Abfließspan.

Der Abreißspan (Abb. 106) tritt vornehmlich bei kleinen Spanwinkeln ($\gamma = 0°$ bis 10°) und größerer Schnittiefe auf. Das Vordringen des Drehstahles verursacht ein örtliches Zusammendrücken des Materials vor der Schneide bis zur Entstehung eines Risses[3]), der vor ihr her weiterläuft, und zwar mit einer Krümmung in das Innere des Materials hinein (vgl. Abb. 106). Je weiter der Stahl gegenüber dem Werkstück fortschreitet, desto mehr wird das Material zusammengedrückt und der Riß vergrößert, bis schließlich das zusammengedrückte Material einen

---

[1]) Cutting Tools Research Committee, Report on Flow and Rupture of Metals during Cutting, by Rosenhayn and Sturney. London 1925, S. 141ff.

[2]) Kurrein: Aufbau der Schnelldrehspäne. Österr. Wochenschr. f. öffentl. Baudienst, Wien 16. Sept. 1905.

[3]) Schon Reuleaux vertrat 1900 die „Einrißtheorie" (vgl. Abhandlungen zur Förderung des Gewerbefleißes 1900), die jedoch besonders von Kick lebhaft bestritten wurde (vgl. Baumaterialienkunde 1901, Heft 15). Nach unseren heutigen, auf Versuchen beruhenden Ansichten (neuerdings z. B. die Versuche von Klopstock) war die meist gedanklich abgeleitete Theorie von Reuleaux richtig. Anm. d. Verf.

so starken Druck verursacht, daß der Span abreißt. Trennt sich der Span nicht sofort vollständig ab, so schiebt er sich über die Stahlbrust und hängt nur noch lose mit dem nachfolgenden Material zusammen. Ein Fließen des Spanes über die Stahlbrust findet hierbei nicht statt, obgleich der die Stahlbrust berührende Teil des Spanes in gewissen Abständen „schlittert". Die Bewegung des Spanes ist gering, der Druck

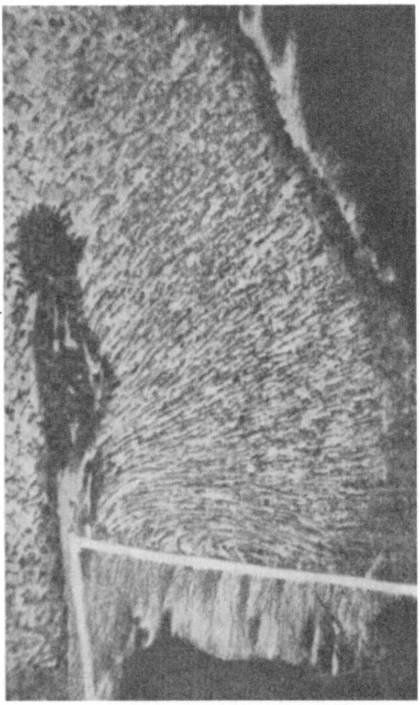

Abb. 106. Abreißspan.

dagegen groß. Im Betriebe kann man solche Späne z. B. beim Abdrehen von Bandagen oder auch beim Bearbeiten von Messing beobachten, wobei die Späne oft weit in die Werkstatt springen können, da die Stähle meist mit kleinem Spanwinkel angeschliffen sind.

Den Gegensatz zum Abreißspan bildet der Abfließspan (Abb. 107), bei dem das Material über der Stahlspitze zum Fließen gebracht wird. Der Span bildet Locken oder ungebrochene lange Schlangen. Die Fließzone ist nicht, wie Ripper und Burley dies glaubten, auf Teilchen zurückzuführen, die sich an der Stahlspitze ansetzen, sondern hängt vom Spanwinkel ab. Bei Spanwinkeln von 30° verschwindet die Fließzone (bei Bearbeitung von Bronze) vollständig, was nach Ansicht von Rosenhain und Sturney gegen die Ripper-Burleysche Annahme spricht. Gegen diese Theorie können jedoch auch Einwände erhoben werden, wie z. B., daß sie auf Untersuchungen beruht, die nur eine Umdrehung des Werkstückes erfassen, daß sehr kleine Schnittgeschwindigkeiten zur Anwendung kamen, daß nur kurze Laufzeiten beobachtet wurden usw. In der Aussprache in London wurde auch von Herbert auf diese und andere Gesichtspunkte hingewiesen. Das Aufrollen des Spanes ist auf die Verschiedenheit der Abfließrichtung des Spanes und der Richtung der Stahlbrust zurückzuführen, so daß der Span auf die Stahlbrust in einigem Abstand von der Schneide auftrifft und umgebogen wird. Der Abfließspan entsteht bei größeren Spanwinkeln von rd. 10° bis 30° und bei kleinen Schnitttiefen.

Zwischen Abfließspan und Abreißspan liegt der Abscherspan, der durch kleine Winkel γ und kleine Schnittiefen verursacht wird. Die Erscheinungen der Spanbildung sind hierbei weniger ausgeprägt und weisen sowohl Rißbildung als auch

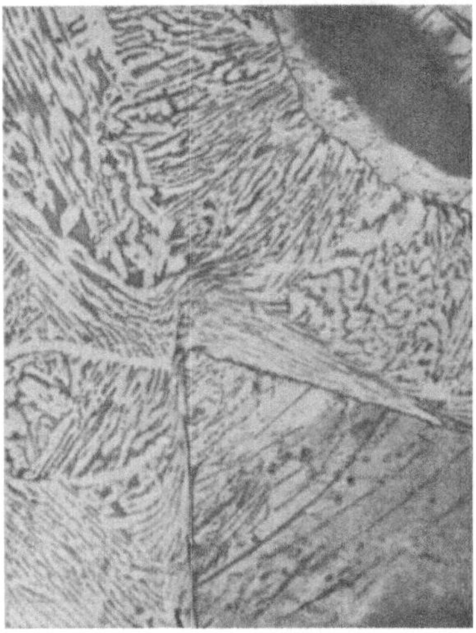

Abb. 107. Abfließspan.

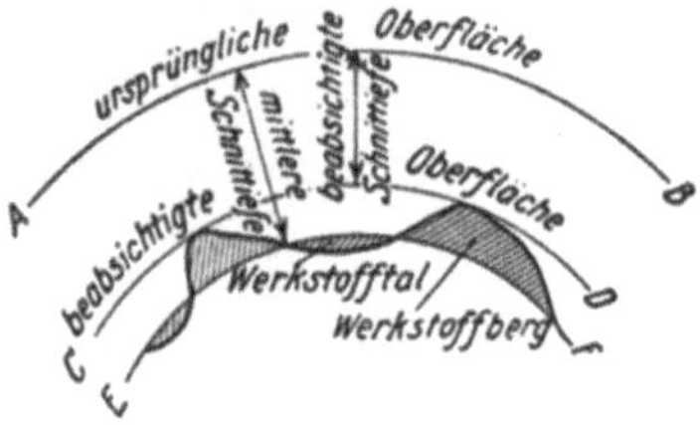

Abb. 108. Unregelmäßige Oberfläche bei Abreißspänen.

Fließen auf. Vom praktischen Standpunkt aus ist dieser Span der wünschenswerte, da keine langen, die Werkstätte störenden Spanlocken gebildet werden.

Die Untersuchungen ergaben, daß durch Verringerung der Schnitttiefe und Vergrößerung des Spanwinkels γ die Richtung des Risses geändert werden kann, bis er eine Tangente an den Schnittkreis bildet. Auch durch Unreinheiten des Materials kann diese Richtung beeinflußt werden, so daß man soweit gehen kann, durch Zusetzen von Unreinheiten das Bilden solcher Abscherspäne zu fördern. Mac Donald führt in der Erörterung die Richtung des Risses auch auf die Größe des Anstellwinkels zurück.

Die beim Abreißspan auftretende Rißbildung und die Neigung zur Achse des Werkstückes erzeugen eine stark unregelmäßige Oberfläche des bearbeiteten Materials. Bezeichnet in Abb. 108 AB die ursprüngliche (unbearbeitete) Oberfläche und CD die beabsichtigte Oberfläche, so entsteht durch den Abreißspan die wellenförmige, schraffiert gezeichnete Oberfläche. Durch die Neigung des Risses und das Abreißen des Spanes entstehen „Werkstoffberge und Werkstofftäler". Auf Grund einer planimetrischen Ausmessung der auf einen Schirm projizierten Fläche zwischen den Bogen AB und EF wurde ermittelt, daß die beabsichtigte Schnittiefe gerade die Spitzen der Werkstoffberge umfaßt, so daß das Material noch tiefer als die beabsichtigte Schnittiefe zerklüftet ist. Schlichten und Schleifen müssen also so tief vorgenommen werden, daß auch die Werkstofftäler fortgenommen werden. Geht der Schlichtschnitt nicht genügend tief, so bleiben Unregelmäßigkeiten und Risse stehen, die Anlaß zu weiteren Oberflächenstörungen, Unrundheiten, schlechten Passungen, starken Reibungen bei Umlauf in einer Bohrung geben und zu Kerbwirkungen führen können.

Die Unregelmäßigkeit der Oberfläche tritt bei Abscher- und Abfließspänen nicht auf, sie verschwindet, wenn der Spanwinkel größer als 15° wird; hierbei ist dann auch kein Unterschied mehr zwischen beabsichtigter und wirklicher Schnittiefe.

Aus dem Auftreten der verschiedenen Arten von Spanformen kann man auch umgekehrt auf die angewandten Winkel des Drehstahles schließen.

Die von Klopstock über den Spanaufbau angestellten Versuche sollen nach Ansicht von Rosenhain und Sturney Abscherspäne betroffen haben.

e) Schnittdruck und Werkstück.

Im praktischen Betriebe haben die Abmessungen des Werkstückes auf den zulässigen Schnittdruck einen wesentlichen Einfluß.

Der Schnittdruck darf nicht größer werden, als es die Stabilität des Werkstückes zuläßt, da es sonst unrund, verbogen oder schlimmstenfalls aus den Körnern gerissen werden kann. Trotzdem die Frage: „Welchen Schnittdruck kann man dem Werkstück zumuten?" mit einen Angelpunkt der Beziehungen zwischen Werkstück und Maschine darstellen und für die Praxis von großer Bedeutung sind, sind bisher meines Wissens noch keine Versuche in dieser Hinsicht unternommen worden. Es wäre sicherlich ein löbliches Unterfangen und würde sehr zu begrüßen sein, wenn in dieser Richtung noch Forschungen angestellt werden. Hierbei wären die verschiedenen Werkstückabmessungen, Länge, Durchmesser, evtl. gefährliche Querschnitte, Wandstärken, Druck der Körnerspitzen, das Eigengewicht der Werkstücke, Schwingungen, Einspannungsverhältnisse usw. zu berücksichtigen.

Am einfachsten liegen die Verhältnisse noch bei Wellen, am schwierigsten bei verwickelten Gußstücken mit umständlicher Einspannung.

Die zulässige Belastung des Werkstückes durch den Schnittdruck ist in der Literatur erst in neuester Zeit berücksichtigt worden.

Taylor stellte lediglich fest, daß die Länge eines Werkstückes nicht größer als der zwölffache Durchmesser sein soll, bzw. daß, wenn diese Länge überschritten wird, Lünetten zu setzen sind.

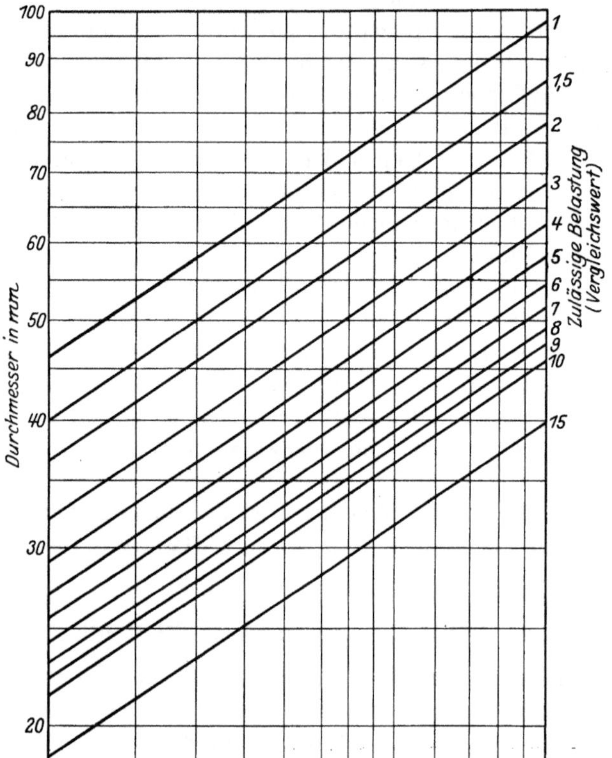

Abb. 109. Lünettentafel.

Bei einem Vortrag[1]) hatte ich Gelegenheit, auf die Bedeutung dieser Frage aufmerksam zu machen und ein Bild zu zeigen (Lünettentafel, Abb. 109), das genauere Unterlagen für diese Fragen liefern sollte. Auch Hippler hat in seinem Werke (Terminwesen und Arbeitsverteilung, Berlin: Julius Springer, S. 148 u. 149) verschiedene derartige Diagramme von mir veröffentlicht, die den Einfluß der Länge des Werkstückes auf Leistung und Schnittzeit zeigen (Abb. 110, 111).

Rechnerisch kann man den Problemen mit sehr guter Annäherung näherkommen, wenn man einige Vereinfachungen zuläßt. Man kann

[1]) Gehalten im V.D.I.-Haus in Berlin am 17. April 1923.

die zwischen den Spitzen der Bank eingespannte Welle als Träger auf zwei Stützen ansehen, der vom Schnittdruck auf Biegung beansprucht wird. Der ungünstigste Fall tritt ein, wenn der Schnittdruck in der

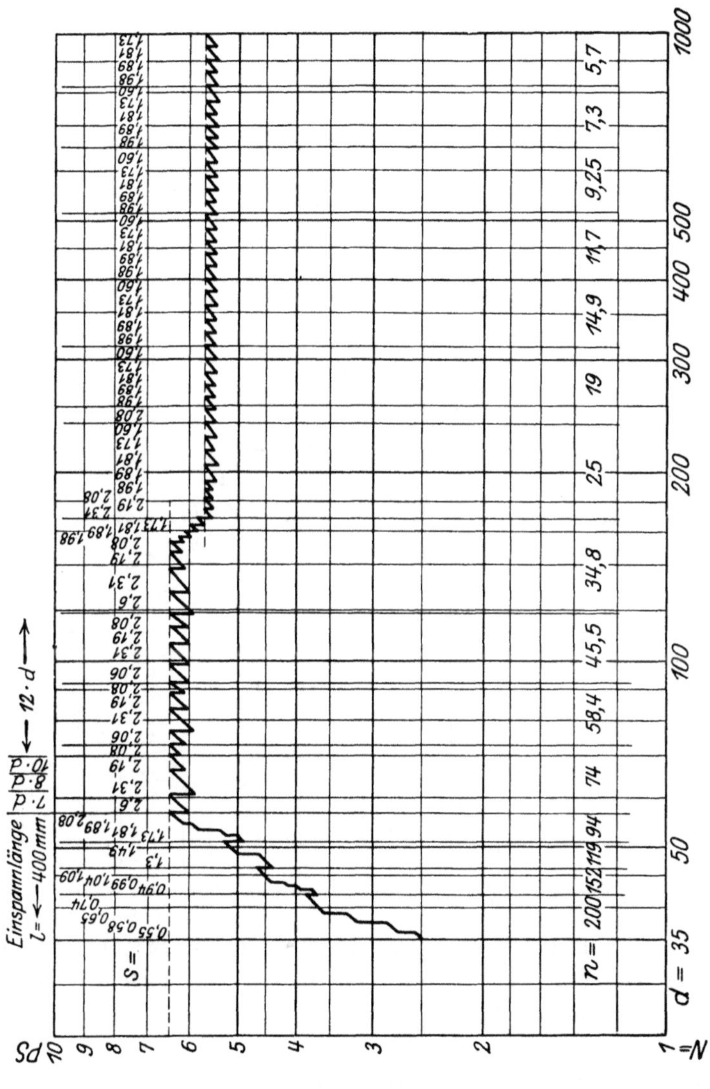

Abb. 110. Leistungsbild einer Räderkastenbank unter Berücksichtigung der Einspannungslänge.

Mitte des Werkstückes angreift. Die Einspannung zwischen den Körnerspitzen kann man weder als frei aufliegend[1]), noch als fest eingespannt im Sinne der Statik ansehen, sondern muß das Mittel aus diesen beiden Fällen annehmen. Für den frei aufliegenden Träger ist die zulässige

[1]) Vgl. Hütte: Taschenbuch, 21. Aufl. S. 564 und 565, Fall 2 und 5.

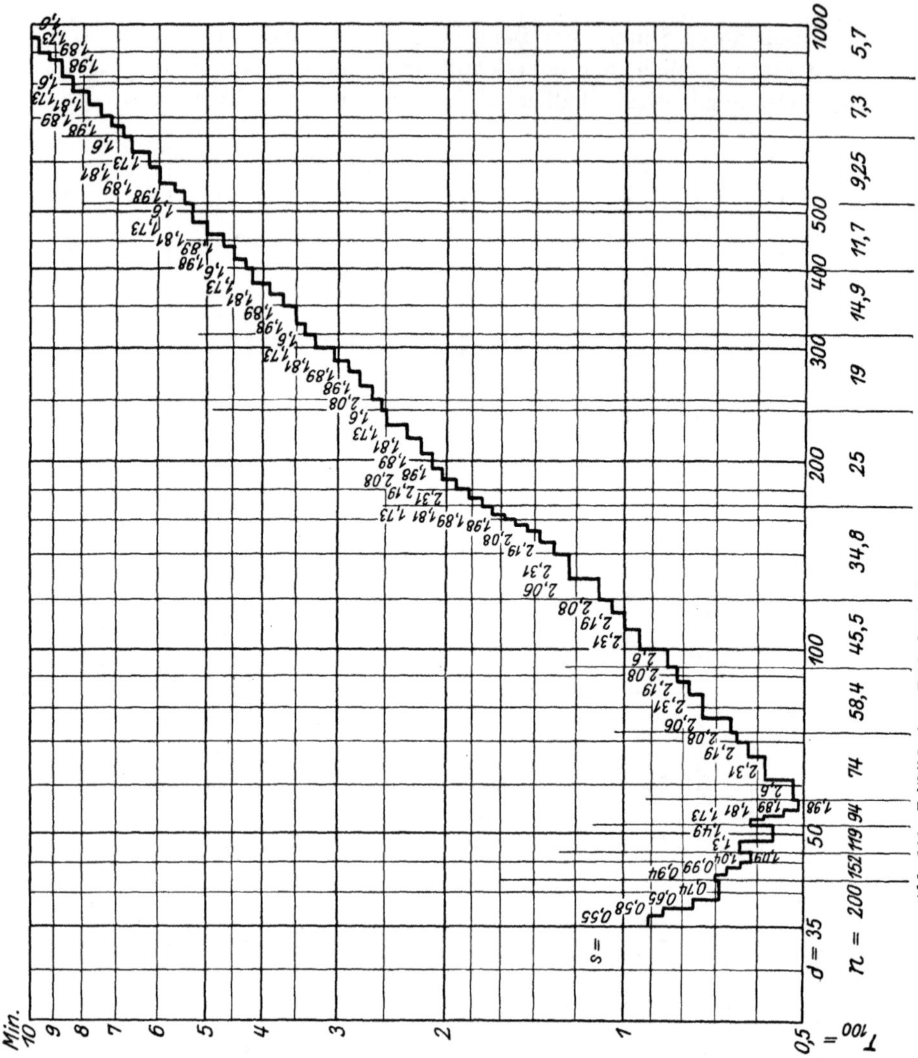

Abb. 111. Zeitbild einer Räderkastenbank unter Berücksichtigung der Einspannlänge.

Belastung durch die Kraft P_b in kg, wenn k_b die Biegungsspannung in kg/cm², l die Länge in cm und W das Widerstandsmoment in cm³ bezeichnet, bestimmt durch:

$$P_b = \frac{4 k_b \cdot W}{l}.$$

Für den f e s t eingespannten Träger gilt:

$$P_b = \frac{8 k_b \cdot W}{l}.$$

Zwischen diesen beiden bildet

$$P_b = \frac{6 k_b \cdot W}{l}$$

das Mittel. Zu dieser Gleichung kommt man auch, wenn man einen frei aufliegenden Träger mit nach der Mitte des Trägers hin zunehmender Last annimmt[1]). Die Zusatzlast kann in dem Eigengewicht der Wellen erblickt werden, die ja bei der großen Überzahl der vorkommenden Wellen nach der Mitte hin stärkeren Durchmesser aufweisen, als zu den Enden hin. Für den kreisförmigen Querschnitt mit dem Durchmesser d ist das Widerstandsmoment:

$$W = 0{,}1\,d^3,$$

so daß sich ergibt:

$$P_b = \frac{6 \cdot k_b \cdot 0{,}1\,d^3}{l}.$$

Da der Schnittdruck eine schwingende Kraft ist, wird für die zulässige Biegungsspannung bei Stahl und Eisen der Belastungsfall III[2]) mit

$$k_b = 500\ \text{kg/cm}^2 = 5\ \text{kg/mm}^2$$

angenommen. Es ergibt sich:

$$P_b = \frac{6 \cdot 5 \cdot 0{,}1 \cdot d^3}{l}\ \text{kg},$$

wenn d und l in mm eingesetzt werden; also:

$$\underline{P_b = \frac{3\,d^3}{l}.}$$

Der zulässige Druck nimmt also in dritter Potenz mit dem Durchmesser zu und umgekehrt der Länge ab. Da der Durchmesser und die Länge des Werkstückes gegeben sind, kann der zulässige Druck berechnet werden; d. h. man kann feststellen, welchen Schnittdruck die Welle ertragen kann, ohne verbogen zu werden.

Nach früherem war der Schnittdruck bei Chromnickelstahl (vgl. S. 127 bis 132)

$$P = F^{0{,}802} \cdot 367 \quad \text{bzw.} \quad P = F^{0{,}802} \cdot 26 \cdot \sqrt[2{,}2]{H} \cdot \sqrt[1{,}68]{\frac{\beta}{50}};$$

bei SM.-Stahl 75 kg:

$$P = F^{0{,}803} \cdot 350 \quad \text{bzw.} \quad P = F^{0{,}803} \cdot 25{,}9 \cdot \sqrt[2{,}2]{H} \cdot \sqrt[1{,}56]{\frac{\beta}{50}};$$

bei Schmiedeeisen:

$$P = F^{0{,}862} \cdot 229 \quad \text{bzw.} \quad P = F^{0{,}862} \cdot 19{,}8 \cdot \sqrt[2{,}2]{H} \cdot \sqrt[1{,}36]{\frac{\beta}{50}};$$

so daß sich z. B. ergibt (Chromnickelstahl):

$$\frac{3\,d^3}{l} = F^{0{,}802} \cdot 367 = F^{0{,}802} \cdot 26 \cdot \sqrt[2{,}2]{H} \cdot \sqrt[1{,}56]{\frac{\beta}{50}},$$

$$\sqrt[1{,}25]{F} = \frac{3\,d^3}{367 \cdot l} = \frac{3\,d^3}{26 \cdot \sqrt[2{,}2]{H} \cdot \sqrt[1{,}56]{\frac{\beta}{50}} \cdot l},$$

$$\underline{F_{\text{zuläss. Chromnickelstahl}} = \frac{0{,}067 \cdot d^{3{,}75}}{l^{1{,}25} \cdot \sqrt[1{,}75]{H} \cdot \sqrt[1{,}25]{\frac{\beta}{50}}}.}$$

[1]) Vgl. Hütte: Taschenbuch. 21. Aufl. S. 568, Fall 14.

[2]) Hütte a. a. O. S. 523.

Diese Gleichung stellt also den zulässigen Spanquerschnitt dar, den ein Werkstück aus Chromnickelstahl bei der Brinellhärte H, von der Länge l, dem Durchmesser d und dem Meißelwinkel β aushält.

Für SM.-Stahl 75 kg wird ebenso:

$$F_{\text{zuläss. SM.-Stahl 75 kg}} = \left[\frac{3\,d^3}{25{,}9 \cdot l \cdot \sqrt[2{,}2]{H} \cdot \sqrt[1{,}68]{\frac{\beta}{50}}}\right]^{1{,}25},$$

$$F_{\text{zuläss. SM.-Stahl 75 kg}} = \frac{0{,}068\,d^{3{,}75}}{l^{1{,}25} \cdot \sqrt[1{,}75]{H} \cdot \sqrt[1{,}34]{\frac{\beta}{50}}}.$$

Für Schmiedeeisen:

$$F_{\text{zuläss. Schmiedeeisen}} = \left[\frac{3\,d^3}{19{,}8\,l \cdot \sqrt[2{,}2]{H} \cdot \sqrt[1{,}36]{\frac{\beta}{50}}}\right]^{1{,}15},$$

$$F_{\text{zuläss. Schmiedeeisen}} = \frac{0{,}114\,d^{3{,}45}}{l^{1{,}15} \cdot \sqrt[1{,}9]{H} \cdot \sqrt[1{,}17]{\frac{\beta}{50}}}.$$

Der Spanquerschnitt, den ein Stück aushält, wächst also sehr stark mit dem Durchmesser. F muß kleiner werden, wenn das Stück länger und härter wird und wenn der Meißelwinkel β wächst. Schon das Gefühl sagt, daß ein Stück stärker beansprucht wird, wenn der Winkel β größer wird.

Wesentlich besseren Überblick als diese allgemeinen Formeln, ergeben wieder graphische Darstellungen in Form von doppellogarithmischen Diagrammen (Abb. 112).

Die rechte Hälfte des Diagramms stellt die Beziehung

$$P_b = \frac{3\,d^3}{l}$$

dar, bei der l und P als Koordinaten gewählt sind, um einen einfachen Übergang in die linke Hälfte des Diagramms zu erhalten. In dieser sind u. a. die Schnittdrucklinien für $\beta = 68°$ bei den verschiedenen Stahlsorten Klopstocks dargestellt. Man findet also den zulässigen Spanquerschnitt, den ein Werkstück von $l = 1000$ mm Länge und $d = 100$ aushält, indem man (wie das eingezeichnete Beispiel zeigt) auf $l = 1000$ senkrecht hinauf bis $d = 100$ geht, und die Horizontale bis zum Schnitt mit der Schnittdrucklinie verfolgt, an der senkrecht nach unten der Spanquerschnitt 13,2 mm² bei Chromnickelstahl bzw. 20 mm² bei Schmiedeeisen abgelesen wird.

Entsprechend den verschiedenen Werkstoffen, Meißelwinkeln und Brinellzahlen ergeben sich auch andere Schnittdrucklinien, für die im Diagramm nur die Grenzwerte $k_z = 45$ kg $\beta = 50°$, $k_z = 85$ kg $\beta = 75°$ eingezeichnet worden sind, die übrigen kann man sowohl aus den Diagrammen (S. 129 und 131), als auch aus den Schnittdrucktabellen 44 und 45 ermitteln. Man hat die zu k_z (H) und β gehörenden C_{k_s}-Werte auf der $F = 1$-Achse abzutragen und Parallele zu den Geraden zu ziehen. Je kleiner der $\sphericalangle \beta$, und je kleiner die Brinellzahl bzw. k_z wird, desto weiter rücken die Schnittdrucklinien parallel zu sich selbst nach rechts unten, desto größer werden also auch die zulässigen Spanquerschnitte, wie dies auch schon der Vergleich zwischen Chromnickelstahl und Schmiedeeisen zeigt. Mit wachsendem β und wachsendem k_z wandern die Geraden nach links oben, die Spanquerschnitte werden kleiner.

Das Diagramm gibt also die Möglichkeit, alle Faktoren zu berücksichtigen. Will man große Sicherheit bei der Wahl des Spanquerschnitts erhalten, so wählt man auch bei kleinerem k_z und β stets die am weitesten links

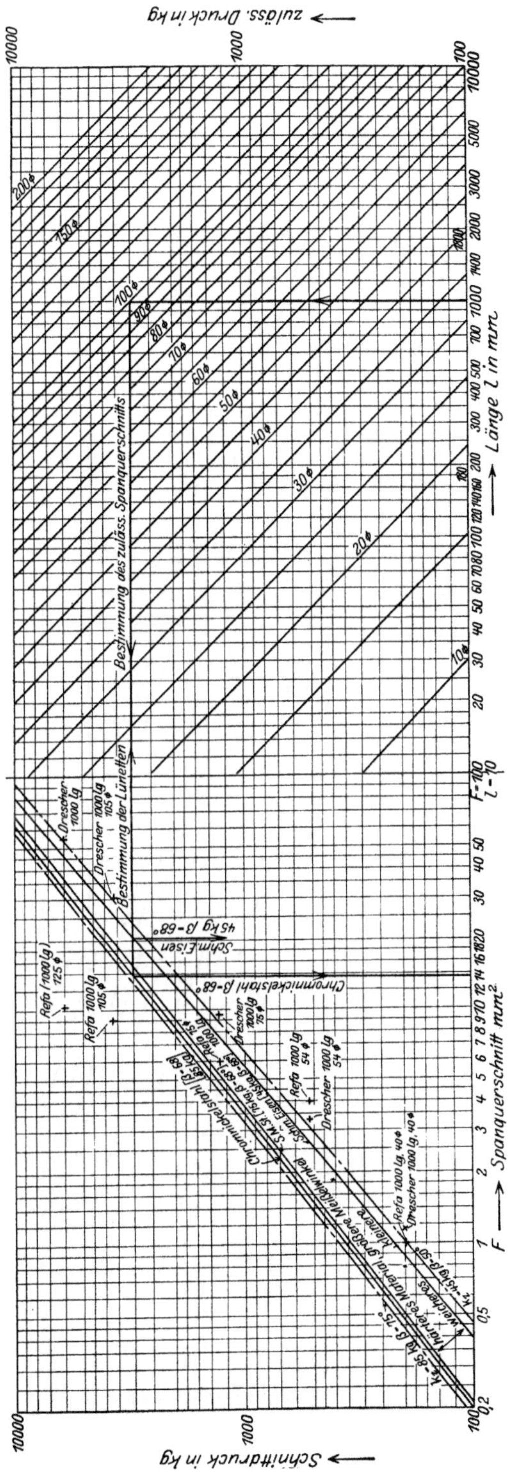

Abb. 112. Diagramm zur Ermittlung der zulässigen Spanquerschnitte bzw. der Lünetten.
(Für $l = 10 \div 10000$ mm; $d = 10 \div 200$ ⌀ mm; $k_z = 45 \div 85$ kg/mm²; $\beta = 50° \div 75°$; $F = 0{,}2 \div 100$ mm².)

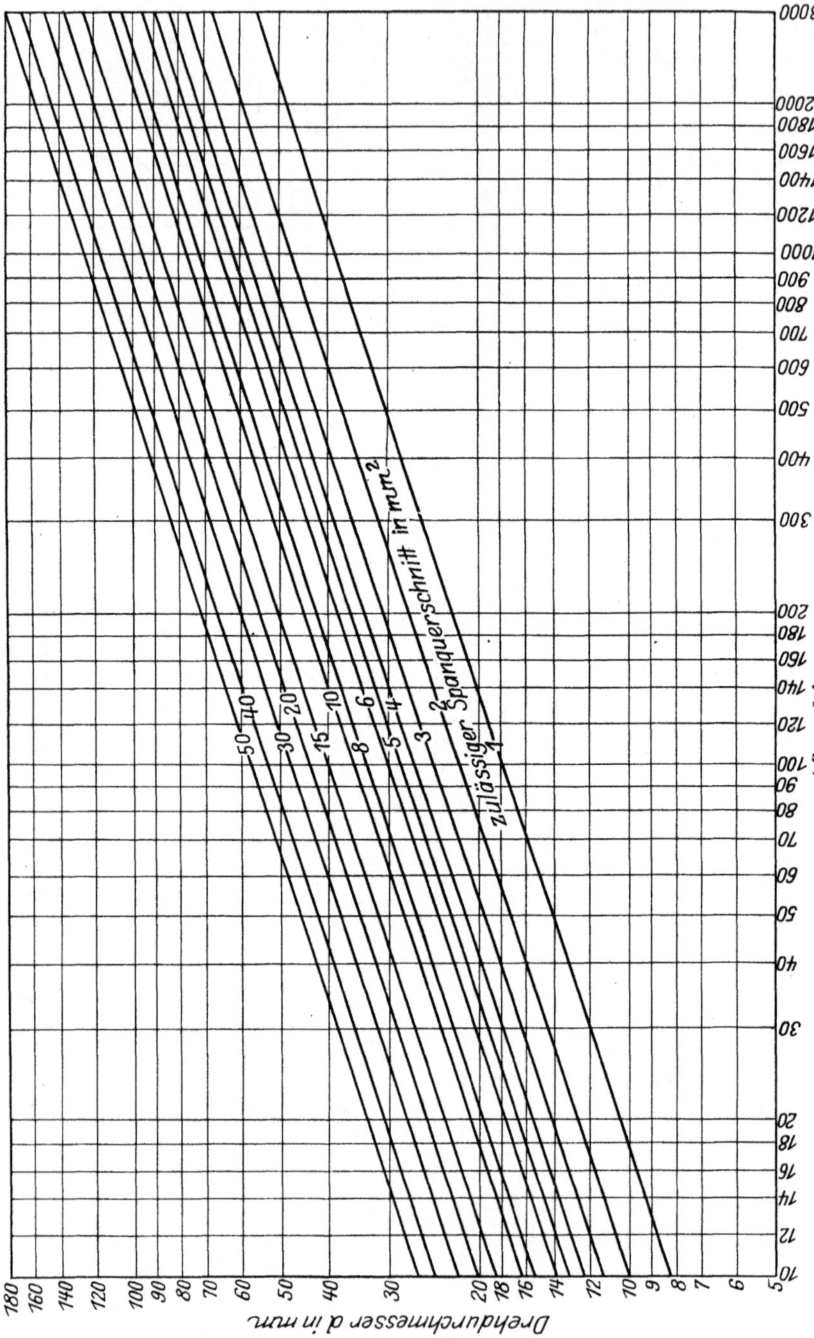

Abb. 113. Zulässige Spanquerschnitte für Wellenbearbeitung nach Drescher.

liegende Gerade zur Bestimmung des Spanquerschnitts. Macht man die Erfahrung, daß das Werkstück etwas größere Spanquerschnitte erträgt, so wählt man zur Bestimmung eine weiter rechts liegende Gerade.

Will man einen bestimmten Spanquerschnitt (der z. B. zur Ausnutzung der Bank erzielt werden soll) abdrehen, so benutzt man das Diagramm in umgekehrter Folge. Ist z. B. 13,2 mm² Spanquerschnitt für $k_z = 85$ kg $\beta = 68°$ bei einem Durchmesser 100 und einer Länge $l = 3000$ mm abzudrehen, so geht man längs des eingezeichneten Bei-

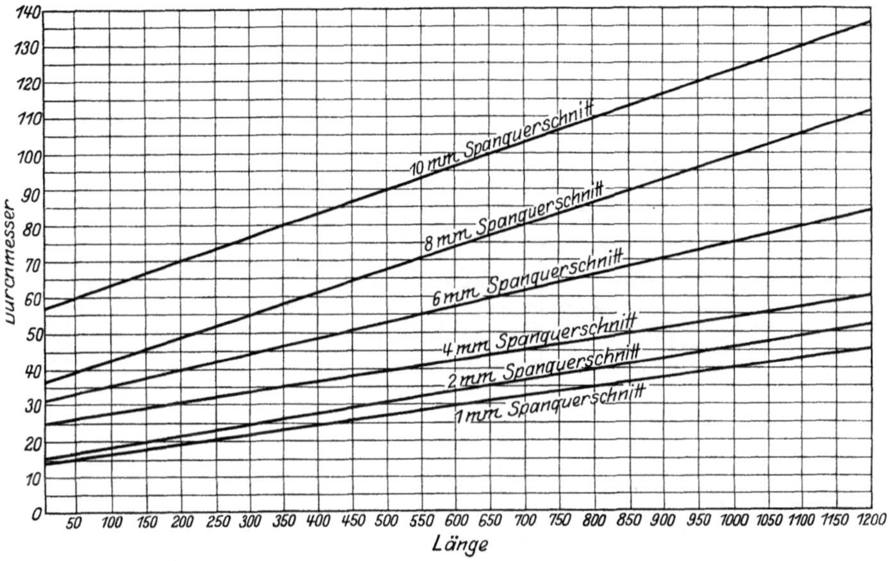

Abb. 114. Zulässige Spanquerschnitte für Wellenbearbeitung (Refablatt VIII Dr IV—2).

spiels in Richtung „Bestimmung der Lünetten" und findet bei $d = 100$, die Länge $l = 1000$, d. h. das Werkstück darf nur 1000 mm freie Länge haben, muß also durch Setzen von Lünetten auf diesen Längen gestützt werden.

Die mir vor kürzerer Zeit bekanntgewordenen Diagramme, die sich mit der Bestimmung der zulässigen Spanquerschnitte befassen, sind in Abb. 113, 114 wiedergegeben[1]). Ein Vergleich zeigt, daß im Diagramm 113 (Bild Drescher) der Durchmesser ebenfalls in der 3. Potenz vorkommt. Der Richtungsfaktor der Geraden ist z. B. für $F = 1$:

$$\operatorname{tg}\alpha = a = \log 17{,}8 - \log 8{,}2 = 1{,}250 - 0{,}914 = 0{,}336 = \tfrac{1}{3}\,,$$

also

$$d = 3{,}85 \sqrt[3]{l}\,,$$

ebenso ergibt sich für $l = 1$.

$$d = 3{,}85 \sqrt[3{,}3]{F}\,.$$

[1]) Abb. 113 von Herrn Obering. Drescher, Abb. 114 Refablatt VIII Dr IV—2.

Auf den Koordinatenanfang bezogen:

$$d = 3{,}85 \sqrt[3]{l} \cdot \sqrt[3,3]{F}\,.$$

Um einen Vergleich zu ermöglichen, sind in Abb. 115 die drei Diagramme für einige Spanquerschnitte im doppellogarithmischen Netz übereinander gezeichnet. Für die Refa-Werte ergeben sich Kurven mit verschiedenen Krümmungen. Die Krümmungen und ihre Verschiedenheit erklären sich daraus, daß das Refa-Diagramm nicht par-

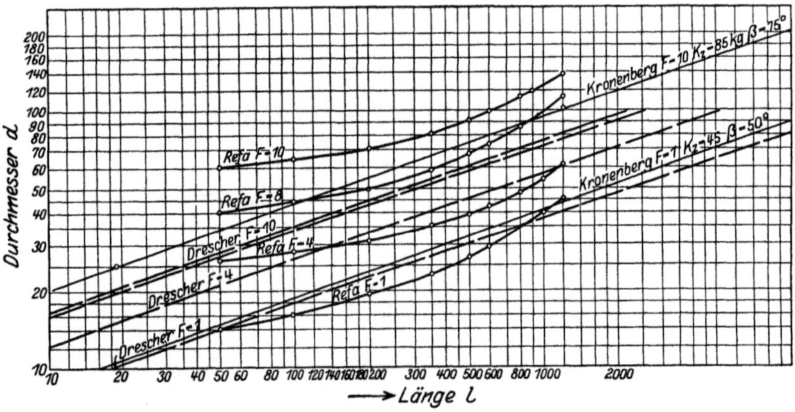

Abb. 115.

allele und nicht durch den Nullpunkt gehende Gerade im arithmetischen Netz enthält.

Für den Spanquerschnitt $F = 1$ sind die Werte der drei Diagramme in guter Übereinstimmung. Beim Spanquerschnitt $F = 10$ mm² liegt die Refa-Kurve bedeutend höher als die beiden anderen, d. h. die Refa-Kurven lassen einen Spanquerschnitt von $F = 10$ mm² erst bei wesentlich größeren Durchmessern bzw. nur für kleinere Längen zu. Die von mir für $F = 10$, $k_z = 85$ kg und $\beta = 68°$ bestimmte Gerade schneidet die $F = 8$ mm²-Refa-Kurve und liegt in der Mitte zwischen Refa 10 mm² und 10 mm² nach Drescher.

Die Gründe für die Verschiedenheit der Angaben und besonders für die sehr vorsichtigen und geringen Refa-Werte sind aus Abb. 112 (S. 155) zu ersehen. Es sind nur Punkte eingetragen, um das Bild nicht durch Linien unübersichtlich zu machen. Die Punkte kennzeichnen jeweils die verschiedenen Spanquerschnitte für gleiche Länge und gleichen Durchmesser; diejenigen nach den Refa-Werten liegen abermals auf einer Kurve. Bei $F = 1$ fallen alle drei Werte fast zusammen, und zwar auf die $k_z = 45$ kg, $\beta = 50°$-Linie. Je mehr die Durchmesser ansteigen, desto mehr bleiben die Refa-Spanquerschnitte zurück. Bei $d = 75$ entsprechen sie schon $k_z = 60$ *kg*, bei $d = 105$ liegen sie bereits jenseits des härtesten Werkstoffes und größten Meißelwinkels usw. Die Punkte nach den Werten von Drescher liegen auf einer Geraden, die sich mit steigendem Durchmesser immer mehr dem weichsten Material und kleinstem Winkel β nähern. Sie gelten also scheinbar hierfür und stimmen unter diesem Gesichtspunkt recht gut.

Vergleicht man z. B. $d = 125$ und 1000 Länge, so gibt Drescher $F = 54\ mm^2$, Refa ∞ 10 mm^2 an. Die Werte nach meinen Angaben

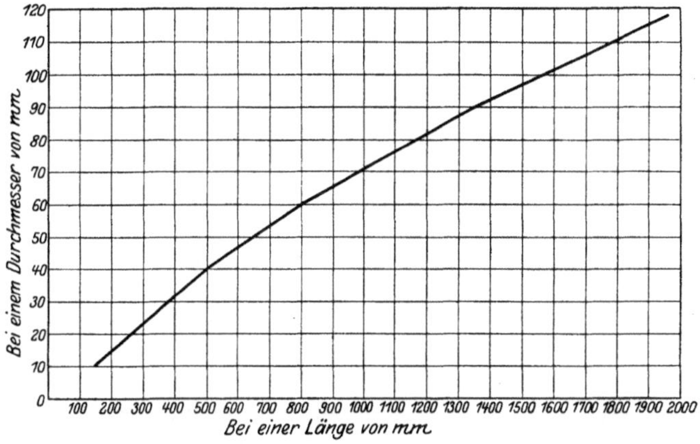

Abb. 116.

wären für $k_z = 85$ kg $\beta = 75°$ $F = 30\ mm^2$, für $k_z = 45$ kg $\beta = 50°$ $F = 54\ mm^2$. Aus dem Diagramm erkennt man jetzt aber auch, warum die Refa-Werte mit steigendem Durchmesser so gering sind. In ihnen ist der Abfall des spezifischen Schnittdrucks mit steigendem Spanquerschnitt nicht berücksichtigt worden. Dieser Abfall hat natürlich wesentlichen Einfluß auf den zulässigen Spanquerschnitt. Es sei hinzugefügt, daß die Refa-Werte ja nicht zur unmittelbaren Verwendung in der Praxis, sondern als Lehrmaterial für die Refa-Kurse ausgearbeitet werden, so daß es hierfür richtig ist, wie man es auch getan hat, nur Werte herauszugeben, die als Annäherung zu bezeichnen sind.

Ein rein empirisches Diagramm, das anzeigt, bei welchen Längen und Durchmessern die Dreher eine Lünette setzen, zeigt Abb. 116. Es nimmt jedoch keine Rücksicht auf den Spanquerschnitt und ist daher nicht zu verwenden.

IV. Die Leistung.

a) Einführende Zusammenhänge.

Leistung ist das Produkt aus Kraft und Geschwindigkeit, so daß die Schnittleistung N in PS am Drehstahl allgemein dargestellt wird durch:

$$N = \frac{P \cdot v}{75 \cdot 60}$$

oder:

$$N = \frac{F \cdot k_s \cdot v}{75 \cdot 60}.$$

Durch Einsetzen der abgeleiteten Gesetze für Schnittgeschwindigkeit und Schnittdruck entsteht:

$$N = \frac{\frac{C_v}{\sqrt[\varepsilon_v]{F}} \cdot \frac{C_{k_s}}{\sqrt[\varepsilon_{k_s}]{F}}}{4500} \cdot F.$$

Zur Vereinfachung wird der Begriff der Leistung eingeführt, die für die Abnahme von 1 mm² Spanquerschnitt bei der zugehörigen Schnittgeschwindigkeit erforderlich ist; diese Leistung sei mit C_N bezeichnet:

$$C_N = \frac{C_v \cdot C_{k_s}}{4500} \text{ (Dimension: PS/mm}^2\text{)},$$

für einen beliebigen Spanquerschnitt F wird dann:

$$N = \frac{C_N \cdot F}{\sqrt[\varepsilon_v]{F}\,\sqrt[\varepsilon_{k_s}]{F}}.$$

Die Exponenten ε_v und ε_{k_s} lassen sich zusammenfassen:

$$N = C_N \cdot F^{1 - \frac{1}{\varepsilon_v} - \frac{1}{\varepsilon_{k_s}}}.$$

Der Exponent von F ergibt hier stets einen positiven echten Bruch, da sowohl $1/\varepsilon_v$ als auch $1/\varepsilon_{k_s}$ kleiner als 1 sind. Es wird somit, wenn der zusammengesetzte Exponent $\frac{1}{\varepsilon_N}$ genannt wird:

$$\frac{1}{\varepsilon_N} = 1 - \frac{1}{\varepsilon_v} - \frac{1}{\varepsilon_{k_s}},$$

$$\varepsilon_N = \frac{\varepsilon_v \cdot \varepsilon_{k_s}}{\varepsilon_v \cdot \varepsilon_{k_s} - \varepsilon_v - \varepsilon_{k_s}}.$$

Die Leistungsgleichung wird also:

$$\boxed{N = C_N \cdot \sqrt[\varepsilon_N]{F}.}$$

Daraus folgt der Spanquerschnitt, der sich mit einer am Stahl verfügbaren Leistung N erzielen läßt:

$$\boxed{F = \left(\frac{N}{C_N}\right)^{\varepsilon_N}}$$ (Gesetz des nutzbaren Spanquerschnittes).

Da ε_N eine positive Zahl > 1 ist, folgt aus dem Gesetz des nutzbaren Spanquerschnittes, daß der Spanquerschnitt, der auf einer Bank zu erzielen ist, stärker wächst als die dafür aufzuwendende Leistung.

Es sind nunmehr die ε_N- und C_N-Werte zu ermitteln:

A. *Taylor*:

1. SM.-Stahl 50/60 kg.

a) Kohlenstoffstahl 20 Min. Lebensdauer:

α) für $s:t = 1:10$ war (vgl. Zahlentafel 16 und 24):

$$\varepsilon_v = 1{,}76\,, \quad \varepsilon_{k_s} = 28{,}5$$
$$C_v = 9\,, \quad C_{k_s} = 216$$
$$\underline{\varepsilon_N} = \frac{1{,}76 \cdot 28{,}5}{1{,}76 \cdot 28{,}5 - 28{,}5 - 1{,}76} = \underline{2{,}54}\,,$$
$$\underline{C_N} = \frac{216 \cdot 9}{4500} = \underline{0{,}43}\,.$$

Für Kohlenstoffstahl bleibt bei anderen Verhältnissen von $s:t$ ε_N unverändert, da $\varepsilon_v = 1{,}76$ und $\varepsilon_{k_s} = 28{,}5$ gleich bleiben; es braucht daher für diese nur C_N ermittelt zu werden:

β) $s:t = 1:1$

$$C_N = \frac{200 \cdot 9}{4500} = \underline{0{,}4}\,;$$

γ) $s:t = 10:1$

$$C_N = \frac{185 \cdot 9}{4500} = \underline{0{,}37}\,.$$

b) Kohlenstoffstahl 90 Min. Lebensdauer:

α) $s:t = 1:10$

$$C_N = \frac{216 \cdot 5{,}4}{4500} = \underline{0{,}26}\,.$$

C_N wird für die größere Lebensdauer des Drehstahles kleiner, da die Schnittgeschwindigkeit niedriger zu nehmen ist, also auch die aufzuwendende Leistung.

β) $s:t = 1:1$

$$C_N = \frac{200 \cdot 5{,}4}{4500} = \underline{0{,}24}\,,$$

γ) $s:t = 10:1$

$$C_N = \frac{185 \cdot 5{,}4}{4500} = \underline{0{,}22}\,;$$

c) Schnellstahl 90 Min. $1^1/_4''$:

α) für $s:t = 1:10$ war (vgl. Zahlentafeln 16 und 24)

$$\varepsilon_v = 1{,}94\,, \quad \varepsilon_{k_s} = 28{,}5\,,$$
$$C_v = 80\,, \quad C_{k_s} = 216\,,$$
$$\underline{\varepsilon_N} = \frac{1{,}94 \cdot 28{,}5}{1{,}94 \cdot 28{,}5 - 28 - 1{,}94} = \underline{2{,}22}$$

ε_N bleibt ebenfalls für Schnellstahl unverändert; und zwar gleich 2,22

$$C_N = \frac{216 \cdot 80}{4500} = \underline{3{,}84}\,,$$

β) $s:t = 1:1$

$$C_N = \frac{200 \cdot 80}{4500} = \underline{3{,}65}\,,$$

γ) $s:t = 10:1$

$$C_N = \frac{185 \cdot 80}{4500} = \underline{3{,}3}\,,$$

d) Schnellstahl 90 Min. $^7/_8{}''$:

α) $s:t = 1:10$

$$C_N = \frac{216 \cdot 64}{4500} = \underline{3{,}07}\,,$$

β) $s:t = 1:1$

$$C_N = \frac{200 \cdot 64}{4500} = \underline{2{,}84}\,,$$

γ) $s:t = 10:1$

$$C_N = \frac{185 \cdot 64}{4500} = \underline{2{,}63}\,.$$

2. Gußeisen weich (für Kohlenstoffstahl keine v-Werte).

a) Schnellstahl $1^1/_4{}''$:

α) für $s:t = 1:10$ war (vgl. Zahlentafel 16 und 24):

$$\varepsilon_v = 2{,}52\,, \qquad \varepsilon_{k_s} = 6{,}34\,,$$

$$C_v = 73\,, \qquad C_{k_s} = 108\,,$$

$$\underline{\varepsilon_N} = \frac{2{,}52 \cdot 6{,}34}{2{,}52 \cdot 6{,}34 - 6{,}34 - 2{,}52} = \underline{2{,}24}\,,$$

$$C_N = \frac{108 \cdot 73}{4500} = \underline{1{,}75}\,,$$

β) $s:t = 1:1$

$$C_N = \frac{88 \cdot 73}{4500} = \underline{1{,}42}\,,$$

γ) $s:t = 10:1$

$$C_N = \frac{72 \cdot 73}{4500} = \underline{1{,}17}\,,$$

b) Schnellstahl $^7/_8{}''$:

α) $s:t = 1:10$

$$C_N = \frac{108 \cdot 60}{4500} = \underline{1{,}44}\,,$$

β) $s:t = 1:1$

$$C_N = \frac{88 \cdot 60}{4500} = \underline{1{,}17}\,,$$

γ) $s:t = 10:1$

$$C_N = \frac{72 \cdot 60}{4500} = \underline{0{,}96}\,.$$

3. Gußeisen hart. ε_N wie bei Gußeisen weich.

a) Schnellstahl $1^1/_4''$:

α) $s:t = 1:10$

$$C_N = \frac{170 \cdot 22}{4500} = \underline{\underline{0{,}83}}\,,$$

β) $s:t = 1:1$

$$C_N = \frac{138 \cdot 22}{4500} = \underline{\underline{0{,}68}}\,,$$

γ) $s:t = 10:1$

$$C_N = \frac{112 \cdot 22}{4500} = \underline{\underline{0{,}55}}\,,$$

b) Schnellstahl $^7/_8''$:

α) $s:t = 1:10$

$$C_N = \frac{170 \cdot 18}{4500} = \underline{\underline{0{,}68}}\,,$$

β) $s:t = 1:1$

$$C_N = \frac{138 \cdot 18}{4500} = \underline{\underline{0{,}55}}\,,$$

γ) $s:t = 10:1$

$$C_N = \frac{112 \cdot 18}{4500} = \underline{\underline{0{,}45}}\,.$$

B. *Friedrich*:

1. SM.-Stahl weich.

$$\varepsilon_v = 2{,}3\,, \qquad \varepsilon_{k_s} = 15\,,$$
$$C_v = 67\,, \qquad C_{k_s} = 218\,,$$
$$\underline{\varepsilon_N} = \frac{2{,}3 \cdot 15}{2{,}3 \cdot 15 - 2{,}3 - 15} = \underline{2}\,.$$

Für die anderen Stahlarten bleibt $\varepsilon_N = 2$.

$$C_N = \frac{67 \cdot 218}{4500} = \underline{\underline{3{,}25}}\,.$$

2. Stahl mittel.

$$C_v = 46\,, \qquad C_{k_s} = 198\,,$$
$$C_N = \frac{46 \cdot 198}{4500} = \underline{\underline{2{,}02}}\,.$$

3. Stahl hart.

$$C_v = 22\,, \qquad C_{k_s} = 270\,,$$
$$C_N = \frac{22 \cdot 270}{4500} = \underline{\underline{1{,}32}}\,.$$

4. Guß weich.

$$\varepsilon_v = 3{,}6\,, \qquad \varepsilon_{k_s} = 5{,}44\,,$$
$$C_v = 46\,, \qquad C_{k_s} = 123\,,$$
$$\underline{\varepsilon_N} = \frac{3{,}6 \cdot 5{,}44}{3{,}6 \cdot 5{,}44 - 3{,}6 - 5{,}44} = \underline{1{,}83}\,,$$
$$C_N = \frac{46 \cdot 123}{4500} = \underline{\underline{1{,}25}}\,.$$

5. Guß mittel.

$$\varepsilon_v = 3{,}6\,, \qquad \varepsilon_{k_s} = 4{,}26\,,$$
$$C_v = 24\,, \qquad C_{k_s} = 232\,,$$
$$\underline{\varepsilon_N} = \frac{3{,}6 \cdot 4{,}26}{36 \cdot 4{,}26 - 3{,}6 - 4{,}26} = \underline{2{,}05}\,,$$
$$C_N = \frac{24 \cdot 232}{4500} = \underline{1{,}24}\,.$$

6. Guß hart.

$$\varepsilon_v = 5{,}4\,, \qquad \varepsilon_{k_s} = 3{,}65\,,$$
$$C_v = 13\,, \qquad C_{k_s} = 252\,,$$
$$\underline{\varepsilon_N} = \frac{5{,}4 \cdot 3{,}65}{5{,}4 \cdot 3{,}65 - 5{,}4 - 3{,}65} = \underline{1{,}85}\,,$$
$$C_N = \frac{13 \cdot 252}{4500} = \underline{0{,}73}\,.$$

C. *Hippler*:

Da ε_{k_s} und ε_v ständig $= 4$ sind, ist:

$$\underline{\varepsilon_N = 2}\,.$$

1. Messing weich.

$$C_N = \frac{100 \cdot 100}{4500} = \underline{2{,}22}\,.$$

2. Messing hart.

$$C_N = \frac{100 \cdot 160}{4500} = \underline{3{,}56}\,.$$

3. Rotguß.

$$C_N = \frac{90 \cdot 120}{4500} = \underline{2{,}4}\,.$$

4. Stahl 40/50 kg.

$$C_N = \frac{31 \cdot 220}{4500} = \underline{1{,}52}\,.$$

5. Stahl 50/60 kg.

$$C_N = \frac{23 \cdot 240}{4500} = \underline{1{,}23}\,.$$

6. Stahl 60/80 kg.

$$C_N = \frac{14 \cdot 260}{4500} = \underline{0{,}81}\,.$$

7. Gußeisen weich.

$$C_N = \frac{31 \cdot 120}{4500} = \underline{0{,}83}\,.$$

8. Gußeisen mittel.

$$C_N = \frac{16 \cdot 200}{4500} = \underline{0{,}71}\,.$$

9. Gußeisen hart.

$$C_N = \frac{9 \cdot 270}{4500} = \underline{0{,}54}\,.$$

D. *A.W.F.-Richtwerte*:

1. Elektron.

$$\varepsilon_v = 1{,}2\,, \qquad \varepsilon_{k_s} = 17{,}6\,,$$
$$C_v = 430\,, \qquad C_{k_s} = 23{,}8\,,$$
$$\underline{\varepsilon_N} = \frac{1{,}2 \cdot 17{,}6}{1{,}2 \cdot 17{,}6 - 1{,}2 - 17{,}6} = \underline{9{,}2}\,,$$
$$C_N = \frac{430 \cdot 23{,}8}{4500} = \underline{2{,}27}\,.$$

2. Messing.

$$\varepsilon_v = 1{,}65\,, \qquad \varepsilon_{k_s} = 6{,}8\,,$$
$$C_v = 112\,, \qquad \varepsilon_v = 70\,,$$
$$\underline{\varepsilon_N} = \frac{1{,}65 \cdot 6{,}8}{1{,}65 \cdot 6{,}8 - 1{,}65 - 6{,}8} = \underline{4{,}06}\,,$$
$$C_N = \frac{70 \cdot 112}{4500} = \underline{1{,}74}\,.$$

3. Chromnickelstahl.

$$\varepsilon_v = 1{,}75\,, \qquad \varepsilon_{k_s} = 10{,}4\,,$$
$$C_v = 29\,, \qquad C_{k_s} = 241\,,$$
$$\underline{\varepsilon_N} = \frac{1{,}75 \cdot 10{,}4}{1{,}75 \cdot 10{,}4 - 1{,}75 - 10{,}4} = \underline{3{,}0}\,,$$
$$C_N = \frac{29 \cdot 241}{4500} = \underline{1{,}55}\,.$$

4. SM.-Stahl 50/60 kg.

$$\varepsilon_v = 2{,}44\,, \qquad \varepsilon_{k_s} = 7{,}8$$
$$C_v = 35\,, \qquad C_{k_s} = 160$$
$$\underline{\varepsilon_N} = \frac{2{,}44 \cdot 7{,}8}{2{,}44 \cdot 7{,}8 - 2{,}44 - 7{,}8} = \underline{2{,}17}\,,$$
$$C_N = \frac{35 \cdot 160}{4500} = \underline{1{,}24}\,,$$

5. Rotguß.

$$\varepsilon_v = 2{,}23\,, \qquad \varepsilon_{k_s} = 4\,,$$
$$C_v = 80\,, \qquad C_{k_s} = 80\,,$$
$$\underline{\varepsilon_N} = \frac{2{,}23 \cdot 4}{2{,}23 \cdot 4 - 2{,}23 - 4} = \underline{3{,}3}\,,$$
$$C_N = \frac{80 \cdot 80}{4500} = \underline{1{,}42}\,.$$

6. Stahlguß.

$$\varepsilon_v = 2{,}75\,, \qquad \varepsilon_{k_s} = 67\,,$$
$$C_v = 28{,}7\,, \qquad C_{k_s} = 176\,,$$
$$\underline{\varepsilon_N} = \frac{2{,}75 \cdot 6{,}7}{2{,}75 \cdot 6{,}7 - 2{,}75 - 6{,}7} = \underline{2{,}05}\,,$$
$$C_N = \frac{28{,}7 \cdot 176}{4500} = \underline{1{,}12}\,.$$

7. Gußeisen mittel[1]).

[1]) Vgl. S. 84.

Zahlentafel 31. Zusammenstellung der C_N und ε_N.

Werkstoff	Taylor Kohlenstoffstahl C_N 20 Min. $s:t$ = 1:10	1:1	10:1	90 Min. 1:10	1:1	10:1	ε_N	Taylor Schnellstahl C_N 1¼″ 1:10	1:1	1:10	⅞ 1:10	1:1	10:1	ε_N	Friedrich C_N	ε_N	Hippler C_N	ε_N	A.W.F. C_N	ε_N	A.W.F. und Klopstock zusammen C_N (Schnellstahl, Bestwerte)	ε_N
Elektron																			2,27	9,2		
Messing																	w. 2,22 h. 3,56		1,74	4,06	1,74	3,82
Rotguß																	2,4		1,42	3,3		
Chromnickelstahl																			1,55	3,0	2,37	4,32
Schmiedeeisen																						
SM.-Stahl 40/50															3,25		1,52				(2,5)	
SM.-Stahl 50/60	0,43	0,4	0,37	0,26	0,24	0,22	2,54	3,84	3,65	3,3	3,07	2,84	2,63	2,22	2,02	2	1,23	2	1,24	2,17	2,05	2,55
SM.-Stahl 60/80															1,32		0,81				(1,55)	
Stahlguß																			1,12	2,05		
Gußeisen weich								1,75	1,42	1,17	1,44	1,17	0,96		1,25	1,83	0,83				(0,68)	
Gußeisen mittel														2,24	1,24	2,05	0,71		[1]	[1]	0,5	1,7
Gußeisen hart								0,83	0,68	0,55	0,68	0,55	0,45		0,73	1,85	0,54				(0,33)	

Zum Vergleich sind die ε_N- und C_N-Werte in der Zahlentafel 31 zusammengestellt. Es fällt auf, daß sich der Exponent ε_N bei Stahl und Gußeisen in der Nähe von 2 bewegt, und zwar sowohl nach Taylor (2,54 bei Kohlenstoffmeißel, 2,22 bei Schnellstahl für SM.-Stahl, und 2,24 Gußeisen), nach Friedrich (2 für Stahl, 1,83 bis 2,05 für Gußeisen), nach Hippler (2), nach A.W.F.-Richtwerten (2,17), als auch nach den von mir vereinigtenKlopstock-A.W.F.-Werten (2,55 für Stahl, Ableitung siehe S. 169). Die anderen Werkstoffe fallen jedoch heraus.

Des weiteren ersieht man, daß für die härteren Werkstoffe weniger Leistung zur Abnahme von 1 mm² Spanquerschnitt erforderlich ist, als für die weicheren. Dies ist ebenfalls wieder bei Taylor (Gußeisen hart zu weich: 0,83 zu 1,75, 0,68 zu 1,42; 0,55 zu 1,17; 0,45 zu 0,91),

[1] Vgl. S. 84.

bei Friedrich (Guß hart zu mittel zu weich: 0,73 : 1,24 : 1,25, Stahl: 1,32 : 2,02 : 3,25) und bei Hippler (Guß: 0,54 : 0,71 : 0,83, Stahl: 0,81 : 1,23 : 1,52) zu bemerken. Vom A.W.F. liegen noch keine Richtwerte für gleiches Material verschiedener Festigkeit vor.

Diese Erscheinung geht auch aus dem Diagramm (Abb. 117) hervor. In dieser Abb. sind auf der Abszissenachse die C_v- und auf der Ordinatenachse die C_{k_s}-Werte aufgetragen; jeder Schnittpunkt von C_v und C_{k_s} ergibt die zugehörigen Werte von C_N, die durch die schrägen Geraden dargestellt sind. Die C_N-Punkte nach Taylor, Friedrich und Hippler sind durch gestrichelte Gerade verbunden, man erkennt, daß die Neigung der Geraden von rechts unten nach links oben verläuft, also mit steigendem Schnittdruck und fallender Schnittgeschwindigkeit in das Gebiet der kleineren Leistungen gehen.

Durch dieses Verhalten darf man sich jedoch nicht dazu verleiten lassen, anzunehmen, daß die Bearbeitung härteren Werkstoffs „schneller" gehe als die von weicherem. Für die Bearbeitungszeit ist nicht die Leistung, sondern das aus der Leistung erzielbare Spanvolumen maßgebend. Das Spanvolumen folgt jedoch einem anderen Gesetz, auf das noch einzugehen sein wird.

Des weiteren ist zu beachten, daß hier noch Probleme ihrer Lösung harren. Wie gezeigt, war es möglich, eine direkte Beziehung zwischen der Brinellhärte (bzw. Festigkeit), dem Meißelwinkel und dem Schnittdruck für 1 mm² Spanquerschnitt (C_{k_s}) auf Grund der vorgenommenen Auswertungen der Versuche von Klopstock und Stanton-Heyde aufzustellen. Im Diagramm Abb. 117 kann man also durch Einzeichnen von horizontalen Achsen z. B. die Gebiete des Schnittdruckes für Stahl bestimmter Festigkeit und Meißelwinkel kennzeichnen. Dasselbe Verfahren ist aber für die vertikale Achse noch nicht möglich, denn es liegen noch keine Versuche vor, die in der sorgfältigen Art der Klopstockschen Untersuchungen nachweisen, wie sich die zulässige Schnittgeschwindigkeit für 1 mm² Spanquerschnitt (C_v) mit der Materialzahl (Brinell- usw.) ändert. So wie sich links der C_{k_s}-Achse die Brinellhärte- und Meißelwinkeldarstellung schon anschließen lassen würde, so muß dies auch unterhalb der C_v-Achse für die Härte möglich werden.

Diejenigen Unterlagen, die zu erreichen waren, sind in Abb. 117 (S. 168) eingetragen, sie sind jedoch außerordentlich spärlich. Taylor gibt z. B. bei Stahl nur eine Handhabe zur Ermittlung von C_N, nämlich für Stahl mittel. Bei Gußeisen für Guß weich und Guß hart. Der Friedrichsche C_N-Wert für Stahl mittel bezieht sich auf $C_{k_s} = 198$, während die C_N-Werte für Stahl weich und Stahl hart sich auf größere C_{k_s}-Werte aufbauen (218 bzw. 270), so daß an dieser Stelle eine Unfolgerichtigkeit der Werte Friedrichs zum Ausdruck kommt, die auch aus seinen Werten für k bei Stahl (vgl. Zahlentafel 6, S. 39) folgt.

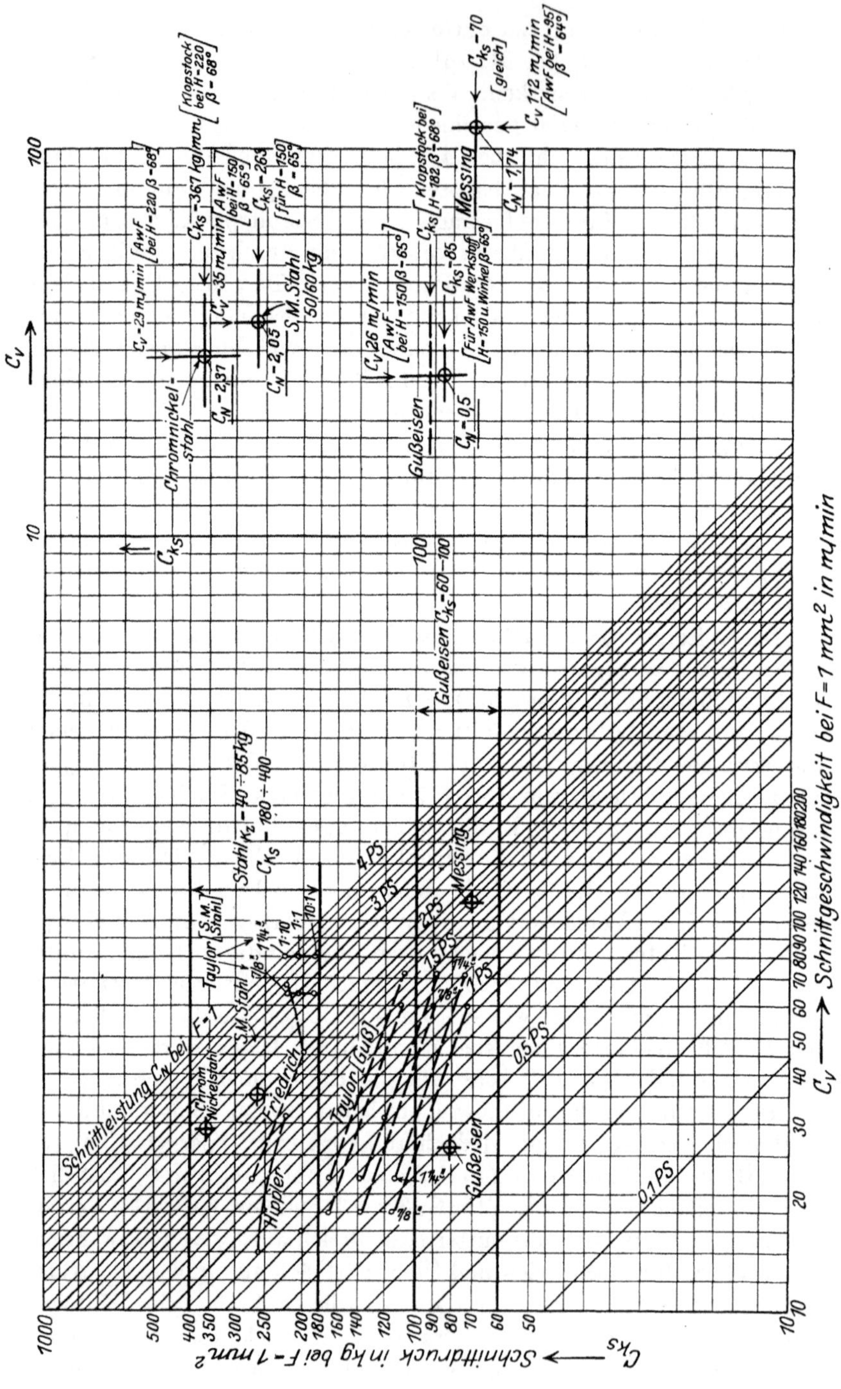

Abb. 117. Diagramm zur Ermittlung von C_N.

Auf die Notwendigkeit, u. a. Versuche darüber anzustellen, wie sich die zulässige spezifische Schnittgeschwindigkeit vor allem mit der Härte des Werkstoffes ändert, habe ich in einer Denkschrift[1]) hingewiesen. Auf Grund dieser Vorschläge sind verschiedene Prüffelder an den Technischen Hochschulen vom Verein Deutscher Ingenieure mit Versuchen betraut worden, so daß wir auch hierüber bald zur Klarheit gelangen werden.

Die Richtwerte des A.W.F. befassen sich vorläufig nur mit je einer Festigkeit desselben Werkstoffs, so daß sich im Diagramm (S. 168) nur Punkte ⊕ für die spezifische Schnittleistung ergeben.

Zu den besten Ergebnissen für die Abhängigkeit der Leistung vom Spanquerschnitt kann man dadurch gelangen, daß man die Schnittgeschwindigkeitsbeziehungen des A.W.F. mit den Schnittdruckbeziehungen von Klopstock in Verbindung bringt, so wie es durch die vorgenommene Auswertung möglich geworden ist. Dieser Weg ist gangbar für Chromnickelstahl, SM.-Stahl, Gußeisen und Messing. Für andere Werkstoffe treffen Unterlagen sowohl vom A.W.F., als auch von Klopstock noch nicht zusammen. Zur besseren Übersicht ist im Diagramm (S. 168) der eingeschlagene Weg rechts heraus gezeichnet.

Bei Chromnickelstahl ist $C_v = 29$ m/min nach dem A.W.F. und $C_{k_s} = 367$ nach Klopstock. Beide Unterlagen beziehen sich zufällig auf ein Material von der Brinellhärte $H = 220$ und beiden liegt $\beta = 68°$ zugrunde. Der Schnittpunkt der C_v-Koordinate (29 m/min) und der C_{k_s}-Koordinate (367 kg/mm²) ergibt $C_N = 2,37$.

Bei SM.-Stahl ist $C_v = 35$ m/min für $k_z = 55$ $\beta = 65°$; gemäß Zahlentafel 44 (Anhang) wird hierfür $C_{k_s} = 263$, so daß sich $C_N = 2,05$ ergibt.

Bei Gußeisen ist $C_v = 26$ m/min bei $H = 150$ und $\beta = 65°$. Klopstock hatte $H = 182$ und $\beta = 68°$, also etwas härteres Material und größeren Winkel. Gemäß Zahlentafel 45 ergibt sich für das A.W.F.-Material $C_{k_s} = 85$, also $C_N = \backsim 0,5$. Entsprechend ergibt sich C_N bei Messing zu 1,74.

ε_N ergibt sich aus ε_v nach A.W.F. und ε_{k_s} nach Klopstock:

Chromnickelstahl:

$$\varepsilon_N = \frac{1,75 \cdot 5,05}{1,75 \cdot 5,05 - 1,75 - 5,05} = \underline{4,32}\,,$$

SM.-Stahl 50/60 kg:

$$\varepsilon_N = \frac{2,44 \cdot 5,07}{2,44 \cdot 5,07 - 2,44 - 5,07} = \underline{2,55}\,,$$

[1]) Kronenberg: „Vorschläge für die weitere Untersuchung der Zerspanung". Ausgearbeitet für den Wissenschaftlichen Beirat des Vereins Deutscher Ingenieure auf Veranlassung von Dr.-Ing. Hellmich. Berlin 1925.

Gußeisen: $$\varepsilon_N = \frac{3{,}6 \cdot 7{,}4}{3{,}6 \cdot 7{,}4 - 3{,}6 - 7{,}4} = \underline{1{,}7}\,,$$

Messing: $$\varepsilon_N = \frac{1{,}65 \cdot 7{,}64}{1{,}65 \cdot 7{,}64 - 1{,}65 - 7{,}64} = \underline{3{,}82}\,,$$

Elektron: $$\varepsilon_N \text{ (vgl. S. 85/86 und 165)} = \underline{9{,}2}\,.$$

Diese Zahlenwerte sind ebenfalls in der Zahlentafel 31 (S. 166) eingetragen und als Bestwerte zu betrachten.

Die C_N- und ε_N- für die nicht kombinierten A.W.F.-Richtwerte (vorletzte Spalte) weichen von den obigen Ermittlungen etwas ab, da in ihnen ein angenommener Wirkungsgrad der Maschinen enthalten ist.

Wie schon ausgeführt, ist es bis zum Abschluß der obigen Versuche noch nicht möglich, C_N z. B. auch für SM.-Stahl 30/50 kg oder 60/80 kg sicher zu ermitteln, da zwar die Bestimmung von C_{k_s} möglich ist, aber zur Zeit keine Unterlagen für C_v bei diesen Materialien vorliegen. Die Kombination ist wohl so möglich, daß C_{k_s} für ein Material, dessen C_v bekannt ist, zu ermitteln ist, nicht aber ist es umgekehrt möglich, C_v zu ermitteln für ein Material, dessen C_{k_s} bekannt ist.

Man ist daher vorläufig in diesem Punkte noch auf Annahmen angewiesen, für die man folgendermaßen einen Anhalt gewinnen kann:

Setzt man C_v für SM.-Stahl 50/60 kg = 1, so wäre C_v für SM.-Stahl weich nach Friedrich: $\frac{67}{46} = 1{,}45$, nach Hippler: $\frac{31}{23} = 1{,}34$, nach Taylor: $\frac{158}{80} = 1{,}96$ bzw. $\frac{125}{64} = 1{,}96$; man kann also als sicheren Mittelwert C_v für weichen Stahl (45 kg) $\sim$ 45% höher ansetzen als für mittleren Stahl, es ergibt sich dann:

$$C_{v(40/50)} = C_{v(50/60)} \cdot 1{,}45 = 35 \cdot 1{,}45 = \sim \underline{50}\,\text{m/min.}$$

C_{k_s} wäre für diese Festigkeit (vgl. Abb. 121, S. 176 und Erläuterungen S. 177ff.)

$$C_{k_s} = 225\,,$$

also

$$\underline{C_{N(40/50)}} = \frac{50 \cdot 225}{4500} = \underline{2{,}5}\,.$$

Für harten Stahl kann man den gleichen Prozentsatz (45%) unter dem Schnittgeschwindigkeitswert für mittleren Stahl bleiben, wie sich aus nachstehenden Zahlen ergibt: Friedrich $\frac{22}{46} = 0{,}48$, Hippler: $\frac{14}{23} = 0{,}61$, Taylor: $\frac{36}{80}$ bzw. $\frac{28}{64} = 0{,}44$, Hegner[1]): $\frac{20}{36} = 0{,}55$.

$$C_{v(60/80)} = C_{v(50/60)} \cdot 0{,}55 = 35 \cdot 0{,}55 = \sim 20\,\text{m/min.}$$

Für harten Stahl (vgl. Abb. 122) sei angenommen

$$C_{k_s} = 350\,,$$

[1]) Hegner: Lehrbuch der Vorkalkulation von Bearbeitungszeiten. S. 134. Berlin: Julius Springer 1924.

also:

$$\underline{C_{N(60/80)}} = \frac{350 \cdot 20}{4500}\, \underline{1{,}55}\,.$$

Für weiches Gußeisen möge die prozentuale Steigerung des C_v-Wertes gegen den C_v-Wert von „mittlerem“ Gußeisen etwas größer als oben genommen sein, da das hier behandelte „mittlere“ Gußeisen mehr nach der Richtung des harten Gußeisens hin liegt, also:

$$C_{v\,\text{Guß weich}} = C_{v\,(\text{Guß mittel})} \cdot 1{,}6 = 26 \cdot 1{,}6 = \sim 42\ \text{m/min}.$$

Nach Abb. 122 (S. 177) wird:

$$C_{k_s} = 72{,}5\,,$$

daher:

$$\underline{C_N} = \frac{72{,}5 \cdot 42}{4500} = \underline{0{,}68}\,.$$

Bei hartem Gußeisen sei:

$$C_{v\,\text{Guß hart}} = C_{v\,(\text{Guß mittel})} \cdot 0{,}55 = 26 \cdot 0{,}55 = \sim 15\ \text{m/min}\,,$$

$$C_{k_s} = 100 \text{ (Abb. 122)}\,,$$

$$\underline{C_N} = \frac{100 \cdot 15}{4500} = \underline{0{,}33}\,.$$

Auch aus diesen C_N-Werten geht wieder hervor, daß das härtere Material bei gleichem Spanquerschnitt = 1 und zugehöriger Schnittgeschwindigkeit geringere Leistung erfordert als das weichere. Man

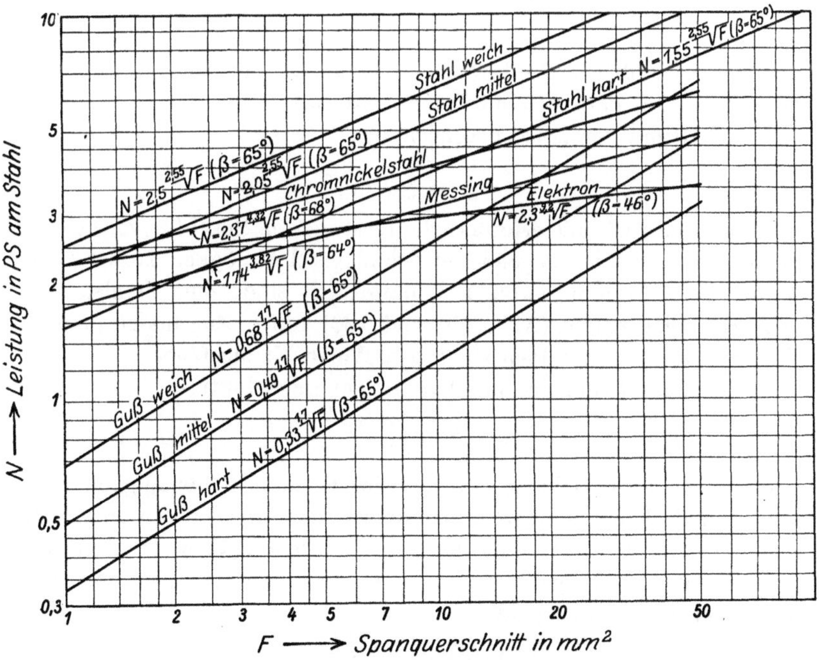

Abb. 118. Abhängigkeit der Leistung vom Spanquerschnitt nach Bestwerten.

erkennt jetzt schon den Grund dafür darin, daß die spezifische Schnittgeschwindigkeit (C_v) bei hartem Material wesentlich stärker sinkt, als die Steigerung des spezifischen Schnittdruckes bei hartem Material ausmacht.

Die zum weichen und harten Material gehörigen Exponenten ε_N sind die gleichen wie beim mittleren, da, wie früher gezeigt wurde, die Veränderlichkeit des Schnittdruckes und der Schnittgeschwindigkeit, die in ε_{k_s} und ε_v zum Ausdruck kommt, von der Härte des Materials

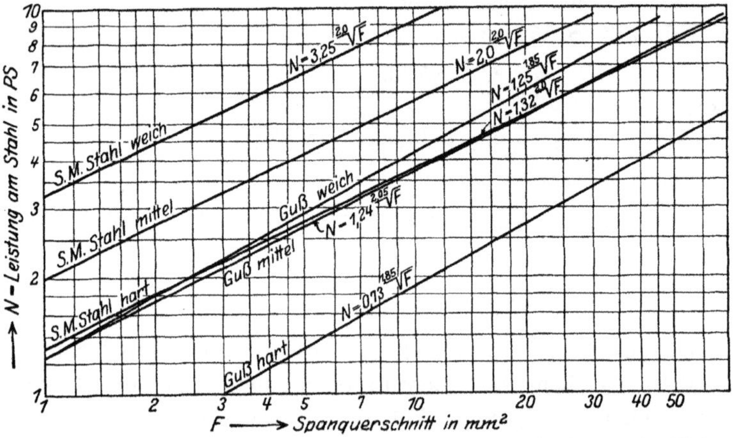

Abb. 119. Abhängigkeit der Leistung vom Spanquerschnitt. Ausgemittelt nach den Werten von Friedrich.

nicht beeinflußt wird. Infolgedessen ist auch ε_N für weiches und hartes Material gleich dem von mittlerem Material.

Auf Grund der Leistungsgleichung:

$$N = C_N \cdot \sqrt[\varepsilon_N]{F}$$

ist es nun möglich, die erforderliche Leistung am Stahl für verschiedene Spanquerschnitte bei zugehöriger Schnittgeschwindigkeit zu berechnen, wie sie im Diagramm (Abb. 118) dargestellt sind. Zum Vergleich sind auch die Diagramme (Abb. 119 und 120) unter Zugrundelegung der Friedrichschen und Hipplerschen Werte hinzugefügt.

Aus dem Gesetz des nutzbaren Spanquerschnittes:

$$F = \left[\frac{N}{C_N}\right]^{\varepsilon_N}$$

kann auch die Beziehung zwischen der Riemengeschwindigkeit (v_r in m/sec) und dem erzielbaren Spanquerschnitt abgeleitet werden. Bezeichnet η den Wirkungsgrad des Getriebes, b_r die Riemenbreite in mm, p die spezifische Riemenbelastung je mm Riemenbreite (kg/mm), so ist die eingeleitete Leistung (N_r)

$$N_r = \frac{p \cdot b_r \cdot v_r}{75} \cdot \text{PS}\,.$$

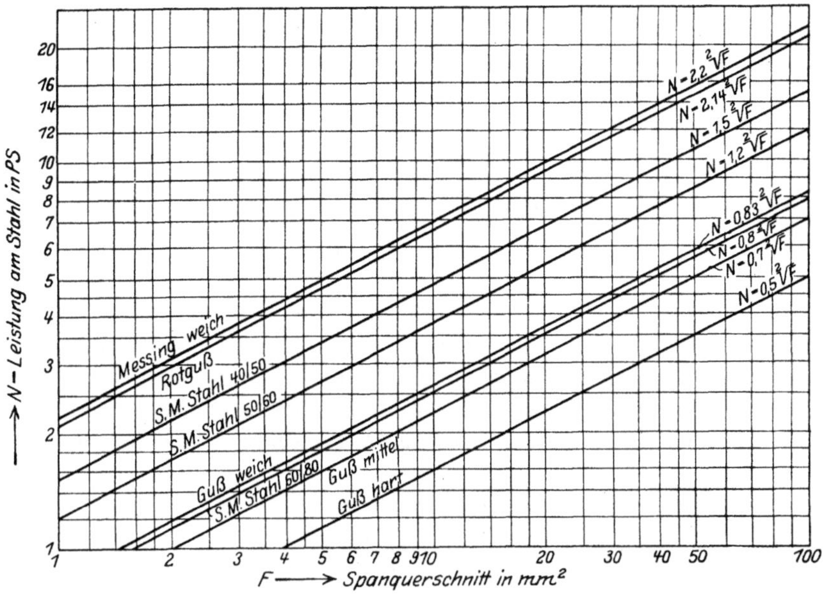

Abb. 120. Abhängigkeit der Leistung vom Spanquerschnitt nach Hippler.

die Leistung am Stahl also:

$$N = \frac{p \cdot b_r \cdot v_r \cdot \eta}{75} \text{ PS}$$

setzt man dies in die Gleichung des nutzbaren Spanquerschnittes ein, so ergibt sich:

$$F = \left[\frac{p \cdot b_r \cdot v_r \cdot \eta}{75 \cdot C_N}\right]^{\varepsilon_N}.$$

C_N kann ersetzt werden:

$$F = \left[\frac{p \cdot b_r \cdot v_r \cdot \eta \cdot 4500}{75 \cdot C_v \cdot C_{k_s}}\right]^{\varepsilon_N}$$

oder allgemein:

$$\underline{F = \left[\frac{p \cdot b_r \cdot v_r \cdot \eta \cdot 60}{C_v \cdot C_{k_s}}\right]^{\varepsilon_N}.}$$

b) Gegenseitige Abhängigkeiten zwischen Schnittleistung, Schnittzeit, Spanvolumen, Schnittdruck und Schnittgeschwindigkeit bei verschiedenen Werkstoffen und Werkzeugen.

Der wirtschaftliche Erfolg der Ausnutzung der Leistung kommt in der kürzesten zu erzielenden Arbeitszeit T zum Ausdruck. Bei einem Vorschub s mm/Umdr., einer Drehlänge l mm und der Umdrehungszahl n in der Minute ist:

$$T = \frac{l}{s \cdot n} \text{ Min.}$$

Hieraus kann durch Einsetzen von:

$$n = \frac{v}{d\pi}$$

und von:

$$s = \frac{F}{t},$$

wenn t die Schnittiefe in mm ist, gebildet werden:

$$T = \frac{l \cdot t \cdot d \cdot \pi}{F \cdot v} \text{ Min.}$$

Die Arbeitszeit wird also um so kürzer, je größer der Nenner, d. h. das Produkt $F \cdot v$ wird. Dieses Produkt ist aber nichts anderes, als das minutlich abgedrehte Spanvolumen in cm³. Um eine kürzeste Arbeitszeit zu erhalten, muß das der Leistung entsprechende Spanvolumen erzielt werden. Das aus der Leistung N erzielbare Spanvolumen ergibt sich folgendermaßen:

Der nutzbare Spanquerschnitt war:

$$F = \left[\frac{N}{C_N}\right]^{\varepsilon_N},$$

ferner war:

$$v = \frac{C_v}{\sqrt[\varepsilon_v]{F}},$$

setzt man den nutzbaren Spanquerschnitt in die Geschwindigkeitsgleichung ein, so erhält man:

$$v = \frac{C_v}{\left[\frac{N}{C_N}\right]^{\frac{\varepsilon_N}{\varepsilon_v}}},$$

also ist:

$$F \cdot v = \frac{\left[\frac{N}{C_N}\right]^{\varepsilon_N}}{\left[\frac{N}{C_N}\right]^{\frac{\varepsilon_N}{\varepsilon_v}}} \cdot C_v$$

oder

$$\boxed{F \cdot v = C_v \cdot \left[\frac{N}{C_N}\right]^{\varepsilon_N\left(1 - \frac{1}{\varepsilon_v}\right)}}\ ^{1)}$$

(Gesetz des nutzbaren Spanvolumens).

Diese Gleichung besagt, daß das nutzbare Spanvolumen stärker steigt, als die dafür aufzuwendende Leistung (vgl. Gesetz des nutzbaren Spanquerschnittes S. 160). Die Gleichung gestattet auch die Besprechung des Hipplerschen Satzes: „... daß die

[1]) Die häufiger vorkommenden zusammengesetzten Exponenten sind im Anhang (Zahlentafel 43) zahlenmäßig aufgeführt.

Bearbeitungszeit für weiche Werkstoffe länger dauert als für harte, daß die Bearbeitung um so schneller vor sich geht, je härter das Material ist, das will den allermeisten nicht in den Kopf, und doch ist dem so[1])".

Wenn diese Behauptung, die dem praktischen Gefühl durchaus widerspricht, richtig wäre, müßte das minutliche Spanvolumen $F \cdot v$ für härtere Werkstoffe größer als für weichere sein, natürlich unter Voraussetzung der gleichen verfügbaren Leistung am Stahl. Nimmt man der Einfachheit wegen die Betrachtung z. B. für $N = 1$ PS vor, so wird die Gleichung:

$$F \cdot v = C_v \cdot \left[\frac{1}{C_N}\right]^{\varepsilon_N\left(1-\frac{1}{\varepsilon_v}\right)}.$$

C_N kann ersetzt werden gemäß:

$$C_N = \frac{C_v \cdot C_{k_s}}{4500},$$

also:

$$F \cdot v = C_v \cdot \left[\frac{4500}{C_v \cdot C_{k_s}}\right]^{\varepsilon_N\left(1-\frac{1}{\varepsilon_v}\right)},$$

der Exponent kann umgeformt werden; es war:

$$\frac{1}{\varepsilon_N} = 1 - \frac{1}{\varepsilon_v} - \frac{1}{\varepsilon_{k_s}} \text{ (vgl. S. 160)},$$

daher

$$1 - \frac{1}{\varepsilon_v} = \frac{1}{\varepsilon_N} + \frac{1}{\varepsilon_{k_s}},$$

also ergibt sich durch Erweiterung mit ε_N:

$$\varepsilon_N\left(1 - \frac{1}{\varepsilon_v}\right) = \varepsilon_N\left(\frac{1}{\varepsilon_N} + \frac{1}{\varepsilon_{k_s}}\right) = 1 + \frac{\varepsilon_N}{\varepsilon_{k_s}}.$$

Vereinigt man die beiden C_v, so ergibt sich

$$F \cdot v = \frac{4500^{\frac{\varepsilon_N}{\varepsilon_{k_s}}+1}}{C_v^{\frac{\varepsilon_N}{\varepsilon_{k_s}}} \cdot C_{k_s}^{\frac{\varepsilon_N}{\varepsilon_{k_s}}+1}} \quad \text{(für } N = 1 \text{ PS)}$$

Da der Zähler eine Konstante, und der Exponent $\varepsilon_N/\varepsilon_{k_s}$ bzw. $\varepsilon_N/\varepsilon_{k_s} + 1$ für das gleiche Material verschiedener Festigkeit ebenfalls unveränderlich ist, so wird $F \cdot v$, also hier das minutliche Spanvolumen für 1 PS-Leistung, vom Produkt der beiden Festwerte C_v und C_{k_s} bestimmt. Der

[1]) Hippler a. a. O. S. 140.

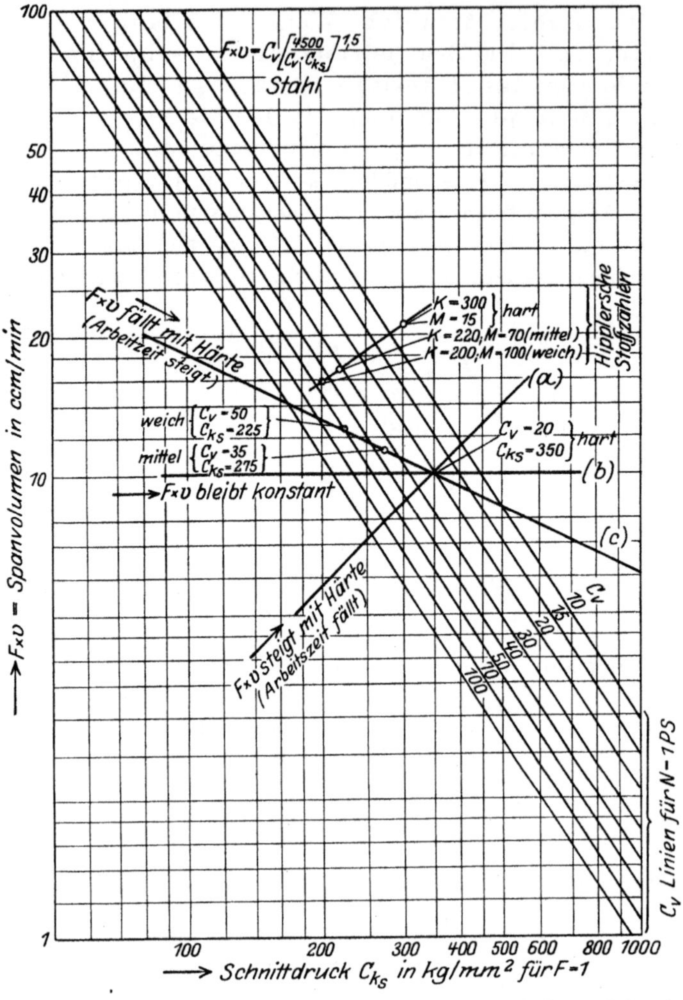

Abb. 121. Möglichkeiten der gegenseitigen Lage von C_v und C_{k_s} und ihr Einfluß auf $F \cdot v$ bei Stahl.

größere Einfluß von C_{k_s} ergibt sich nach dem Verhältnis der Exponenten zu:

$$\frac{\frac{\varepsilon_N}{\varepsilon_{k_s}} + 1}{\frac{\varepsilon_N}{\varepsilon_{k_s}}} = 1 + \frac{\varepsilon_{k_s}}{\varepsilon_N} = \varepsilon_{k_s}\left(1 - \frac{1}{\varepsilon_v}\right).$$

Für Stahl ist der Exponent von C_{k_s}:

$$\varepsilon_{k_s}\left(1 - \frac{1}{\varepsilon_v}\right) = 5{,}07\left(1 - \frac{1}{2{,}44}\right) = 3 \text{ mal},$$

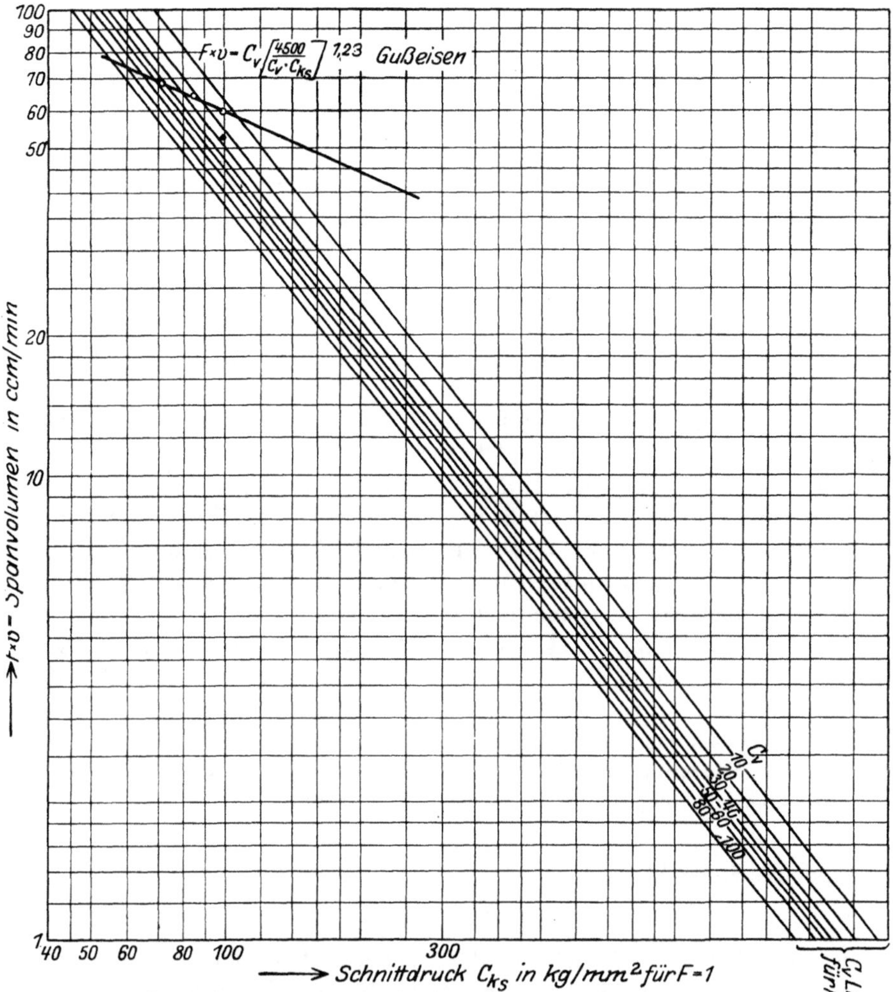

Abb. 122. Mutmaßliche gegenseitige Lage von C_v und C_{k_s} bei Gußeisen.

für Gußeisen: $$\varepsilon_{k_s}\left(1-\frac{1}{\varepsilon_v}\right) = 7{,}4\left(1-\frac{1}{3{,}6}\right) = 5{,}35 \text{ mal},$$

so groß wie der Exponent von C_v vgl. Zahlentafel 43. Schon daraus erkennt man, daß geringe Unterschiede in den C_{k_s}- und C_v-Werten zu anderen Ergebnissen führen müssen. Daneben kommt wesentlich auch die absolute Größenordnung von C_v und C_{k_s} in Betracht.

Zur weiteren Erörterung seien die Diagramme (Abb. 121, 122) hinzugezogen. In ihnen ist die obige Gleichung des Spanvolumens:

$$F\cdot v = C_v\left[\frac{4500}{C_v\cdot C_{k_s}}\right]^{\varepsilon_N\left(1-\frac{1}{\varepsilon_v}\right)} \quad (\text{für } N = 1 \text{ PS})$$

für verschiedene C_v- und C_{k_s}-Werte dargestellt mit den Exponenten:

für Stahl:

$$\varepsilon_N\left(1-\frac{1}{\varepsilon_v}\right)=2{,}55\left(1-\frac{1}{2{,}44}\right)=\underline{1{,}5}\,,$$

für Gußeisen:

$$\varepsilon_N\left(1-\frac{1}{\varepsilon_v}\right)=1{,}7\left(1-\frac{1}{3{,}6}\right)=\underline{1{,}23}$$

Da sich für Stahl nach den Hipplerschen Exponenten $\varepsilon_v=4$ und $\varepsilon_N=2$ ebenfalls der Exponent:

$$\varepsilon_N\left(1-\frac{1}{\varepsilon_v}\right)=2\left(1-\frac{1}{4}\right)=\underline{1{,}5}$$

ergibt, kann das Diagramm Abb. 121 auch für die Erörterung der obigen Hipplerschen Ansicht dienen.

Die schrägen Geraden stellen die C_v-, die Abszisse die C_{k_s}- und die Ordinate die $F\cdot v$-Werte dar. Allgemein sieht man, daß ein Ansteigen des erzielbaren Spanvolumens mit steigendem C_{k_s} und fallendem C_v durch die Gerade a dargestellt ist, ein konstant bleibendes Spanvolumen (ebenfalls mit steigendem C_{k_s} und fallendem C_v) durch die Gerade b, und ein fallendes Spanvolumen (abermals mit steigendem C_{k_s} und fallendem C_v) durch die Gerade c.

Es kommt also, umgekehrt betrachtet, auf die jeweilige gegenseitige Lage der C_{k_s}- und C_v-Punkte an, ob man zu dem Ergebnis gelangt, daß das erzielbare Spanvolumen bei härterem Werkstoff größer, gleich oder kleiner ist als das bei weicherem Werkstoff!

Im Diagramm sind die C_{k_s}- und C_v-Werte für die Angaben Hipplers ebenfalls eingezeichnet, wobei die Stoffzahl

$$K=C_{k_s}$$

und die Stoffzahl

$$M=\frac{C_v}{0{,}45}$$

ist. Der Nenner in der letzten Gleichung erklärt sich aus dem Umrechnungsfaktor $0{,}6\cdot 0{,}75$, da die Stoffzahl M die Schnittgeschwindigkeit in cm/sec darstellt und nur $^3/_4$ dieses Wertes anzuwenden sind[1]).

Die durch diese Punkte gelegte Gerade zeigt, daß nach den Stoffzahlen Hipplers das erzielbare Spanvolumen mit härter werdendem Werkstoff ansteigt. Wenn Hippler also zu der obigen Ansicht gelangt, daß bei gleicher Leistung das Spanvolumen für härtere Werkstoffe größer ist als für weichere, so ist das lediglich eine Folge der teilweise unglücklich angenommenen Stoffzahlen M und K[2]). Nicht nur das Gefühl, sondern auch die Erfahrung sagt, daß bei weicherem Material und gleicher Leistung die Arbeitszeit kürzer ist als bei härterem Material. Aus dieser Erfahrung ist der Schluß zu ziehen,

[1]) Hippler: a. a. O. S. 175. [2]) Vgl. S. 134.

daß die C_v- und C_{k_s}-Werte in Richtung der Geraden „c“ liegen müssen. Welche Richtung „c“ hat, ob flacher oder steiler, ist noch nicht genügend untersucht[1]; diese Frage soll aber durch die oben angeschnittenen Versuche geklärt werden. Es ist bekannt, daß der Schnittdruck und die Schnittgeschwindigkeit keinen merkbaren Einfluß aufeinander haben; untersucht muß jedoch werden, wie groß die spezifische Schnittgeschwindigkeit (C_v) für das Material ist, dessen spezifischer Schnittdruck bekannt ist. Die Abhängigkeit zwischen Schnittdruck und Schnittgeschwindigkeit besteht nicht, der Zusammenhang ist lediglich mittelbar, weil sowohl C_v als auch C_{k_s} von der Härte des Werkstoffes abhängen. Diese Abhängigkeit ist noch nicht genau bekannt und daher sind die diesbezüglichen Stoffzahlen Hipplers zu erklären.

Auf Grund der Gleichung für das nutzbare Spanvolumen (S. 174) ist das Diagramm (Abb. 123) entwickelt, aus dem die Spanvolumina für die verschiedenen Werkstoffe bei Leistungen von 0,5 bis 20 PS entnommen werden können. Man erkennt, daß Elektron für gleiche Leistung das größte, und Chromnickelstahl das kleinste Spanvolumen ergibt, so daß es evtl. möglich sein wird, hieran den Begriff der Bearbeitbarkeit zu definieren. Für die verschiedenen Festigkeiten bei Gußeisen und Stahl ergeben jeweils die weicheren Werkstoffe das größere Spanvolumen. Für z. B. $N = 1$ PS sind die Spanvolumina

bei Stahl:	hart	10,3 cm³/min,	bei Gußeisen:	hart	58 cm³/min,
	mittel	11,4 cm³/min,		mittel	61,6 cm³/min,
	weich	12,7 cm³/min,		weich	68 cm³/min.

Aus dem verhältnismäßig engen Zusammenliegen dieser Geraden für weiches, mittleres und hartes Material ist auch erkenntlich, daß die erzielbaren Spanvolumina sich nicht sehr stark voneinander unterscheiden. Der Mehrertrag in Prozenten bei mittlerem und weichem Material, bezogen auf das harte Material, ist:

Zahlentafel 32.

	Mehrertrag an Spanvolumen gegenüber hartem Material bei:	
	Gußeisen in Proz.	Stahl in Proz.
mittel	6,2	9,6
weich	17	23

Diese Zahlen geben auch einen Anhalt für die in der Praxis bei der Akkordberechnung so oft auftretenden „Zuschläge für hartes Material“, da die Arbeitszeit dem Spanvolumen umgekehrt proportional ist.

[1]) Vergleicht man die oben (S. 170 u. 171) auf Grund der Abb. 121 u. 122 eingesetzten C_{k_s}-Werte für die weicheren und härteren Werkstoffe mit den Werten der Zahlentafeln 44 bzw. 45 (Anhang), so ergibt sich gute Übereinstimmung; d. h. die angenommene Lage „c“ scheint richtig zu sein.

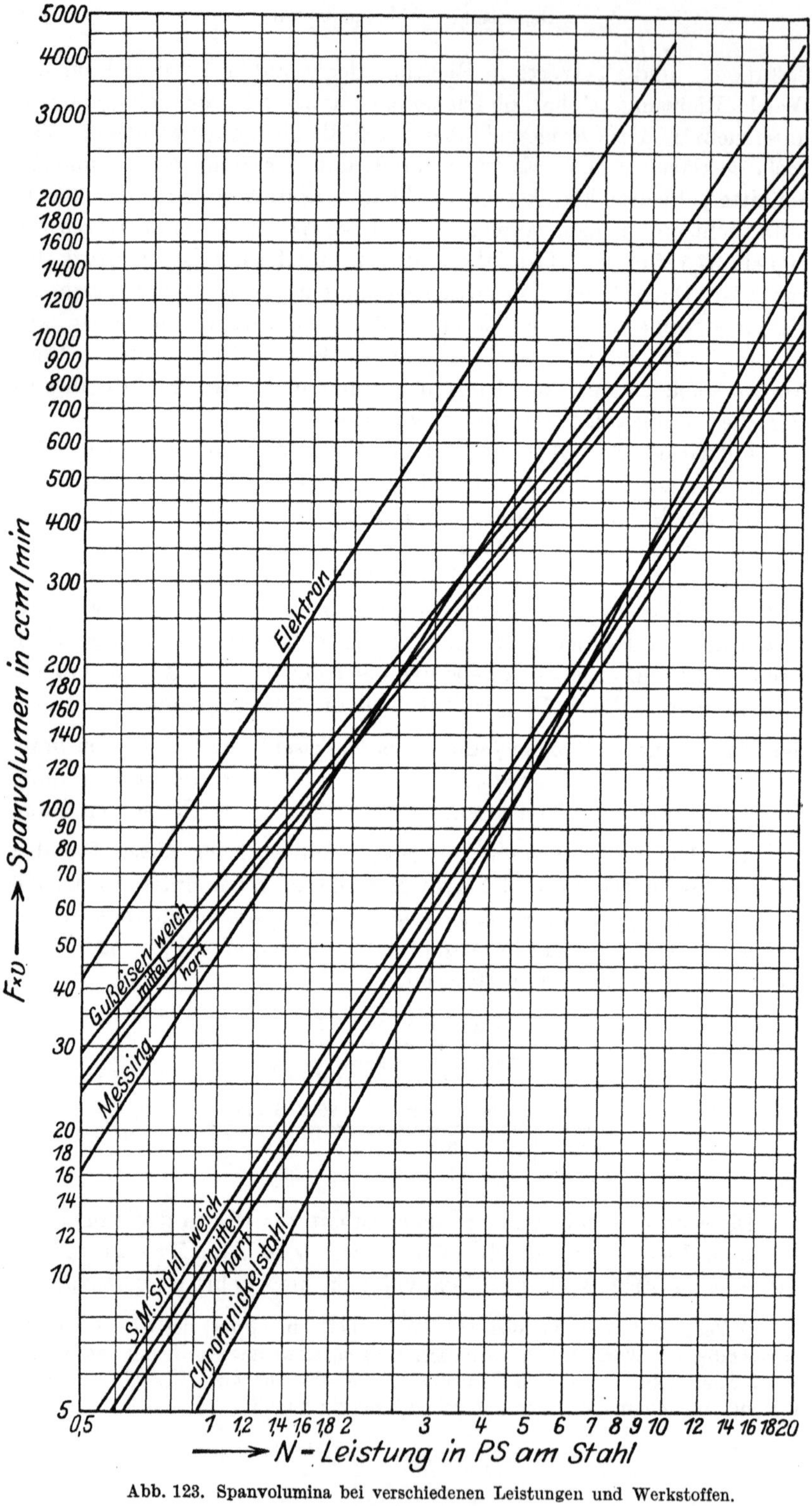

Abb. 123. Spanvolumina bei verschiedenen Leistungen und Werkstoffen.

Die Werte können natürlich nur auf die reinen Maschinenzeiten bezogen werden.

Die Zuschläge an Maschinenzeit für mittleres und hartes Material wären also:

Zahlentafel 33.

	Zuschläge für mittleres und hartes Material gegenüber weichem Material bei:	
	Gußeisen in Proz.	Stahl in Proz.
mittel	10,4	11,3
hart	17,3	23,3

Das Diagramm Abb. 123 (S. 180) zeigt ferner, daß das Spanvolumen stärker zunimmt als die dafür aufzuwendende Leistung; einige Beispiele für 100% Zunahme der Leistung sind:

Zahlentafel 34.

Material	Leistung N PS	Zunahme in Proz.	Spanvolumen cm^3/min	Zunahme in Proz.
Elektron . . .	2 4	100	350 1050	200
Guß mittel . .	2 4	100	140 340	142
Messing . . .	2 4	100	133 400	200
Stahl mittel .	2 4	100	32 96	200
Chromnickelstahl	2 4	100	21,6 80	270

Es entsteht nunmehr die wichtige Frage, ob die Zusammensetzung des Wertes $F \cdot v$ beliebig ist, oder ob $F \cdot v$ nur aus bestimmten Werten von F und von v zusammengesetzt sein kann. Für die Zeitgleichung:

$$T = \frac{l \cdot t \cdot d \cdot \pi}{F \cdot v} \text{ Min.}$$

an sich ist es ohne Belang, ob z. B. ein Wert $F \cdot v = 200$ aus $F = 4$ mm² und $v = 50$ m/min oder aus $F = 2$ mm² und $v = 100$ m/min oder $F = 8$ mm², $v = 25$ m/min usw. zusammengesetzt ist. Unter sonst gleichen Umständen (Durchmesser, Schnittiefe und Drehlänge) würde sich stets für gleiches $F \cdot v$ dieselbe Zeit T ergeben.

Zur Beurteilung dieser Frage dient Abb. 124, die zugleich auch die Grenzgebiete der Ausnutzung der Bankleistung und des Drehstahles behandelt. In dieser Abbildung sind im doppellogarithmischen System mit den Achsen Spanquerschnitt und Schnittgeschwindigkeit, die Schnittgeschwindigkeitslinie für mittleren Stahl (50/60 kg Festigkeit), sowie drei verschiedene $F \cdot v$-Linien (40, 100 und 200) eingezeichnet. Jeder Punkt dieser $F \cdot v$-Geraden ergibt stets dasselbe Produkt, also z. B. 40 oder 100 oder 200.

Dem Diagramm (Abb. 123, S. 180) sei als Beispiel entnommen, daß eine verfügbare Leistung am Drehstahl von 6,6 PS bei Bearbeitung von mittlerem Stahl ein minutliches Spanvolumen $F \cdot v = 200$ cm³ ergibt[1]). Es ist jetzt die Zusammensetzung dieses Wertes $F \cdot v = 200$ hin-

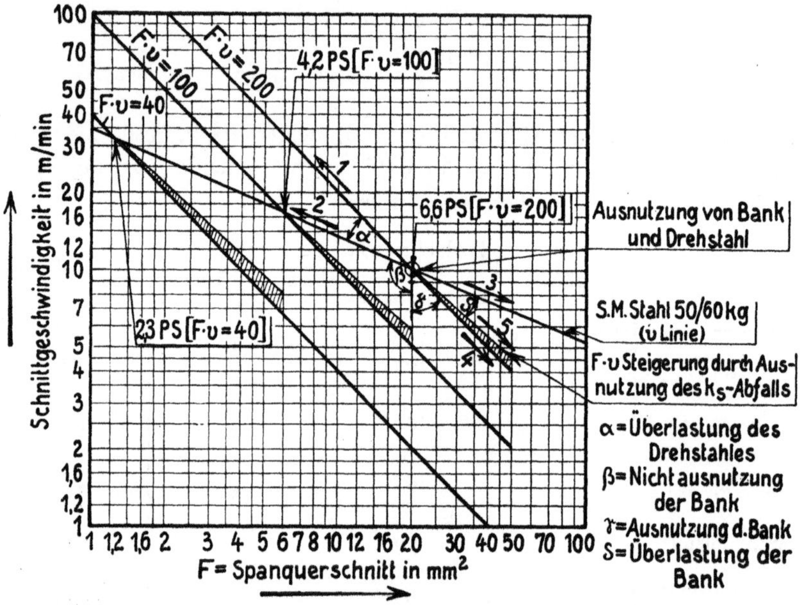

Abb. 124[2]). Grenzgebiete der Ausnutzung von Drehstahl und Leistung. (Mögliche und zulässige Zusammensetzungen von $F \cdot v$.)

sichtlich der Abhandlungen des Spanquerschnittes und der Schnittgeschwindigkeit zu untersuchen.

Wir wandern in Gedanken vom Punkte 6,6 PS (Abb. 124), der mit seinen Koordinaten „Grundwert" genannt sei, zunächst längs der Geraden $F \cdot v = 200$ nach links oben (Pfeil 1). Dabei wird die Schnittgeschwindigkeit ständig größer und der zugehörige Spanquerschnitt ständig kleiner. Das Produkt $F \cdot v$ bleibt jedoch immer gleich 200. Es würde also zu $F = 20$ mm² ein $v = 10$ m/min, zu $F = 10$ mm² ein $v = 20$ m/min, zu $F = 5$ mm² ein $v = 40$ m/min gehören usw.

Die Schnittgeschwindigkeit, die zu $F = 5$ mm² gehört, ist jedoch, wie die v-Linie zeigt, nicht 40 m/min, sondern nur 18 m/min, diejenige,

[1]) Der einfacheren Rechnung wegen sind die Zahlenbeispiele meist graphisch ermittelt; die Ableseungenauigkeiten betragen etwa 1%. Um die unmittelbare Verwendung der Diagramme im praktischen Gebrauch zu ermöglichen, wurden sie vom Verlag Julius Springer dankenswerterweise so groß wie angängig wiedergegeben.

[2]) Bild Kronenberg-ADB 33.

die zu $F = 10$ gehört, nur 13,6 m/min. Der Schnelldrehstahl würde also bei den obigen Schnittgeschwindigkeiten von 40 bzw. 20 m/min verbrennen!

Es stellen also alle Punkte der $F \cdot v$-Linie links vom Grundwert Zusammensetzungen von $F \cdot v$ dar, bei denen die Schnittgeschwindigkeit v zu groß würde! Der Winkel α, der von der v-Linie und der $F \cdot v$-Linie gebildet wird, enthält also das Gebiet des überlasteten Drehstahles bzw. des höherwertigen Werkzeuges (Stellit usw.). Vom Punkt 6,6 PS kann man nach links, d. h. in das Gebiet der kleineren Spanquerschnitte, nur auf der v-Linie gehen (Pfeil 2), so daß sich v nur um so viel vergrößert, wie es die Verkleinerung von F, gemäß dem Schnittgeschwindigkeitsgesetz:

$$v = \frac{C_v}{\sqrt[\varepsilon_v]{F}} = \frac{35}{\sqrt[2,44]{F}}$$

zuläßt. Die prozentuale Änderung der Schnittgeschwindigkeit ist durch ε_v (vgl. S. 37) bestimmt.

Bei diesem „Entlanggehen" längs der v-Linie wird jedoch das Produkt $F \cdot v$, also das Spanvolumen, ständig kleiner, man kommt in die Gebiete von $F \cdot v = 100$ und $F \cdot v = 40$. Bei $F \cdot v = 100$ sind nur 4,2 PS und bei $F \cdot v = 40$ sogar nur noch 2,3 PS von der verfügbaren Leistung von 6,6 PS ausgenutzt (vgl. auch Abb. 123).

Es stellen also alle Punkte der v-Linie, links vom Grundwert, Werte dar, bei denen die verfügbare Leistung nicht ausgenutzt wird! Der Winkel β, zwischen der v-Linie und der Ordinate $F = 20$ stellt also das Gebiet der Nichtausnutzung der Bank dar.

Geht man auf der v-Linie vom Grundwert nach rechts (Pfeil 3), so schneidet man (die nicht eingezeichneten) $F \cdot v$-Linien für Werte $F \cdot v > 200$. Zur Bewältigung von Spanvolumina $F \cdot v > 200$ sind bei dem angenommenen Werkstoff jedoch Leistungen erforderlich, die größer als 6,6 PS (vgl. Abb. 123, S. 180) sind, also größer als sie die Bank zur Verfügung stellen kann.

Alle Punkte der v-Linie, rechts vom Grundwert, liegen im Gebiete der Überlastung der Bank (Winkel δ).

Es bleibt jetzt noch der Weg auf der $F \cdot v$-Linie in Richtung des Pfeiles 4, nach rechts unten übrig. Hierbei steigt der Spanquerschnitt und die Schnittgeschwindigkeit fällt, und zwar so, daß $F \cdot v = 200$ innegehalten wird. Eine Verbesserung der Ausnutzung liegt nicht vor, da $F \cdot v$ gleichbleibt. Die Zusammensetzung von $F \cdot v = 200$ aus verschiedenen F und v kann hier ohne Überlastung der Leistung der Bank oder des Drehstahles durch Benutzung größerer Spanquerschnitte, als sie der Grundwert angibt, geändert werden. Zu beachten ist, daß hierbei die Schnittgeschwindigkeit stärker fällt, als sie dem Schnittgeschwindigkeitsgesetz nach fallen müßte, da wir uns unterhalb der v-Linie bewegen. Hierbei wird also der Drehstahl nicht ausgenutzt, jedoch geschont.

Man könnte also von einem bestimmten Wert an ein geringerwertiges Werkzeug (Gußstahl) verwenden. Auf das Spanvolumen bzw. die Arbeitszeit hat die Nichtausnutzung des Werkzeuges (Schnellstahl) in diesem Fall keinen Einfluß, da $F \cdot v = 200$ bleibt.

Die Vergrößerung des Spanquerschnittes, die durch den „Gang" längs Pfeil 4 stattfindet, verursacht ein Abfallen des spezifischen Schnittdruckes unter den, der dem Grundwert entspricht. Gleichzeitig fällt auch noch die Schnittgeschwindigkeit, so daß die Feststellung, daß beim Entlanggehen längs Pfeil 4 die Bank ausgenutzt wird, nur bedingt richtig ist. Das erzielbare Spanvolumen $F \cdot v = 200$ wird allerdings innegehalten, das aber nicht mehr durch eine Leistung von 6,6 PS, sondern sogar durch eine geringere Leistung aufgebracht wird.

Vergrößert man den Spanquerschnitt über den Grundwert, der sich aus dem Gesetz des nutzbaren Spanquerschnittes:

$$F = \left[\frac{N}{C_N}\right]^{\varepsilon_N}$$

ergibt, und für das vorliegende Beispiel

$$F = \left[\frac{6,6}{2,05}\right]^{2,55} = \infty 20 \text{ mm}^2$$

ist, so sinkt die Leistung, obgleich $F \cdot v$ erhalten bleibt. Für $F = 40$ mm² wäre die Leistung:

$$N = \frac{F \cdot v \cdot k_s}{4500},$$

da

$$F = 40 \text{ mm}^2$$

sein soll, wird v bei konstant bleibendem $F \cdot v = 200$:

$$v = \frac{F \cdot v}{F} = \frac{200}{40} = 5 \text{ m/min},$$

entsprechend wird:

$$k_s = \frac{C_{k_s}}{\sqrt[\varepsilon_{k_s}]{F}} = \frac{263^{1)}}{\sqrt[5,07]{40}} = 127 \text{ kg/mm}^2,$$

also

$$N = 5,65 \text{ PS}$$

statt

$$N = 6,6 \text{ PS}.$$

Da jedoch 6,6 PS zur Verfügung stehen, kann die Schnittgeschwindigkeit wieder so weit gehoben werden, daß abermals $N = 6,6$ PS ausgenutzt werden; diese „Rückhebung" der Schnittgeschwindigkeit verursacht eine Steigerung des Spanvolumens über $F \cdot v = 200$ hinaus. Der Abfall des spezifischen Schnittdruckes kommt also der Ausnutzung, d. h. dem Spanertrag zugute. Für das vorliegende Beispiel könnte v im Verhältnis der Leistungen gehoben werden:

$$v_h = 5 \cdot \frac{6,6}{5,65} = 5,84 \text{ m/min}.$$

[1]) Vgl. Zahlentafel 44 (Anhang).

Das Spanvolumen steigt also auf

$$(F \cdot v)_h = 40 \cdot 5{,}84 = 234\,\text{cm}^3/\text{min},$$

d. h. um 17%.

Die Rückhebung der Schnittgeschwindigkeit und des Spanvolumens kann bis zur Geraden längs Pfeil 5 erfolgen. Diese Gerade ist die Leistungslinie $N = 6{,}6$ PS, die also unter einem Winkel gegen die $F \cdot v$-Linie läuft. Die durch Schraffur angelegten Flächen stellen den Betrag der Rückhebung und damit auch der $F \cdot v$-Steigerung bei den verschiedenen Spanquerschnitten dar.

Aus dem Bild gewinnt man die Erkenntnis, daß sich die v-Gerade, die $F \cdot v$-Gerade und die N-Gerade in einem Punkt schneiden. Der Schnittpunkt dieser Geraden ergibt, wie gezeigt, stets den kleinsten die Bank und den Stahl ausnutzenden Spanquerschnitt mit der größten zugehörenden Schnittgeschwindigkeit.

Zu jeder Leistung gehört also *ein* kleinster ausnutzender Spanquerschnitt und eine zugehörende Schnittgeschwindigkeit. Wird ein kleinerer Spanquerschnitt genommen, so sinkt die Leistung und das Spanvolumen, da dann nur auf der v-Linie „entlang" gegangen werden kann. Wird ein größerer Spanquerschnitt genommen, so kann das Spanvolumen noch gesteigert werden.

Ehe die Frage erörtert werden soll, ob es ratsam ist, von der Möglichkeit der $F \cdot v$-Steigerung durch Wahl größerer Spanquerschnitte und sehr kleiner Schnittgeschwindigkeiten Gebrauch zu machen, sei noch Abb. 125 betrachtet.

In dieser Abbildung sind die Schnittgeschwindigkeitslinien für drei verschiedene Festigkeiten SM.-Stahl und die zugehörenden Geraden für die oben (S. 179) ermittelten Spanvolumina eingetragen, die mit härter werdendem Material unter Voraussetzung gleicher Leistung ($N = 1$ PS) sanken.

Man erkennt jetzt unschwer die günstigste Zusammensetzung dieser $F \cdot v$-Werte, nämlich, daß für $F \cdot v = 12{,}7$ der Spanquerschnitt $F = 0{,}097\,\text{mm}^2$, und die Schnittgeschwindigkeit $v = 130$ m/min, für $F \cdot v = 11{,}4$ $F = 0{,}15\,\text{mm}^2$ und $v = 76$ m/min und schließlich für $F \cdot v = 10{,}3$ $F = 0{,}325\,\text{mm}^2$ und $v = 31{,}7$ m/min sein müssen.

Die Größen der rückgehobenen Schnittgeschwindigkeit und des Spanvolumens ergeben sich in folgender Weise (Abb. 126): Es bezeichne F, v, k_s und N die Grundwerte für den Spanquerschnitt, die Schnittgeschwindigkeit, den spezifischen Schnittwiderstand und die Leistung, also den Schnittpunkt der v-Linie mit der $F \cdot v$- und N-Linie. F_a, v_a, k_{s_a} und N_a bezeichne dieselben Größen für den gesteigerten Spanquerschnitt, v_h und $(F \cdot v)_h$ die gehobene Schnittgeschwindigkeit und das gehobene Spanvolumen.

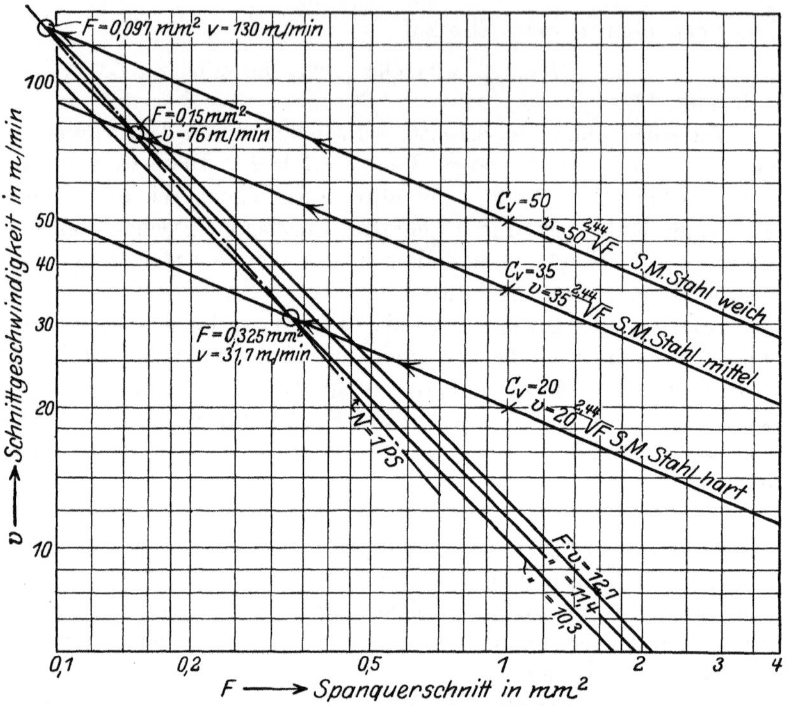

Abb. 125. Diagramm zur Aufteilung des Spanvolumens $F \cdot v$ in Spanquerschnitt und Schnittgeschwindigkeit bei SM.-Stahl verschiedener Festigkeit.

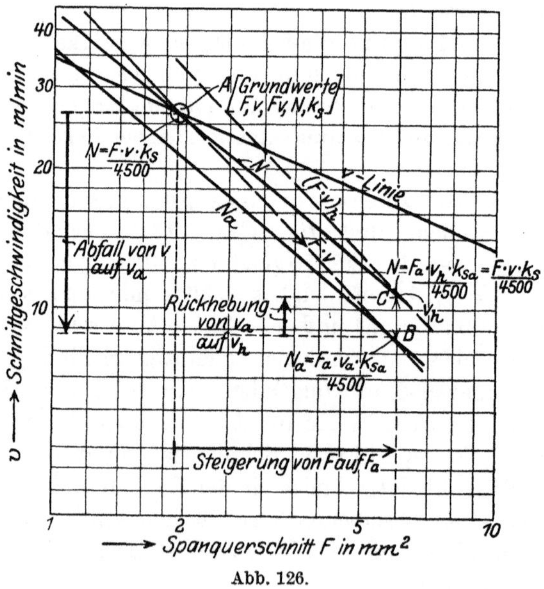

Abb. 126.

Die Leistung für die Grundwerte ist (Punkt A Abb. 126):

$$N = \frac{F \cdot v \cdot k_s}{4500}.$$

Bei Steigerung auf F_a fällt diese Leistung auf (Punkt B):

$$N_a = \frac{F_a \cdot v_a \cdot k_{sa}}{4500}.$$

Hebt man die Schnittgeschwindigkeit von v_a auf v_h, und zwar um so viel, daß N wieder erreicht wird, so ist offenbar (Punkt C):

$$N = \frac{F_a\, v_h\, k_{sa}}{4500} = \frac{F \cdot v \cdot k_s}{4500},$$

oder:

$$F_a \cdot v_h \cdot k_{s_a} = F \cdot v \cdot k_s.$$

Ferner ist:

$$k_s = \frac{C_{k_s}}{\sqrt[\varepsilon_{k_s}]{F}},$$

$$k_{s_a} = \frac{C_{k_s}}{\sqrt[\varepsilon_{k_s}]{F_a}},$$

also:

$$F_a \cdot v_h \cdot \frac{C_{k_s}}{\sqrt[\varepsilon_{k_s}]{F_a}} = F \cdot v \cdot \frac{C_{k_s}}{\sqrt[\varepsilon_{k_s}]{F}},$$

hieraus folgt:

$$v_h = \frac{F \cdot v}{F_a} \sqrt[\varepsilon_{k_s}]{\frac{F_a}{F}}.$$

Da

$$\frac{F \cdot v}{F_a} = v_a$$

ist, folgt:

$$\boxed{v_h = v_a \cdot \sqrt[\varepsilon_{k_s}]{\frac{F_a}{F}}}.$$

Diese Gleichung stellt die Beziehung zwischen der rückgehobenen Schnittgeschwindigkeit v_h und der zu $F \cdot v =$ konst. gehörenden Schnittgeschwindigkeit v_a dar.

Ferner folgt aus:

$$v_h = \frac{F \cdot v}{F_a} \cdot \sqrt[\varepsilon_{k_s}]{\frac{F_a}{F}}:$$

$$\boxed{v_h = v \cdot \left(\frac{F_a}{F}\right)^{\frac{1}{\varepsilon_{k_s}} - 1}}.$$

Diese Gleichung gibt die absolute Größe der rückgehobenen Schnittgeschwindigkeit in Beziehung zum Grundwert v an.

Im Diagramm (Abb. 127) ist sowohl v_a als auch v_h in Bruchteilen von v in Abhängigkeit vom Werte F_a/F, d. h. dem Steigerungswert des Spanquerschnittes F dargestellt, und zwar für verschiedene Werkstoffe. Man sieht daß die mögliche Rückhebung für Elektron am kleinsten und für S.M.-Stahl am größten ist.

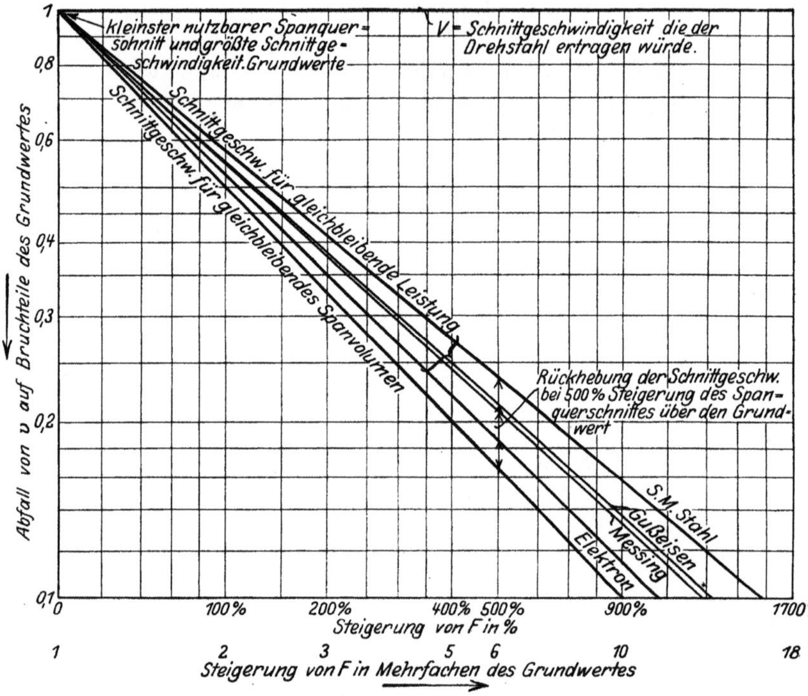

Abb. 127. Rückhebung der Schnittgeschwindigkeit bei verschiedenen Werkstoffen.

Aus den obigen Gleichungen sowie der Abb. 127 erkennt man, daß sowohl v_h als auch v_a für gleiche Steigerung von F lediglich vom Werte ε_{k_s}, d. h. dem Änderungsverlauf des spezifischen Schnittdruckes beeinflußt werden. Je größer ε_{k_s} ist, desto kleiner ist die mögliche Rückhebung und umgekehrt. Der Wert

$$R = \sqrt[\varepsilon_{k_s}]{\frac{F_a}{F}}$$

sei Rückhebungsfaktor genannt, er kennzeichnet die Größe der Rückhebung von v_a, die durch Abfall von k_s möglich ist. Demnach ist das gesteigerte Spanvolumen

$$(F \cdot v)_h = F \cdot v \cdot R,$$

$$(F \cdot v)_h = F \cdot v \cdot \sqrt[\varepsilon_{k_s}]{\frac{F_a}{F}}.$$

Bezeichnet P_a den Schnittdruck beim gesteigerten Spanquerschnitt F_a, bzw. den Schnittdruck zur Erzielung des gesteigerten Spanvolumens und P den Schnittdruck für die Grundwerte, so ist:

$$P_a = F_a \cdot k_{sa}$$

und

$$P = F \cdot k_s .$$

Demnach verhält sich:

$$\frac{P_a}{P} = \frac{F_a \cdot k_{sa}}{F \cdot k_s} = \frac{F_a \cdot \dfrac{C_{k_s}}{\sqrt[\varepsilon_{k_s}]{F_a}}}{F \cdot \dfrac{C_{k_s}}{\sqrt[\varepsilon_{k_s}]{F}}} = \left(\frac{F_a}{F}\right)^{1-\frac{1}{\varepsilon_{k_s}}} .$$

Der gesteigerte Schnittdruck ist also:

$$\boxed{P_a = P \cdot \left(\frac{F_a}{F}\right)^{1-\frac{1}{\varepsilon_{k_s}}}} .$$

Um festzustellen, ob der Schnittdruck durch Steigerung des Spanquerschnittes über den Grundwert stärker steigt als das erzielbare Spanvolumen und um wieviel, setzt man:

$$\frac{P_a}{(F \cdot v)_h} = \frac{P \cdot \left(\frac{F_a}{F}\right)^{1-\frac{1}{\varepsilon_{k_s}}}}{F \cdot v \cdot \left(\frac{F_a}{F}\right)^{\frac{1}{\varepsilon_{k_s}}}} = \frac{P}{F \cdot v} \cdot \left(\frac{F_a}{F}\right)^{1-\frac{2}{\varepsilon_{k_s}}} .$$

Bezieht man die Betrachtung auf die Grundwerte P und $F \cdot v$, so daß man diese gleich 1 setzen kann, da sie ja in keinem Steigerungsverhältnis zueinander stehen, so ergibt sich:

$$P_a = (F \cdot v)_h \cdot \left(\frac{F_a}{F}\right)^{1-\frac{2}{\varepsilon_{k_s}}} ,$$

d. h. der Schnittdruck steigt bedeutend stärker als das erzielbare Spanvolumen bei Steigerung des Spanquerschnittes. Einige Zahlen sollen dies noch verdeutlichen. Für Stahl ($\varepsilon_{k_s} = 5{,}07$) wird der Exponent $1 - \frac{2}{\varepsilon_{k_s}} = 0{,}606$, so daß sich ergibt:

$\frac{F_a}{F}$	P_a steigt stärker als $(Fv)_h$
2	1,52 mal
5	2,64 „
10	4,04 „

Für die übrigen Werkstoffe und Spanquerschnitte sind die Verhältnisse aus Abb. 128 in Proz. zu ersehen. Die Steigerung des Schnittdruckes nimmt ganz bedeutend zu, so daß demgegenüber die Steigerung des Spanvolumens nur unbedeutend erscheint. Man kann aus diesem Diagramm auch umgekehrt entnehmen, um wieviel der Spanquerschnitt gesteigert werden darf, wenn die Bank eine Steigerung des Schnittdruckes zuläßt.

Für eine angenommene zulässige Drucksteigerung[1]) um 100% kann bei Bearbeitung von Stahl (Punkt *b* im Diagramm) der Spanquerschnitt um 145% gesteigert werden, das erzielbare Spanvolumen wird jedoch

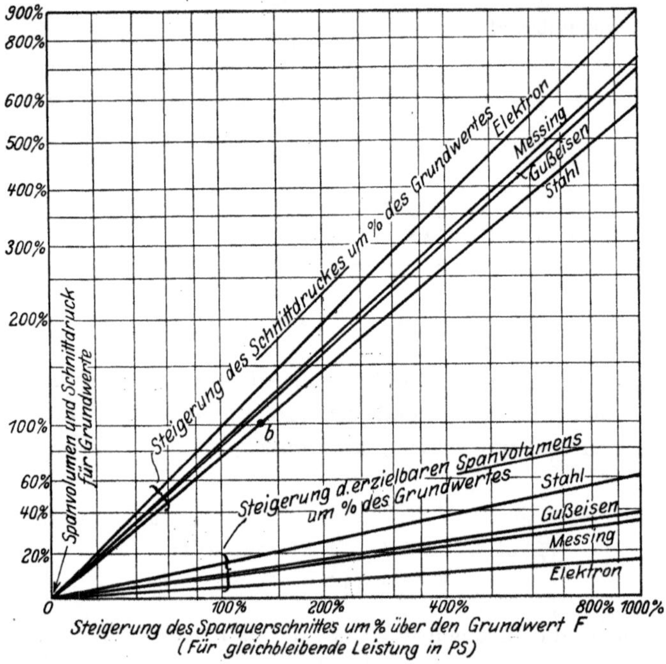

Abb. 128. Steigerung des Schnittdruckes und des Spanvolumens bei Steigerung des Spanquerschnittes bei gleichbleibender Leistung.

hierdurch nur um 18% vergrößert, so daß es sich im allgemeinen nicht empfiehlt, hiervon Gebrauch zu machen. Hierauf wird später nochmal zurückzukommen sein.

Es kann auffallend erscheinen, daß die Geraden für Schnittdruck und Spanvolumen der verschiedenen Werkstoffe nicht in gleicher, sondern in entgegengesetzter Folge liegen. Dies erklärt sich daraus, daß die Steigerung des Schnittdruckes mit dem Spanquerschnitt um so größer

[1]) Als Anhalt für die Ermittlung des zulässigen Schnittdruckes einer vorhandenen Bank empfiehlt sich die Berechnung des Zahndruckes am letzten Zahnrad. Die Zahndrucktabelle 46 (Anhang) gibt den Zahndruck für verschiedene Modulgrößen und Zähnezahlen. Sie nimmt jedoch auf die Umfangsgeschwindigkeit keine Rücksicht.

Ganz überschlägig ist die Rechnung mit $P = 13 \cdot$ Spitzenhöhe bei Schnelldrehbänken, $P = 6{,}5 \cdot$ Spitzenhöhe bei normalen Bänken. Vgl. Hülle: Werkzeugmaschinen, S. 122. Berlin: Julius Springer 1919.

wird, je weniger k_s fällt, d. h. je größer ε_{k_s} ist. Bei $k_s =$ konst. steigt der Schnittdruck ebenso wie der Spanquerschnitt.

Für das Spanvolumen gilt das Umgekehrte, je größer ε_{k_s}, d. h. je mehr k_s sich einer Konstanten nähert, desto geringer wird die Möglichkeit, aus dem k_s-Abfall eine Steigerung des Spanvolumens zu erzielen.

Bei den bisherigen Erörterungen ist noch keine Rücksicht auf die verschiedenen Werkzeugarten (Schnellstahl, Gußstahl, Hartmetalle) genommen worden, so daß das Problem abermals verwickelter wird.

Im Diagramm (Abb. 129) sind die Schnittgeschwindigkeitslinien für Hartmetalle, Schnellstahl und Gußstahl in einem doppellogarithmischen Netz mit den Achsen F und v eingezeichnet, und zwar mit der üblichen Annahme (die durch Versuche noch nicht erhärtet ist), daß Hartmetall im Mittel doppelte, und Gußstahl halbe Schnittgeschwindigkeiten erlauben wie Schnellstahl, und daß sie zur v-Linie für Schnellstahl parallel laufen. Den Betrachtungen möge wieder mittlerer Stahl (SM. 50/60 kg) und eine Bank von 6,6 PS mit $F \cdot v = 200$ zugrunde liegen, also dieselbe, die auch bei der Abb. 124, S. 182 vorausgesetzt war.

Als Grundwert für die Wahl von F und v hatte sich der Schnittpunkt der $F \cdot v$-Linie (bzw. der N-Linie) und der v-Linie ergeben ($F = 20\,\text{mm}^2$, $v = 10\,\text{m/min}$). Es entsteht jetzt die Frage, welche Änderungen durch Wahl eines anderen Werkzeuges eintreten.

Es war schon gesagt worden, daß die Veränderung in der Zusammensetzung von $F \cdot v = 200$ nur durch Wahl größerer Spanquerschnitte als dem des Grundwertes ($F = 20\,\text{mm}^2$) möglich ist.

Schnellstahl muß, wie die Abb. 129 zeigt, solange angewandt werden, bis die Schnittgeschwindigkeit so weit gesunken ist, daß Gußstahl sie erträgt. Geht man also auf der $F \cdot v$-Linie $= 200$ [längs Pfeil 4[1])], so ist die Schnittgeschwindigkeit für Gußstahl bei $F = 64\,\text{mm}^2$ erreicht (Punkt B). Wird die Schnittgeschwindigkeit „rückgehoben", so steigt sie wieder über die des Gußstahls. Der Schnittpunkt B ergibt $F \cdot v = 200$. Für die Abnahme dieses Spanvolumens werden sogar, wie die PS-Linien der Abb. 129 zeigen, nur 5 PS statt der zur Verfügung stehenden 6,6 PS benötigt. Soll jedoch die Leistung $N = 6{,}6$ PS ausgenutzt werden, so muß man längs Pfeil 5 bis zum Schnittpunkt C ($F = 116$) gehen; die Leistung $N = 6{,}6$ PS ergibt mit Gußstahl dann ein Spanvolumen von 287 cm³/min; mit Schnellstahl und 6,6 PS ergaben sich nur 200 cm³!

Scheinbar kann man also mit Gußstahl ein größeres Spanvolumen mit derselben Leistung erzielen als bei

[1]) Die Benennung der Pfeile ist der Übersichtlichkeit wegen ebenso gewählt wie in Abb. 124 (S. 182).

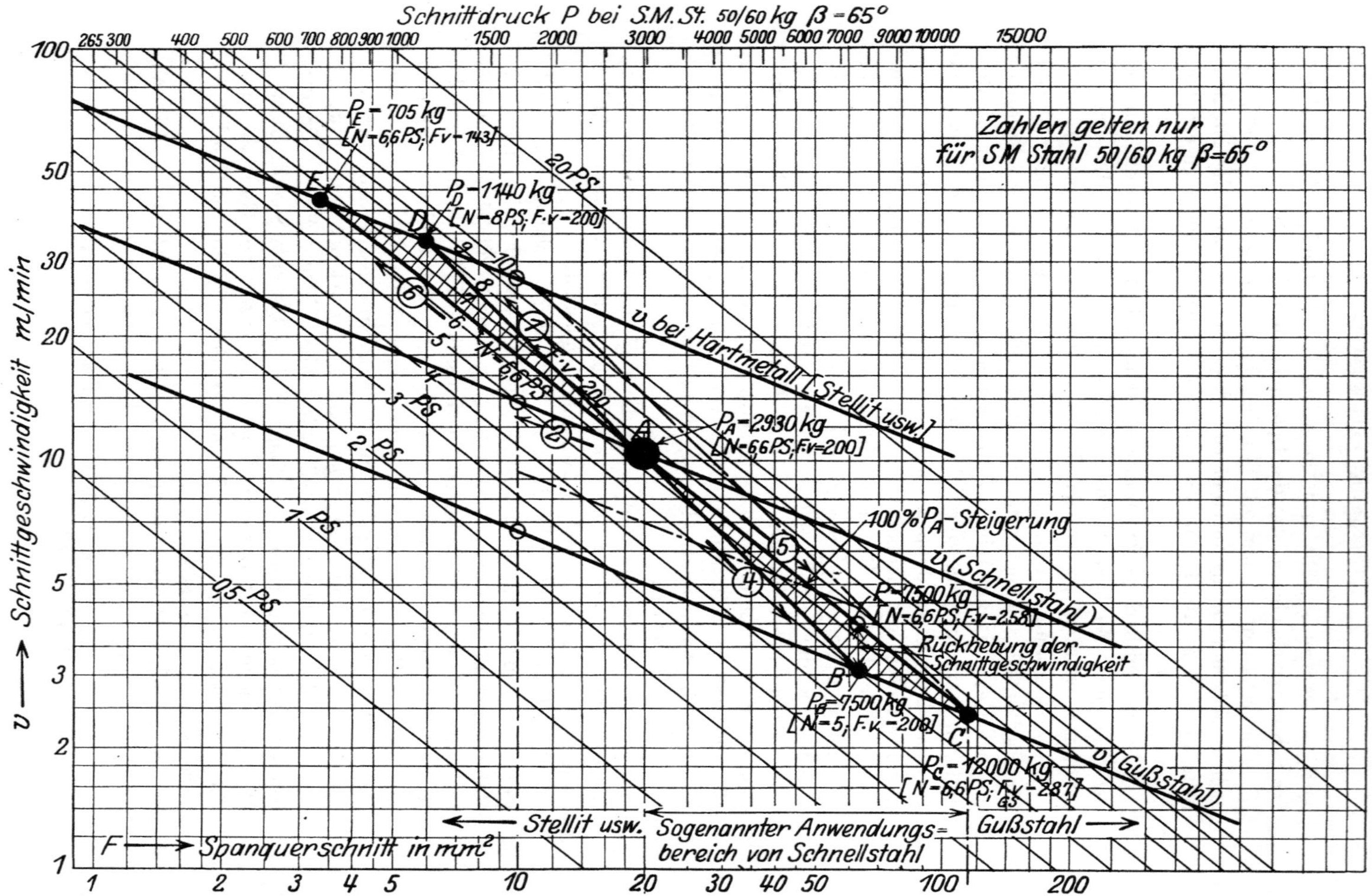

Abb. 180. Mögliche und zulässige Zusammensetzung von F·v unter Berücksichtigung verschiedener Werkzeuge und der eintretenden Schnittdruckänderungen.

Schnellstahl. Gußstahlverwendung scheint günstiger zu sein!

Punkt A kennzeichnet den Beginn und Punkt C das Ende der Schnellstahlanwendung. Man könnte also glauben, daß zwischen $F = 20\,\text{mm}^2$ und $F = 116\,\text{mm}^2$ das Anwendungsgebiet des Schnellstahles in diesem Beispiel sei, trotzdem Schnellstahl nur im Punkt A ausgenutzt wird, später nicht mehr, wie aus der Schnellstahllinie hervorgeht.

Jetzt sei auch der Schnittdruck P in den Kreis der Betrachtungen gezogen. Bei Punkt A (dem Grundwert) ist der Schnittdruck P_A:

$$P_A = F \cdot \frac{C_{k_s}}{\sqrt[\varepsilon_{k_s}]{F}} = 20 \cdot \frac{263}{\sqrt[5{,}07]{20}} = 2930\,\text{kg}\,.$$

Bei Punkt C ist der Schnittdruck P_C:

$$P_C = 116 \cdot \frac{263}{\sqrt[5{,}07]{116}} = \backsim 12\,000\,\text{kg}\,!$$

Um die Bank von $N = 6{,}6$ PS mit Gußstahl ausnutzen zu können, ist also rund der vierfache Schnittdruck erforderlich, da eine Steigerung des Spanquerschnittes von 20 mm² bis auf 116 mm² erforderlich wäre! Dasselbe Ergebnis liefert auch das Diagramm (Abb. 128, S. 190), das bei einer Spanquerschnittssteigerung von 480% eine Steigerung des Schnittdruckes von 310% anzeigt.

Selbst wenn man sich mit Gußstahl mit einer Leistung von $N = 5$ PS und einem Spanvolumen $F \cdot v = 200$ begnügen wollte, ohne also eine Rückhebung von v vorzunehmen (Punkt B), steigt der Schnittdruck um 156%[1]) infolge der Steigerung des Spanquerschnittes von 20 auf 64 mm²; hiermit wäre jedoch kein wesentlicher Vorteil verbunden, da $F \cdot v = 200$ bleibt und nur N auf 5 PS fällt. Um nunmehr zu zeigen, daß die Verhältnisse nicht nur dem gewählten Beispiel eigen sind, sondern allgemein gelten, sei folgende Ableitung vorgenommen:

Der nutzbare Spanquerschnitt für Schnellstahl war:

$$F = \left(\frac{N}{C_N}\right)^{\varepsilon_N}.$$

Da bei Gußstahl

$$C_{v\,\text{Gußstahl}} = \tfrac{1}{2}\, C_{v\,\text{Schnellstahl}}$$

ist, ergibt sich auch:

$$C_{N\,\text{Gußstahl}} = \tfrac{1}{2}\, C_{N\,\text{Schnellstahl}}\,.$$

Ist F_{GS} der nutzbare Spanquerschnitt (Grundwert) für Gußstahl, so wird also:

$$F_{GS} = \left(\frac{N}{\frac{1}{2} C_N}\right)^{\varepsilon_N},$$

[1]) Vgl. S. 202.

also verhält sich:

$$\frac{F_{GS}}{F} = \frac{\left(\frac{N}{\frac{1}{2}C_N}\right)^{\varepsilon_N}}{\left(\frac{N}{C_N}\right)^{\varepsilon_N}} = 2^{\varepsilon_N},$$

$$\boxed{F_{GS} = 2^{\varepsilon_N} \cdot F}$$

Beziehung zwischen dem nutzbaren Spanquerschnitt bei Gußstahl- und Schnellstahlverwendung zur Ausnutzung der gleichen Leistung.

Zu dem gleichen Ergebnis gelangt man auch, wenn man von der Gleichung der rückgehobenen Schnittgeschwindigkeit:

$$v_h = v \cdot \left(\frac{F_a}{F}\right)^{\frac{1}{\varepsilon_{k_s}} - 1}$$

ausgeht, wobei v_h die Schnittgeschwindigkeit für den Punkt C (den Grundwert bei Gußstahl) und F_a der obige Spanquerschnitt F_{GS} ist; man hat dann zu setzen:

$$v = \frac{C_v}{\sqrt[\varepsilon_v]{F}},$$

$$v_h = \frac{\frac{1}{2}C_v}{\sqrt[\varepsilon_v]{F_a}}.$$

$$\frac{\frac{1}{2}C_v}{\sqrt[\varepsilon_v]{F_a}} = \frac{C_v}{\sqrt[\varepsilon_v]{F}} \cdot \left(\frac{F_a}{F}\right)^{\frac{1}{\varepsilon_{k_s}} - 1}.$$

Nach einigen mathematischen Umformungen ergibt sich daraus wieder die eben abgeleitete Gleichung für F_{GS} in Abhängigkeit von F.

Aus dieser Gleichung folgt jetzt zahlenmäßig:

für SM.-Stahl mit $\varepsilon_N = 2{,}55$:

$$\underline{F_{GS}} = 2^{2,55} \cdot F = \underline{5{,}86\,F},$$

für Gußeisen mit $\varepsilon_N = 1{,}7$:

$$\underline{F_{GS}} = 2^{1,7} \cdot F = \underline{3{,}25\,F},$$

für Messing mit $\varepsilon_N = 3{,}82$:

$$\underline{F_{GS}} = 2^{3,82} \cdot F = \underline{14{,}1\,F}.$$

Die erforderliche Steigerung des Spanquerschnittes ist also ganz außerordentlich groß, wenn man zur Ausnutzung der gleichen *Leistung* statt Schnellstahl Gußstahl als Werkzeug verwenden wollte.

Der Schnittdruck bei F_a war (S. 189):

$$P_a = P \cdot \left(\frac{F_a}{F}\right)^{1-\frac{1}{\varepsilon_{k_s}}}.$$

Demnach ergibt sich der Schnittdruck P_{GS} bei gleichbleibender Leistung und Verwendung von Gußstahlmeißeln gegenüber Schnellstahlmeißeln:

$$P_{GS} = P \cdot \left(\frac{F_{GS}}{F}\right)^{1-\frac{1}{\varepsilon_{k_s}}},$$

$$\boxed{P_{GS} = 2^{\varepsilon_N\left(1-\frac{1}{\varepsilon_{k_s}}\right)} \cdot P},$$

also bei Bearbeitung[1]) von:

SM.-Stahl:

$$\underline{P_{GS}} = 5{,}86^{0{,}803} \cdot P = \underline{4{,}15\,P}.$$

Gußeisen:

$$\underline{P_{GS}} = 3{,}25^{0{,}865} \cdot P = \underline{2{,}77\,P}.$$

Messing:

$$\underline{P_{GS}} = 14{,}1^{0{,}869} \cdot P = \underline{10\,P}.$$

Aus dem Diagramm (Abb. 128, S. 190) ist das Anwachsen des Schnittdruckes für diese Spanquerschnittssteigerungen auch zu ersehen; es ergibt sich somit die wichtige Erkenntnis:

Die Ausnutzung der Leistung einer Bank mittels Werkzeug aus Gußstahl verursacht bei Bearbeitung von Gußeisen eine Steigerung des Schnittdruckes um 177 % (= 2,77 fach), bei Bearbeitung von SM.-Stahl eine solche von 315% (= 4,15 fach) und bei Bearbeitung von Messing eine Steigerung von 900% (= 10 fach) gegenüber dem Schnittdruck bei der Leistungsausnutzung mittels Schnellstahles.

Dem steht gegenüber, daß allerdings das Spanvolumen (und reziprok die Arbeitszeit) bei Gußstahlmeißeln und unter Zugrundelegung der gleichen Leistung bei Bearbeitung von SM.-Stahl[2]) um:

$$\frac{(F \cdot v)h}{F \cdot v} = \sqrt[\varepsilon_{k_s}]{\frac{F_a}{F}} = \sqrt[5{,}07]{5{,}86} = 1{,}418 \text{ d. h. } 41{,}8\,\%,$$

bei Bearbeitung von Gußeisen um:

$$\frac{(F \cdot v)h}{F \cdot v} = \sqrt[\varepsilon_{k_s}]{\frac{F_a}{F}} = \sqrt[7{,}4]{3{,}25} = 1{,}17 \text{ d. h. } 17\,\%,$$

---

[1]) In dieser und in den folgenden Zahlenberechnungen ist ε_N nicht mit dem Klammerwert des Exponenten vereinigt, sondern mit der ständig wiederkehrenden Basis 2 zu 5,86 bzw. 3.25 bzw. 14,1 zusammengefaßt worden. Hierdurch ergibt sich eine bessere Übersichtlichkeit der Zahlen. Vgl. auch Fußnote S. 174.

[2]) Vgl. S. 188.

und bei Bearbeitung von Messing um:

$$\frac{(F \cdot v)h}{F \cdot v} = \sqrt[\varepsilon_{k_s}]{\frac{F_a}{F}} = \sqrt[7,64]{14,1} = 1,414 \text{ d. h. } 41,4\,\%$$

steigt, gegenüber der Verwendung von Schnellstahl.

Zur Erzielung des gleichen Spanvolumens mittels Schnellstahl und Gußstahl steigen die Schnittdrucke ebenfalls stark, ebenso sinkt auch die ausgenutzte Leistung. Es entstehen jedoch keine Vorteile. Es ergibt sich:

Die Verwendung von Gußstahlmeißeln an Stelle von Schnellstahlmeißeln zur Ausnutzung einer Bankleistung ist wegen der dabei auftretenden hohen Schnittdrucke unwirtschaftlich.

Es ist erforderlich gewesen, die seit Hippler in der Literatur vielfach[1]) auftretenden Ansichten, daß Gußstahl oft wirtschaftlicher sei als Schnellstahl, abzulehnen. Deswegen möchte ich jedoch nicht verfehlen, meiner Schätzung der Arbeiten Hipplers Ausdruck zu geben; wenngleich sich die Schlußfolgerungen, die Hippler zog, nicht halten lassen, so ging von seinem Wirken dennoch eine starke Anregung auf die Untersuchung der Probleme der Zerspanung aus.

Wenn die Verwendung von Gußstahlmeißeln unwirtschaftlich ist, so kann es auch nicht wirtschaftlich sein, Schnellstahl dort zu verwenden, wo die v-Linie für Gußstahl liegt, oder kurz darüber.

Die Verwendung von Schnellstahl ist soweit zulässig, bis die Grenze für den Schnittdruck erreicht ist, den die Bank erlaubt. Wenn man 100% Steigerung des Schnittdruckes glaubt zulassen zu können, so wäre die Grenze für Schnellstahl bei der im Diagramm (Abb. 129, S. 192) durch eine strichpunktierte Linie gekennzeichneten etwa 30 % ermäßigten Schnittgeschwindigkeit erreicht. Obgleich die Lebensdauer des Stahles bei solcher v-Ermäßigung um etwa 125÷200 % erhöht wird (vgl. Abb. 9, S. 17), kommt dies in diesem Falle nicht in dieser Höhe zur Auswirkung, da der höhere Schnittdruck auch größere innere Wärme bei der Molekularzerstörung hervorruft; diese Wärmequelle gleicht also bis zu einem gewissen Grade die verminderte Reibungswärme und damit die Erhöhung der Lebensdauer des Stahles wieder aus.

Der Grundwert (Punkt A, Abb. 129) kennzeichnet somit nicht nur den kleinsten Spanquerschnitt, der die Bank bei der größten Schnittgeschwindigkeit ausnutzt, sondern er stellt auch den Punkt des geringsten Schnittdruckes bei voller Ausnutzung der Leistung dar.

---

[1]) Betriebshütte S. 605, Sonderheft Zerspanung der Zeitschrift Maschinenbau 1926, S. 7 u. 21.

Eine Verwendung von Gußstahl kann nur dann möglich sein, wenn ein bestimmter Spanquerschnitt abzudrehen ist und die für Schnellstahl erforderliche Leistung

$$N = C_N \cdot \sqrt[\varepsilon_N]{F}$$

nicht verfügbar ist. Für Gußstahl ist die erforderliche Leistung:

$$N_{GS} = \tfrac{1}{2} C_N \cdot \sqrt[\varepsilon_N]{F},$$

also nur halb so groß. Natürlich ist das dann erzielbare Spanvolumen auch nur die Hälfte des mit Schnellstahl zu erzielenden Spanvolumens (vgl. Diagramm Abb. 129, S. 192).

Nunmehr seien die Veränderungen bei Verwendung eines höherwertigen Drehstahls als Schnellstahl betrachtet, also z. B. bei Stellit, Akrit usw., die mit dem Begriff Hartmetall zusammengefaßt wurden. Wir gehen abermals von den Grundwerten (Punkt A, Diagramm Abb. 129, S. 192) einer 6,6 PS-Bank aus, auf der ein Spanvolumen $F \cdot v = 200$ bei SM.-Stahl 50/60 kg mit Schnellstahl erzielt werden kann.

Wie im Diagramm (Abb. 124, S. 182) gezeigt wurde, kann die Schnittgeschwindigkeit für kleinere Spanquerschnitte als der Grundwert (also links des Grundwertes) beim „Entlanggehen" auf der v-Linie (Pfeil 2) nicht so gesteigert werden, wie es die Ausnutzung der Leistung erfordern würde. Beim „Entlanggehen" längs Pfeil 1, auf der $F \cdot v = 200$-Linie würde die zulässige Schnittgeschwindigkeit für Schnellstahl überschritten werden, so daß hier ein höherwertiges Werkzeug zur Anwendung gelangen muß.

Es sind zwei Wege möglich, um zur Ausnutzungslinie (v-Linie) des Hartmetalls zu gelangen, entweder längs Pfeil 1 oder Pfeil 6 (Abb. 129). Längs Pfeil 1 (bis Punkt D) wird das Spanvolumen $F \cdot v = 200$ innegehalten, jedoch steigt die erforderliche Leistung über $N = 6{,}6$ PS hinaus! Es tritt also jetzt genau der umgekehrte Zustand wie bei der Gußstahlverwendung ein. Dort sank beim Innehalten von $F \cdot v = 200$ die erforderliche Leistung in PS, hier bei Hartmetall steigt sie! Scheinbar ist also die Hartmetallverwendung ungünstiger.

Geht man auf der $N = 6{,}6$ PS-Geraden (längs Pfeil 6) bis zum Punkt E der Hartmetallinie, so werden die $F \cdot v < 200$-Linien bei diesem Fortschreiten geschnitten, d. h. die Spanausbeute, das erzielbare Spanvolumen, ist mit Hartmetall bei gleicher Leistung geringer als bei Schnellstahl und bei Gußstahl. Abermals die umgekehrte Erscheinung wie beim Vorgehen zum Gußstahl hin. Dort stieg das erzielbare Spanvolumen (auf $F \cdot v = 287$) bei konstanter Leistung, hier fällt es bis auf $F \cdot v = 143$.

Es ergeben sich somit die Erkenntnisse:

Eine *Leistung*, die mit Schnellstahl ausgenutzt ist, ergibt mit Hartmetall ein kleineres Spanvolumen!

Und umgekehrt:

Ein *Spanvolumen*, das bei einer bestimmten Leistung mit Schnellstahl erzielt werden kann, erfordert mit Hartmetall eine größere Leistung!

Es sei ganz besonders darauf hingewiesen — was im Verlauf der bisherigen Ausführungen deutlich in Erscheinung trat — daß man stets zwischen der Leistung (PS) und dem Spanvolumen (cm^3/min) unterscheiden muß. Leistung und Spanvolumen fallen nur für die Grundwerte zusammen und trennen sich bei Veränderung der Spanquerschnitte und Schnittgeschwindigkeiten. Die Leistungslinie läuft flacher als die $F \cdot v$-Linie und schneidet daher mit steigendem Spanquerschnitt und fallender Schnittgeschwindigkeit die höheren Werte von $F \cdot v$.

Nunmehr ist der Schnittdruck bei Verwendung von Hartmetall zu betrachten, einmal unter der Voraussetzung der gleichen Leistung, und das andere Mal unter der Voraussetzung desselben Spanvolumens wie bei Verwendung von Schnellstahl.

Im Diagramm (Abb. 129, S. 192) ist an den Punkten D und E der Hartmetallinie der Schnittdruck mit $P_D = 1140$ kg bzw. $P_E = 705$ kg angegeben, der somit wesentlich geringer ist als der Schnittdruck bei Schnellstahl und bei Gußstahl.

Allgemein ist der nutzbare Spanquerschnitt für Hartmetallverwendung F_H, der mit der gleichen Leistung N wie bei Schnellstahl zu erzielen ist (Punkt E):

$$F_H = \left(\frac{N}{2\,C_N}\right)^{\varepsilon_N},$$

für Schnellstahl war:

$$F = \left(\frac{N}{C_N}\right)^{\varepsilon_N},$$

also:

$$\frac{F_H}{F} = \frac{\left(\frac{N}{2\,C_N}\right)^{\varepsilon_N}}{\left(\frac{N}{C_N}\right)^{\varepsilon_N}} = \left(\frac{1}{2}\right)^{\varepsilon_N}.$$

$$\boxed{F_H = (\tfrac{1}{2})^{\varepsilon_N} \cdot F}$$

Beziehung zwischen dem nutzbaren Spanquerschnitt bei Hartmetall- und Schnellstahlverwendung zur Ausnutzung der gleichen Leistung.

Für SM.-Stahl ergibt sich somit:

$$F_H = \frac{1}{2^{2,55}} \cdot F = \frac{1}{5,86} F.$$

Für Gußeisen:

$$F_H = \frac{1}{2^{1,7}} \cdot F = \frac{1}{3,25} F.$$

Für Messing:

$$F_H = \frac{1}{2^{3,82}} \cdot F = \frac{1}{14,1} F .$$

Wir gelangen somit zu folgenden, den Gußstahlmeißeln umgekehrt entsprechenden Erkenntnissen für Hartmetall:

Die mögliche Verminderung des Spanquerschnittes bei Verwendung von Hartmetall ist reziprok der Steigerung des Spanquerschnittes, die für Gußstahlmeißel bei gleicher Leistung erforderlich wäre!

Der Schnittdruck bei F_a war (S. 189):

$$P_a = P \cdot \left(\frac{F_a}{F}\right)^{1-\frac{1}{\varepsilon_{k_s}}},$$

demnach ist der Schnittdruck P_H bei Verwendung von Hartmetall-meißeln und gleichbleibender Leistung:

$$\boxed{P_H = \left(\frac{1}{2}\right)^{\varepsilon_N\left(1-\frac{1}{\varepsilon_{k_s}}\right)} \cdot P},$$

also bei Bearbeitung[1]) von (vgl. S. 195):

SM.-Stahl:

$$P_H = \frac{1}{5,86^{0,803}} \cdot P = \frac{1}{4,15} P ,$$

Gußeisen:

$$P_H = \frac{1}{3,25^{0,865}} \cdot P = \frac{1}{2,77} P ,$$

Messing:

$$P_H = \frac{1}{14,1^{0,896}} \cdot P = \frac{1}{10} P .$$

Aus dem Diagramm (Abb. 130) ergibt sich ebenso:

Die Ausnutzung der Leistung einer Bank mittels Werkzeug aus Hartmetall verursacht bei Bearbeitung von Gußeisen eine Verminderung des Schnittdruckes auf den 2,77. Teil (d. h. um 64%, auf 36%), bei Bearbeitung von SM.-Stahl eine solche auf den 4,15. Teil (d. h. um 76%, auf 24%), bei Bearbeitung von Messing eine Verminderung auf den 10. Teil (d. h. um 90%, auf 10%) gegenüber dem Schnittdruck bei der Leistungsausnutzung mit Schnellstahl.

Umgekehrt wie bei Gußstahl steht dem hier eine Verminderung des erzielbaren Spanvolumens (und eine Steigerung der Arbeitszeit) gegenüber, sie beträgt bei Bearbeitung von Gußeisen 17%, bei Bearbeitung von SM.-Stahl 41,8%, bei Bearbeitung von Messing 41,4%.

Da die bisherigen Berechnungen unter dem Gesichtspunkt der gleichbleibenden Leistung angestellt wurden, müssen sie nunmehr zum

[1]) Vgl. Fußnote S. 195.

Vergleich auch für gleichbleibendes Spanvolumen vorgenommen werden.

Die Gerade (Abb. 129 S. 192) EAC war die Linie, auf der F und v bei konstant bleibender Leistung und veränderlichem Spanvolumen entlangliefen. Die Gerade DAB stellt die Linie dar, auf der F und v bei konstantem Spanvolumen und veränderlicher Leistung

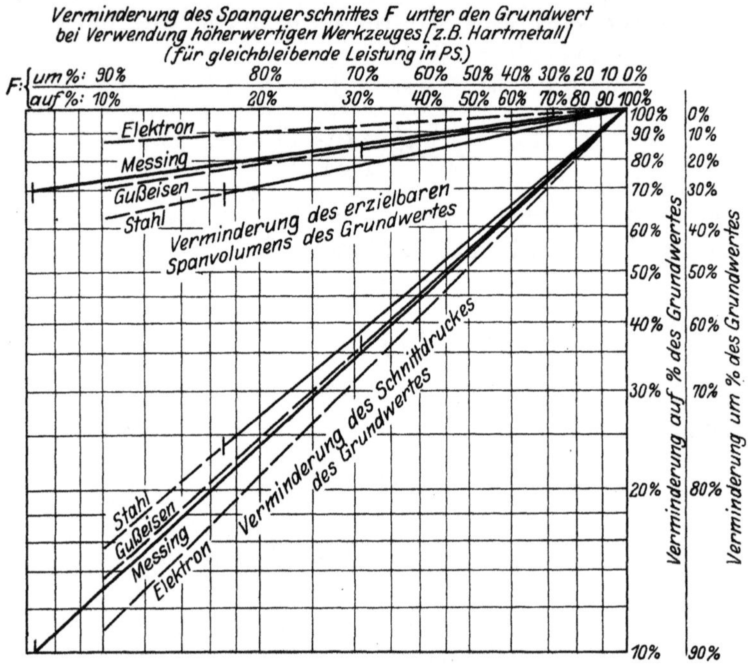

Abb. 130. Abfall des Schnittdruckes und des Spanvolumens bei Verminderung des Spanquerschnittes und gleichbleibender Leistung.

wandern. Es sind also die Spanquerschnitte und Schnittdrucke für die Punkte B und D zu ermitteln, d. h. für diejenigen Punkte, für die bei Verwendung von Gußstahl und Hartmetall das gleiche Spanvolumen zu erzielen ist, wie bei Schnellstahl.

Der gesteigerte Spanquerschnitt im Punkte B (Gußstahl) möge F'_{GS}, die zugehörige Schnittgeschwindigkeit möge v'_{GS} und der Schnittdruck P'_{GS} genannt werden. Für den Punkt D (Hartmetall) seien die entsprechenden Benennungen: F'_H, v'_H und P'_H.

Da sich $F \cdot v$ längs DAB nicht ändert, ist:

$$F'_{GS} = \frac{F \cdot v}{v'_{GS}},$$

ferner ist:

$$v'_{GS} = \frac{\frac{1}{2}\,C_v}{\sqrt[\varepsilon_v]{F'_{GS}}};$$

für Punkt A gilt:

$$F = \frac{F \cdot v}{v},$$

$$v = \frac{C_v}{\sqrt[\varepsilon_v]{F}},$$

also ist:

$$\frac{F'_{GS}}{F} = \frac{F \cdot v \cdot \sqrt[\varepsilon_v]{F'_{GS}} \cdot C_v}{\frac{1}{2} C_v \cdot F \cdot v \cdot \sqrt[\varepsilon_v]{F}} = 2\left(\frac{F'_{GS}}{F}\right)^{\frac{1}{\varepsilon_v}}$$

und daraus:

$$\boxed{F'_{GS} = 2^{\frac{\varepsilon_v}{\varepsilon_v - 1}} \cdot F}$$

Beziehung zwischen dem nutzbaren Spanquerschnitt bei Gußstahl- und Schnellstahlverwendung zur Erzielung des gleichen Spanvolumens.

Entsprechend ist auch für Hartmetall:

$$\boxed{F'_H = \left(\frac{1}{2}\right)^{\frac{\varepsilon_v}{\varepsilon_v - 1}} \cdot F}$$

Beziehung zwischen dem nutzbaren Spanquerschnitt bei Hartmetall- und Schnellstahlverwendung zur Erzielung des gleichen Spanvolumens.

Unter dem Gesichtspunkt des konstanten Spanvolumens ist also die erforderliche Steigerung des Spanquerschnittes bei Benutzung von Gußstahl statt Schnellstahl:

bei Bearbeitung von SM.-Stahl ($\varepsilon_v = 2{,}44$):

$$\underline{F'_{GS} = 2^{1{,}69} \cdot F = 3{,}23 \cdot F},$$

bei Bearbeitung von Gußeisen ($\varepsilon_v = 3{,}6$):

$$\underline{F'_{GS} = 2^{1{,}38} \cdot F = 2{,}61 \cdot F},$$

bei Bearbeitung von Messing ($\varepsilon_v = 1{,}65$):

$$\underline{F'_{GS} = 2^{2{,}54} \cdot F = 5{,}83 \cdot F}.$$

Die Verminderung des Spanquerschnittes bei konstantem $F \cdot_v$ und Hartmetall ist entsprechend:

bei Bearbeitung von SM.-Stahl:

$$\underline{F'_H = \frac{1}{3{,}23} \cdot F},$$

bei Bearbeitung von Gußeisen:

$$\underline{F'_H = \frac{1}{2{,}61} \cdot F},$$

bei Bearbeitung von Messing:

$$\underline{F'_H = \frac{1}{5{,}83} \cdot F}.$$

Ebenso ist jetzt auch der Schnittdruck zu ermitteln.

Allgemein war (S. 189) für gleiche Leistung:

$$P_a = P \cdot \left(\frac{F_a}{F}\right)^{1-\frac{1}{\varepsilon_{k_s}}},$$

für gleichbleibendes Spanvolumen und Gußstahl ist der gesteigerte Schnittdruck daher:

$$\boxed{P'_{GS} = 2^{\left(\frac{\varepsilon_v}{\varepsilon_v - 1}\right)\cdot\left(1-\frac{1}{\varepsilon_{k_s}}\right)} \cdot P},$$

für SM.-Stahl[1]) ergibt sich also:

$$\underline{P'_{GS}} = 3{,}23^{0{,}803} = \underline{2{,}56\,P},$$

für Gußeisen:

$$\underline{P'_{GS}} = 2{,}61^{0{,}865} = \underline{2{,}29\,P},$$

für Messing:

$$\underline{P'_{GS}} = 5{,}83^{0{,}869} = \underline{4{,}63\,P}.$$

Ebenso ergibt sich der Schnittdruck für gleichbleibendes Spanvolumen bei Verwendung von Hartmetall:

$$\boxed{P'_H = \left(\frac{1}{2}\right)^{\left(\frac{\varepsilon_v}{\varepsilon_v - 1}\right)\cdot\left(1-\frac{1}{\varepsilon_{k_s}}\right)} \cdot P},$$

also:

bei SM.-Stahl:

$$\underline{P'_H = \frac{1}{3{,}23^{0{,}803}} \cdot P = \frac{1}{2{,}56}\,P},$$

bei Gußeisen:

$$\underline{P'_H = \frac{1}{2{,}61^{0{,}865}} \cdot P = \frac{1}{2{,}29}\,P},$$

bei Messing:

$$\underline{P'_H = \frac{1}{5{,}83^{0{,}869}} \cdot P = \frac{1}{4{,}63}\,P}.$$

Die Ableitung dieser Gesetze fußte auf der Voraussetzung, die im Durchschnitt zutrifft, daß C_v für Gußstahl halb so groß, für Hartmetall zweimal so groß ist wie für Schnellstahl. Man kann jedoch noch einen Schritt weiter gehen und durch Einfügen von Zwischenwerten, wie z. B. $1{,}5\,C_v$ oder $0{,}75\,C_v$, verschieden legierte Stähle berücksichtigen; man kann sogar so weit gehen, die Werkzeuge nach ihrem C_v, d. h. der zulässigen Schnittgeschwindigkeit bei Bearbeitung eines bestimmten Werkstoffes mit $F = 1\ \text{mm}^2$, den Winkeln des A.W.F. und $T_L = 60$ Min. Lebensdauer zu klassifizieren. Bezeichnet w das Mehrfache oder den

[1]) Vgl. Fußnote S. 195.

Teil der zulässigen spezifischen Schnittgeschwindigkeit C'_v eines Drehstahles, bezogen auf C_v für 16÷18% Wolframstahl, so ist allgemein

$$C'_v = \frac{C_v}{w},$$

wobei w für höherwertige Werkzeuge < 1, für geringere > 1 ist. Entsprechend dem Wert w ändern sich auch die abgeleiteten Gesetze für F_{GS}, F'_{GS}, F_H, F'_H, P_{GS}, P'_{GS}, P_H, P'_H in allgemeine um:

$$F_a = w^{\varepsilon_N} \cdot F,$$

$$F'_a = w^{\frac{\varepsilon_v}{\varepsilon_v - 1}} \cdot F,$$

$$P_a = w^{\varepsilon_N \left(1 - \frac{1}{\varepsilon_{k_s}}\right)} \cdot P,$$

$$P'_a = w^{\left(\frac{\varepsilon_v}{\varepsilon_v - 1}\right)\left(1 - \frac{1}{\varepsilon_{k_s}}\right)} \cdot P.$$

Man kann leicht in den Irrtum verfallen, anzunehmen, daß die Werkzeuge aus Hartmetall dem Schnellstahl gegenüber keine Vorteile zu bieten vermögen. Dem ist aber nicht so!

Es ist zu erwägen, worauf es im Betriebe ankommt! Für die Fabrikation ist die kürzeste Arbeitszeit, d. h. das größtmögliche Spanvolumen erster Gesichtspunkt, erst in zweiter Hinsicht kommt die Ausnutzung einer gegebenen Leistung! Hieraus erkennt man, daß die Problemstellung: „Wirtschaftliche Ausnutzung der Leistung" schief ist; das Problem ist vielmehr: Wie erzielt man (mit einem gegebenen Maschinenpark) die kürzeste Arbeitszeit, also das größte Spanvolumen in der Zeiteinheit? Es kommt darauf an, eine bestimmte Materialzugabe in der kürzesten Zeit abzunehmen und hierbei so wirtschaftlich wie möglich zu verfahren.

Wir sahen schon, daß die Verwendung von Gußstahl als Werkzeug stets wesentlich größere Spanquerschnitte und Schnittdrucke erfordert als Schnellstahl, sowohl, um das gleiche Spanvolumen zu erzeugen, als auch um die gleiche Leistung auszunutzen. Die Werkstatt hat das zutreffende Wort geprägt: Wir wollen keine Späne machen, sondern fabrizieren.

Bei Gußstahlverwendung müßten zur Erzielung einer kurzen Arbeitszeit viel mehr „Späne gemacht" werden als bei Schnellstahl, man würde dann nach dem unwirtschaftlichen Grundsatz arbeiten: Große Späne, kleine Geschwindigkeiten, hohe Schnittdrucke!

Da die Materialzugaben für die Werkstücke infolge der Verbesserung der spanlosen Formungsarbeit immer geringer werden, benötigt man meistens gar keine großen Spanquerschnitte mehr. Die Losung muß daher sein: kurze Arbeitszeit durch kleine Späne und hohe Geschwindigkeiten, wenn auch die erforderliche Leistung größer ist! Und hier hilft die Höherentwicklung der Werkzeugstähle!

V. Die Auswirkungen der Zerspanungsgesetze auf Betrieb und Konstruktion der Werkzeugmaschinen.

Es sind jetzt die Folgerungen zu ziehen, die sich aus den Zerspanungsgesetzen für die praktische Anwendung im Betrieb und Büro ergeben. Es ist daher zu untersuchen:

a) Für Betrieb und Einrichtung:

1. Welche Bank kommt für die Abnahme eines Spanquerschnittes für ein bestimmtes Werkzeug in Frage?
2. Wie ändern sich die Verhältnisse bei Wahl anderer Werkzeuge?
3. Wofür ist eine gegebene Bank am besten geeignet?
4. Welche Vergleiche kann man zwischen Bänken anstellen?

b) Für Konstruktion:

Folgerungen für die Konstruktion der Werkzeugmaschinen.

a) Betrieb und Einrichtung.

Zur Untersuchung, welche Bank aus einer Reihe vorhandener Maschinen für die Abnahme eines bestimmten Spanquerschnittes in Frage kommt, dient das Diagramm (Abb. 131).

In ihm sind eine Reihe von Banken mit 1 bis 10 PS verfügbarer Leistung am Stahl dargestellt. Die Abszissenachse stellt die Grundwerte F, v, $F \cdot v$ und N dar. Die schrägen Geraden zeigen an, um wieviel die Grundwerte v und Fv gehoben werden können, wenn F über den Grundwert gesteigert wird; man kann also mit ihnen ermitteln, welche Steigerung das Spanvolumen erfahren kann, wenn die Bänke mit größeren Spanquerschnitten als ihren Grundwerten belastet werden.

Als Beispiel sei diejenige Bank zu ermitteln, die die günstigste Spanausbeute (d. h. das größte Spanvolumen bzw. die kürzeste Arbeitszeit) bei Bearbeitung von SM.-Stahl 50/60 kg und Abnahme von $F = 4\ \text{mm}^2$ Spanquerschnitt gewährt. Das Lot bei $F = 4\ \text{mm}^2$ schneidet die schrägen Geraden der Bänke mit 1 PS; 1,5 PS; 2 PS und 3 PS; die X-Achse wird bei 3,6 PS, Bänke mit höherer Leistung werden nicht mehr geschnitten.

Wir gehen die Bänke nunmehr der Reihe nach durch. Für eine Bank mit $N = 1$ PS wären die Grundwerte bei obigem Werkstoff und Werkzeug:

$$F = 0{,}15\ \text{mm}^2,$$

$$v = 76\ \text{m/min},$$

$$F \cdot v = 11{,}5\ \text{cm}^3/\text{min}.$$

Soll jedoch, wie verlangt, nicht 0,15 mm² Spanquerschnitt, sondern $F = 4$ mm² Spanquerschnitt abgedreht werden, so ist der abzuhebende Spanquerschnitt ein Vielfaches des Grundwertes der Bank von $N = 1$ PS. Dieser Grundwert ist bis auf 4 mm² zu steigern; so daß die früher (S. 187) besprochene Rückhebung der Schnittgeschwindigkeit und des Spanvolumens stattfinden kann.

Die gesunkene Schnittgeschwindigkeit, die zum gesteigerten Spanquerschnitt $F_a = 4$ (ohne Rücksicht auf den k_s-Abfall) gehört, wäre:

$$\underline{v_a} = \frac{F \cdot v}{F_a} = \frac{11{,}5}{4} = \underline{2{,}88} \text{ m/min.}$$

Die „rückgehobene“ Schnittgeschwindigkeit wäre:

$$\underline{v_h} = v_a \cdot \sqrt[\varepsilon_{k_s}]{\frac{F_a}{F}} = 2{,}88 \cdot 1{,}9 = \underline{5{,}47}\,.$$

Das gesteigerte Spanvolumen bei dieser Leistung wäre:

$$\underline{(F \cdot v)_h} = \underline{21{,}9} \text{ cm}^3\text{/min.}$$

Dieser Steigerungsbetrag geht auch aus dem Diagramm (Abb. 131) hervor, wenn man den Grundwert $F \cdot v = 11{,}5$ mit dem Rückhebungsfaktor R, der bei $F = 4$ durch die oberste schräge Gerade angezeigt wird, multipliziert.

Der Arbeitszeit für eine Welle von 100 ∅ und 1000 mm Länge, die bei $N = 1$ PS mit T_1 bezeichnet sei, wäre bei einem Schnitt von $t = 5$ mm Tiefe (vgl. S. 181):

$$\underline{T_1} = \frac{1000 \cdot 5 \cdot 100 \cdot \pi}{21{,}9 \cdot 1000} = \underline{71} \text{ Min.}$$

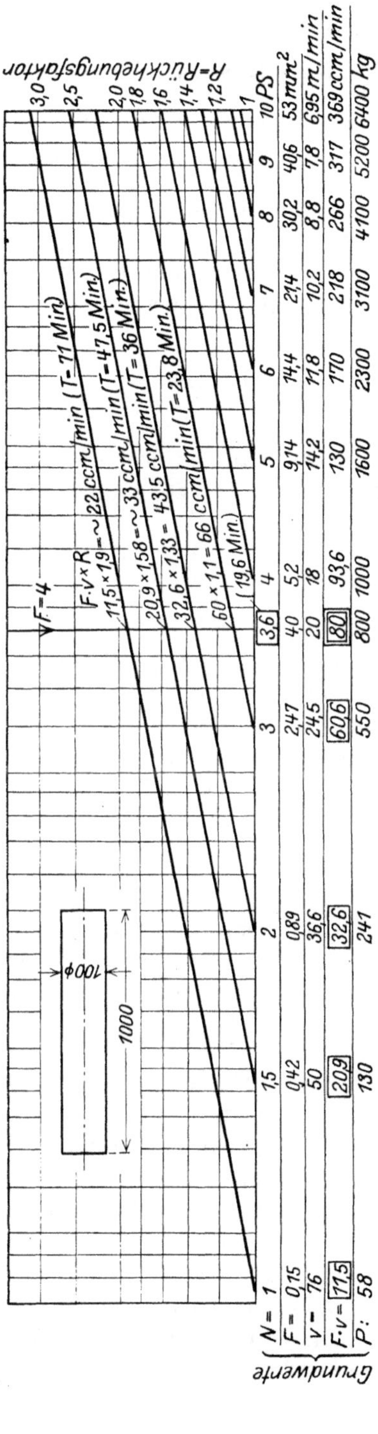

Abb. 131. Vergleich von Bänken mit 1 ÷ 10 PS Leistung am Drehstahl hinsichtlich ihrer Wirtschaftlichkeit für die Abnahme von $F = 4$ mm² bei SM.-Stahl 50/60 kg.

Durch dieselben Überlegungen ergibt sich für die Bank mit

1,5 PS Leistung: $F \cdot v = 20{,}9$; $(F \cdot v)_h = 33$ $\underline{T_{1,5} = 47{,}5 \text{ Min.}}$,

2,0 PS Leistung: $F \cdot v = 32{,}6$; $(F \cdot v)_h = 43{,}5$ $\underline{T_2 = 36 \text{ Min.}}$,

3,0 PS Leistung: $F \cdot v = 60{,}0$; $(F \cdot v)_h = 66$ $\underline{T_3 = 23{,}8 \text{ Min.}}$

Nunmehr kommen wir zu der Bank mit $N = 3{,}6$ PS Leistung. Bei dieser Bank ergibt sich der verlangte abzudrehende Spanquerschnitt $F = 4 \text{ mm}^2$ als Grundwert, so daß keine Steigerung mehr vorzunehmen ist. Das Spanvolumen ist:

$$F \cdot v = 80 \text{ cm}^3/\text{min}$$

und die Arbeitszeit:

$$\underline{T_{3,6} = 19{,}6 \text{ Min.}}$$

Zieht man nun noch die Bänke mit mehr als 3,6 PS, also z. B. eine Bank mit $N = 4$ PS zum Vergleich heran, so ergibt sich: Grundwerte

$$F = 5{,}2 \text{ mm}^2,$$
$$v = 18 \text{ m/min},$$
$$F \cdot v = 93{,}6 \text{ cm}^3/\text{min}.$$

Zur Ausnutzung dieser Bank müßte ein Spanquerschnitt von $F = 5{,}2 \text{ mm}^2$, also ein größerer als verlangt, abgenommen werden. Nimmt man jedoch nur den verlangten ab (und für diesen sollte ja die Bank bestimmt werden), so kann die Schnittgeschwindigkeit von 18 m/min auf die zu $F = 4$ gemäß:

$$v = \frac{C_v}{\sqrt[\varepsilon_v]{F}}$$

gehörende Schnittgeschwindigkeit gesteigert werden, d. h. auf 20 m/min. Darüber hinaus würde der Drehstahl verbrennen. Dadurch ergibt sich $F \cdot v$ ebenso groß wie bei der Bank von 3,6 PS, nämlich zu

$$F \cdot v = 80 \text{ cm}^3/\text{min} \quad \text{und} \quad T = 19{,}6 \text{ Min.}$$

Eine Steigerung des Spanvolumens, bzw. eine Verkürzung der Arbeitszeit ist also selbst bei Verwendung einer stärkeren Bank als hier von 3,6 PS nicht möglich.

Die Bänke, die mehr als 3,6 PS in diesem Beispiel zur Verfügung stellen, sind nicht wirtschaftlich auszunutzen; Bänke mit weniger als 3,6 PS ergeben selbst unter Berücksichtigung der Rückhebung geringere Spanvolumina als die — somit als günstigste gefundene — Bank mit 3,6 PS und damit längere Arbeitszeiten.

Die Verluste, ausgedrückt in Mehrarbeitszeit, die durch Verwendung einer anderen Bank entstehen, wären:

Bei einer 1 PS-Bank:

$$\frac{71 - 19{,}6}{19{,}6} \cdot 100 = 263\%\,,$$

bei einer 1,5 PS-Bank:

$$\frac{47{,}5 - 19{,}6}{19{,}6} \cdot 100 = 142{,}5\%\,,$$

bei einer 2 PS-Bank:

$$\frac{36 - 19{,}6}{19{,}6} \cdot 100 = 84\%\,,$$

bei einer 3 PS-Bank:

$$\frac{23{,}8 - 19{,}6}{19{,}6} \cdot 100 = 21{,}4\%\,.$$

Die Nichtausnutzung stärkerer Bänke, bezogen auf das Spanvolumen, wäre:

Bei einer 4 PS-Bank:

$$\frac{93{,}6 - 80}{93{,}6} \cdot 100 = 14{,}5\%\,,$$

bei einer 5 PS-Bank:

$$\frac{130 - 80}{130} \cdot 100 = 38{,}5\%\,,$$

bei einer 6 PS-Bank:

$$\frac{170 - 80}{170} \cdot 100 = 53\% \text{ usw.}$$

Ist im Maschinenpark eines Betriebes keine Bank vorhanden, die die wirtschaftliche Leistung zur Verfügung stellen kann, so ist es ratsamer, eine etwas stärkere Bank zu verwenden, da hierbei keine unmittelbaren Zeitverluste, sondern hauptsächlich Verluste an Zinsen, Amortisation usw. eintreten. Schwächere Bänke ergeben auf jeden Fall unmittelbare Zeitverluste und damit eine zu teure Fabrikation. Allgemein kann also gesagt werden:

Die wirtschaftlichste Bank für die Abnahme eines bestimmten Spanquerschnittes aus einer Reihe von Bänken mit verschiedener Leistung ist diejenige Bank, deren Leistung gerade so groß ist, daß sie den abzudrehenden Spanquerschnitt als Grundwert ergibt. Bänke mit kleinerer Leistung ergeben unmittelbare Zeit-, d. h. Geldverluste, stärkere Bänke werden nicht ausgenutzt und verzehren unnötig Zinsen.

Welche Änderungen treten nun ein, wenn der Spanquerschnitt $F = 4\ \text{mm}^2$ statt mit Schnellstahl, mit Gußstahl oder Hartmetall abzudrehen ist?

Wir gehen zurück zum Diagramm Abb. 129 (S. 192). Die Ordinate bei $F = 4\ \text{mm}^2$ schneidet die Schnellstahllinie bei $v = 20$ m/min und zeigt auch die günstigste Bank mit 3,6 PS, wie Diagramm (Abb. 131,

S. 205) an. Da bei Gußstahl die zulässige Schnittgeschwindigkeit halb so groß, und bei Hartmetall doppelt so groß ist wie für Schnellstahl, ergibt sich allgemein:

$$C_{v_{GS}} = \tfrac{1}{2} C_v ,$$

$$C_{v_H} = 2 C_v ,$$

$$v_{GS} = \frac{\tfrac{1}{2} C_v}{\sqrt[\varepsilon_v]{F}} = \frac{C_{v_{GS}}}{\sqrt[\varepsilon_v]{F}} \text{ [1]} ,$$

$$v_H = \frac{2 C_v}{\sqrt[\varepsilon_v]{F}} = \frac{C_{v_H}}{\sqrt[\varepsilon_v]{F}} \text{ [1]} .$$

Daher:

$$\underline{N_{GS}} = \tfrac{1}{2} C_N \sqrt[\varepsilon_N]{F} = \underline{C_{NGS} \sqrt[\varepsilon_N]{F}} \text{ [2]} ,$$

$$\underline{N_H} = 2 C_N \sqrt[\varepsilon_N]{F} = \underline{C_{NH} \sqrt[\varepsilon_N]{F}} \text{ [2]} ,$$

d. h. für Gußstahl hätte die wirtschaftlichste Bank nur die Hälfte, für Hartmetall die doppelte Leistung aufzubringen, also bei Gußstahl 1,8 PS, bei Hartmetall 7,2 PS.

Das erzielbare Spanvolumen ist bei Gußstahl jedoch auch nur 40 cm³/min, bei Hartmetall dagegen 160 cm³/min.

Der umgekehrte Fall, daß eine Bank (bzw. ihre Leistung) gegeben und festzustellen ist, für welchen Spanquerschnitt usw. die Bank am besten geeignet ist, ist bereits früher ausführlich behandelt worden. Für den Betrieb ist daraus die Lehre zu ziehen, daß es stets ratsamer ist, eine Bank bei bestimmtem Werkzeug mit dem kleinsten, ihre Leistung ausnutzenden, Spanquerschnitt zu verwenden, als noch Steigerungen über den Grundwert vorzunehmen.

Steht die Wahl des Werkzeuges frei, so wird stets das geringerwertige Werkzeug für die Ausnutzung der gleichen Leistung das höhere Spanvolumen ergeben. Stets ist jedoch zu bedenken, daß das höhere Spanvolumen nur mit höherem Schnittdruck zu erkaufen ist, so daß das höhere Spanvolumen auf Kosten der Bankgenauigkeit geht. Man verzichte lieber auf die extreme Ausnutzung durch Verwendung größerer Spanquerschnitte und erspare sich Reparaturen. Wenn man eine Leistung mit dem Grundwert ausnutzt, wird man am besten fahren.

Hat man weder eine Bank aus einem vorhandenen Park zu wählen, noch die Eignung einer Bank zu bestimmen, sondern soll man mehrere Bänke (z. B. für den Einkauf) für Schnellstahl und Hartmetallwerk-

[1] Vgl. Zahlentafel 41 (Anhang). [2] Vgl. Zahlentafel 42 (Anhang).

zeuge miteinander vergleichen, so sind auch hier mannigfaltige Gesichtspunkte vorhanden, wie die graphische Darstellung (Abb. 132) zeigt.

In dieser Darstellung sind in der ersten Reihe (A) die verschiedenen Eigenschaften einer Schnellstahlbank dargestellt, und zwar für $N = 6{,}6$ PS, $F \cdot v = 200$ cm³/min, $P = 2930$ kg und $F = 20$ mm². Darunter sind in den Reihen B bis H die verschiedenen Möglichkeiten der Vergleiche mit A für Hartmetall dargestellt. In der Spalte „Bemerkungen" ist der jeweilige Gesichtspunkt für den Vergleich angegeben. Die Größe der schraffierten Felder soll den Vergleich augenfällig gestalten.

In Reihe B ist für die Bänke A und B gleiche Leistung N angenommen, man erkennt deutlich das geringere, also unvorteilhafte Spanvolumen der Hartmetallbank und den geringeren, also vorteilhaften Schnittdruck.

Bei C, für gleiches Spanvolumen, liegt der Nachteil der Hartmetallbank in der größeren erforderlichen Leistung, der Vorteil im geringeren Schnittdruck.

Besonders beachtenswert ist Reihe D, die zeigt, daß für gleichen Spanquerschnitt (und gleichen Schnittdruck) die Hartmetallbank bezüglich des Spanvolumens im Vorteil ist, jedoch 13,2 PS benötigt. Die anderen Reihen geben noch verschiedene andere Gesichtspunkte an.

Zum Vergleich mit Reihe D ist in Reihe I eine 13,2 PS-Bank für Schnellstahl dargestellt, sie ergibt zwar im Vergleich zu D ein noch etwas größeres Spanvolumen, dafür wird die Maschine aber sehr stark beansprucht, und es wären sehr große Spanquerschnitte erforderlich, um diese Leistung auszunutzen.

Es tritt hier derselbe Gesichtspunkt in Erscheinung wie anfangs für Gußstahl gezeigt wurde.

Der Vorteil des größeren Spanvolumens (der kürzeren Arbeitszeit) ist bei geringerwertigen Werkzeugen nur mit großer Schnittdrucksteigerung zu erkaufen. Als günstiger ist es stets anzusehen, ein größeres Spanvolumen durch Verwendung höherwertigerer Werkzeuge zu erzielen, da nicht nur die Bank geschont wird, sondern auch die Kräfte, die auf das Werkstück verbiegend wirken können, geringer werden, obgleich die Leistung solcher Bank höher ist.

Als höherwertiges Werkzeug in diesem Sinne sind nicht unbedingt nur die Hartmetalle zu verstehen, sondern evtl. auch hochlegierte Schnellstähle.

Steht man vor der Frage, für eine Fabrikation eine neue Bank anzuschaffen, so wird man eine Bank für hochwertige Werkzeuge dann wählen, wenn die Kosten der hohen Leistung im Vergleich zur erzielbaren Arbeitszeit keine große Rolle spielen. Eine solche Bank wird man

	Leistung N in PS	Spanvolumen $F \cdot v$ cm³/min	Schnittdruck P in kg	Spanquerschnitt F mm²	Werkzeug-ausnutzung	Bemerkungen
A. Schnellstahl:	6,6	200	2930	20	1	
B. Hartmetall:		Nachteil: ergibt nur 143 cm³/min	Vorteil: gebraucht nur 705 kg	3,4	1	Bei gleicher Leistung wie *A.*
C. Hartmetall:	Nachteil: benötigt 8 PS		Vorteil: gebraucht nur 1140 kg	6	1	Bei gleichem Spanvolumen wie *A.*
D. Hartmetall:	Nachteil: benötigt 13,2 PS	Vorteil: ergibt 410 cm³/min			1	Bei gleichem Schnittdruck und Spanquerschnitt wie *A.*
E. Hartmetall:	Nachteil: benötigt 10 PS	Vorteil: ergibt 270 cm³/min	Vorteil: benötigt nur 1680 kg	10	1	Bei halbem Spanquerschnitt wie *A.*
F. Hartmetall:		Nachteil: ergibt nur 168 cm³/min	Vorteil: benötigt nur 1400 kg	8	$^1/_2$	Bei gleicher Leistung und halber Ausnutzung von Hartmetall wie *A.*
G. Hartmetall:	Nachteil: benötigt 7,1 PS		Vorteil: benötigt nur 1710 kg	10,6	$^1/_2$	Bei gleichem Spanvolumen und halber Ausnutzung von Hartmetall wie *A.*
H. Hartmetall:	Nachteil: benötigt 9 PS	Vorteil: ergibt 287 cm³/min			$^1/_2$	Bei gleichem Schnittdruck und Spanquerschnitt, aber halber Ausnutzung wie *A.*
I. Schnellstahl:	13,2	Vorteil: ergibt 540 cm³/min	Nachteil: benötigt 7900 kg	Nachteil: zur Ausnutzung wäre $F = 70$ mm² erforderl.		Zum Vergleich mit Hartmetallbank mit gleicher Leistung wie *D.*

Abb. 132. Vergleichsmöglichkeiten zwischen einer Bank *A.*, die mit Schnellstahl arbeitet, und Bänken *B.* bis *H.*, an denen Hartmetall verwendet wird. (Die stärker angelegten Felder kennzeichnen den jeweiligen gemeinsamen Gesichtspunkt zwischen *A.* und den anderen Bänken.) — „Nachteil" bedeutet, in welcher Hinsicht die betrachtete Bank ungünstiger arbeitet als Bank *A.* — „Vorteil" bedeutet einen Vorzug der betrachteten Bank gegenüber *A.* — Die Zahlen geben die Größe der Leistung, des Spanvolumens, Schnittdruckes und Spanquerschnittes bei Bearbeitung von SM.-Stahl 50/60 kg an.

auch dann wählen, wenn man auf derselben Bank auch Schlichtarbeiten vornehmen will, da sie ja durch den Schnittdruck längst nicht so beansprucht wird, wie eine Bank mit geringerwertigem Werkzeug bei gleichem Spanvolumen.

b) Auswirkungen auf die Konstruktion.

Die angestellten Untersuchungen zeigten, daß eine wirtschaftlichere Verwendung von Gußstahl als von Schnellstahl, d. h. die Erreichung eines größeren Spanvolumens $F \cdot v$ mit der gleichen Leistung N, vom praktischen Standpunkt aus nicht möglich ist, da der Schnittdruck so stark wachsen mußte, daß er in gar keinem Verhältnis zur Leistung stehen würde.

Der umgekehrte Vorgang, nämlich die Verminderung des Schnittdruckes bei Hartmetall für gleichbleibende Leistung und für gleichbleibendes Spanvolumen, führt jedoch zu wesentlich neuen Gesichtspunkten für die Konstruktion von Hartmetallbänken, d. h. von Bänken, die für die Bearbeitung mit diesen Werkzeugen eingerichtet sind.

Zwei Fälle sind zu unterscheiden:

a) Die Konstruktion einer Hartmetallbank für gleiches Spanvolumen wie eine Schnellstahlbank.

b) Die Konstruktion einer Hartmetallbank für gleichen Spanquerschnitt wie eine Schnellstahlbank.

Ein dritter Fall, nämlich für gleiche Leistung, scheidet aus, da ja hierfür das erzielbare Spanvolumen kleiner wäre als das entsprechende der Schnellstahlbank.

Fall a) Aus dem Diagramm Abb. 129 (S. 192) ersieht man, daß für eine Schnellstahlbank, die bei SM.-Stahl 50/60 kg ein $F \cdot v = 200$ erzeugt, bei $N = 6{,}6$ PS ein Schnittdruck von $P = 2930$ kg in Frage kommt.

Soll eine Hartmetallbank dasselbe Spanvolumen erzeugen ($F \cdot v = 200$), so sind hierfür zwar ~ 8 PS erforderlich, aber nur 1140 kg Schnittdruck, d. h. für gleiches Spanvolumen ca. $^1/_3$ des Schnittdruckes der Schnellstahlbank. Das genaue Verhältnis gaben die Gleichungen für P'_H (S. 202) an. Selbst für den ungünstigsten Fall (kleinste Schnittdruckverminderung), d. h. für Bearbeitung von Gußeisen, kann der zugrunde zu legende Schnittdruck auf den $\frac{1}{2{,}3}$ ten Teil oder mit Sicherheit auf die Hälfte desjenigen einer Schnellstahlbank gleichen Spanvolumens gesetzt werden.

Ein altes Grundprinzip der Technik kommt hier zum Durchbruch, auf das z. B. Riedler[1]) ständig hingewiesen hat:

---

[1]) Riedler, ehem. Professor an der Techn. Hochsch. Berlin, Kolleg über allgemeinen Maschinenbau.

Es ist vorteilhafter, hohe Leistungen durch hohe Geschwindigkeiten und kleine Kräfte zu erzielen, als umgekehrt.

Infolgedessen wird sich die Entwicklung der Hartmetallbänke mit gleicher Erzeugungsfähigkeit wie die von Schnellstahlbänken in Richtung des „Leichtbaues“ vollziehen. Hartmetallbänke brauchen nicht so schwer gebaut zu sein wie Schnellstahlbänke gleichen Spanvolumens! Überall auf dem Gebiete der Technik vollzieht sich die Entwicklung in Richtung des Leichtbaues, d. h. der großen Geschwindigkeit und der kleinen Kräfte. Die Verwendung der hoch- und höchstwertigen Werkzeuge wird auch dem Werkzeugmaschinenbau das Betreten dieser Wege ermöglichen.

Die Verwendung hoher Geschwindigkeiten erfordert, daß sich auch der Werkzeugmaschinenbau der Schwingungslehre zuwendet. Schon früher wurde gezeigt, daß der Schnittdruck eine schwingende Kraft ist[1]), die beim Anschneiden, Aufspalten, Zusammenstauchen und Abtrennen des Spanes wirkt. Diese Schwingungen sind aber erst für ganz kleine Geschwindigkeiten untersucht, Geschwindigkeiten, die nur den ∽120 000. Teil der Geschwindigkeiten betragen, die bei Hartmetallverwendung auftreten können. Bei diesen Geschwindigkeiten können sich kritische Tourenzahlen ergeben, die starke Vibrationen zur Folge haben. Durch ungenaue Verzahnung und durch die Massenverteilung entstehen Superpositionen von Schwingungen in der Bank, die beherrscht werden müssen[2]).

---

[1]) Vgl. S. 143.

[2]) Dr.-Ing. C. Krug, Frankfurt a. M., teilt mir mit, daß er in seinem in Kürze in der Zeitschrift „Maschinenbau“ erscheinenden Aufsatz: „Zum Begriff der Starrheit an Werkzeugmaschinen“ zu den gleichen Forderungen kommt. Er schreibt dort: „... Da bei der Spanbildung bei den heutigen hohen Schnittgeschwindigkeiten hohe Frequenzen auftreten können, so kommen wir in das Gebiet der Eigenschwingungszahlen der Maschinenglieder und damit in das Gefahrgebiet der Resonanz. Der Fall der Resonanz liegt vor, wenn die Frequenz der Schwingungen am Werkzeug übereinstimmt mit der Eigenschwingungszahl eines Maschinengliedes. Es ist somit häufig nicht die Rücksicht auf die Größe der zulässigen Federung an sich, sondern die Fernhaltung von Schwingungen und insbesondere die Fernhaltung des Falles der Resonanz ausschlaggebend für die Formgebung. Man wird deshalb die Grundschwingungen möglichst hoch zu legen suchen. Diese Hochlegung erfolgt aber in erster Linie wieder durch möglichste Vergrößerung des Gedrungenheitsgrades. Wir sehen also, daß auch die Rücksicht auf die Schwingungsfestigkeit der Werkzeugmaschine zu derselben Forderung führt: Erhöhung des Gedrungenheitsgrades der ganzen Maschine wie ihrer Einzelteile. Besonders beim Bau von Sondermaschinen, bei welchen die Rücksicht auf einen großen Arbeitsbereich zurücktritt, sehen wir, wie durch

Man untersuche diese Erscheinungen im Interesse des gesamten Werkzeugmaschinenbaues, damit leichtere und evtl. billigere Bänke bei gleicher Leistungsfähigkeit hergestellt werden können.

Fall b) Für die Abnahme des gleichen Spanquerschnittes ist der Schnittdruck unabhängig vom Werkzeug, d. h. eine Hartmetallbank, die den gleichen Span abnehmen kann wie eine Schnellstahlbank, aber mit doppelter Leistungsfähigkeit ($F \cdot v$), und dementsprechend doppeltem Leistungsbedarf (N), hat keinen größeren Schnittdruck zu ertragen wie eine Schnellstahlbank mit halber Leistungsfähigkeit und halbem Leistungsbedarf. Beide Bänke könnten also gleich schwer sein, trotzdem die eine die doppelte Leistung hat wie die andere.

Auch hier sprechen wieder die Schwingungen mit, die bei der Konstruktion zu berücksichtigen wären, daher abermals die Notwendigkeit, diese zu beherrschen!

Die wirtschaftlichste Ausnutzung solcher Bänke geschieht mit den Grundwerten, die der Leistung entsprechen. Hiermit wäre also eine konstante Schnittgeschwindigkeit und ein konstanter Spanquerschnitt als gegeben anzusehen. Auf einer Bank kommen aber nicht nur ein Werkstoff, sondern verschiedene und solche mit verschiedener Festigkeit zur Bearbeitung. Obgleich dies nicht wünschenswert ist, muß doch darauf Rücksicht genommen werden. Die Veränderung des Werkstoffes ergibt natürlich auch eine Veränderung der Grundwerte, bzw. also eine Vielzahl von Schnittgeschwindigkeiten und Spanquerschnitten.

Die graphischen Darstellungen (Abb. 133, 134) zeigen die Veränderungen, die sowohl die Werkstoffänderung als auch die Werkzeugänderung auf die Grundwerte einer 3,5 PS-Bank bei Stahl und Gußeisen ausüben.

Sowohl für Hartmetall als auch für Schnellstahl ergeben sich je drei Grundwerte für SM.-Stahl und Gußeisen, insgesamt also hierdurch allein 12 Grundwerte. Die Diagramme zeigen auch nochmals deutlich, wie sich die N- (= 3,5 PS-) Linie für Hartmetall und verschiedene Werkstoffe zu den kleineren Spanquerschnitten und geringeren Schnittdrucken gegenüber den gleichen Werkstoffen und Schnellstahl hin verschiebt (stärker ausgezogene Linien).

---

die Erhöhung des Gedrungenheitsgrades bei verhältnismäßig leichtem Bau (von mir gesperrt, Verf.) große Starrheit erzielt wird. Der große Einfluß der Starrheit auf Spanleistung und Güte der Arbeitsstücke ist noch durchaus nicht genügend erkannt. Und gerade hier werden wir erhebliche Fortschritte der Werkzeugmaschine in der Zukunft zu erwarten haben. Denn mit der fortschreitenden Entwicklung der Werkzeuge hinsichtlich Gestaltung, Formgebung, Werkstoff und Anwendungsweise steigen die Anforderungen an die Spanleistung und die Güte der Arbeit..."

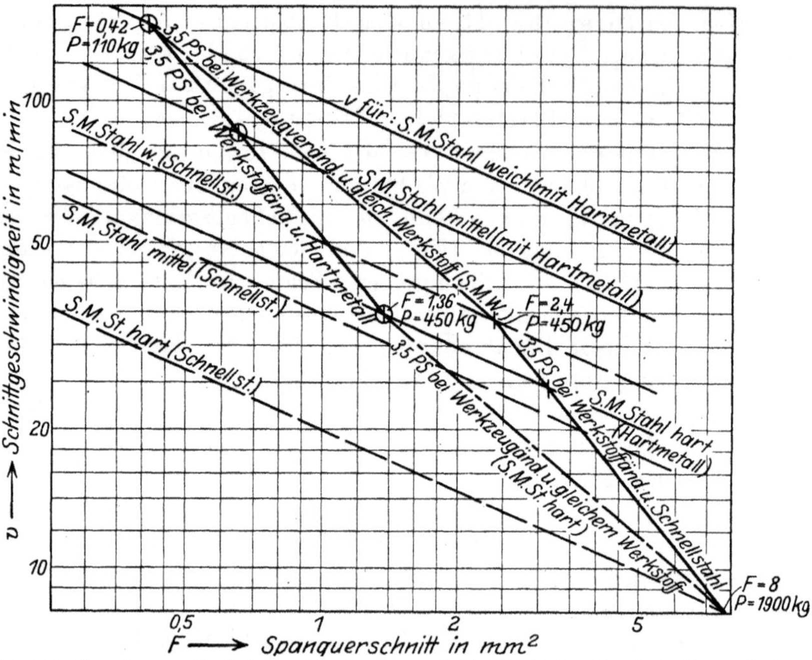

Abb. 133. Gemeinsamer Einfluß von Werkzeug und Festigkeit des Werkstoffes auf die Grundwerte. a) bei Stahl.

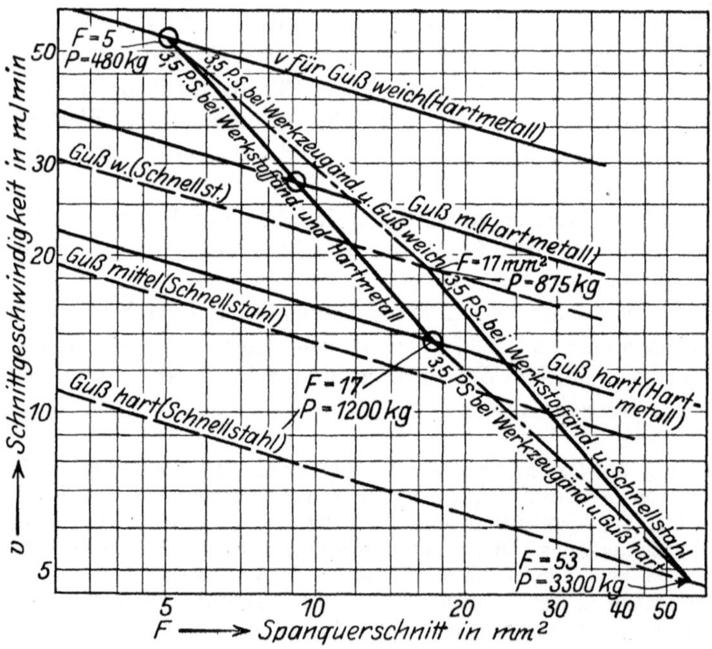

Abb. 134. Gemeinsamer Einfluß von Werkzeug und Festigkeit des Werkstoffes auf die Grundwerte. b) bei Gußeisen.

Ferner erkennt man, daß der zugrunde zu legende Schnittdruck für eine Bank nicht für das härteste Material, sondern für den größten Spanquerschnitt, der die Leistung ausnutzen soll, zu bemessen ist. Unter Zugrundelegung von Hartmetall wäre P für Stahl hart bei $F = 1{,}36\,\text{mm}^2$ 450 kg, für Gußeisen hart 1200 kg bei $F = 17\,\text{mm}^2$. Hiermit ist auch die obige Ansicht erfüllt, daß Bänke mit hochwertigem Werkzeug und gleicher Leistung geringeren Schnittdruck erfordern als Bänke mit geringerwertigem Werkzeug. Bei Schnellstahl wäre der maximale Schnittdruck für Ausnutzung von 3,5 PS für SM.-Stahl hart und $F = 8\,\text{mm}^2$ 1900 kg, für Gußeisen hart bei $F = 53\,\text{mm}^2$ $P = 3300$ kg. Die Diagramme zeigen ferner, daß bei Zugrundelegung von $P = 1200$ kg verschiedene Werkstoffe auch noch mit Schnellstahl bearbeitet werden können.

Der größte Schnittdruck tritt beim größten Spanquerschnitt und der kleinsten Schnittgeschwindigkeit auf und umgekehrt. Zieht man die Drehdurchmesser jetzt noch mit in das Problem ein, so entstehen abermals neue Gesichtspunkte für die Konstruktion, die die Fragen verwickelter machen. Im Diagramm (Abb. 135) wird man erkennen, daß die Tourenzahlenlinien nicht konstanten Abstand voneinander haben, wie wir es bei geometrischer Stufung gewohnt sind, sondern daß sie mit steigendem Durchmesser einander näher rücken.

Die Erklärung dieser Erscheinung zwingt zu weiterem Ausholen; erwähnt sei, daß eine solche Konstruktion nicht nur für die obigen Ableitungen Geltung hat, sondern allgemein auch für Bänke, wenn man auf die bisherigen Erörterungen noch keine Rücksicht nimmt.

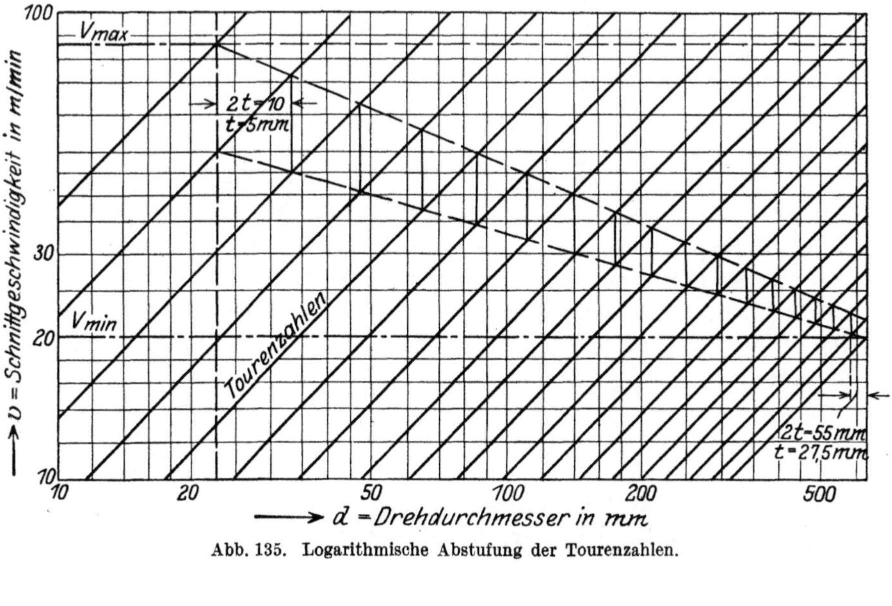

Abb. 135. Logarithmische Abstufung der Tourenzahlen.

c) Die logarithmische Abstufung.

Als festes Fundament des Werkzeugmaschinenbaues, und insbesondere des Drehbankbaues, wird die geometrische Abstufung der Tourenzahlen angesehen. In den ersten Zeiten des wissenschaftlichen Durchdenkens des Werkzeugmaschinenbaues ist man von der früheren arithmetischen zur geometrischen Stufung übergegangen.

Die arithmetische Stufung entsteht bekanntlich durch Addition eines bestimmten Wertes zu der jeweils vorhergehenden Tourenzahl, also z. B. bei einer Anfangstourenzahl von $n_1 = 10$ und einem Sprung von 30 wären die Touren:

$$n_1 = 10, \quad n_2 = 40, \quad n_3 = 70, \quad n_4 = 100, \quad n_5 = 130,$$
$$n_6 = 160, \quad n_7 = 190, \quad n_8 = 220, \quad n_9 = 250, \quad n_{10} = 280.$$

Bei der geometrischen Stufung entsteht durch Multiplikation mit z. B. 1,44 (Stufensprung φ):

$$n_1 = 10, \quad n_2 = 14{,}4, \quad n_3 = 20{,}8, \quad n_4 = 30{,}2, \quad n_5 = 43{,}6,$$
$$n_6 = 63{,}3, \quad n_7 = 92, \quad n_8 = 133, \quad n_9 = 193, \quad n_{10} = 280.$$

Bei einer Schnittgeschwindigkeit von $v = 20$ m/min würden die obigen beiden Stufungen folgende Drehdurchmesser „umfassen“:

Zahlentafel 35.

	Bei arithm. Stufung	Bei geom. Stufung
n_1	636÷160 ∅	636÷440 ∅
n_2	159÷ 92 ∅	439÷307 ∅
n_3	91÷ 65 ∅	306÷211 ∅
n_4	64÷ 50 ∅	210÷147 ∅
n_5	49÷ 41 ∅	146÷102 ∅
n_6	40÷ 35 ∅	101÷ 70 ∅
n_7	34÷ 30 ∅	69÷ 49 ∅
n_8	29÷ 27 ∅	48÷ 34 ∅
n_9	26÷ 24 ∅	33÷ 24 ∅
n_{10}	23÷ 0 ∅	23÷ 0 ∅

Die oben zugrunde gelegte Schnittgeschwindigkeit von $v = 20$ m/min ist natürlich immer nur für die jeweiligen Maximaldurchmesser zu erreichen.

Im einfach-logarithmischen Koordinatensystem (Abb. 136) ergibt die geometrische Stufung die bekannte Gerade und die arithmetische Stufung die nach unten offene Kurve.

Die geometrische Stufung wurde seinerzeit gewählt — und deswegen auch noch heute als die beste angesehen —, weil bei ihr der Abfall der Schnittgeschwindigkeit von Stufe zu Stufe konstant ist. Bezeichnet φ den Stufensprung, n_1 die kleinste, n_2 die daraufolgende Tourenzahl, so ist bei der geometrischen Stufung:

$$\varphi = \frac{n_2}{n_1} = \frac{n_3}{n_2} = \frac{n_4}{n_3} = \cdots \text{konst.}$$

Bei der arithmetischen Stufung wird der Stufensprung φ mit wachsender Tourenzahl, also mit fallenden Durchmessern, ständig kleiner, wie dies auch aus dem obigen Diagramm (Abb. 136) zu ersehen ist.

Der Schnittgeschwindigkeitsabfall A, der beim Übergang von einer Tourenzahl zur nächsten bei gleichem Durchmesser eintritt, ergibt sich aus:

$$A = \frac{\varphi - 1}{\varphi} \cdot 100\,\%;$$

mit der Änderung von φ (bei der arithmetischen Stufung) ändert sich also auch A, und zwar ist:

Zahlentafel 36.

Stufensprung φ	Schnittgeschwindigkeitsabfall A
1,1	9,1%
1,2	16,7%
1,3	23,1%
1,4	28,6%
1,5	33,3%
1,6	37,5%
2,0	50 % usw.

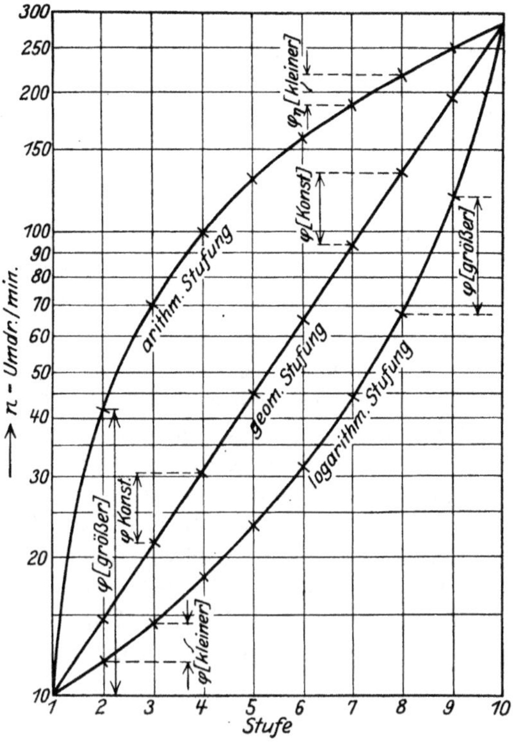

Abb. 136. Vergleich zwischen arithmetischer, geometrischer und logarithmischer Abstufung einer Bank bei gleichen Anfangs- und Endtourenzahlen ($n_1 = 10$, $n_{10} = 280$).

Bei der arithmetischen Stufung nimmt φ zu den kleineren Touren, also größeren Durchmessern hin zu, d. h. der Abfall der Schnittgeschwindigkeit wird immer größer. Man hat die arithmetische Stufung verlassen, weil bei ihr die Möglichkeit, bei großen Durchmessern die wirtschaftliche Schnittgeschwindigkeit zu erreichen, immer kleiner wird.

Wie liegen die Verhältnisse bei der geometrischen Stufung? Bei ihr ist φ konstant, also auch A; d. h. die Möglichkeit, die wirtschaftliche Schnittgeschwindigkeit zu erreichen, ist bei allen Durchmesserbereichen konstant, also proportional den Durchmessern.

Hiermit hat man sich bisher begnügt, und die geometrische Stufung als das Idealbild angesehen. Ist den Erfordernissen der wirtschaftlichen Fertigung damit schon restlos gedient?

Die Bestrebungen zur Vervollkommnung der Maschinen sind hauptsächlich darauf gerichtet, φ konstant und so klein wie möglich zu erhalten. Durch immer feinere Abstufungen wird versucht, diesen Erfordernissen Rechnung zu tragen. Hieraus entstanden die Bänke mit Räderkastenantrieb, mit Regelmotor, Flanschmotor und mit direkt eingebautem Motor. Durch diese Bestrebungen wurden die Konstruktionen natürlich umständlicher, die Bänke schwerer und teurer. Im praktischen Betriebe kann man es aber täglich sehen, daß solch feine Stufungen oft gar nicht verwendet werden können und die teuren Bänke unwirtschaftlich viel Amortisation verzehren. Die billigeren Bänke sind dagegen — vgl. weiter unten — sehr oft unwirtschaftlich gestuft, d. h. φ ist zu groß. Für die Fertigung werden aber Bänke benötigt, die ein wirtschaftliches Arbeiten gestatten und sich im Preise der Kaufkraft der Industrie anpassen. Wenn der deutsche Werkzeugmaschinenbau, der im Durchschnitt unterbeschäftigt ist, Konstruktionen auf den Markt bringt, die trotz einfacher Bauart wirtschaftliche Ausnutzung ermöglichen, so wird er nicht nur sich selbst, sondern auch der verarbeitenden Industrie nützen! Der künftige Bau der Maschinen muß auf neuen erweiterten Grundlagen aufbauen.

Zur Klärung der Probleme gehen wir wieder von der oben angenommenen Bank mit $n_1 = 10$; $n_{10} = 280$; $d_1 = 636\,\varnothing$, $d_{10} = 22{,}7\,\varnothing$ aus und untersuchen, wie „weit" die jeweiligen Durchmesser auseinanderliegen, die der Schnittgeschwindigkeit $v = 20$ m/min entsprechen, d. h. welche Materialstärke oder Schnittiefe jeweils abzudrehen ist, um auf den nächsten „wirtschaftlichen" Durchmesser zu kommen. Die Zahlentafel 37 zeigt das Ergebnis für die geometrisch gestufte Bank:

Zahlentafel 37.

z Stufe	n Touren	d Durchmesser	$d_z - d_{z+1}$	$t_z = \frac{d_z - d_{z+1}}{2}$ [1] Schnittiefe
1	10	636		
			197	98,5
2	14,5	439		
			133	66,5
3	20,8	306		
			95,5	47,5
4	30,2	210,5		
			64,5	32,3
5	43,6	146		
			45	22,5
6	63,3	101		
			31,7	15,85
7	92	69,3		
			21,5	10,8
8	133	47,8		
			14,8	7,4
9	193	33		
			10,3	5,2
10	280	22,7		

Bei dem kleinsten Durchmesser (22,7) steht also schon nach 10,3 mm Vergrößerung eine weitere Stufe (n_9) zur Verfügung, bei 439 $\varnothing$ erst nach 197 mm (n_1) Durchmesservergrößerung. Umgekehrt betrachtet, müßte man also vom größten Durchmesser (636) eine Schnittiefe von 98,5 mm abdrehen, ehe man wieder die verlangte Schnittgeschwindigkeit (20 m) einstellen kann, während man sie bei 33 $\varnothing$ schon nach 5,2 mm Schnittiefe wieder erreicht.

[1]) Vgl. S. 220.

Zum Vergleich sei dieselbe Rechnung auch für die arithmetische Stufung durchgeführt, wie sie Zahlentafel 38 angibt:

Zahlentafel 38.

z Stufe	n Touren	d Durchmesser	$d_z - d_{z+1}$	$t_z = \frac{d_z - d_{z+1}}{2}$ Schnittiefe
1	10	636	477	238,5
2	40	159	68	34
3	70	91	27,4	13,7
4	100	63,6	14,6	7,3
5	130	49	9,2	4,6
6	160	39,8	6,2	3,1
7	190	33,6	4,6	2,3
8	220	29	3,5	1,75
9	250	25,5	2,8	1,4
10	280	22,7		

Die „notwendigen Schnitttiefen, um die wirtschaftliche Schnittgeschwindigkeit wieder erreichen zu können", sind in Abb. 137, 138 u. 139 als Schichten einer Welle dargestellt. Man sieht deutlich, wie sich diese zur Achse hin immer mehr verdichten. Die ungünstige arithmetische Stufung (Abb. 137) zeigt sich hier besonders deutlich, fällt doch der ganze Durchmesserbereich von 636 bis 160 auf eine einzige Stufe! Bei der geometrischen Stufung (Abb. 138) ist in dieser Hinsicht ein wesentlicher Vorteil zu bemerken, da die Abnahme des Materials sich besser auf die Stufen verteilt. Auf Abb. 139 wird noch zurückzukommen sein.

Die Zahlentafeln 37 u. 38 geben die Verhältnisse nur für bestimmte Beispiele wieder, so daß die allgemeine Ableitung auch vorgenommen werden muß.

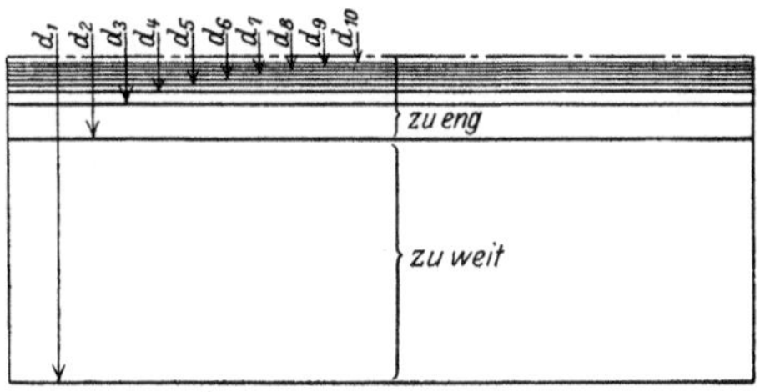

Abb. 137.

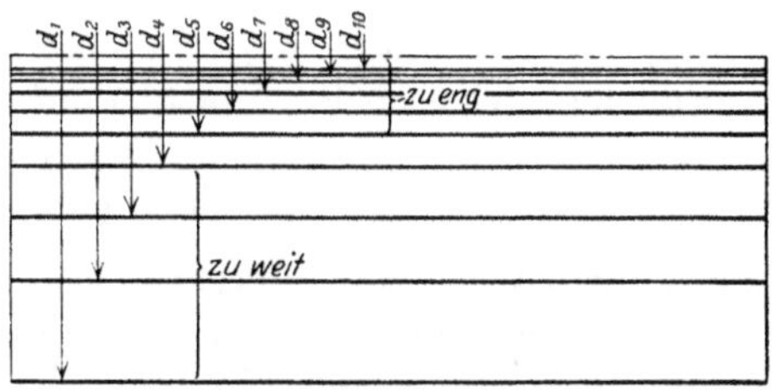

Abb. 138.

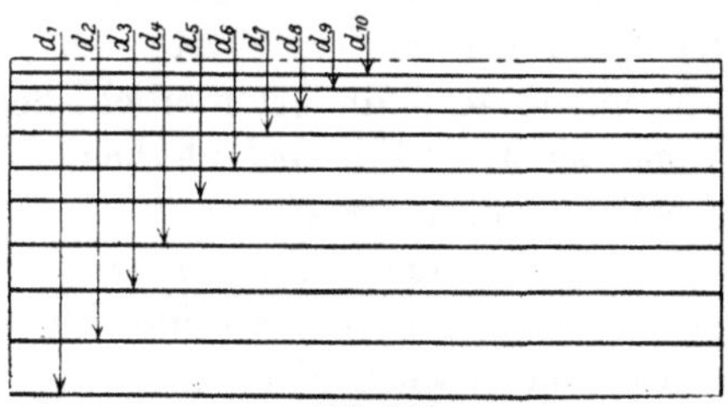

Abb. 139.

Abb. 137 bis 139. Aufeinanderfolge der mit derselben wirtschaftlichen Schnittgeschwindigkeit abzudrehenden Durchmesser ($d_1 \div d_{10}$) einer Welle bei arithmetischer Stufung (Abb. 137), geometrischer Stufung (Abb. 138), logarithmischer Stufung (139) der Tourenzahlen einer Bank.

Bezeichnet:

d_z den zur Tourenzahl n_z bei der Schnittgeschwindigkeit v zugehörigen Durchmesser,

d_{z+1} den zur Tourenzahl n_{z+1} ($> n_z$) bei derselben Schnittgeschwindigkeit v zugehörenden Durchmesser, so ist:

$$d_z = \frac{v}{\pi \cdot n_z},$$

$$d_{z+1} = \frac{v}{\pi \cdot n_{z+1}},$$

$$t_z = \frac{d_z - d_{z+1}}{2},$$

bezeichnet φ_z den Sprung zwischen der Stufe z und $z + 1$, so ist:

$$n_{z+1} = n_z \cdot \varphi_z;$$

es ergibt sich also:

$$d_{z+1} = \frac{v}{\pi \cdot n_z \cdot \varphi_z}$$

und

$$t_z = \frac{1}{2}\left(\frac{v}{\pi\, n_z} - \frac{v}{\pi\, n_z\, \varphi_z}\right),$$

$$t_z = \frac{1}{2}\,\frac{v}{\pi\, n_z}\left(1 - \frac{1}{\varphi_z}\right),$$

$$\underline{\underline{t_z = \frac{d_z}{2}\left(1 - \frac{1}{\varphi_z}\right)}}.$$

Ist $\varphi_z = \varphi$ konstant, so ist jeder Durchmesser um den gleichen Betrag zu vermindern, bis v wieder erreicht werden kann, z. B. für $\varphi = 1{,}67$ um

$$t_z = \frac{d}{2} \cdot \frac{0{,}67}{1{,}67} = \frac{d}{5}.$$

Für andere Werte von φ ergeben sich andere Beträge für t_z.

Besonders aufschlußreich wird die graphische Darstellung dieser Beziehungen im doppellogarithmischen Koordinatensystem (Abb. 140). Auf der x-Achse sind die Durchmesser d_z und auf der y-Achse die Schnitttiefen t_z für verschiedene Werte von φ aufgetragen, der Schnittpunkt von φ mit d_z zeigt die erforderliche Schnittiefe t_z an der rechten Achse an; man sieht, daß die erforderliche Schnittiefe mit steigendem φ und steigendem d auch steigt.

Selbst bei dem recht kleinen Wert von $\varphi = 1{,}2$ sind bei 500 ∅ Schnittiefen von 42 mm erforderlich, um v wieder zu erreichen. Bei $\varphi = 1{,}6$ sind es schon 95 mm.

Anders verhält es sich bei kleinen Drehdurchmessern. So wäre z. B. bei einer Bank mit $\varphi = 1{,}2$ und bei $d_z = 12$ bereits nach 1,2 mm Schnittiefe wieder eine neue Stufe verfügbar, bei $\varphi = 1{,}4$ und $d_z = 10$ ∅ nach 1,4 mm usw.

Allgemein ersieht man aus diesem Diagramm, daß bei den großen Durchmessern erst nach sehr großen Schnitttiefen, und bei den kleinen Durchmessern schon nach sehr kleinen Tiefen neue Touren zur Verfügung stehen!

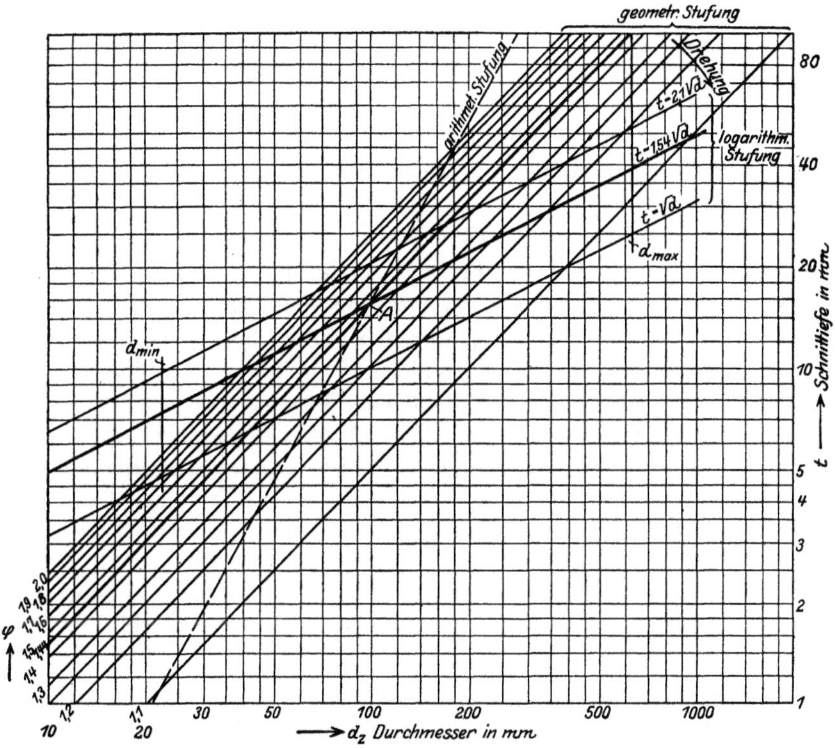

Abb. 140. **Diagramm zur Ermittlung der Beziehungen zwischen arithmetischer, geometrischer und logarithmischer Stufung.**

Mit Ausnahme von Sonderfällen sind aber die Materialzugaben der Werkstücke bei kleinen Drehdurchmessern größer und bei großen Drehdurchmessern kleiner, als sie diesen Abstufungen entsprechen. Mit anderen Worten:

Bei der geometrischen Stufung ist die Tourenzahl bei großen Durchmessern nicht häufig genug, und bei den kleinen Durchmessern meist zu häufig zu wechseln!

Wir benötigen bei kleinen Durchmessern keine so feine Stufung, da oft schon die Materialzugabe, die mit einem Schnitt abzudrehen ist, Durchmesser umfaßt, für die zwei oder mehr Touren zur Verfügung stehen, während bei den großen Durchmessern viele Schnitte mit derselben Tourenzahl bearbeitet werden müssen, die nicht der wirtschaftlichen Schnittgeschwindigkeit entsprechen. Im „Gebiete" der großen

Durchmesser sind also mehr, und im „Gebiete“ der kleinen Durchmesser weniger Stufen erforderlich, als sie die geometrische Stufung vollbringen kann.

Durch ständige Verfeinerung der Abstufung ist kein entscheidender Fortschritt zu erzielen, ohne daß nicht auch gleichzeitig eine Komplizierung der Maschine und ein Teil überflüssiger Schaltstufen entsteht.

Bei der arithmetischen Stufung sind die Verhältnisse noch schlechter wie gezeigt wurde. Wir müssen also nach einer neuen Abstufungsmethode Umschau halten, die eine Fortsetzung der Entwicklung in derselben Richtung darstellt, in der seinerzeit der Übergang von der arithmetischen zur geometrischen Stufung erfolgte.

Diese Stufung sei logarithmische Abstufung genannt.

Durch „Drehung“ der φ-Geraden (Abb. 140 zu S. 221) im Uhrzeigersinn, etwa um den Punkt „A“, kann man es erreichen, daß zu den großen Durchmessern kleinere und zu den kleinen Durchmessern größere Schnitttiefen zugeordnet werden. Eine kleine Drehung hat bei den großen Durchmessern schon eine wesentliche Abnahme und bei den kleinen Durchmessern, in mm gerechnet, keine wesentliche Zunahme der Schnitttiefen zur Folge. Dreht man die Gerade $\varphi = 1{,}44$ (der obigen Bank entsprechend) in die gezeichnete Lage (starke Linie), so ergibt sich für $d = 600 \varnothing$ eine Abnahme der erforderlichen Schnittiefe von 98,5 auf 38,5 mm, für $d = 10 \varnothing$ eine Zunahme von 1,5 mm auf 4,75 mm. Die Schnittiefe bei $d = 600 \varnothing$ fällt also um 50 mm und nimmt bei $d = 10 \varnothing$ nur um 3,25 mm zu.

Es ist jetzt der technische Sinn dieser Drehung zu erläutern.

Bei der geometrischen Abstufung war die Schnittiefenänderung zwischen zwei Stufen stets das gleiche Vielfache des Durchmessers, wie auch aus der 45°-Neigung der φ-Geraden hervorgeht. Die „gedrehten“ Geraden verlaufen nicht mehr unter 45°, sondern unter einem kleineren Winkel, der jede gewünschte Größe annehmen kann. Der eine Grenzwert dieses Neigungswinkels wäre 0°, also horizontale Lage der φ-Geraden, d. h. für sämtliche Durchmesser gleiche Schnittiefen; dem kommt jedoch wegen der verschiedenen Materialzugaben der kleinen und großen Durchmesser kein technischer Sinn zu. Der andere Grenzwert ($> 45°$) ergibt arithmetische Stufung.

Die gedrehte Gerade schneidet von links nach rechts die ursprünglichen φ-Geraden die verschiedene Werte von φ darstellen. Bei kleinen Durchmessern werden hohe φ-Werte, bei großen Durchmessern kleine φ-Werte geschnitten. φ ist also bei der gedrehten Geraden nicht mehr konstant, sondern fällt mit wachsendem Durchmesser bzw. fallenden Touren ab.

Bei der arithmetischen Stufung ist es umgekehrt, wie die gestrichelt eingezeichnete Linie erkennen läßt. Dort schneidet die Gerade bei kleinen Durchmessern die kleinen φ und bei großen Durchmessern die großen φ.

Die allgemeine Gleichung der Geraden ist:

$$y = ax + b.$$

Ähnlich den früheren Ableitungen[1]) setzt man hier:

$$y = \log t$$
$$x = \log d_z.$$

Der Achsenabschnitt „b" auf der y-Achse ist nicht gezeichnet, da die Durchmesser nur bis $d_z = 10\,\varnothing$ aufgetragen sind. Er stellt jedoch sinngemäß die zu $d_z = 1$ gehörige Tiefe t_1 dar, also:

$$b = \log t_1 \text{ (für } d_z = 1\text{)},$$

anderseits war:

$$t_z = \frac{d_z}{2}\left(1 - \frac{1}{\varphi_z}\right),$$

für $d_z = 1$ wird also:

$$t_1 = \frac{1}{2}\left(1 - \frac{1}{\varphi_1}\right),$$

so daß sich ergibt:

$$b = \log\left[\frac{1}{2}\left(1 - \frac{1}{\varphi_1}\right)\right].$$

Der Neigungsfaktor „a" der Geraden ergibt sich aus:

$$a = \frac{\log y_2 - \log y_1}{\log x_2 - \log x_1} = \frac{\log t_{10} - \log t_1}{\log 10 - \log 1},$$

wenn t_{10} die zu $d_z = 10$ zugehörige Schnittiefe ist. Da

$$t_{10} = \frac{10}{2}\left(1 - \frac{1}{\varphi_{10}}\right)$$

ist, wird:

$$a = \log\frac{10}{2}\left(1 - \frac{1}{\varphi_{10}}\right) - \log\frac{1}{2}\left(1 - \frac{1}{\varphi_1}\right).$$

Für die im Beispiel verstärkt eingezeichnete gedrehte Gerade ist:

$$a = \log 4{,}88 - \log 1{,}54 = \tfrac{1}{2}.$$

Die Gleichung der Geraden wird also:

$$\log t = \frac{1}{2}\log d_z + \log\left[\frac{1}{2}\left(1 - \frac{1}{\varphi_1}\right)\right],$$

$$\underline{t = \frac{1}{2}\left(1 - \frac{1}{\varphi_1}\right)\sqrt{d_z}} = \underline{\frac{\sqrt{d_z}}{2}\left(1 - \frac{1}{\varphi_1}\right)}.$$

Für jede andere Drehung ergeben sich natürlich andere Wurzelwerte für d_z, so daß allgemein wäre:

$$\underline{t = \frac{\sqrt[1/a]{d_z}}{2}\left(1 - \frac{1}{\varphi_1}\right)}.$$

[1]) Vgl. S. 34.

Es entstehen also unendlich viele Möglichkeiten für die logarithmische Stufung, je nach dem Grade der Drehung, und je nachdem welche Gerade gedreht wird.

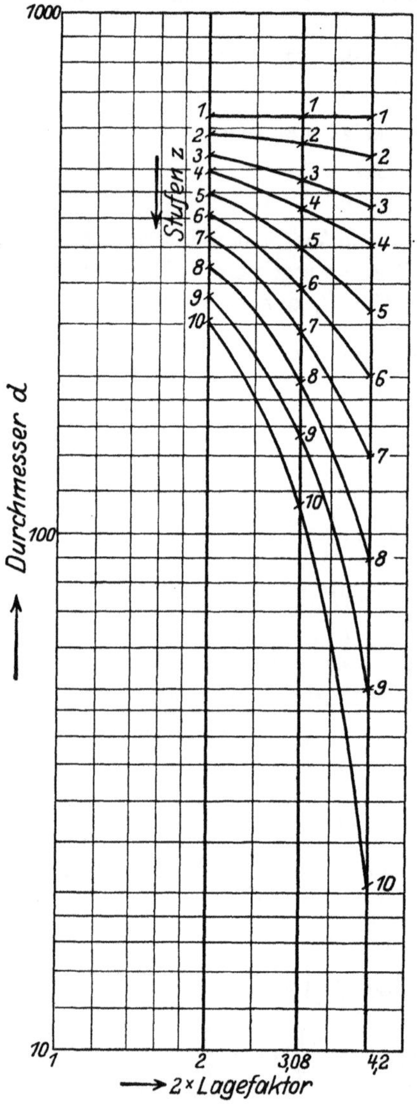

Abb. 141. Einfluß des Lagefaktors auf Stufenzahl bzw. Stufendichte.

Die weiteren Erörterungen sollen jedoch auf $a = \frac{1}{2}$ beschränkt werden. Die Gleichung der gedrehten Geraden ($\varphi = 1{,}44$) wird bei Transposition auf den Koordinatenursprung:

$$t = 1{,}54 \sqrt{d_z}\,.$$

In dieser Gleichung ist jede Schnitttiefe von der des vorhergehenden Durchmessers abhängig und zwar nicht mehr, wie bei der geometrischen Stufung, im konstanten Verhältnis zum Durchmesser, sondern im steigenden. Hiermit ist auch zugleich die Anzahl der Stufen z festgelegt, die notwendig sind, um von einem bestimmten Maximaldurchmesser bis auf einen bestimmten Minimaldurchmesser drehen zu können.

Verschiebt man die Gerade parallel zu sich selbst (was der Drehung einer anderen φ-Geraden gleichkommt), so wird der Faktor 1,54 größer oder kleiner, je nachdem, ob die Verschiebung nach oben oder unten erfolgt. Mithin verändert sich auch die Zahl der benötigten Schaltstufen, und zwar sehr stark, mit dem Faktor 1,54, der der Lagefaktor L genannt sei; er stellt die Parallelverschiebung der gedrehten Geraden zu sich selbst dar. Im allgemeinen bedeutet eine Verschiebung nach „oben“ (also eine Vergrößerung des Lagefaktors, d. h. ein Verschieben in größeren Schnittiefen) einen weiteren Abstand der Stufen voneinander und umgekehrt wie Abb. 140 u. 141 zeigen.

Den wesentlichen Einfluß des Lagefaktors auf die Stufenzahl zeigt nachstehende Gleichung für den vierten Durchmesser d_4 vom Maximaldurchmesser aus gerechnet:

$$d_4 = d_1 - 1{,}54\sqrt{d_1} - 1{,}54\sqrt{d_1 - 1{,}54\sqrt{d_1}} - 1{,}54\sqrt{d_1 - 1{,}54\sqrt{d_1} - 1{,}54\sqrt{d_1 - 1{,}54\sqrt{d_1}}}\,.$$

In der Gleichung für d_2 (dem zweiten Durchmesser) kommt L einmal vor, in der für d_3 3 mal, in derjenigen für d_4 7 mal, in der für d_5 15 mal, d. h. er kommt in jedem folgenden Durchmesser um einmal mehr als das Doppelte des vorangegangenen Durchmessers vor, bei d_{10} sind es bereits 511 mal, bei d_{11} bereits 1023 mal.

Für den praktischen Fall liegen die Verhältnisse umgekehrt, d. h. es sind der Maximaldurchmesser, der Minimaldurchmesser, die Grenztourenzahlen und die Anzahl der Schaltstufen, die man beabsichtigt, gegeben. Hierfür muß dann der Lagefaktor und daraus φ bestimmt werden. Man könnte annehmen, daß man nur den Anfangswert und Endwert von φ zu ermitteln habe, und dann jede beliebige Steigung von φ, sei es durch Multiplikation des Anfangswertes mit einem konstanten Wert ψ, oder durch Addition eines konstanten Wertes, ermitteln konnte. Geht man jedoch so vor, so erhält man Wendepunkte für t, d. h. t steigt zuerst und fällt erst dann, wodurch natürlich die erstrebte Regelmäßigkeit hinfällig wurde. Die obige Zahlentafel 39 zeigt ein solches Beispiel, und zwar für eine geometrische Steigerung von φ durch Multiplikation mit $\psi = 1{,}082$.

Zahlentafel 39.

z	φ_z	d_z	t_z
1		636	
	} 1,2		} 105
2		531	
	} 1,305		} 125 (Wendepunkt)
3		406	
	} 1,42		} 120
4		286	
	} 1,545		} 101
5		185	
	} 1,681		} 75
6		110	
	} 1,831		} 50
7		60	
	} 1,959		} 29,3
8		30,7	
	} 2,13		} 16,3
9		14,4	
	} 2,323		} 8,2
10		6,2	

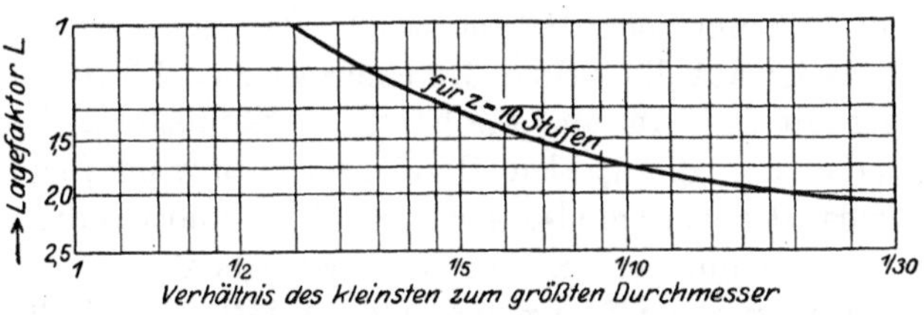

Abb. 142. Ermittlung des Lagefaktors für $z = 10$ Stufen.

Soll nun die oben angenommene Bank ($n_1 = 10$, $n_{10} = 280$, $d_1 = 636$, $d_{10} = 22{,}7$, $z = 10$) logarithmisch abgestuft werden, so ist zunächst aus dem Diagramm (Abb. 142) der Lagefaktor L zu bestimmen. Er ergibt sich zu $L = 2{,}08$.

Die Berechnung ergibt also nun folgende Werte für die logarithmische Abstufung der Bank:

Zahlentafel 40.

z	d_z	$2t = 4{,}16\sqrt{d_z}$	n_z	φ_z
1	636		10	
		105		1,20
2	531		12	
		96		1,22
3	435		14,64	
		86,6		1,242
4	348,4		18,25	
		77,6		1,29
5	270,8		23,55	
		68,5		1,338
6	202,3		31,5	
		59,4		1,415
7	142,9		44,6	
		50		1,539
8	92,9		68,6	
		40,2		1,759
9	52,7		120,5	
		30		2,321
10	22,7		280	

Im einfach-logarithmischen Koordinatensystem ergibt (Abb. 136, S. 217) die logarithmische Stufung der Bank eine nach oben offene Kurve. Aus diesem Diagramm ist auch das Anwachsen von φ mit den steigenden Touren zu erkennen.

Eine mit solchem Antrieb[1]) ausgestattete Bank gestattet es nunmehr, die Schnittgeschwindigkeit dort fein zu stufen, wo es erforderlich ist (bei den großen Durchmessern) und dort gröber, wo es weniger von Bedeutung oder die feine Stufung oft überflüssig ist.

Die Verteilung der Schnitte auf der Welle zeigt Abb. 139 (zu S. 219) ebenfalls; man sieht, daß sich die Materialstärken so auf die Stufen verteilen, wie es die Zugaben am Werkstück und die Forderung nach günstiger Ausnutzung der Bank erfordern.

Im Diagramm 135 (S. 215) ist ebenfalls eine logarithmisch gestufte Bank dargestellt. Für die kleinen Durchmesser brauchen die Tourenzahlen nicht enger zu liegen als etwa mit 5 mm, bei den großen Durchmessern mit 27,5 mm Schnittiefenabstand. Bei geometrischer Stufung würden entweder auf die kleinen Durchmesser zuviel Touren entfallen (bei Stufung mit dem Abstand wie bei den gezeichneten hohen Durchmessern) oder auf die großen Durchmesser zuwenig (bei „weiter" Stufung); entweder würden also sehr viele Touren notwendig sein, oder bei wenig Touren nur geringe Ausnutzungsmöglichkeit.

Die logarithmische Stufung verhindert beides, sie erfüllt die oben aufgestellte Forderung: Bänke zu bauen, die wirtschaftlich auszunutzen sind, ohne durch komplizierten Bau teuer werden zu müssen.

---

[1]) D.R.P. a.

VI. Praktische Anwendung der Zerspanungsgesetze
(Die neue Bankbestimmungstafel).

Schon Taylors Bemühungen waren darauf eingestellt, ein „Instrument zu schaffen, das einerseits die Stärke und Konstruktion jeder Bank, und andererseits die Gesetze des Metallschneidens berücksichtigte[1])“. Diese Einrichtung sollte von jedem ohne mathematische Vorbildung so bedient werden, daß er sofort die besten Werte für die rascheste Erledigung der Arbeit angeben konnte. Taylor erklärte die Schaffung eines solchen Instruments als den wichtigsten Teil seiner gesamten (!) Arbeiten, da es ihn in den Stand setzen würde, die Kontrolle über die Schnittgeschwindigkeiten, Vorschübe usw. in die Hände des Werkstättenleiters zu legen. Taylor schätzte den Gewinn durch ein solches Instrument höher ein, als alle seine anderen Arbeiten zusammengenommen[2]), also selbst als die Erfindung des Schnellstahles.

Der von Taylor und seinen Mitarbeitern Gantt und Barth entworfene Schieber hat sich jedoch nicht einführen können, da er einerseits sehr umständlich zu bedienen ist und andererseits für jede Bank ein besonderer Schieber vorhanden sein mußte, da jeder Schieber nur jeweils für eine Bank Geltung hatte.

Die Bankbestimmungstafel (D.R.G.M., D.R.P. a., Ausl.-P. a.), die von mir im Laufe von sechs Jahren entwickelt wurde, erfüllt die von Taylor aufgestellten Bedingungen und erledigt zugleich noch eine Reihe weiterer, für jeden Betrieb bedeutungsvoller Fragen.

Die erste Ausführung galt nur für ein Material (Abb. 143) und war noch recht unvollkommen. Die weiteren beruhten auf konstanten Schnittgeschwindigkeiten (da damals noch keine anderen und vor allem brauchbaren Unterlagen vorlagen) und erforderten die Ermittlung des Spanquerschnittes und der Arbeitszeit durch Koeffizientenumrechnung (Abb. 144), wobei diese einen Leistungsumrechnungsfaktor darstellten, jedoch keine sogenannten „Erfahrungszahlen“ waren[3]), wie in der Literatur manchmal angegeben wurde.

Ein weiterer Schritt war der Fortfall (Abb. 145) dieser Umrechnung und die Anfügung eines Umrechnungsschiebers, der ohne weiteres die Ablesung des zulässigen Spanquerschnittes und der Arbeitszeit erlaubte.

---

[1]) Taylor-Wallichs a. a. O. S. 3.

[2]) Taylor-Wallichs a. a. O. S. 9.

[3]) „Hütte“, Taschenbuch für Betriebsingenieure. Verlag Wilh. Ernst u. Sohn, Berlin. Kapitel: Bankbestimmungstafel Kronenberg.

Arbeitsverteilungstafel für Bearbeitung von Stahl hart.

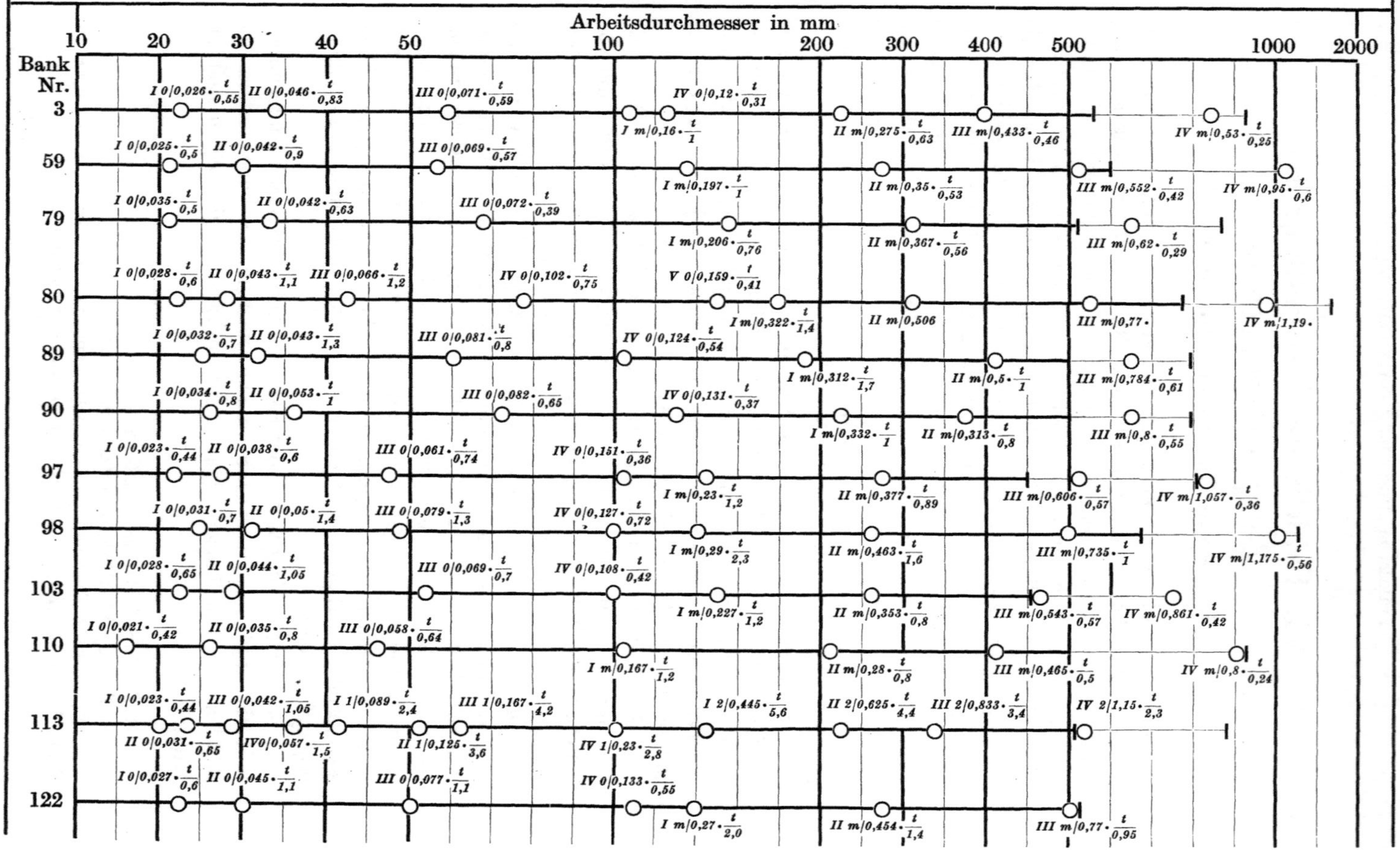

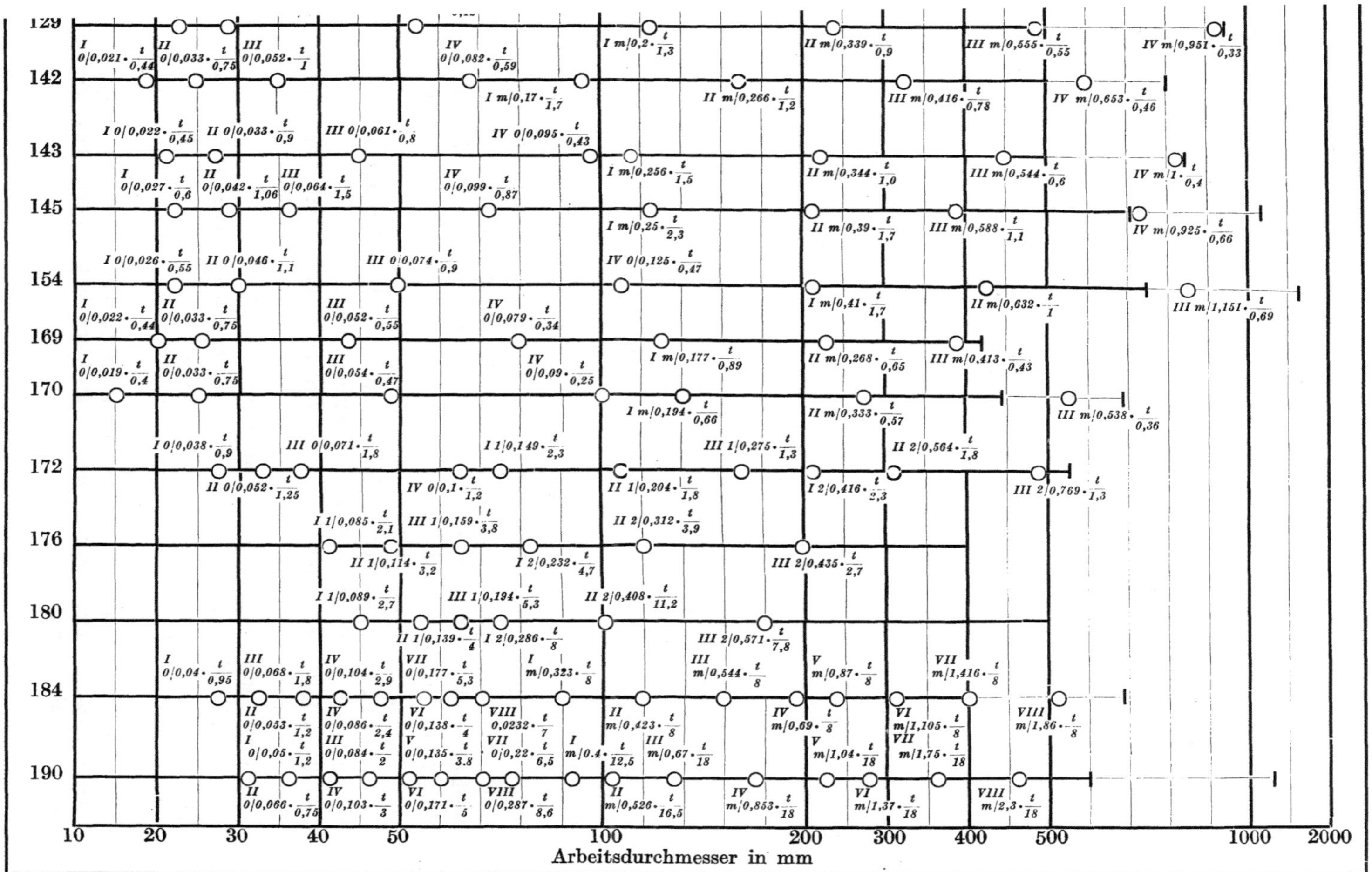
129
I 0/0,021 · t/0,44
II 0/0,033 · t/0,75
III 0/0,052 · t/1
IV 0/0,082 · t/0,59
I m/0,2 · t/1,3
II m/0,339 · t/0,9
III m/0,555 · t/0,55
IV m/0,951 · t/0,33
142
I m/0,17 · t/1,7
II m/0,266 · t/1,2
III m/0,416 · t/0,78
IV m/0,653 · t/0,46
I 0/0,022 · t/0,45
II 0/0,033 · t/0,9
III 0/0,061 · t/0,8
IV 0/0,095 · t/0,43
143
I 0/0,027 · t/0,6
II 0/0,042 · t/1,06
III 0/0,064 · t/1,5
IV 0/0,099 · t/0,87
I m/0,256 · t/1,5
II m/0,344 · t/1,0
III m/0,544 · t/0,6
IV m/1 · t/0,4
145
I m/0,25 · t/2,3
II m/0,39 · t/1,7
III m/0,588 · t/1,1
IV m/0,925 · t/0,66
I 0/0,026 · t/0,55
II 0/0,046 · t/1,1
III 0/0,074 · t/0,9
IV 0/0,125 · t/0,47
154
I m/0,41 · t/1,7
II m/0,632 · t/1
III m/1,151 · t/0,69
I 0/0,022 · t/0,44
II 0/0,033 · t/0,75
III 0/0,052 · t/0,55
IV 0/0,079 · t/0,34
169
I m/0,177 · t/0,89
II m/0,268 · t/0,65
III m/0,413 · t/0,43
I 0/0,019 · t/0,4
II 0/0,033 · t/0,75
III 0/0,054 · t/0,47
IV 0/0,09 · t/0,25
170
I m/0,194 · t/0,66
II m/0,333 · t/0,57
III m/0,538 · t/0,36
I 0/0,038 · t/0,9
III 0/0,071 · t/1,8
I 1/0,149 · t/2,3
III 1/0,275 · t/1,3
II 2/0,564 · t/1,8
172
II 0/0,052 · t/1,25
IV 0/0,1 · t/1,2
II 1/0,204 · t/1,8
I 2/0,416 · t/2,3
III 2/0,769 · t/1,3
I 1/0,085 · t/2,1
III 1/0,159 · t/3,8
II 2/0,312 · t/3,9
176
II 1/0,114 · t/3,2
I 2/0,232 · t/4,7
III 2/0,435 · t/2,7
I 1/0,089 · t/2,7
III 1/0,194 · t/5,3
II 2/0,408 · t/11,2
180
II 1/0,139 · t/4
I 2/0,286 · t/8
III 2/0,571 · t/7,8
I 0/0,04 · t/0,95
III 0/0,068 · t/1,8
IV 0/0,104 · t/2,9
VII 0/0,177 · t/5,3
I m/0,323 · t/8
III m/0,544 · t/8
V m/0,87 · t/8
VII m/1,416 · t/8
184
II 0/0,053 · t/1,2
IV 0/0,086 · t/2,4
VI 0/0,138 · t/4
VIII 0,0232 · t/7
II m/0,423 · t/8
IV m/0,69 · t/8
VI m/1,105 · t/8
VIII m/1,86 · t/8
I 0/0,05 · t/1,2
III 0/0,084 · t/2
V 0/0,135 · t/3.8
VII 0/0,22 · t/6,5
I m/0.4 · t/12,5
III m/0,67 · t/18
V m/1,04 · t/18
VII m/1,75 · t/18
190
II 0/0,066 · t/0,75
IV 0/0,103 · t/3
VI 0/0,171 · t/5
VIII 0/0,287 · t/8,6
II m/0,526 · t/16,5
IV m/0,853 · t/18
VI m/1,37 · t/18
VIII m/2,3 · t/18
10
20
30
40
50
100
200
300
400
500
1000
2000
Arbeitsdurchmesser in mm

Abb. 143.

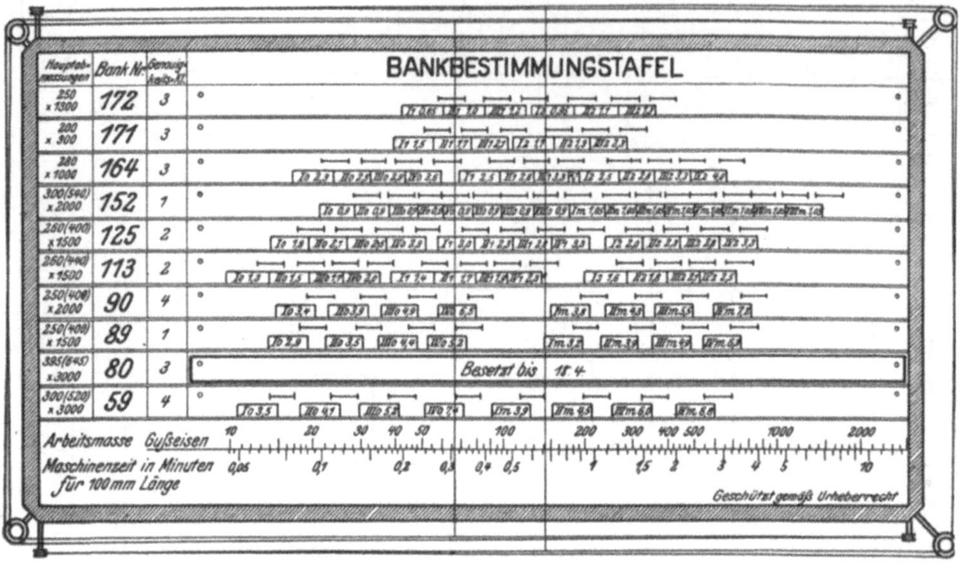

Abb. 144. Bankbestimmungstafel früherer Art.

Einen Überblick über die mit dieser früheren Ausführung schon zu erzielenden Erfolge gibt Abb. 146.

Von Reichsbahnrat Staufer-München wurde eine interessante Umänderung der Bankbestimmungstafel auf die — nicht mehr beizubehaltenden — Hipplerschen Gesetze vorgenommen und die früher zahlenmäßigen Vorschübe auch graphisch eingetragen[1]).

Die Richtwerte des A.W.F., sowie die Durchdringung der Zerspanungsvorgänge und die Aufstellung der oben abgeleiteten Zerspanungsgesetze gaben neben den Versuchen von Klopstock im Versuchsfeld für Werkzeugmaschinen an der Technischen Hochschule Berlin, die Möglichkeit, die Bankbestimmungstafel auf ihre jetzige Form und ihren jetzigen Inhalt zu entwickeln (Abb. 147).

Für den Gebrauch der Bankbestimmungstafel werden nur die Angaben benötigt, die in jeder Werkzeichnung stehen, nämlich:

Werkstoff, Drehdurchmesser und Drehlänge nebst Materialzugabe des Werkstückes.

Alles andere ergibt die Bankbestimmungstafel:

Sie gibt für jeden Werkstoff und jedes Werkzeug: Die zu jedem Spanquerschnitt zugehörige wirtschaftliche Schnittgeschwindigkeit, die benötigte Leistung, die günstigste Bank

[1]) Staufer: Organ für die Fortschritte des Eisenbahnwesens 78. Jahrg., Heft 10. Maschinenbau-Betrieb Hefte 11 und 28, Jahrg. 1924. Bankbestimmungstafel Kronenberg-Staufer.

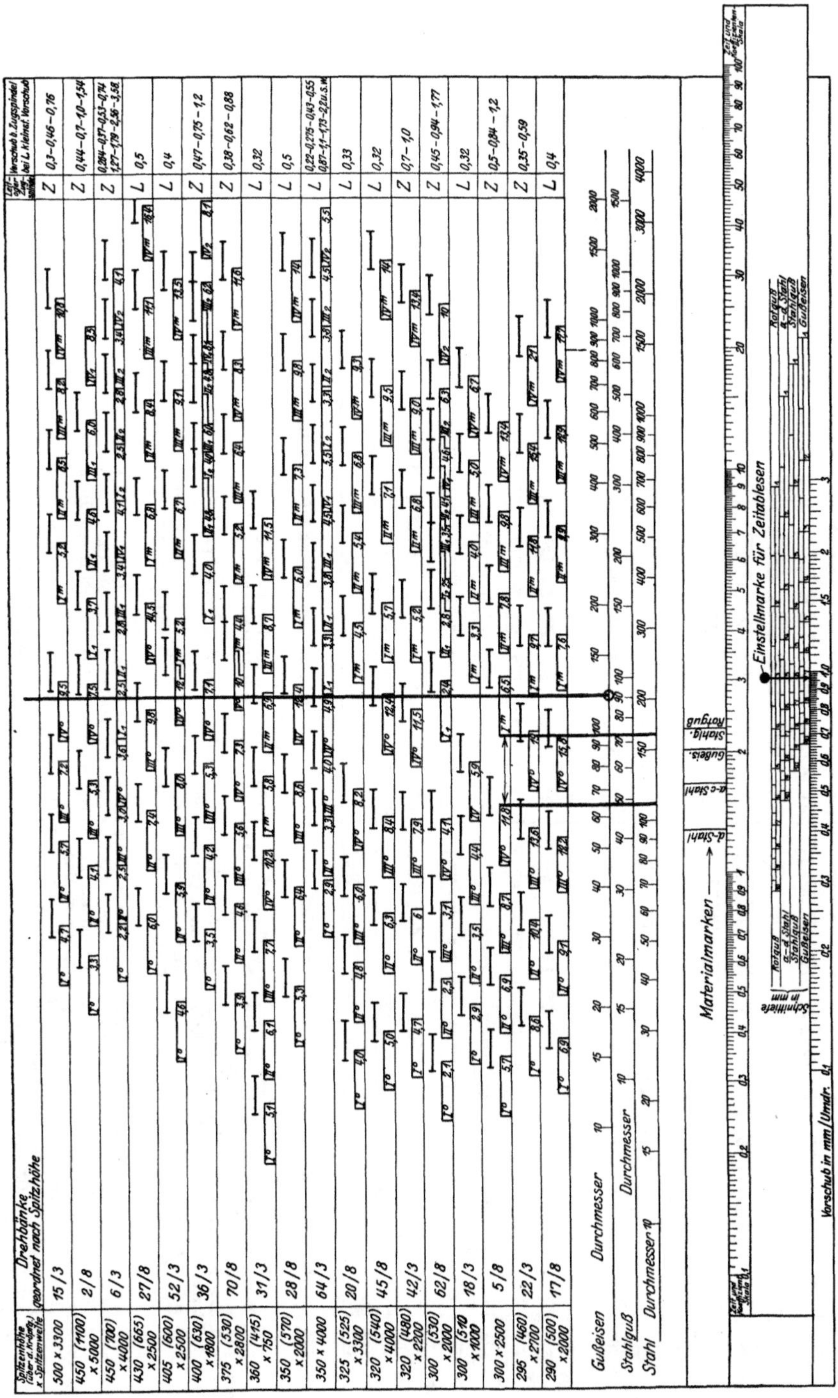

Abb. 145. Bankbestimmungstafel mit Schieber.

Bei „schärferer“ Kalkulation

Beispiel für Drehen von Stahl 30 ÷ 50 kg Festigkeit 100 mm lang 75 Durchmesser. Drehbänke geordnet nach Spitzenhöhe

nach dem Umbau und Normalisierung

Spitzenhöhe (über der Kröpfung) × Spitzenwerte	Bank	I°	II°	III°	IV°	I^m	II^m	III^m	IV^m	Gruppe	Einheitszeit Min. f	Koeffizient g	Arbeitszeit nach dem Umbau h	Einheitszeit Min. i	Arbeitszeit Min. k	kann noch gewonnen werden l
200 (330) × 850	40/3	3,4	4,0	5,1	6,8	3,9	4,5	5,8	7,7	Gruppe B	0,74	3,9	2,89	0,62	2,42	16,5 %
200 (345) × 1000	33/3	3,4	4,0	5,1	6,8	3,9	4,5	5,8	7,7	Gruppe B	"	"	"	0,69	2,69	10,5 "
200 (340) × 1000	72/8	3,4	4,0	5,1	6,8	3,9	4,5	5,8	7,7	Gruppe B	"	"	"	"	"	" "
200 × 1000	13/8	3,4	4,0	5,1	6,8	3,9	4,5	5,8	7,7	Gruppe B	"	"	"	"	"	" "
180 (310) × 1000	39/3	4,3	5,1	6,4	8,7	4,9	5,8	7,3	9,9	Gruppe A	"	4,9	3,63	0,63	3,19	12 "
180 (310) × 1000	61/8	4,3	5,1	6,4	8,7	4,9	5,8	7,3	9,9	Gruppe A	"	"	"	"	"	" "
170 (290) × 1000	41/3	4,3	5,1	6,4	8,7	4,9	5,8	7,3	9,9	Gruppe A	"	"	"	0,57	2,79	23 "

vor dem Umbau

Spitzenhöhe (über der Kröpfung) × Spitzenwerte	Bank	I°	II°	III°	IV°	I^m	II^m	III^m	IV^m	Einheitszeit a	Koeffizient b	Arbeitszeit vor dem Umbau c	Unterschied untereinander in % d	Mehrverbrauch vor dem Umbau e
200 (330) × 850	40/3	4,8	5,7	7,0	9,3	5,3	6,5	7,9	10,5	0,81	5,5	4,46	51 %	54½ %
200 (345) × 1000	33/3	3,7	4,4	5,5	7,3	4,2	5,0	6,2	8,3	1,02	4,2	4,29	45 "	52 "
200 (340) × 1000	72/8	3,5	4,3	5,3	7,1	4,0	9,9	6,0	8,0	0,74	4,0	2,96	0 "	5 "
200 × 1000	13/8	3,5	4,3	5,3	7,1	4,0	4,9	6,0	8,0	0,99	4,0	3,96	34 "	37 "
180 (310) × 1000	39/3	8,9	10,6	13,2	17,8	10,0	12,0	15,0	20,2	0,8	17,8	14,25	381 "	293 "
180 (310) × 1000	61/8	4,3	5,1	6,4	8,7	4,3	5,8	7,3	9,9	0,74	4,9	3,63	22 "	0 "
170 (290) × 1000	41/3	5,0	6,0	7,4	9,9	5,7	6,8	8,4	11,2	0,74	5,7	4,22	43 "	16 %

75 ⌀

Abb. 146. **Einfluß der Umänderung von Werkzeugmaschinen und der Bankbestimmungstafel auf die Wirtschaftlichkeit der Betriebe.**

Vorher:

1. Die **Arbeiszeiten** der einzelnen Maschinen sind sehr verschieden, trotz scheinbar gleichem Äußeren (Spalte *d*).
2. Die **Akkordkalkulation** müßte sich bis auf die Festlegung der Bank erstrecken; dadurch wird sie umständlicher und müßte geändert werden, wenn die betreffende Bank nicht frei ist.
3. Die **Arbeitsverteilung** ist eng an die Vorkalkulation gebunden. Die Bewegungsfreiheit des Arbeitsverteilers ist stark eingeschränkt. Falls eine Bank nicht frei ist, müßte die für sie bestimmte Arbeit liegen bleiben.
4. **Spezialisierung** der Bänke für bestimmte Arbeitsstücke bei Einzelfertigung fast unmöglich.
5. Eine richtige **Unkostenerfassung** müßte sich bis auf jede einzelne Bank erstrecken und würde umständlich sein.

Nachher:

1. Die **Arbeitszeiten** der Maschinen der einzelnen Gruppen sind gleich (Spalte *h*). Durch richtige Einstellung der Maschinen sind wesentliche Ersparnisse zu erzielen (vgl. Abb. 150). Desgl. durch Abänderung unwirtschaftlicher Lücken (vgl. Abb. 153).
2. Die **Akkordkalkulation** hat sich nur bis auf die Bankgruppe zu erstrecken. Falls eine Bank nicht frei ist, kann die Arbeit bei gleicher Akkordzeit auf eine andere Bank der gleichen Gruppe gegeben werden.
3. Die **Arbeitsverteilung** ist nur an die Gruppe gebunden. Innerhalb dieser hat der Arbeitsverteiler oder Meister völlige Bewegungsfreiheit.
4. **Spezialisierung** der Bänke auch bei Einzelfertigung leicht möglich, wenn man Gruppen für bestimmte Arbeitsaufgaben einrichtet, z. B.: Gruppe für kleine Armaturteile, Gruppe für große Armaturteile usw. Hierzu dürfen aber die Bänke nicht nur scheinbar gleich sein!
5. Die **Unkostenerfassung** ist einfacher, da sie sich nur bis auf die Gruppen zu erstrecken hätte.
6. Es treten meist noch eine Reihe weiterer Gesichtspunkte zutage, wie z. B. Verluste durch ungünstige Riemenverhältnisse, durch die Lager, die Transmissionen, die Zahnräder, durch schlechte Schmierungsmöglichkeiten, schwache Stichelhäuser usw.

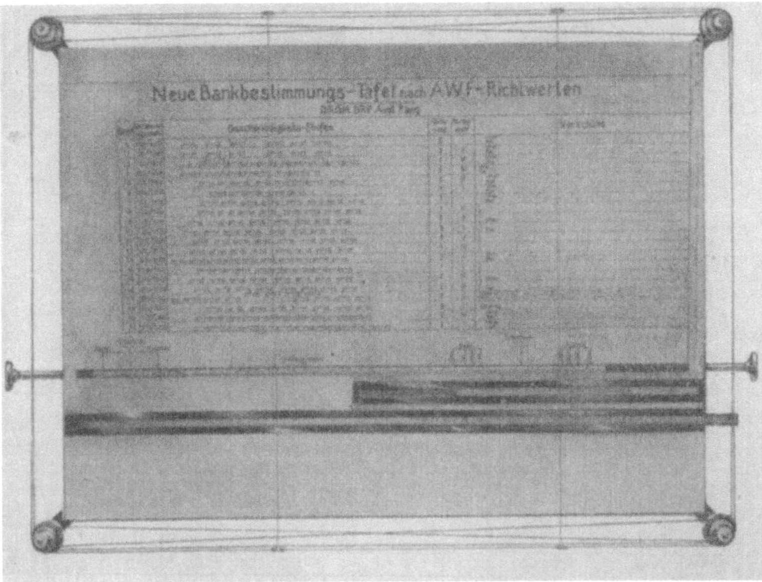

Abb. 147. Neue Bankbestimmungstafel.

aus dem vorhandenen Maschinenpark, evtl. geeignete Bänke, ungeeignete Bänke, verfügbare Leistung, Spanvolumen, Geschwindigkeitsstufe, theoretisch erforderliche und praktisch vorhandene Vorschübe für jede Schnittiefe, die Arbeitszeit für jede Drehlänge und jeden Drehdurchmesser, auch für Reiben und Gewindeschneiden.

Außerdem zeigt die Bankbestimmungstafel die Konstruktion des gesamten Maschinenparkes, sie zeigt, welche Bänke wirtschaftlich gebaut sind und welche nicht, man erkennt umgekehrt für alle gegebenen Bänke, welche Werkstoffe, Durchmesser und Spanquerschnitte sich am wirtschaftlichsten auf ihnen bearbeiten lassen und welche auf ihnen nicht wirtschaftlich bearbeitet werden können, wie neue Bänke in den Park hineinpassen und welche Bänke durch Umänderung wirtschaftlicher gestaltet werden können.

Abb. 148 zeigt eine „Neue Bankbestimmungstafel“. Jeder wagerechte Streifen *a* stellt eine Drehbank dar, links sind die Geschwindigkeitsstufen in Form von Rechtecken, rechts die vorhandenen Vorschübe als kurze Striche dargestellt. In der Abbildung sind nur sechs Bänke übereinander gezeichnet; es können jedoch beliebig viel sein. In die Rechtecke sind römische und arabische Zahlen eingetragen; die ersteren kennzeichnen die Riemenlage (I° = Riemen auf Stufe I ohne Einschaltung des

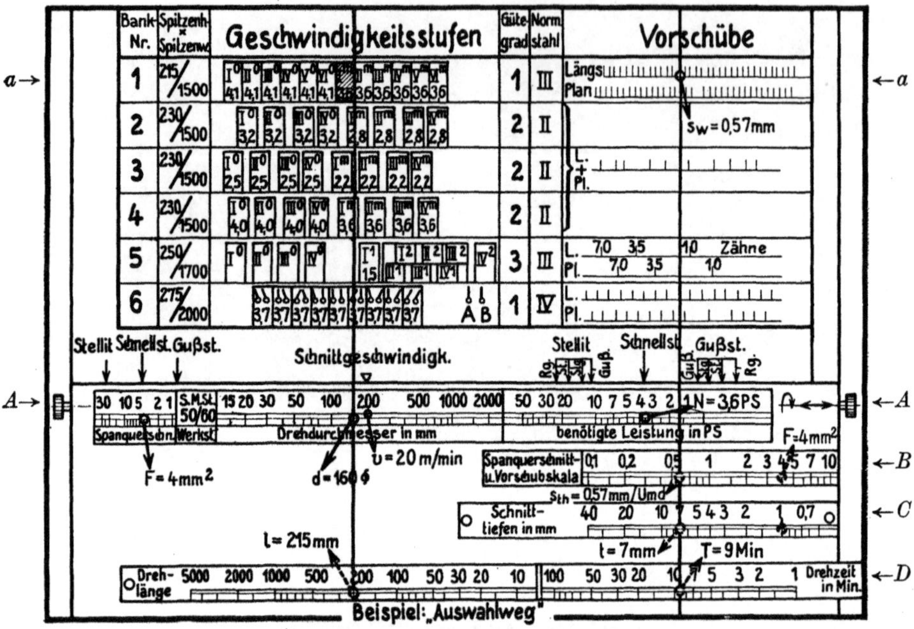

Abb. 148[1]). Neue Bankbestimmungstafel (nach Zerspanungsgesetzen und AWF-Richtwerten). (Beispiel Auswahlweg.)

Rädervorgeleges), die letzteren die an der Schnittstelle verfügbare Leistung in PS. Bei Einscheibenbänken mit Hebelschaltung tritt an die Stelle der Riemenlagebezeichnung die Skizze der Hebelstellungen (vgl. Bank 6).

Neben den vorgesehenen Spalten für die Nummern, Spitzenhöhe und Spitzenweite der Bänke können noch Eintragungen über den Gütegrad der Maschine, des Normstahles, sowie für organisatorische Zwecke vorgenommen werden.

Auf der sowohl drehbaren, als auch hin und her verschiebbaren Walze „*A*" sind die verschiedenen zur Bearbeitung kommenden Werkstoffe aufgetragen; und zwar zuerst links in Skalenform die Spanquerschnitte, rechts daneben die Drehdurchmesser und weiter rechts die benötigten Leistungen.

Der weitere Aufbau sei sogleich an Hand eines Beispiels erläutert. Es sei angenommen, daß eine Welle von 160 ⌀ gegeben ist, und daß, zugleich mit der Feststellung der wirtschaftlichsten Bank (Auswahlweg), für die Abnahme eines Spanquerschnittes von $F = 4$ mm² auch die Einstellung dieser Bank, ihr in Frage kommender Vorschub und die Arbeitszeit für eine Drehlänge von 215 mm bei einer Schnittiefe von 7 mm und Benutzung von Schnellstahl zu ermitteln sei:

[1]) Bild Kronenberg-ADB 39.

Man stellt durch Drehen der Walze „*A*“ das in Frage kommende Material nach „vorn“, so daß nur die Skalen dieses Werkstoffes (vgl. Abb. 148 zu S. 234) sichtbar sind, gleichzeitig verschiebt man die Walze *A* so, daß der Skalenstrich für die Zahl „*4*“ der Spanquerschnittsskala unter den linken Schnellstahlpfeil kommt.

Jetzt ist bereits alles Erforderliche für die Ermittlung von Schnittgeschwindigkeit, Leistung, Bank, Stufe usw. eingestellt:

Schnittgeschwindigkeit:

Obgleich man die Schnittgeschwindigkeit zahlenmäßig erst gar nicht abzulesen braucht (dies ist — wie sich gleich zeigen wird — bereits in der Einstellung der Walze einbegriffen), kann man es zu Prüfungszwecken sehr einfach tun, indem man den unter dem Dreieck „Schnittgeschwindigkeit“ stehenden Durchmesser (im Beispiel 200 ∅) im Kopf durch 10 dividiert (20 m/min). Dies ist die zu $F = 4$ mm² zugehörige Schnittgeschwindigkeit.

Benötigte Leistung:

Unter dem rechten Schnellstahlpfeil liest man sofort die benötigte Leistung in PS ab, und zwar den jeweils günstigsten Wert, den Grundwert, der den kleinsten Schnittdruck gibt (3,6 PS).

Bank und Schaltstufe:

Ohne weiteres ist auch die Durchmesserskala sofort so eingestellt, daß über jedem Durchmesser die zugehörige wirtschaftlichste Bank und Schaltungsstufe abzulesen ist. Man hat nur über dem gegebenen Durchmesser 160 ein Lot zu errichten (praktisch durch einen beweglichen senkrechten Draht (vgl. Abb. 147 zu S. 233) und erkennt die in Frage kommenden Bänke daran, daß die Felder vom Lot geschnitten werden. Die Bänke, bei denen kein Feld geschnitten wird, fallen aus, da sie keine geeigneten Schnittgeschwindigkeiten aufweisen. Es kommen also in Betracht: die Bänke 1, 2, 4 und 6, die übrigen Bänke fallen aus. Die günstigste Bank unter diesen ist diejenige, die die benötigte Leistung zur Verfügung stellen kann (3,6 PS), also die Bank 1; die zugehörige Schaltungsstufe ist Im, d. h. der Riemen ist auf die kleinste Scheibe zu legen und das Rädervorgelege ist einzuschalten.

Vorschub:

Jetzt soll auch der Vorschub und die Arbeitszeit bestimmt werden. Zu diesem Zweck wird der schwarze Pfeil des beweglichen Schnittiefenschiebers *C* unter die $F = 4$ mm² der rechten Spanquerschnittsskala *B* gestellt. Dann ist sofort über jeder Schnittiefe der zugehörige Vorschub abzulesen; bei $t = 7$ mm Schnittiefe (auf *C*) ergibt sich ein theoretischer Vorschub $s_{th} = 0{,}57$ mm/Umdr. auf *B*. Dieser Vorschub 0,57 ist praktisch an der gewählten Bank 1 auch einzustellen, wie aus dem rechten Lot und dem Strich $s_w = 0{,}57$ hervorgeht.

Arbeitszeit:

Die Arbeitszeit ist auch schnell gefunden: Man stellt unter den linken Draht die Drehlänge l (= 215 mm) auf *D* und liest unter dem rechten Draht sofort die Arbeitszeit ($T = 9$ Min.) auf *D* ab.

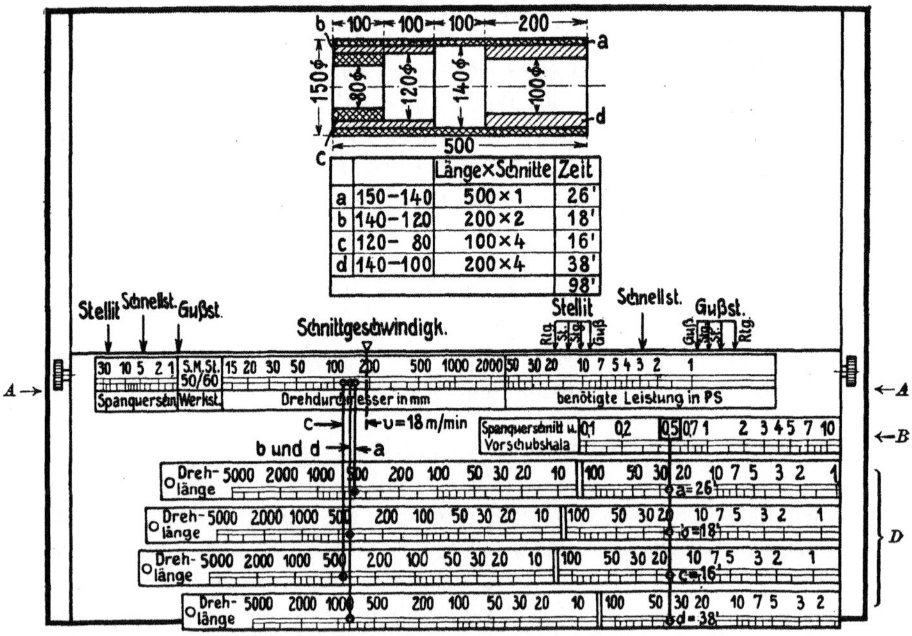

Abb. 149[1]). Zwischenbeispiel: Anwendungsmöglichkeit der neuen Bankbestimmungstafel ohne Berücksichtigung des Maschinenparkes.

Hierin ist jetzt alles berücksichtigt, was überhaupt zu berücksichtigen ist: Schnittgeschwindigkeit, Spanquerschnitt, Leistung, Schnitttiefe, Schaltungsstufe, Vorschub, Arbeitszeit, Drehlänge usw. Die Zerspanungsgesetze sind befolgt und die Bankkonstruktion ist berücksichtigt. Zudem bleibt jeder Wert für eine Rückwärtsprüfung stehen.

Als Zwischenbeispiel — um zu zeigen, welche Ergebnisse ohne Berücksichtigung der Zerspanungsgesetze und der Bankkonstruktion eintreten — dient Abb. 149.

Die abgebildete Welle soll mit einer „üblichen" Schnittgeschwindigkeit von $v = 18$ m/min und einem angenommenen Vorschub von 0,5 mm/Umdr. bei einer Schnittiefe $t = 5$ mm bearbeitet werden.

---

[1]) Bild Kronenberg-ADB 40.

Man stellt die Zahl 180 (entsprechend $v = 18$ m/min) der Durchmesserskalawalze A unter das Schnittgeschwindigkeitsdreieck und kann sogleich unter jedem Durchmesser die Drehlänge einstellen und rechts unter dem Vorschub 0,5 (auf B) die Zeit ablesen. In der Abbildung sind die vier verschiedenen Stellungen (entsprechend den hier nötigen Schnitten a—d) der Drehlängen- und Drehzeitskala D übereinandergezeichnet, in Wirklichkeit handelt es sich natürlich immer um die gleiche Skala, die verschoben wird. Die Schnitte und Zeitwerte sind in der Abb. angegeben. Es ergibt sich:

$$T = 98 \text{ Min.}$$

Dieses Beispiel stellt eine der bisher vielfach üblichen Kalkulationen dar, ohne Berücksichtigung der Zerspanungsgesetze und ohne Kenntnis, ob die Werkstatteinrichtungen, die Leistungsfähigkeit und die Konstruktion der Maschinen dies auch gestatten bzw. ob man nicht günstiger arbeiten könnte.

Wie werden die Verhältnisse nun, wenn man die Zerspanungsgesetze und die vorhandenen Bänke berücksichtigt? Es sei angenommen, daß diese Welle in der eben beschriebenen Art bisher in einem Betrieb auf einer Bank 1 bearbeitet worden, und die Frage sei, ob man durch geeignete Einstellung der Bank günstigere Ergebnisse erzielen kann. Wir gehen also jetzt vom „Auswahlweg", d. h. der Auswahl der Bank für die günstigste Bearbeitung, zum „Eignungsweg", d. h. der Feststellung der günstigsten Eignung einer gegebenen Bank, über.

Wie Abb. 150 zeigt, kann die angenommene Bank 1 bei Lauf ohne Rädervorgelege 4,1 PS und bei Lauf mit Rädervorgelege (infolge der Wirkungsgradverschlechterung) 3,6 PS Leistung am Stahl zur Verfügung stellen.

Stellt man demzufolge die Leistungsskala der Walze A, und zwar den Wert $N = 3{,}6$ PS dieser Skala (mit ○ und N in Abb. 150 gekennzeichnet), unter den rechten Schnellstahlpfeil, so ergibt sich unter dem linken Schnellstahlpfeil sofort die Größe des nutzbaren Spanquerschnittes zu $F = 4$ mm² (mit ○ und F in Abb. 150 gekennzeichnet); der zugehörige Grundwert der Schnittgeschwindigkeit wird mit $v = 20$ m/min unter dem Dreieck ermittelt.

Der zu benutzende Vorschub ergibt sich durch Einstellung des schwarzen Pfeiles der Skala „C" unter die $F =$ „4" (d. i. der eben ermittelte nutzbare Spanquerschnitt) der Skala B zu 0,8. Dieser Vorschub ist an Bank 1 vorhanden, wie das Lot durch $s_{w1} = 0{,}8$ anzeigt.

Die zu verwendende Schaltstufe ist $I\,m$, und zwar entfallen hierauf alle Durchmesser zwischen 160 und 100 (schwarz angelegt in der Durchmesserskala), man erhält hiermit also gleich wichtige Anhaltspunkte für die notwendigen Geschwindigkeitswechsel und auch für die Vorschubwechsel.

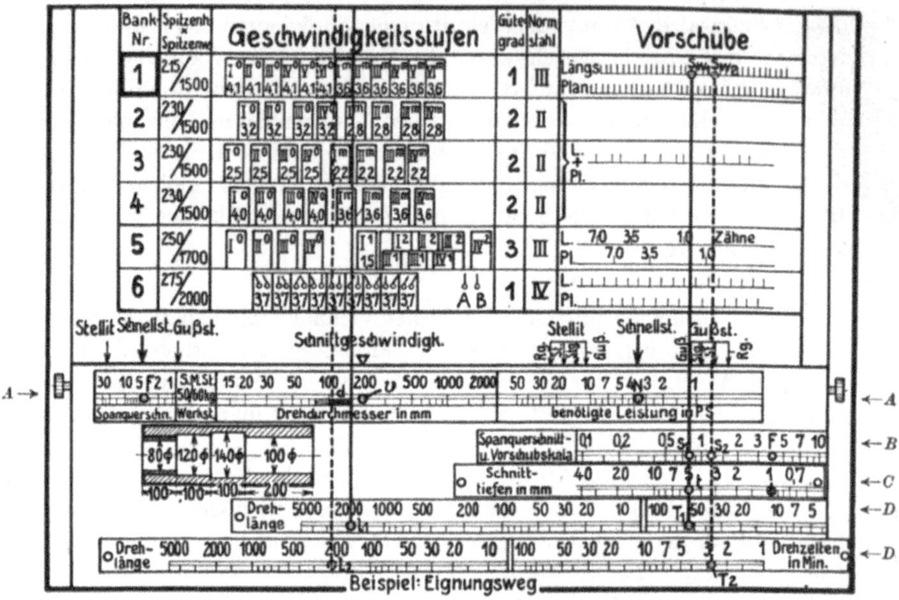

Abb. 150[1]). Neue Bankbestimmungstafel (Beispiel: Eignungsweg).

Abb. 151[2]). Neue Bankbestimmungstafel bei Prüfung des Zustandes des Maschinenparkes.

[1]) Bild Kronenberg-ADB 41. [2]) Bild Kronenberg-ADB 42.

Für die Zeitermittlung können somit alle Schnitte bis 100 ∅ zusammengefaßt werden. Die Arbeitszeit T_1 ergibt sich zu 53 Min. (an D_1).

Der noch verbleibende Absatz der Welle bis zu 80 ∅ wird auf Stufe V° mit $F = 6\ \text{mm}^2$ in einer Zeit $T_2 = 3$ Min. gedreht (die gestrichelten Lote und die Drehlängenskala D_2 zeigen dies an).

Die gesamte Zeit auf Bank 1 wäre also:

$$\underline{T = 56\ \text{Min.}},$$

im Gegensatz zu 98 Min. ohne Berücksichtigung der Zerspanungsgesetze und ohne Rücksicht auf die Bänke! (Vgl. S. 237.)

Die Zeitersparnis wäre also:

$$\frac{98 - 56}{98} \cdot 100 = \underline{44\%}.$$

Diese Zeitersparnis wird nicht durch augenfällige, sondern sogar nur durch sehr geringe Unterschiede in den angewandten Schnittgeschwindigkeiten und Vorschüben erzielt. Es werden statt 18 m/min Schnittgeschwindigkeit 20 m/min und statt 0,5 mm Vorschub 0,8 mm Vorschub benutzt. Diese Unterschiede sind so fein, daß sie niemand abschätzen kann, dennoch haben sie großen Einfluß auf die Arbeitszeit:

$$\frac{20 \cdot 0{,}8 - 18 \cdot 0{,}5}{20 \cdot 0{,}8} \cdot 100 = \underline{44\%}.$$

Gewöhnlich sind die Unterschiede in den anzuwendenden Schnittgeschwindigkeiten und Vorschüben wesentlich größer, so daß auch die Ersparnisse sich dementsprechend erhöhen. Erst die Durchdringung der Probleme gibt die Möglichkeit, an Stelle des Schätzens die Ermittlung setzen zu können.

Erwähnt sei, daß zu jeder Bankbestimmungstafel eine Lünettentafel gehört (vgl. S. 155ff.), so daß man die zulässige Belastung des Werkstückes nicht überschreitet.

Als weiterer Gesichtspunkt tritt noch hinzu, daß man aus der Bankbestimmungstafel auch sofort die Konstruktion des gesamten Maschinenparkes eines Betriebes und die Rückwirkung dieses Zustandes auf die Anwendung der Zerspanungsgesetze erkennt, wie dies Abb. 151 zeigt.

Man sieht z. B., daß die Bank 5 infolge großer Lücken zwischen den Feldern, unwirtschaftlich gebaut ist. Stellt man die an dieser Bank zur Verfügung stehende Leistung von 1,5 PS einmal mittels der in drei Stellungen gezeichneten Walze A unter den rechten Schnellstahl- (A_1), dann unter den rechten Gußstahlpfeil (A_2) und Stellit (A_3), so erkennt man sofort die infolge dieser Lücke ausfallenden Durchmesser bei Bearbeitung jedes Materials mit den genannten Drehstahlarten (schraffiert angelegt).

Die Bänke 2, 3 und 4 sind ähnliche Bänke (sie haben sogar gleichen Vorschubkasten, wie die Abb. zeigt), die durch kleine Umbauten in eine gemeinsame Gruppe zusammengefaßt werden können (vgl. auch Abb. 146, S. 232). Man kann oft glauben, gleiche Bänke vor sich zu haben, während

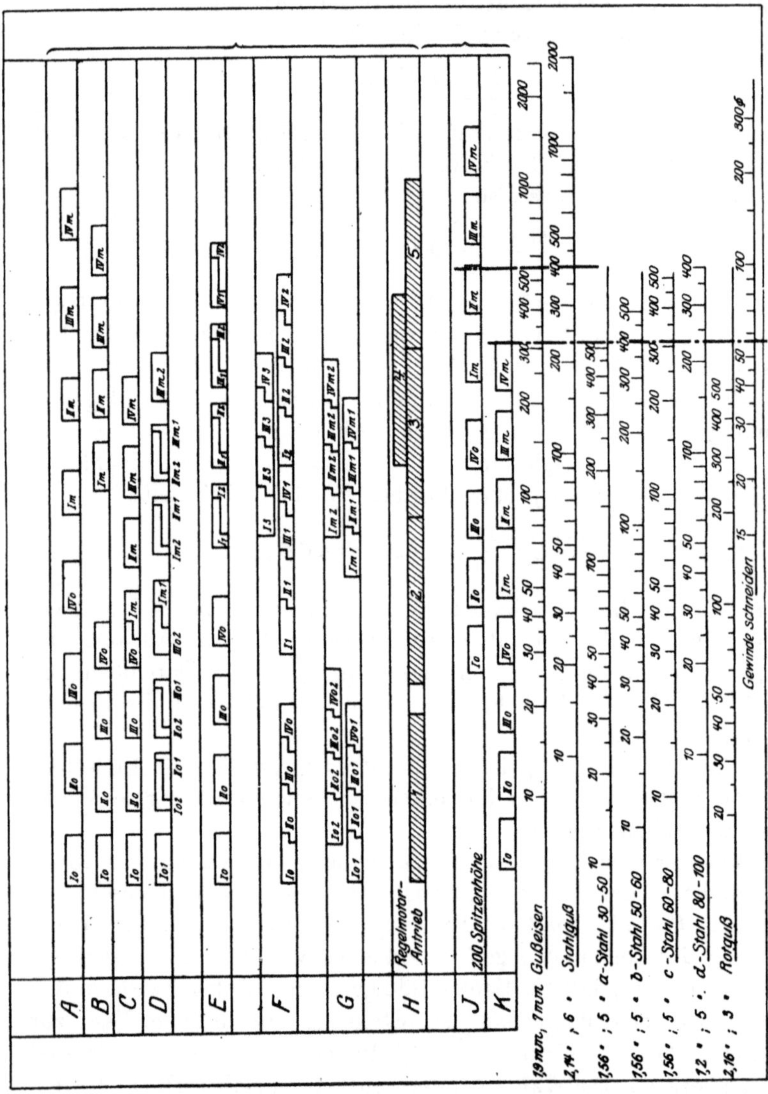

Abb. 152. Beispiele unwirtschaftlicher Bänke.

A = gleichmäßige Lücken zwischen den Stufen; B = große Lücken durch unwirtschaftliche Rädervorgelege; C = Überlagerung durch unwirtschaftliche Rädervorgelege; D = Überlagerung mehrerer Stufen; E = Überlagerung zweier Rädervorgelege; F = Überlagerung eines dritten Rädervorgeleges über zwei andere; G = Überlagerung durch falsche Deckenvorgelege; H = Überlagerung bei einer Regelmotorbank (an anderer Stelle eine Lücke); J und K = Falsch angetriebene Bänke: J) Stufen III_m und IV_m nicht verwendbar, K) Spitzenhöhe nicht auszunutzen.

die nähere Untersuchung ergibt, daß dies nicht der Fall ist. Hierdurch treten unliebsame Störungen im Arbeitsablauf und Akkordstreitigkeiten auf. Denn was auf der einen Bank möglich ist, braucht es auf der anderen, wenn sie nur von außen gleich aussieht, evtl. auch gleichen Fabrikates ist, nicht zu sein. Zufälligkeiten, wie z. B. das Vorhandensein der geeigneten Scheiben für die Transmission, spielen sehr oft mit und können Verschlechterungen und Ungleichmäßigkeiten in einen Maschinenpark hineinbringen, so wie ich das oft finde.

Die Haupttypen der anzutreffenden unwirtschaftlichen Bänke sind in Abb. 152 in Form einer älteren Bankbestimmungstafel dargestellt[1]). Ein Beispiel von erzielten Erfolgen gibt Abb. 153, in deren rechter Ecke eine graphische Darstellung der Zeitgewinne angebracht ist. Die Bankbestimmungstafel ist bei vielen Firmen in Gebrauch und für mehrere tausend Maschinen bisher ausgearbeitet worden. Verschiedene Technische Hochschulen verwenden sie zum Unterricht über die Zerspanungsprobleme.

Die Einführung der Bankbestimmungstafel im praktischen Betrieb läßt sich weitgehend der jeweils vorhandenen Organisation des Betriebes anpassen. Die verschiedenen Wege liegen schon in dem Wort Bankbestimmungstafel verborgen, das einen doppelten Sinn hat. Einmal kann man sagen, es ist eine Tafel, mit der man zu jeder Arbeit die günstigste Bank „bestimmen“ (= auswählen) kann, andererseits ist es eine Tafel, aus der man ersehen kann, wofür eine Bank „bestimmt“ (= geeignet) ist. Diesem Doppelsinn entspricht auch die mehrfache Einführungsmöglichkeit der Bankbestimmungstafel; der Name ist daher auch seinerzeit absichtlich so gewählt worden. Der eine Weg für die Benutzung der Bankbestimmungstafel ist also der „Auswahlweg“ (der oft zu sehr in den Vordergrund gerückt wird), der andere Weg ist der „Eignungsweg“. Für die praktische Einführung der Bankbestimmungstafel in den Betrieb ist dieser „Eignungsweg“ einfacher und leichter.

Man muß bei der Einführung der wirtschaftlichen Ausnutzung der Werkzeugmaschinen auf die Überlieferung im Betriebe Rücksicht nehmen. In fast allen Betrieben hat sich durch die Übung in der Belegung der Bänke eine Sonderung der Arbeiten auf bestimmte Bänke herausgebildet. Teilweise haben verschiedene Bänke Sondereinrichtungen, teilweise ist ein Arbeiter gerade besonders für irgendwelche Arbeiten geschickt, teilweise stehen die Bänke in guter Reihenfolge für die Förderung der Werkstücke usw.

Durch diese Überlieferung ist der Übergang erleichtert, sie kann das Sprungbrett zur wirtschaftlichen Ausnutzung sein. Am besten wird ein Beamter besonders damit beauftragt, an Hand der Bankbestimmungstafel zunächst rückwärts nachzurechnen, wie die verschiedenen Bänke für die auf ihnen „meistens“ hergestellten Arbeiten „geeignet“

---

[1]) Vgl. Kronenberg: Über unwirtschaftliche Drehbänke und ihren Umbau Werkst.-Techn. 1924, S. 495ff.

sind, wie diese Bänke durch andere Einstellungen der Schnittgeschwindigkeiten, Vorschübe u. dgl. besser ausgenutzt werden können. Oftmals wird man finden, daß sich die Bänke für die „üblichen“ Arbeiten eignen, daß man aber durch geeignetere Einstellung wesentlich bessere

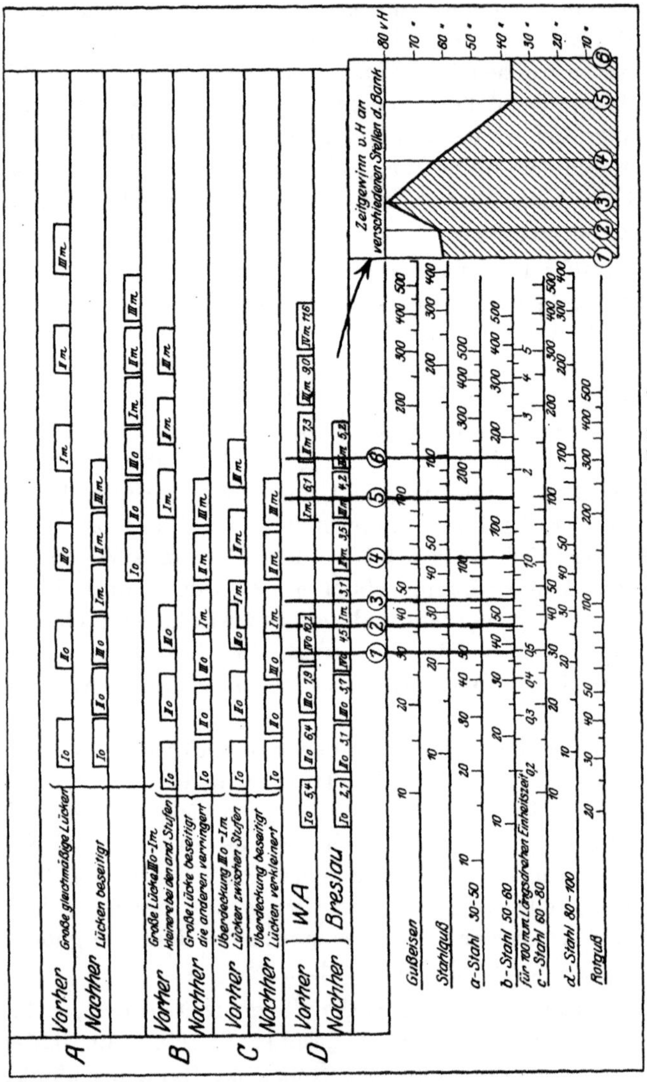

Abb. 153. Beispiel für erzielte Zeitgewinne.

Ergebnisse erzielen kann. Sieht man dagegen, daß die Bank infolge Fehlens der wirtschaftlichen Schnittgeschwindigkeiten auch durch andere Einstellung nicht besser auszunutzen ist, so wird man mit Hilfe der Bankbestimmungstafel sehr leicht eine Bank finden, die für das

Arbeitsteil geeigneter ist. Auf diese Weise entsteht ganz allmählich eine Verteilung der Arbeit, die der Überlieferung und der besten Ausnutzungsmöglichkeit der Bänke Rechnung trägt, und durch die man ohne große Umorganisationen ganz wesentliche Ersparnisse erzielen kann.

Wichtig ist es dabei nur, daß der betreffende Beamte planmäßig Bank auf Bank durchgeht, und daß er während dieser Arbeiten möglichst von der üblichen Tagesarbeit entlastet ist.

Zur Durchrechnung sucht man sich die für die einzelnen Bänke vorhandenen Akkorde heraus, aus denen man erkennen kann, mit welchen Schnittgeschwindigkeiten, Vorschüben usw. bisher die Arbeit erledigt wurde. Diese Unterlagen sind jedoch hauptsächlich von Wert für Vergleiche von Ersparnismöglichkeiten. Falls man solche Unterlagen überhaupt noch nicht hat, kommt man auch ohne sie aus. Schon infolge dieser Arbeit wird man viele Verbesserungen vornehmen können, auf die man sonst gar nicht kommen könnte.

Auf diese Weise werden die Ergebnisse der Zerspanungsgesetze am besten und einfachsten in die Praxis umgesetzt, ohne große Störungen der laufenden Arbeiten, durch allmähliches Vordringen. Der zuständige Beamte veranlaßt die verbesserte Einstellung der Bank, wenn die durchgeprüfte Arbeit wieder vorkommt. Später, wenn man auf diese Weise alles untersucht hat, geht man dazu über, gegebenenfalls durch Austauschen der Arbeiten der einzelnen Bänke untereinander weitere Ersparnisse zu erzielen. Neue Arbeiten kann man natürlich schon von vornherein an Hand der Bankbestimmungstafel auf die geeignetste Bank geben; hierfür schlägt man den „Auswahlweg“ ein.

Die planmäßige Durchdringung der mechanischen Werkstätten führt auch zu der Erkenntnis, daß man zweckmäßigerweise ähnlich gebaute, aber in der Konstruktion voneinander abweichende Bänke, durch schrittweise Umbauten zu Gruppen zusammenfaßt, so daß man für jede Arbeit mehrere Bänke zur Verfügung hat und auch dadurch wieder eine Vereinfachung des Arbeitsablaufes erzielen kann.

Auch dem Dreher selbst kann man je nach der Organisation evtl. vereinfachte Auszüge aus der Bankbestimmungstafel (Bedienungstafel genannt) an die Bank hängen, damit er in der Lage ist, hiernach die Einstellung selbst vornehmen zu können.

Da auch die Arbeitsgenauigkeit, die sich auf den Bänken erzielen läßt, eine Rolle für die Auswahl, Eignung, Verbesserung oder Aussonderung der Bänke spielt, sind im Anhang auch Prüfblätter für die Arbeitsgenauigkeit wiedergegeben. An Hand der Prüfblätter werden die Bänke untersucht und nach einem Punktbewertungssystem in Genauigkeitsklassen eingeteilt. Das Nähere geht aus den Blättern selbst hervor. Eine Skizze für die praktische Anordnung einer Abbremsvorrichtung ist im Anhang auch noch angegeben.

Beendet mögen diese Ausführungen mit einem Satze werden, der wieder auf den Ausgangspunkt — die volkswirtschaftliche Seite der Zerspanungsprobleme — zurückführt:

„Die Minuten, die wir durch Anwendung eines höheren Vorschubes, einer richtigen Geschwindigkeit und andere Maßnahmen sparen, summieren sich zu Stunden, Tagen und Monaten und drücken sich schließlich in hohen Geldbeträgen aus[1]).“

---

[1]) Dr.-Ing. Reindl: Z. d. V. d. I. 1926, Heft 17.

VII. Anhang.

Zusammenstellung der Gesetze.

Allgemeines Gesetz der Schnittgeschwindigkeit:

$$\boxed{v = \frac{C_v}{\sqrt[\varepsilon_v]{F}}}\,. \qquad \text{(S. 34)}$$

Allgemeines Gesetz des spezifischen Schnittdruckes:

$$\boxed{k_s = \frac{C_{k_s}}{\sqrt[\varepsilon_{k_s}]{F}}}\,. \qquad \text{(S. 76)}$$

Gesetz des Schnittdruckes mit Einbeziehung der Härte und des Meißelwinkels.

Chromnickelstahl:

$$\boxed{P = F^{0,802} \cdot 26 \sqrt[2,2]{H} \cdot \sqrt[1,56]{\frac{\beta}{50}}}\,, \qquad \text{(S. 127)}$$

mittlerer Stahl:

$$\boxed{P = F^{0,803} \cdot 25,9 \sqrt[2,2]{H} \cdot \sqrt[1,68]{\frac{\beta}{50}}}\,, \qquad \text{(S. 132)}$$

weicher Stahl:

$$\boxed{P = F^{0,862} \cdot 19,8 \sqrt[2,2]{H} \cdot \sqrt[1,36]{\frac{\beta}{50}}}\,. \qquad \text{(S. 133)}$$

Gußeisen:

$$\boxed{P = F^{0,865} \cdot 9,6 \sqrt[2,5]{H} \cdot \sqrt[1,51]{\frac{\beta}{50}}}\,, \qquad \text{(S. 135)}$$

Kupfer:

$$\boxed{P = F^{0,824} \cdot 26,3 \sqrt[2,4]{H} \cdot \left[\frac{\beta}{50}\right]^{1,24}}\,. \qquad \text{(S. 136)}$$

Vereinfachtes Gesetz für den Schnittdruck bei $F = 1\ \text{mm}^2$ für Stahl:

$$\boxed{C_{k_s} = 2{,}5 \div 3\sqrt{H \cdot \beta}}, \qquad \text{(S. 133)}$$

$$\boxed{C_{k_s} = 4{,}2 \div 4{,}9\sqrt{k_z \cdot \beta}}. \qquad \text{(S. 133)}$$

Spanquerschnitt, den eine Welle ertragen kann:
Chromnickelstahl:

$$F_{\text{zulässig}} = \frac{0{,}067 \cdot d^{3{,}75}}{l^{1{,}25} \cdot \sqrt[1{,}75]{H} \cdot \sqrt[1{,}25]{\frac{\beta}{50}}}, \qquad \text{(S. 153)}$$

Stahl 75 kg:

$$F_{\text{zulässig}} = \frac{0{,}068 \cdot d^{3{,}75}}{l^{1{,}25} \cdot \sqrt[1{,}75]{H} \cdot \sqrt[1{,}34]{\frac{\beta}{50}}}, \qquad \text{(S. 154)}$$

Schmiedeeisen:

$$F_{\text{zulässig}} = \frac{0{,}114 \cdot d^{3{,}45}}{l^{1{,}15} \cdot \sqrt[1{,}9]{H} \cdot \sqrt[1{,}17]{\frac{\beta}{50}}}. \qquad \text{(S. 154)}$$

Allgemeines Gesetz der Leistung bei zugehöriger Schnittgeschwindigkeit:

$$\boxed{N = C_N \cdot \sqrt[\varepsilon_N]{F}}. \qquad \text{(S. 160)}$$

Gesetz des nutzbaren Spanquerschnittes aus der Leistung bei zugehöriger Schnittgeschwindigkeit:

$$\boxed{F = \left[\frac{N}{C_N}\right]^{\varepsilon_N}}. \qquad \text{(S. 160)}$$

Gesetz des nutzbaren Spanquerschnittes in Abhängigkeit von der Riemenleistung:

$$F = \left[\frac{p \cdot b_r \cdot v_r \cdot \eta \cdot 60}{C_v \cdot C_{k_s}}\right]^{\varepsilon_N}. \qquad \text{(S. 173)}$$

Zusammenhang zwischen den Änderungsgrößen ε_N, ε_v, ε_{k_s}:

$$\varepsilon_N = \frac{\varepsilon_v \cdot \varepsilon_{k_s}}{\varepsilon_v \cdot \varepsilon_{k_s} - \varepsilon_v - \varepsilon_{k_s}}. \qquad \text{(S. 160)}$$

Gesetz des nutzbaren Spanvolumens:

$$\boxed{F \cdot v = C_v \cdot \left[\frac{N}{C_N}\right]^{\varepsilon_N\left(1 - \frac{1}{\varepsilon_v}\right)}}. \qquad \text{(S. 160)}$$

Gesetz der rückgehobenen Schnittgeschwindigkeit:

$$\boxed{v_h = v_a \cdot \sqrt[\varepsilon_{k_s}]{\frac{F_a}{F}}}\,, \qquad \text{(S. 187)}$$

$$\boxed{v_h = v \cdot \left(\frac{F_a}{F}\right)^{\frac{1}{\varepsilon_{k_s}} - 1}}\,.$$

Gesetz der Änderung des Schnittdruckes bei Änderung des Spanquerschnittes über den Grundwert:

$$P_a = P \cdot \left(\frac{F_a}{F}\right)^{1 - \frac{1}{\varepsilon_{k_s}}}\,. \qquad \text{(S. 189)}$$

Erforderliche Änderung des nutzbaren Spanquerschnittes, wenn statt mit Schnellstahl mit einem anderswertigen Werkzeug gearbeitet werden soll:

1. Allgemein.

a) Bei gleichbleibender Leistung:

$$\boxed{F_a = w^{\varepsilon_N} \cdot F}\,, \qquad \text{(S. 203)}$$

b) bei gleichbleibendem Spanvolumen:

$$\boxed{F'_a = w^{\frac{\varepsilon_v}{\varepsilon_v - 1}} \cdot F}\,. \qquad \text{(S. 203)}$$

2. Bei Gußstahlmeißel.

a) Bei gleichbleibender Leistung:

$$\boxed{F_{GS} = 2^{\varepsilon_N} \cdot F}\,, \qquad \text{(S. 194)}$$

b) bei gleichbleibendem Spanvolumen:

$$\boxed{F'_{GS} = 2^{\frac{\varepsilon_v}{\varepsilon_v - 1}} \cdot F}\,. \qquad \text{(S. 201)}$$

3. Bei Hartmetallmeißel.

a) Bei gleichbleibender Leistung:

$$\boxed{F_H = \left(\tfrac{1}{2}\right)^{\varepsilon_N} \cdot F}\,, \qquad \text{(S. 198)}$$

b) bei gleichbleibendem Spanvolumen:

$$\boxed{F'_H = (\tfrac{1}{2})^{\frac{\varepsilon_v}{\varepsilon_v - 1}} \cdot F} . \qquad (S. 201)$$

Änderung des Schnittdruckes, wenn statt mit Schnellstahl mit einem anderswertigen Werkzeug gearbeitet werden soll:

1. Allgemein.

a) Bei gleichbleibender Leistung:

$$\boxed{P_a = P \cdot w^{\varepsilon_N\left(1 - \frac{1}{\varepsilon_{k_s}}\right)}} , \qquad (S. 203)$$

b) bei gleichbleibendem Spanvolumen:

$$\boxed{P'_a = P \cdot w^{\left(\frac{\varepsilon_v}{\varepsilon_v - 1}\right)\left(1 - \frac{1}{\varepsilon_{k_s}}\right)}} . \qquad (S. 203)$$

2. Bei Gußstahlmeißel.

a) Bei gleichbleibender Leistung:

$$\boxed{P_{GS} = P \cdot 2^{\varepsilon_N\left(1 - \frac{1}{\varepsilon_{k_s}}\right)}} , \qquad (S. 195)$$

b) bei gleichbleibendem Spanvolumen:

$$\boxed{P'_{GS} = P \cdot 2^{\left(\frac{\varepsilon_v}{\varepsilon_v - 1}\right)\left(1 - \frac{1}{\varepsilon_{k_s}}\right)}} . \qquad (S. 202)$$

3. Bei Hartmetallmeißel.

a) Bei gleichbleibender Leistung:

$$\boxed{P_H = P \cdot (\tfrac{1}{2})^{\varepsilon_N\left(1 - \frac{1}{\varepsilon_{k_s}}\right)}} , \qquad (S. 199)$$

b) bei gleichbleibendem Spanvolumen:

$$\boxed{P'_H = P \cdot (\tfrac{1}{2})^{\left(\frac{\varepsilon_v}{\varepsilon_v - 1}\right)\left(1 - \frac{1}{\varepsilon_{k_s}}\right)}} . \qquad (S. 202)$$

Zahlentafel 41. Zusammenstellung der C_v und ε_v.

[Bestwerte[1]) für eine Lebensdauer des Stahles = 60 Min. ohne Kühlung.]

Werkstoff	$\beta°$	ε_v	C_v Schnellstahl 16—18% Wolfr.	C_{vH} Hartmetall	C_{vGS} Gußstahl
Elektron	46	1,2	430		
Messing	64	1,65	112	224	56
Rotguß	64	2,23	80	160	40
Stahlguß	67	2,75	28,7	57,4	14,4
SM.-Stahl 30/50 kg	65	2,44	50	100	25
„ 50/60 kg			35	70	17,5
„ 60/80 kg			20	40	10
Chromnickelstahl	68	1,75	29	58	14,5
Gußeisen weich	65	3,6	42	84	21
„ mittel			26	52	13
„ hart			15	30	7,5

$$v = \frac{C_v}{\sqrt[\varepsilon_v]{F}} \text{ m/min.}$$

Zahlentafel 42. Zusmmenstellung der C_N und ε_N.

[Bestwerte[2]).]

Werkstoff	$\beta°$	H	ε_N	C_N Schnellstahl	C_{NH} Hartmetall	C_{NGS} Gußstahl
Elektron	46	55	9,2	2,27	—	—
Messing	64	100	3,82	1,74	3,5	0,87
SM.-Stahl 30/50 kg	65	$k_z = 40$	2,55	2,5	5,0	1,25
„ 50/60 kg		$k_z = 55$		2,05	4,2	1,05
„ 60/80 kg		$k_z = 75$		1,55	3,1	0,78
Chromnickelstahl	68	220	4,32	2,37	4,75	1,19
Gußeisen weich	65	100	1,7	0,68	1,36	0,34
„ mittel		150		0,5	1,0	0,25
„ hart		200		0,33	0,66	0,16

$$N = C_N \cdot \sqrt[\varepsilon_N]{F},$$

$$F = \left[\frac{N}{C_N}\right]^{\varepsilon_N}.$$

[1]) Vgl. S. 54, 191. [2]) Vgl. S. 169.

Zahlentafel **43.** Zusammengesetzte Exponenten (nach Bestwerten).

	SM.-Stahl $\varepsilon_v=2{,}44$ $\varepsilon_{k_s}=5{,}07$ $\varepsilon_N=2{,}55$	Gußeisen $\varepsilon_v=3{,}6$ $\varepsilon_{k_s}=7{,}4$ $\varepsilon_N=1{,}7$	Chromnickelstahl $\varepsilon_v=1{,}75$ $\varepsilon_{k_s}=5{,}05$ $\varepsilon_N=4{,}32$	Messing $\varepsilon_v=1{,}65$ $\varepsilon_{k_s}=7{,}64$ $\varepsilon_N=3{,}82$
$\varepsilon_N\left(1-\frac{1}{\varepsilon_v}\right)$	$\sim$ 1,5	$\sim$ 1,23	$\sim$ 1,85	$\sim$ 1,47
$\varepsilon_{k_s}\left(1-\frac{1}{\varepsilon_v}\right)$	3	5,35	2,17	3,01
$1-\frac{1}{\varepsilon_{k_s}}$	0,803	0,865	0,802	0,869
$1-\frac{2}{\varepsilon_{k_s}}$	0,606	0,730	0,604	0,738
$\frac{1}{\varepsilon_{k_s}}-1$	—0,803	—0,865	—0,802	—0,869
$\varepsilon_N\left(1-\frac{1}{\varepsilon_{k_s}}\right)$	2,05	1,47	3,47	3,32
$\frac{\varepsilon_v}{\varepsilon_v-1}$	1,693	1,381	2,34	2,54
$\left(\frac{\varepsilon_v}{\varepsilon_v-1}\right)\left(1-\frac{1}{\varepsilon_{k_s}}\right)$	1,36	1,195	1,875	2,21

Zahlentafel **44.** Praktische Schnittdrucktafel für Stahl.

	$\beta°$	$k_z=45$ kg/mm²	$k_z=50$	$k_z=55$	$k_z=60$	$k_z=65$	$k_z=70$	$k_z=75$	$k_z=80$	$k_z=85$
Meißelwinkel β	50	200	215	231	246	262	278	294	310	325
	55	209	225	242	258	275	291	308	325	341
	60	218	235	252	270	287	304	321	340	356
	65	227	245	263	280	299	317	335	354	371
	70	236	254	273	291	310	329	347	367	385
	75	244	263	283	301	321	340	359	380	398

Die Zahlentafel 44 gibt den Schnittdruck (C_{k_s}) bei 1 mm² Spanquerschnitt für Zerreißfestigkeiten von 45÷85 kg/mm² und Meißelwinkel von 50÷75° an. Für andere Spanquerschnitte multipliziere man obige Werte mit den in der Beitabelle angegebenen Faktoren. Zwischenwerte für Faktoren entnehme man dem Diagramm (Abb. 154).

Zahlentafel 44a. Beitabelle

Spanquerschnitt	Faktoren bei Schmiedeeisen (nur zum Vergleich)	Faktoren bei Stahl
2	1,8	1,75
3	2,6	2,4
4	3,3	3,1
5	4,0	3,6
10	7,3	6,4
15	10,4	8,8
20	13,3	11,2
25	16,2	13,3
30	18,8	15,2
40	24,5	19,3

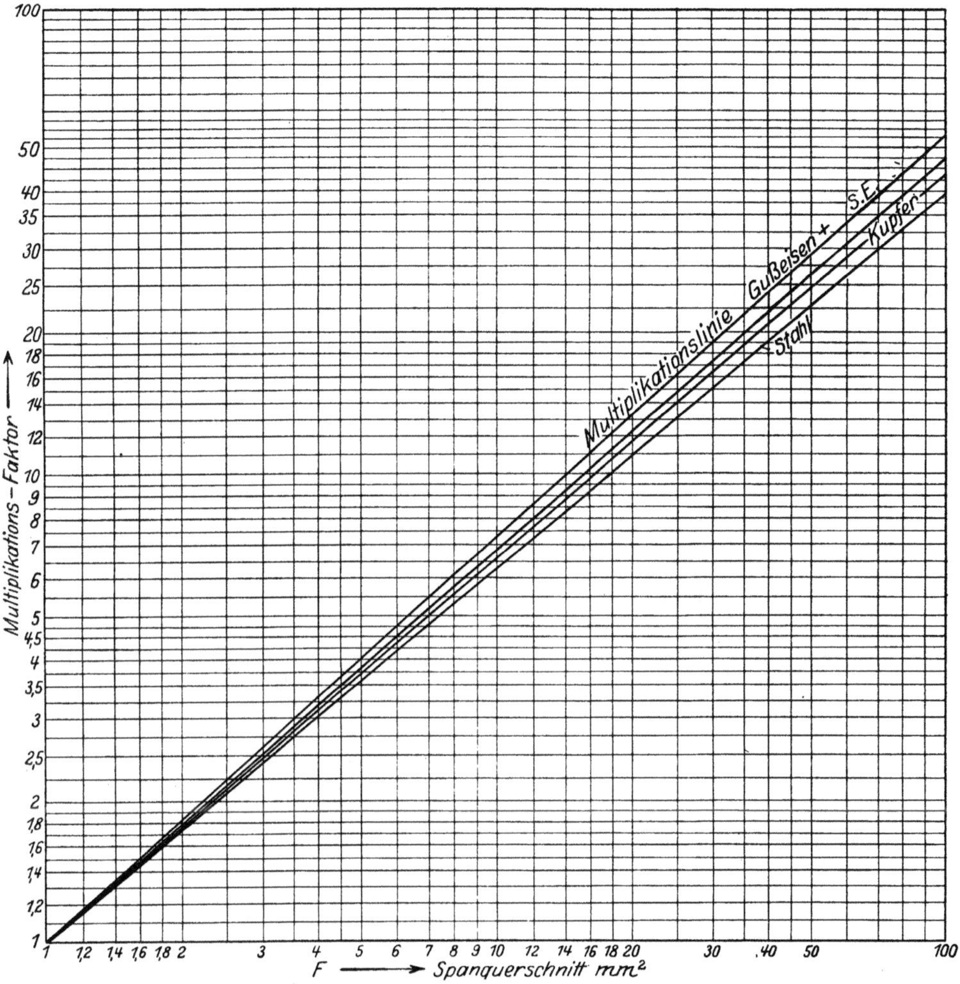

Abb. 154. Diagramm zur Ermittlung der Multiplikationsfaktoren für den Schnittdruck bei Spanquerschnitten bis 100 mm².

Zahlentafel 45. Praktische Schnittdrucktafel für Gußeisen.

β°		Brinellzahl H 100	120	140	160	180	200
Meißelwinkel β	50	60,5	64,8	69,3	73,4	76,6	79,8
	55	64	69	74	78,2	82	85
	60	68	73	78,2	83	86,5	90
	65	71,5	77	82,5	87,5	91,5	94,5
	70	75	80,8	87	92	95,5	99,5
	75	78,5	84,5	91	96	100	

Zahlentafel 45a. Beitabelle.

Spanquerschnitt mm²	Faktor
2	1,8
3	2,6
4	3,3
5	4,0
10	7,3
15	10,4
20	13,3
25	16,2
30	18,8
40	24,5

Die Zahlentafel 45 gibt den Schnittdruck (C_{k_s}) für 1 mm² Spanquerschnitt bei verschiedenen Brinellhärten und Meißelwinkeln an. Für andere Spanquerschnitte multipliziere man obige Werte mit den Faktoren der Beitabelle. Zwischenwerte für Faktoren entnehme man dem Diagramm (Abb. 154).

Zahlentafel 46. Zahn-

Z	Modul																
	2	3	4	5	6	7	8	9	10	11	12	13	14	15	16	17	18
12—13	6,4	14,5	26	40	58	79	103	130	161	195	232	272	316	362	412	466	522
14	6,7	15	27	42	60	82	107	135	167	200	242	283	328	377	428	488	542
15—16	7,7	17	31	48	69	95	123	156	193	233	277	326	377	433	492	554	627
17—18	8,1	18	32,5	51	73	99	130	165	203	246	294	344	398	458	520	590	663
19—24	8,6	19	34	54	77	105	137	174	214	258	308	363	420	483	548	620	695
25—33	9	20	36	56	81	110	144	182	225	272	323	380	440	507	573	650	730
34—41	9,5	22	40	62	90	122	160	202	240	301	358	420	488	560	635	720	810
42—52	10	23	42	65	93	126	166	209	258	313	372	437	507	584	660	750	840
53—80	11	25	45	71	102	139	182	229	283	343	408	480	556	638	724	820	920
81—90	12	27	49	76	110	150	195	247	305	368	440	514	597	685	778	883	990

Man ermittelt den Zahndruck durch Multiplikation der Zahlen der Tabelle bei Rädern aus

Gußeisen mit	$1 \div 4$	Rohhaut mit	$1 \div 3$
Stahlguß „	$5 \div 10$	Stahl „	$10 \div 15$
Bronze „	$1 \div 6$		

Die Zahlen gelten, wenn die Zahnbreite $b = 10 \cdot$ Modul ist (Regelfall), die höheren Werte kommen für kleine, die kleineren für höhere Teilkreisgeschwindigkeiten in Betracht. In anderen Fällen ist proportional umzurechnen.

Will man den Modul bei anhaltmäßiger Prüfung der Zahnräder nicht berechnen, so kann man sich mit einem „Zahnabklatsch“ (Abb. 155) behelfen, den man mit den nachstehenden Profilzeichnungen (Abb. 156) vergleicht.

Aus dem Zahnabklatsch kann man auch Schlüsse auf die Eingriffsverhältnisse ziehen.

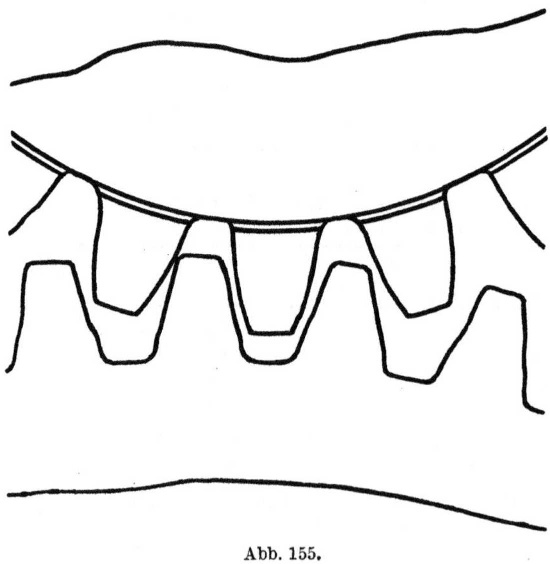

Abb. 155.

drucktafel.

19	10	21	22	23	24	25	26	27	28	29	30	
582	645	718	780	855	928	1000	1090	1170	1265	1355	1450	Zahndruck für 1 kg pro 1 mm² Beanspruchung Zahnbreite = 10 · Modul
605	670	738	810	890	965	1048	1135	1220	1315	1410	1505	
698	772	850	935	1025	1110	1205	1305	1400	1515	1620	1740	
736	818	898	988	1080	1170	1270	1375	1485	1595	1710	1830	
775	858	945	1040	1135	1235	1340	1450	1560	1680	1800	1930	
812	900	990	1090	1190	1295	1400	1520	1640	1765	1890	2020	
900	992	1042	1200	1320	1430	1550	1680	1810	1950	2080	2230	
935	1035	1140	1280	1370	1545	1610	1745	1880	2030	2170	2320	
1025	1135	1250	1375	1507	1630	1770	1920	2070	2230	2380	2550	
1100	1220	1345	1475	1605	1760	1900	2060	2220	2380	2560	2750	

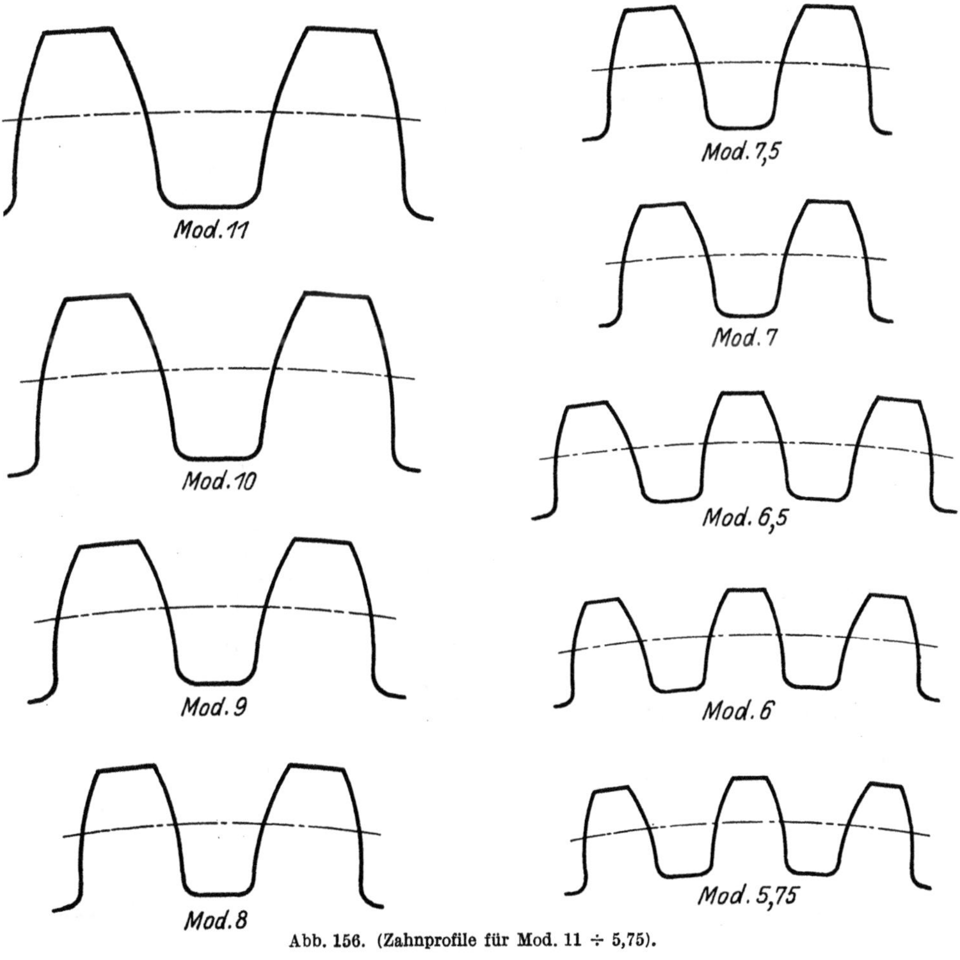

Abb. 156. (Zahnprofile für Mod. 11 ÷ 5,75).

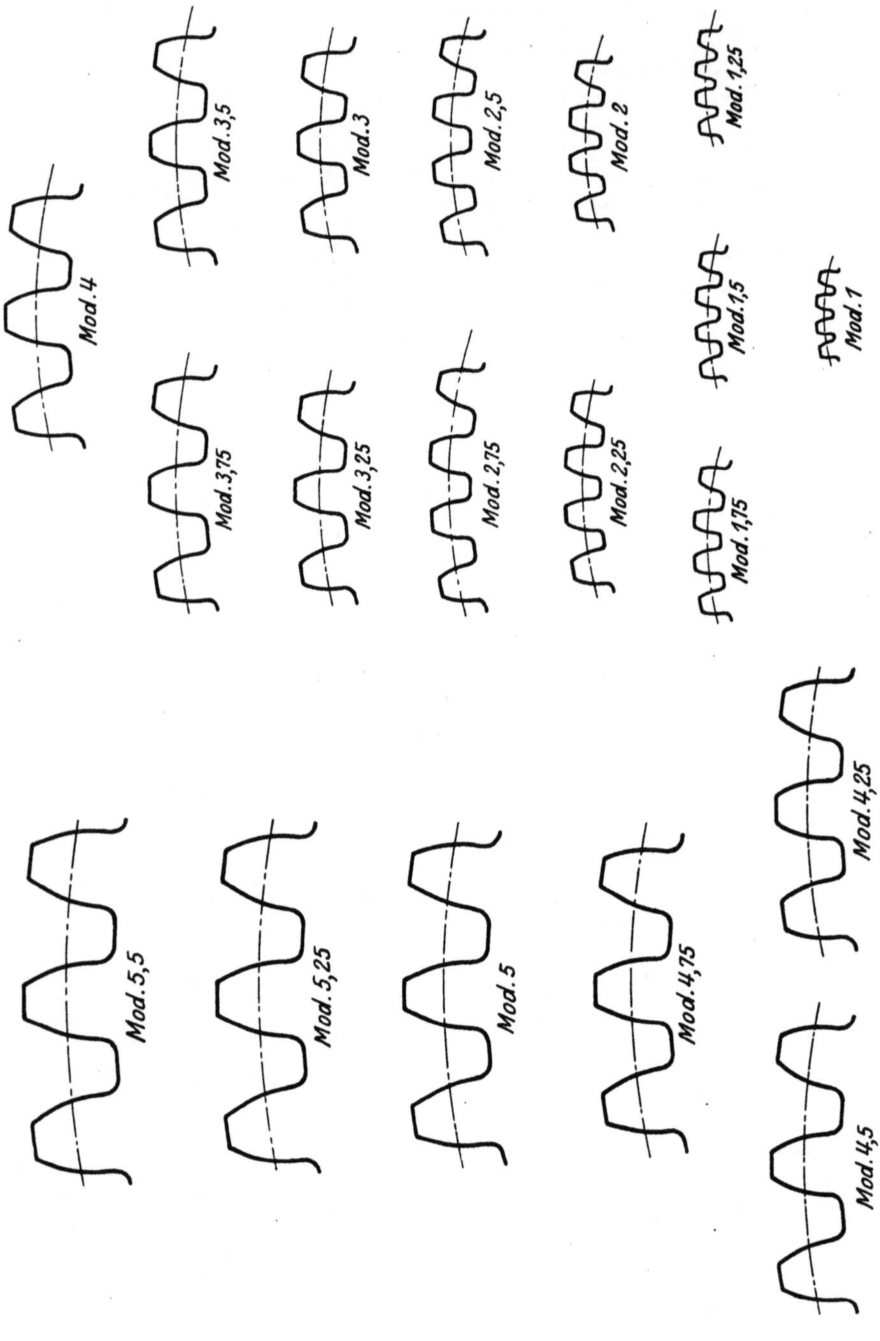

Abb. 156. (Zahnprofile für Mod. 5,5 ÷ 1).

Zahlentafel 47a. Tabelle zum Aufsuchen der Brinellhärtezahl[1]) (Stahlkugel von 10 mm Durchmesser, Kugeldruck 3000 und 1000 kg.

Durchmesser des Kugeleindruckes	Härtezahl bei Probedruck von kg		Durchmesser des Kugeleindruckes	Härtezahl bei Probedruck von kg		Durchmesser des Kugeleindruckes	Härtezahl bei Probedruck von kg		Durchmesser des Kugeleindruckes	Härtezahl bei Probedruck von kg		Durchmesser des Kugeleindruckes	Härtezahl bei Probedruck von kg	
mm	3000	1000	mm	3000	1000	mm	3000	1000	mm	3000	1000	mm	3000	1000
2,00	946	316	3,00	418	140	4,00	228	76	5,00	143	47,6	6,00	95	31,8
2,05	898	300	3,05	402	134	4,05	223	74	5,05	140	46,6	6,05	94	31,2
2,10	857	286	3,10	387	130	4,10	217	72	5,10	137	45,6	6,10	92	30,6
2,15	817	272	3,15	375	126	4,15	212	70	5,15	134	44,6	6,15	90	30,2
2,20	782	260	3,20	364	122	4,20	207	69	5,20	131	43,6	6,20	89	29,6
2,25	744	248	3,25	351	118	4,25	202	67,2	5,25	128	43	6,25	87	29
2,30	713	238	3,30	340	114	4,30	196	65,2	5,30	126	42	6,30	86	28,6
2,35	683	228	3,35	332	110	4,35	192	64	5,35	124	41,2	6,35	84	28
2,40	652	218	3,40	321	108	4,40	187	62,4	5,40	121	40,2	6,40	82	27,6
2,45	627	210	3,45	311	104	4,45	183	60,8	5,45	118	39,4	6,45	81	27
2,50	600	200	3,50	302	100	4,50	179	59,4	5,50	116	38,6	6,50	80	26,6
2,55	578	192	3,55	293	98	4,55	174	58,2	5,55	114	38	6,55	79	26,2
2,60	555	186	3,60	286	96	4,60	170	56,8	5,60	112	37,2	6,60	77	25,6
2,65	532	178	3,65	277	92	4,65	166	55,6	5,65	109	36,4	6,65	76	25,2
2,70	512	172	3,70	269	90	4,70	163	54,4	5,70	107	35,6	6,70	74	24,8
2,75	495	166	3,75	262	88	4,75	159	53	5,75	105	35	6,75	73	24,4
2,80	477	160	3,80	255	86	4,80	156	51,8	5,80	103	34,4	6,80	71,5	23,8
2,85	460	154	3,85	248	82	4,85	153	50,8	5,85	101	33,8	6,85	70	23,4
2,90	444	148	3,90	241	80	4,90	149	49,8	5,90	99	33,2	6,90	69	23
2,95	430	146	3,95	235	78	4,95	146	48,8	5,95	97	32,4	6,95	68	22,6

[1]) Vgl. (Abb. 63, S. 106).

Zahlentafel 47 b. Tabelle zum Aufsuchen der Brinellhärtezahl (Stahlkugel von 10 mm Durchmesser, Kugeldruck 250 kg).

Durchmesser des Kugeleindruckes mm	Härtezahl bei Probedruck von kg 250	Durchmesser des Kugeleindruckes mm	Härtezahl bei Probedruck von kg 250	Durchmesser des Kugeleindruckes mm	Härtezahl bei Probedruck von kg 250	Durchmesser des Kugeleindruckes mm	Härtezahl bei Probedruck von kg 250	Durchmesser des Kugeleindruckes mm	Härtezahl bei Probedruck von kg 250
2,00	78,8	3,00	34,8	4,00	19,0	5,00	11,9	6,00	7,9
2,05	74,8	3,05	33,5	4,05	18,6	5,05	11,7	6,05	7,8
2,10	71,4	3,10	32,2	4,10	18,1	5,10	11,4	6,10	7,7
2,15	68,0	3,15	31,2	4,15	17,7	5,15	11,2	6,15	7,5
2,20	65,2	3,20	30,3	4,20	17,2	5,20	10,9	6,20	7,4
2,25	62,0	3,25	29,2	4,25	16,8	5,25	10,7	6,25	7,2
2,30	59,4	3,30	28,3	4,30	16,3	5,30	10,5	6,30	7,1
2,35	56,9	3,35	27,7	4,35	16,0	5,35	10,3	6,35	7,0
2,40	54,3	3,40	26,7	4,40	15,6	5,40	10,1	6,40	6,8
2,45	52,2	3,45	25,9	4,45	15,2	5,45	9,8	6,45	6,7
2,50	50,0	3,50	25,2	4,50	14,9	5,50	9,7	6,50	6,6
2,55	48,2	3,55	24,4	4,55	14,5	5,55	9,5	6,55	6,5
2,60	46,2	3,60	23,8	4,60	14,2	5,60	9,3	6,60	6,4
2,65	44,3	3,65	23,1	4,65	13,8	5,65	9,1	6,65	6,3
2,70	42,7	3,70	22,4	4,70	13,6	5,70	8,9	6,70	6,2
2,75	41,2	3,75	21,8	4,75	13,2	5,75	8,7	6,75	6,1
2,80	39,7	3,80	21,2	4,80	13,0	5,80	8,6	6,80	6,0
2,85	38,3	3,85	20,7	4,85	12,7	5,85	8,4	6,85	5,8
2,90	37,0	3,90	20,1	4,90	12,4	5,90	8,2	6,90	5,7
2,95	35,8	3,95	19,6	4,95	12,2	5,95	8,1	6,95	5,6

Zahlentafel 47 c. Tabelle zum Aufsuchen der Brinellhärtezahl (Stahlkugel von 5 mm Durchmesser, Kugeldruck 750 und 250 kg).

Durchmesser des Kugeleindruckes	Härtezahl bei Probedruck von kg		Durchmesser des Kugeleindruckes	Härtezahl bei Probedruck von kg		Durchmesser des Kugeleindruckes	Härtezahl bei Probedruck von kg		Durchmesser des Kugeleindrucks	Härtezahl bei Probedruck von kg		Durchmesser des Kugeleindruckes	Härtezahl bei Probedruck von kg	
mm	750	250	mm	750	250	mm	750	250	mm	750	250	mm	750	250
1,000	945,4	315,1	1,500	414,5	138,2	2,000	228,6	76,2	2,500	142,5	47,5	3,000	95,4	31,8
1,025	898,9	299,6	1,525	400,6	133,5	2,025	222,8	74,2	2,550	136,6	45,5	3,050	92,2	30,7
1,050	856,4	285,4	1,550	388,1	129,5	2,050	217,4	72,4	2,600	130,9	43,6	3,100	88,6	29,5
1,075	816,1	272,0	1,575	375,1	125,0	2,075	212,2	70,7	2,650	125,7	41,9	3,150	85,4	28,4
1,100	779,5	259,8	1,600	364,6	121,5	2,100	205,8	68,6	2,700	120,6	40,2	3,200	82,4	27,4
1,125	744,4	249,1	1,625	351,7	117,2	2,125	201,8	67,2	2,750	115,2	38,4	3,250	79,5	26,5
1,150	711,4	237,1	1,650	341,5	113,8	2,150	196,7	65,5	2,800	111,3	37,1	3,300	76,7	25,5
1,175	681,4	227,1	1,675	330,4	110,1	2,175	191,5	63,8	2,850	107,1	35,7	3,350	74,4	24,8
1,200	653,0	217,6	1,700	320,6	106,8	2,200	187,2	62,4	2,900	103,0	34,3	3,400	71,5	23,8
1,225	626,5	208,8	1,725	312,0	104,0	2,225	182,3	60,7	2,950	98,6	32,8	3,450	69,1	23,0
1,250	601,0	200,3	1,750	302,4	100,8	2,250	178,6	59,5				3,500	66,8	22,2
1,275	577,3	192,4	1,775	293,2	97,7	2,275	174,3	58,1						
1,300	555,1	185,0	1,800	284,9	94,9	2,300	170,3	56,8						
1,325	533,8	177,9	1,825	276,7	92,1	2,350	162,9	54,3						
1,350	514,0	171,3	1,850	269,4	89,8	2,400	155,6	51,8						
1,375	495,3	165,1	1,875	261,7	87,2	2,450	148,9	49,6						
1,400	477,1	159,1	1,900	254,5	84,8									
1,425	460,3	153,4	1,925	247,7	82,5									
1,450	443,0	148,3	1,950	241,4	80,4									
1,475	429,0	143,0	1,975	234,8	78,2									

Zahlentafel 47d. Tabelle zum Aufsuchen der Brinellhärtezahl (Stahlkugel von 2,5 mm Durchmesser, Kugeldruck 187,5 kg und 62,5 kg).

Durchmesser des Kugeleindruckes	Härtezahl bei Probedruck von kg		Durchmesser des Kugeleindruckes	Härtezahl bei Probedruck von kg		Durchmesser des Kugeleindruckes	Härtezahl bei Probedruck von kg	
mm	187,5	62,5	mm	187,5	62,5	mm	187,5	62,5
0,500	945,4	315,1	1,000	228,6	76,2	1,500	95,4	31,8
0,525	855,6	285,2	1,025	217,2	72,4	1,550	88,6	29,5
0,550	779,8	259,9	1,050	206,5	68,8	1,600	83,7	27,9
0,575	711,5	237,1	1,075	196,4	65,4	1,650	76,7	25,5
0,600	653,1	217,7	1,100	187,2	62,4	1,700	71,5	23,8
0,625	601,3	200,4	1,125	178,4	59,4	1,750	66,8	22,2
0,650	555,1	185,0	1,150	170,3	56,7	1,800	62,4	20,8
0,675	513,9	171,3	1,175	162,7	54,2	1,850	58,5	19,5
0,700	477,4	159,1	1,200	155,6	51,8	1,900	54,5	18,1
0,725	444,1	148,0	1,225	148,8	49,6	1,950	51,0	17,0
0,750	414,4	138,1	1,250	142,5	47,5	2,000	47,7	15,9
0,775	387,2	129,0	1,275	136,5	45,5			
0,800	363,0	121,0	1,300	130,9	43,6			
0,825	340,8	113,6	1,325	125,6	41,8			
0,850	320,6	106,8	1,350	120,6	40,2			
0,875	301,8	100,6	1,375	116,5	38,8			
0,900	284,7	94,9	1,400	111,2	37,1			
0,925	268,9	89,6	1,425	107,0	35,6			
0,950	254,5	84,8	1,450	103,0	34,3			
0,975	241,1	80,3	1,475	99,1	33,0			

Zahlentafel 48. Brinellhärtezahlen einiger Werkstoffe.

Material	Belastung kg	D Kugeldurchmesser mm	Durchmesser des Eindruckkreises d_e mm	Brinell-Härtezahl H
Stahl, gehärtet	3000	10	2,42	640
Stahl, nicht gehärtet			4,30	197
Stahlguß			4,41	187
Temperguß			4,89	150
Flußeisen			4,92	148
Grauguß			4,90	149
Messing, gewalzt	1000	10	3,30	114
Messingguß			4,65	55,6
Rotguß			3,80	86
Bronzeguß			3,18	122
Aluminiumguß			4,18	69
Aluminiumblech			6,42	27,6
Zinkblech			5,04	46,6
Kupferblech			4,14	70

Anweisungen für Betriebsabbremsungen an Werkzeugmaschinen.

1. Mit Bremszaum. Abb. 157a u. b.

Vorher Riemen nachspannen, auch Riemen von Haupttransmission zum Deckenvorgelege!

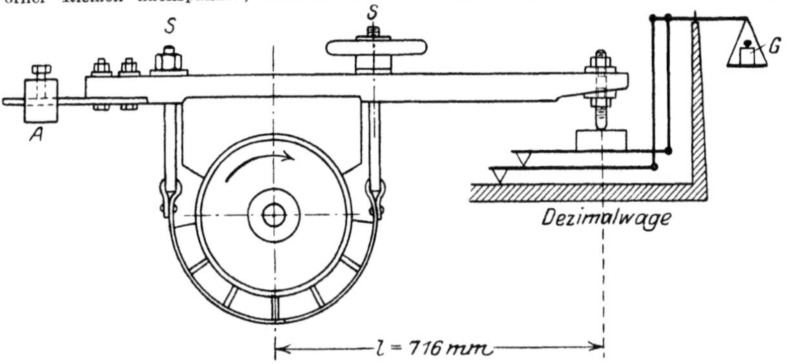

Abb. 157a.

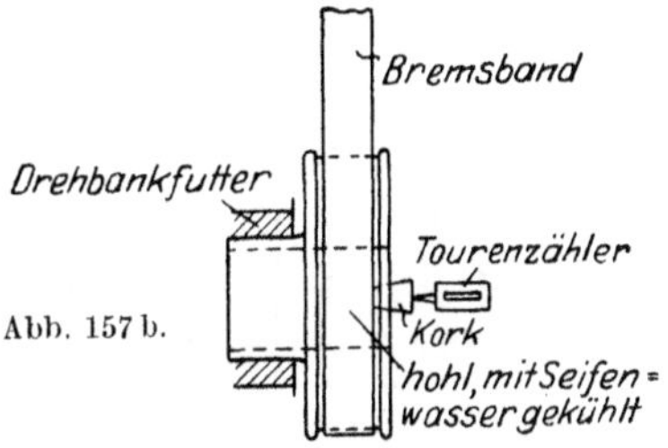

Abb. 157b.

Abmessungen der Bremsscheibe nach C. Bach bei Wasserkühlung:

$$\left.\begin{array}{l} b\,d = 30\,N \\ b = \text{Breite} \\ d = \varnothing \end{array}\right\} \text{der Scheibe in } \underline{\text{cm}}.$$

$$b = 1{,}5\,d\,.$$

$$N = \text{Leistung in PS}\,.$$

a) Bei stillstehender Bank und aufgelegtem, aber nicht angezogenem Zaum ohne Gewicht „G" durch Verschieben des Ausgleichgewichtes „A" Zaum ins Gleichgewicht bringen; „A" festklemmen.

b) Maschine bei lockerem Zaum in Gang setzen und Tourenzahl des Leerlaufes „n_0" messen.

c) Zaum unter Auflegen von Gewichten „G" mittels Schrauben „S" anziehen, bis Tourenzahl um 2 ÷ 3% sinkt [$n = 0{,}98 \cdot n_0 \div 0{,}97\,n_0$] [1].

b) und c) bei den übrigen Stufen wiederholen.

$$\underline{N} = \frac{G \cdot 2 \cdot l \cdot \pi \cdot n}{60 \cdot 75} = \frac{G \cdot 2 \cdot 0{,}716 \cdot \pi \cdot n}{4500} = \underline{\frac{G \cdot n}{1000}}\,.$$

Vorschubgetriebe läuft leer mit!

2. Mit Bremsband. Abb. 158.

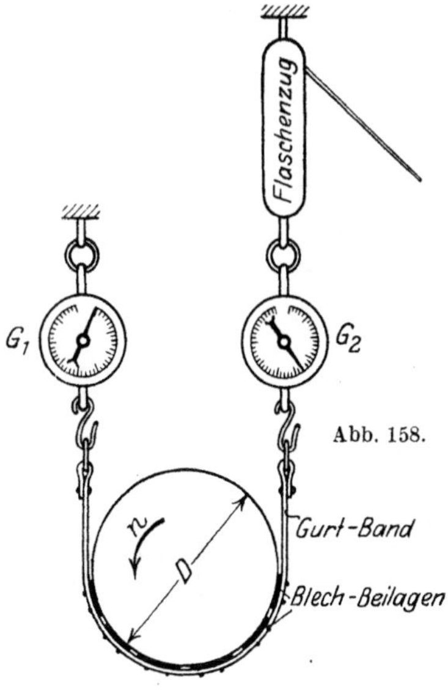

Abb. 158.

a) Leerlaufdrehzahl „n_0" feststellen.

b) Mit Flaschenzug (100 kg) Band anziehen, bis Tourenzahl um 2 ÷ 3% sinkt. G_1 und G_2 an den Federdynamometern ablesen.

$$N = [G_1 - G_2] \cdot D \cdot \pi\,\frac{n}{60 \cdot 75}$$

$$= 0{,}0007 \cdot D \cdot [G_1 - G_2] \cdot n\,.$$

$\underline{D \text{ in } m!}$ Vorschubgetriebe läuft leer mit.

[1]) Riemenrutsch ist — entgegen der üblichen Meinung — ohne Einfluß auf den Bremsdruck, wohl aber, infolge der starken Verminderung der Umdrehungszahl, auf die Bremsleistung. Solange kein Riemenrutsch eintritt, ist eine lineare Abhängigkeit zwischen Bremsdruck und Leistung anzunehmen (vgl. Schlesinger, Berichte des Versuchsfeldes T. H. Berlin, Heft 1, S. 23. Julius Springer, Berlin 1912).

Genauigkeitsprüfung einer Drehbank.

Maßeinheit $= \frac{1}{100}$ mm.

1. Parallelität des Bettes.

Messen durch Entlangführen des Fühlhebels.
O-Stellung am Reitstock. Toleranz: 0,01 mm a. 1000 mm.

Abweichung von der vorderen Supportführung. (Abb. 159 und 160).

		1	2	3	4	5	6	7	8	9	End-Abw.	Größte Abw.	Länge	Größte Abw. a. 1000 mm
hintere	←													
Support-	→													
führung	Mittel													
vordere	←													
Reitstock-	→													
führung	Mittel													

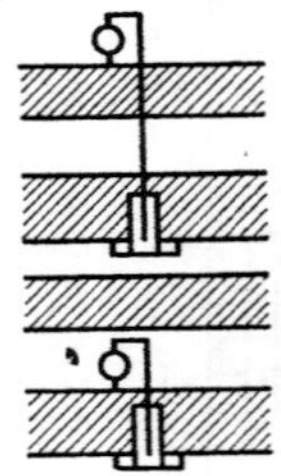

Spindelstock Reitstock Punktwert:
Spindelstock Reitstock

Abweichung der hinteren Reitstockführung von der vorderen Reitstockführung. (Abb. 161).

	1	2	3	4	5	6	7	8	9	End-Abw.	Größte Abw.	Länge	Größte Abw. a. 1000 mm
←													
→													
Mittel													

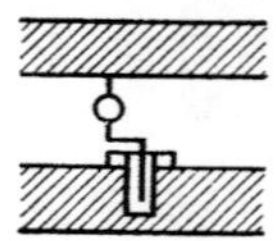

Spindelstock Reitstock Punktwert:

2. Abweichung der Supportführung von der Spitzenlinie.

Messen durch Entlangführen des eingespannten Fühlhebels an der Prüfwelle nach Ausschaltung des Spindelschlages. O-Stellung am Reitstock. Toleranz: 0,025 mm a. 1000 mm.

a) in horizontaler Ebene (Abb. 162)

		1	2	3	4	5	6	7	8	9	End-Abw.	Größte Abw.	Länge	Größte Abw. a. 1000 mm
vor dem	←													
Ein-	→													
stellen	Mittel													
nach dem	←													
Ein-	→													
stellen	Mittel													

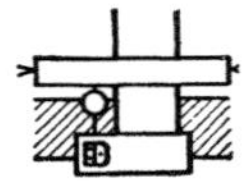

Spindelstock ——— Reitstock Punktwert:

b) in vertikaler Ebene (Abb. 163)

	1	2	3	4	5	6	7	8	9	End-Abw.	Größte Abw.	Länge	Größte Abw. a. 1000 mm
←													
→													
Mittel													

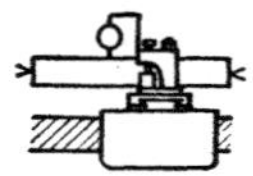

Spindelstock ——— Reitstock Punktwert:

3. Abweichung des Obersupports von der Spitzenlinie.

Messen wie 2. O-Stellung am Reitstock. Toleranz: 0,02 mm a. 300 mm.

a) in horizontaler Ebene (Abb. 164)

		1	2	3	4	5	End-Abw.	Größte Abw.	Länge	Größte Abw. a. 300 mm
vor dem	←									
Ein-	→									
stellen	Mittel									
nach dem	←									
Ein-	→									
stellen	Mittel									

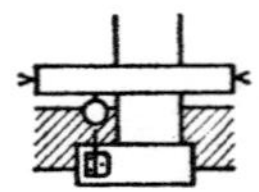

Spindelstock ——— Reitstock Punktwert:

b) in vertikaler Ebene (Abb. 165)

	1	2	3	4	5	End-Abw.	Größte Abw.	Länge	Größte Abw. a. 300 mm
←									
→									
Mittel									

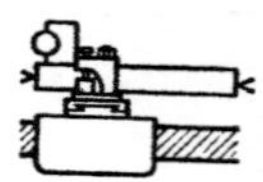

Spindelstock ——— Reitstock Punktwert:

4. Abweichung des Planzuges von der Supportführung (Abb. 166).

Messen durch Entlangführen des eingespannten Fühlhebels an einem an die vordere Supportführung angelegten Anschlagwinkel.

O-Stellung vorn. Toleranz: 0,02 mm a. 300 mm.

	1	2	3	4	5	End-Abw.	Gr. Abw.	Länge	Gr. Abw. a. 300 mm
↑									
↓									
Mittel									
Winkel weicht ab v. d. Senkr. z. Spitzenl.									
Planzug „ „ „ „ „ „ „									

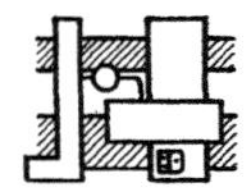

Spindelstock ——— $+\alpha$ | $-\alpha$ ——— Reitstock $\operatorname{tg}\alpha =$ $\alpha =$ Punktwert:

5. Spiel der Spindeln.

Spiel der Planzugspindel = Teilstr. = mm Punktwert:

„ „ Obersupportspindel = „ „ :

„ „ Leitspindel = „ „ :

6. Mittleres Spiel des Reitstocks in der Führung. Punktwert:

7. Abweichung der Pinole von der Supportführung (Abb. 167).

Messen durch Entlangführen des eingespannten Fühlhebels an der ausgezogenen Pinole.

O-Stellung am Reitstock. Toleranz: 0,02 mm a. 300 mm.

a) in horizontaler Ebene	1	2	3	End-Abw.	Länge	Abweich. a. 300 mm	1	2	3	End-Abw.	Länge	Abweich. a. 300 mm	b) in vertikaler Ebene
←													
→													
Mittel													
Abw. d. Sppfhrg. z. Spitzl.													
„ „ Pinole „ „													

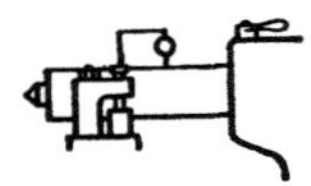

Spindelstock ——— Reitstock   Spindelstock ——— Reitstock   Punktwert:

8. Planscheibe.

a) Achsialer Schlag. Messen durch Anstellen des eingespannten Fühlhebels an die Planscheibe und Drehen derselben (Abb. 168).

0°	90°	180°	270°	Gesamt-Abw.	Länge

Punktwert:

Planscheibe steht senkrecht zur Hauptspindel bis auf

b) Ebenheit. Messen durch Auflegen eines auf Parallel-Endmaßen ruhenden Lineals und Entlangführen des Fühlhebels (Abb. 169). Toleranz: 0,02 mm a. 300 mm.

Abweichung der Mitte vom Rand				
0°	90°	Mittel	Länge	Abweichung a. 300 mm

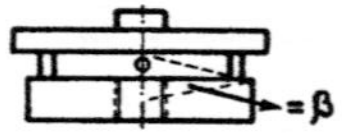

$\operatorname{tg} \beta =$

$\beta =$

Punktwert:

c) Abweichung der Planscheibe vom Planzug. Messen durch Führen des eingespannten Fühlhebels vom Rande der Planscheibe zur Mitte (Abb. 170). Toleranz: 0,02 mm a. 300 mm.

Abweichung der Mitte	0°	90°	180°	270°	Mittel	Länge	Abweichung a. 300 mm
vor Ausschaltung d. Plansch.-Schlg.							
nach „ „ „ „							

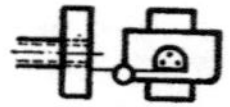

$+\gamma$	$-\gamma$

$\operatorname{tg} \gamma =$

$\gamma =$

Punktwert:

9. Abweichung der Hauptspindel von der Spitzenlinie.

Berechnung aus 4, 8b und 8c (Abb. 171). Toleranz: 0,02 mm a. 1000 mm.

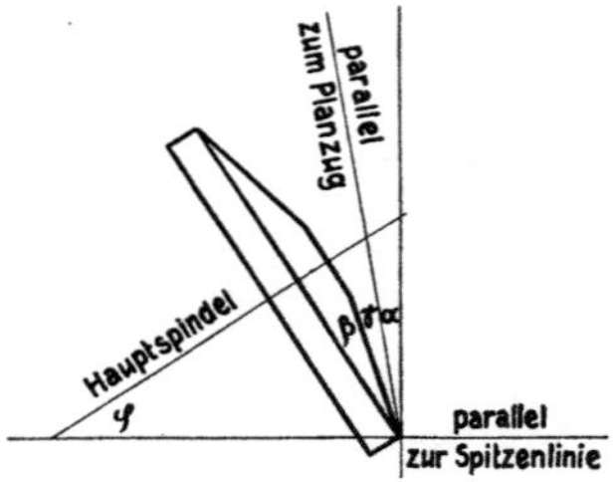

$\varphi = \alpha + \beta + \gamma$

$\operatorname{tg} \varphi =$

Abweichung auf 1000 mm

$=$

Punktwert:

Summe der Punktwerte:

Additional material from *The Ecology of Vertebrate Olfaction*
ISBN 978-94-009-5871-5, is available at http://extras.springer.com

GPSR Compliance

The European Union's (EU) General Product Safety Regulation (GPSR) is a set of rules that requires consumer products to be safe and our obligations to ensure this.

If you have any concerns about our products, you can contact us on ProductSafety@springernature.com

In case Publisher is established outside the EU, the EU authorized representative is:

Springer Nature Customer Service Center GmbH
Europaplatz 3
69115 Heidelberg, Germany

Batch number: 10682325

Printed by Printforce, the Netherlands